群論序説

Group Theory

Akinari Hoshi
星 明考
著

日本評論社

まえがき

本書は，初めて群論を学ぶ読者を想定して書かれている．実際，前半 (1 章から 9 章) は，著者が 2009 年から 2012 年の間に行った早稲田大学教育学部数学科 1 年生 (前期) の「代数序論」の授業をもとに書かれた．また，2007 年に行った立教大学理学部数学科 2 年生 (後期) の「代数と幾何 D」(群論) の授業内容も参考にした．初学者への配慮から，適宜〔← なぜか？考える〕のように，〔← 〕の中に著者から読者へのメッセージやヒント・解説などを入れた．初めて読むときは，読み飛ばさずに，ぜひ紙とペンを用意して自ら考え，納得しながら進んでいただきたい．前半の目標は，同値関係と類別，well-defined や剰余群，不変量の概念を理解し，群の準同型写像が何であるのかを真に理解するとともに，有限生成アーベル群の構造を把握することである．

後半 (10 章から 12 章) は，これらとは打って変わって，本格的な群論への入門とした．後半の目標は，群の作用と関連したさまざまな概念を学び，シローの定理とその応用，クルル-シュミットの定理などを理解しながら，可解群，巾零群，p 群などの種々の群の性質をその (正規) 部分群の様子を通じて理解することである．本書では，できる限り本文の中に具体例を挙げるようにしたが，数が少ないため，それ以外の具体例を自ら考えてみたり，演習問題などを他書で補ってほしい．群の世界がいかに広大であるかが，少しでも伝われば幸いである．

本書の特徴として，実際に，群論の中でどのような現象が起こっているのかをなるべく紹介し，読者が今後進んでいく上での道しるべになるように工夫した点がある．本文中で証明を付けられない定理には * を付し，巻末に読者のさらなる歩みにきっと役立つであろう参考文献を載せておいた．群には群自身がもつ多様性とともに，不変量などの概念に見られる，数学 (科学) の現象を記述する道具としての側面もある．この両面をできる限り提示するよう試みたつもりである．また，少しでも読者に有益になればと思い，群論のソフト GAP によるコンピュータプログラムとデモンストレーションを付録として載せた．

院生の金井和貴君，長谷川寿人君，三浦正道君には原稿に目を通してもらい，誤植や学生の視点から，分かりにくい箇所をいくつも指摘してもらった．ここに感謝を記しておきたい．また，日本評論社の飯野玲氏は原稿を細部まで丁寧に読んで下さり，本の構成，文章の表現，読者への説明の仕方など，数え切れないほどの有益なアドバイスを下さった．ここに心よりお礼を申し上げたい．

2015 年冬　新潟にて

第 1 版第 2 刷での追記　院生の髙橋和暉君は第 1 刷の命題 1.18 の証明と定理 9.33 の不備を指摘してくれて，この第 2 刷で修正することができた．ここに感謝を記しておきたい．

目次

まえがき i

第 1 章　置換とあみだくじ 1

1.1　置換 1

1.2　あみだくじ 5

1.3　置換の結合法則 10

第 2 章　集合と写像:準備 11

2.1　集合とその例 11

2.2　写像とその例 13

2.3　全射と単射 15

2.4　命題の否定 16

2.5　順序集合とツォルンの補題 18

第 3 章　置換とあみだくじ(再考) 20

3.1　二項演算 20

3.2　置換の定義の再考 22

3.3　群とは? 24

3.4　有限群の同型 26

3.5　対称群の性質 27

第 4 章　群の定義と部分群, 種々の群の例 30

4.1　群の定義 30

4.2　半群, モノイド, 環, 体 35

4.3　部分群とその判定条件 41

4.4　元の位数と巡回群 45

4.5　交代群と二面体群 48

4.6　中心, 中心化群, 交換子群 51

4.7　生成元と基本関係による群の表示, 種々の群の例 54

4.8 ハッセ図 · · · 57

第 5 章 初等整数論とその応用 61

5.1 除法の原理とユークリッドの互除法 · · · 61

5.2 互いに素な整数の特徴付け · · · 64

5.3 素因数分解の一意性 · · · 66

5.4 巡回群の部分群の構造 · · · 68

5.5 体 K 上の n 次方程式の解は高々 n 個 · · · 70

第 6 章 同値関係と類別, 商集合, well-defined 74

6.1 同値関係と類別 · · · 74

6.2 既約剰余類群 $(\mathbb{Z}/m\mathbb{Z})^\times$ とオイラー関数 · · · 77

6.3 有限体 $\mathbb{F}_q$ · · · 86

6.4 オイラーの定理とフェルマーの小定理 · · · 87

第 7 章 正規部分群と剰余群 91

7.1 剰余類とラグランジュの定理 · · · 91

7.2 巡回群の特徴付け, $\mathbb{F}_q^\times$ は巡回群 · · · 94

7.3 共役部分群と両側剰余類 · · · 96

7.4 正規部分群, 剰余群, 正規化群 · · · 98

7.5 単純群 · · · 102

第 8 章 不変量と共役類 104

8.1 不変量とは · · · 104

8.2 対称群 S_n の共役類と類等式 · · · 104

8.3 分割数とヤング図形 · · · 107

8.4 行列の相似 · · · 109

第 9 章 準同型と同型, 準同型定理 113

9.1 準同型と同型 · · · 113

9.2 準同型定理 · · · 118

9.3 外部直積と内部直積 · · · 122

9.4 中国式剰余定理 · · · 126

9.5 有限生成アーベル群の基本定理 · · · 129

第 10 章　群の作用と軌道, シローの定理とその応用 135

10.1 群の作用と軌道 · · · 135
10.2 交代群 A_n の共役類と類等式 · · · 142
10.3 A_n $(n \neq 4)$ は単純群 · · · 144
10.4 作用群をもつ群，自己同型群，特性部分群 · · · 146
10.5 完全列と可換図式 · · · 151
10.6 コホモロジー群 $H^n(G, M)$ · · · 154
10.7 半直積と群拡大 · · · 155
10.8 外部半直積とレス積 · · · 159
10.9 原始置換群と S_n の可移部分群 · · · 162
10.10 シローの定理とその応用 · · · 168
10.10.1 与えられた位数をもつ有限群 · · · 170
10.10.2 与えられた共役類数をもつ有限群 · · · 174

第 11 章　クルル-シュミットの定理 183

11.1 作用域をもつ群 · · · 183
11.2 正規列と組成列 · · · 187
11.3 クルル-シュミットの定理 · · · 195
11.4 R 加群の場合 · · · 201
11.5 クルル-シュミット定理の反例 · · · 201

第 12 章　種々の可解群 207

12.1 可解群 · · · 207
12.2 巾零群 · · · 211
12.3 p 群 · · · 217
12.4 フロベニウス群 · · · 224

付録　GAP を使ってみよう 228

問の解答 251

参考文献 258

索引 265

第1章 置換とあみだくじ

1.1 置換

群論を学ぶ前に，まず群の典型的な例である置換とあみだくじを考察しよう．

例 1.1 (**3 文字の置換**) $1, 2, 3$ の 3 つの文字 (数字) を並べ替えてみると，

$$1\,2\,3, \quad 1\,3\,2, \quad 2\,1\,3, \quad 2\,3\,1, \quad 3\,1\,2, \quad 3\,2\,1$$

の 6 通りの順列ができる．〔← 並べ替えないものも含めて考える〕

この並べ替えを，それぞれ

$$\begin{pmatrix} 1 & 2 & 3 \\ 1 & 2 & 3 \end{pmatrix}, \begin{pmatrix} 1 & 2 & 3 \\ 1 & 3 & 2 \end{pmatrix}, \begin{pmatrix} 1 & 2 & 3 \\ 2 & 1 & 3 \end{pmatrix}, \begin{pmatrix} 1 & 2 & 3 \\ 2 & 3 & 1 \end{pmatrix}, \begin{pmatrix} 1 & 2 & 3 \\ 3 & 1 & 2 \end{pmatrix}, \begin{pmatrix} 1 & 2 & 3 \\ 3 & 2 & 1 \end{pmatrix}$$

とかいて，3 文字の**置換** (permutation) という．例えば，最後の置換

$$\sigma = \begin{pmatrix} 1 & 2 & 3 \\ 3 & 2 & 1 \end{pmatrix}$$

は 1 を 3 に，2 を 2 に，3 を 1 に置き換える操作を表し，(縦棒付きの) 矢印を用いて，$1 \mapsto 3$, $2 \mapsto 2$, $3 \mapsto 1$ や $\sigma(1) = 3$, $\sigma(2) = 2$, $\sigma(3) = 1$ と表す．

定義 1.2 (**n 次対称群 S_n**) n 文字 $\{1, 2, \cdots, n\}$ の置換全体の集合を S_n とかく．すなわち，

$$S_n := \left\{ \begin{pmatrix} 1 & 2 & \cdots & n \\ i_1 & i_2 & \cdots & i_n \end{pmatrix} \;\middle|\; \{i_1, i_2, \cdots, i_n\} \text{ は } \{1, 2, \cdots, n\} \text{ の並べ替え} \right\}.$$

この n 文字の置換全体の集合 S_n を n **次対称群** (symmetric group of degree n) という．〔← $\mathbf{X} := \mathbf{Y}$ は $\mathbf{X}$ を $\mathbf{Y}$ で定義することを表す〕

注意　n 次対称群 S_n は，本書の主題である群（ぐん）の例になっているので，このような名前で呼ばれる．一般に，群とは何か (群の定義) は 4 章で学ぶ．

命題 1.3　n 次対称群 S_n は $n!$ 個の要素からなる．すなわち，$|S_n| = n!$.〔← $|X|$ で集合 X の位数 (要素の個数) を表す〕

証明　$\{i_1, i_2, \cdots, i_n\}$ の選び方は n の順列 ${}_n\mathrm{P}_n = n!$ だけある． ∎

例 1.4　$|S_2| = 2$, $|S_3| = 6$, $|S_4| = 24$, $|S_5| = 120$, $|S_6| = 720$, $|S_7| = 5040$, $|S_8| = 40320$, $|S_9| = 362880$, $|S_{10}| = 3628800$, $|S_{11}| = 39916800$.

定義 1.5 (置換の合成，積)　置換 $\sigma, \tau \in S_n$ に対して，新たな置換 $\sigma \circ \tau$ を

$$(\sigma \circ \tau)(i) := \sigma(\tau(i)) \qquad (i = 1, \cdots, n)$$

をみたす置換として定義し，置換 σ と τ の**合成**または**積**という．〔← すなわち，置換 $\sigma \circ \tau$ とは，τ で置き換えたものを，すかさず σ で置き換えた置換のこと〕

例 1.6 (置換の合成，積)　2 つの置換

$$\sigma = \begin{pmatrix} 1 & 2 & 3 \\ 3 & 2 & 1 \end{pmatrix}, \quad \tau = \begin{pmatrix} 1 & 2 & 3 \\ 2 & 3 & 1 \end{pmatrix}$$

に対して，置換の合成 (積) $\sigma \circ \tau$ とは置換

$$\sigma \circ \tau = \begin{pmatrix} 1 & 2 & 3 \\ 3 & 2 & 1 \end{pmatrix} \circ \begin{pmatrix} 1 & 2 & 3 \\ 2 & 3 & 1 \end{pmatrix} = \begin{pmatrix} 1 & 2 & 3 \\ 2 & 1 & 3 \end{pmatrix}$$

のことであり，$\tau \circ \sigma$ とは置換

$$\tau \circ \sigma = \begin{pmatrix} 1 & 2 & 3 \\ 2 & 3 & 1 \end{pmatrix} \circ \begin{pmatrix} 1 & 2 & 3 \\ 3 & 2 & 1 \end{pmatrix} = \begin{pmatrix} 1 & 2 & 3 \\ 1 & 3 & 2 \end{pmatrix}$$

のこと．〔← 積は右から計算する！〕

一般に，$\sigma \circ \tau \neq \tau \circ \sigma$ に注意する．〔← σ と τ は**非可換**という〕 また，以下では $\sigma = \begin{pmatrix} 1 & 2 & 3 \\ 3 & 2 & 1 \end{pmatrix} = \begin{pmatrix} 2 & 1 & 3 \\ 2 & 3 & 1 \end{pmatrix}$ のように列を入れ替えて置換を表す場合もある．

定義 1.7 (巡回置換)　置換 $\sigma \in S_n$ が，置換 $i_1 \mapsto i_2 \mapsto i_3 \mapsto \cdots \mapsto i_r \mapsto i_1$ を引き起こすとき，すなわち，列を適当に入れ替えて

$$\sigma = \begin{pmatrix} i_1 & i_2 & \cdots & i_{r-1} & i_r & i_{r+1} & i_{r+2} & \cdots & i_n \\ i_2 & i_3 & \cdots & i_r & i_1 & i_{r+1} & i_{r+2} & \cdots & i_n \end{pmatrix} \in S_n$$

となるとき，置換によって動かない $i_{r+1}, \cdots, i_n$ は省略して，単に

$$\sigma = (i_1\, i_2\, \cdots\, i_{r-1}\, i_r)$$

とかき，**長さ r の巡回置換** (cycle) という．何も動かさない置換 σ，すなわち，

$$\sigma = \begin{pmatrix} 1 & 2 & \cdots & n \\ 1 & 2 & \cdots & n \end{pmatrix}$$

を**恒等置換** (identity permutation) といい，$\sigma = (1)$ とかく．〔← 動かないものをすべて省略すると，何もなくなってしまうため (1) だけ残しておく〕

例 1.8 (巡回置換)　置換

$$\sigma = \begin{pmatrix} 1 & 2 & 3 & 4 & 5 \\ 1 & 4 & 2 & 3 & 5 \end{pmatrix} = \begin{pmatrix} 2 & 4 & 3 & 1 & 5 \\ 4 & 3 & 2 & 1 & 5 \end{pmatrix} \in S_5$$

は置換 $2 \mapsto 4 \mapsto 3 \mapsto 2$ を表しているので，

$$\sigma = (2\,4\,3)$$

とかける．σ は長さ 3 の巡回置換である．

命題 1.9 (サイクル分解)　任意の置換 $\sigma \in S_n$ は互いに共通の文字 (数字) を含まない，いくつかの巡回置換の積でかける．この表示を σ の**サイクル分解** (cycle decomposition) という．

証明　σ が文字 1 に対して，置換 $1 = i_1 \mapsto i_2 \mapsto \cdots \mapsto i_r \mapsto 1$ を引き起こすとする．ここに含まれていない j をとり，σ が文字 j に引き起こす置換を $j = j_1 \mapsto j_2 \mapsto \cdots \mapsto j_s \mapsto j$ とする．これを繰り返していけば，最終的に $\sigma = (i_1\, \cdots\, i_r) \circ (j_1\, \cdots\, j_s) \circ \cdots$ は互いに共通の文字 (数字) を含まない巡回置換の積になる． ∎

例 1.10 (サイクル分解)　8 文字の置換

$$\begin{pmatrix} 1 & 2 & 3 & 4 & 5 & 6 & 7 & 8 \\ 4 & 5 & 8 & 7 & 2 & 3 & 1 & 6 \end{pmatrix} \in S_8$$

のサイクル分解は $\sigma = (2\,5) \circ (3\,8\,6) \circ (1\,4\,7)$ である．また，$\sigma = (1\,4\,7) \circ (3\,8\,6) \circ (2\,5)$ でもあり，$\sigma = (2\,5) \circ (1\,4\,7) \circ (3\,8\,6)$ ともかける．

命題 1.11　2 つの巡回置換 σ, τ は互いに共通の文字 (数字) を含まないならば $\sigma \circ \tau = \tau \circ \sigma$ となる．〔← σ と τ は**可換**という〕

証明　σ と τ は互いに共通の文字 (数字) を含まないため，どちらを先に行っ

ても結果は同じになる． ∎

定義 1.12 (互換, 隣接互換)　長さ 2 の巡回置換 $(i\ j)$ を**互換** (transposition) という．互換の中でも特に，隣り合った数字からなる互換 $(i\ i+1)$ のことを**隣接互換** (elementary transposition) という．

例 1.13 (互換と隣接互換)　(1)　次の置換は $3 \leftrightarrow 4$ を表しており，隣接互換である：

$$\begin{pmatrix} 1 & 2 & 3 & 4 & 5 \\ 1 & 2 & 4 & 3 & 5 \end{pmatrix} = (3\,4) \ \in \ S_5.$$

(2)　置換 $(1\,3) \in S_3$ は $1 \leftrightarrow 3$ を表しており，互換ではあるが隣接互換ではない．

(3)　置換

$$\begin{pmatrix} 1 & 2 & 3 & 4 & 5 \\ 2 & 1 & 3 & 5 & 4 \end{pmatrix} \ \in \ S_5$$

は互換ではないが，サイクル分解は隣接互換の積 $\sigma = (1\,2) \circ (4\,5)$ となる．

ここはまず，習うより慣れろということで，以下の問 1.1 を解いてみてほしい．

問 1.1　(1)　置換

$$\sigma = \begin{pmatrix} 1 & 2 & 3 & 4 & 5 \\ 2 & 3 & 4 & 5 & 1 \end{pmatrix}, \quad \tau = \begin{pmatrix} 1 & 2 & 3 & 4 & 5 \\ 2 & 1 & 4 & 5 & 3 \end{pmatrix}, \quad \rho = \begin{pmatrix} 1 & 2 & 3 & 4 & 5 \\ 4 & 2 & 1 & 5 & 3 \end{pmatrix}$$

に対して，次の積を計算せよ．ただし，答えは $\begin{pmatrix} 1\ 2\ 3\ 4\ 5 \\ \boxed{\quad ? \quad} \end{pmatrix}$ の形でかくこと．

(i)　$\sigma \circ \tau$　　(ii)　$\tau \circ \rho$　　(iii)　$\sigma \circ \rho$

(iv)　$(\sigma \circ \tau) \circ \rho$　　(v)　$\sigma \circ (\tau \circ \rho)$

(2)　次の置換のサイクル分解 (共通の数字を含まない巡回置換の積) を求めよ．

(i)　$\begin{pmatrix} 1 & 2 & 3 & 4 & 5 \\ 2 & 3 & 4 & 5 & 1 \end{pmatrix}$　　(ii)　$\begin{pmatrix} 1 & 2 & 3 & 4 & 5 \\ 2 & 3 & 1 & 5 & 4 \end{pmatrix}$

(iii)　$\begin{pmatrix} 1 & 2 & 3 & 4 & 5 \\ 1 & 2 & 4 & 3 & 5 \end{pmatrix}$　　(iv)　$\begin{pmatrix} 1 & 2 & 3 & 4 & 5 \\ 3 & 1 & 4 & 5 & 2 \end{pmatrix}$

(3)　次の積を計算せよ．ただし，答えは巡回置換 $(1\ \boxed{\quad ? \quad})$ の形でかくこと．

(i)　$(1\,2) \circ (2\,3)$　　(ii)　$(1\,2) \circ (2\,3\,4)$

(iii)　$(1\,2\,3) \circ (3\,4\,5)$　　(iv)　$(1\,2\,3\,4\,5) \circ (1\,3\,4\,2\,5)$

(4) (前問 (3) の (i), (ii), (iii) のように) 巡回置換 $(1\,2\cdots n)$ はどこで切っても巡回置換の積 $(1\,2\cdots r-1\ r)\circ(r\ r+1\cdots n-1\ n)$ と等しくなるか？

1.2 あみだくじ

縦棒が n 本のあみだくじの縦棒の上下に左から順に番号 $1,\cdots,n$ を付ける．すると，このあみだくじによって $\{1,\cdots,n\}$ の置換 $\sigma\in S_n$ が 1 つ定まる．ここでは，以下の問 1.2 を解きながらあみだくじと置換の関係について考えてみる．〔← 読者は実際に手を動かして，考えてほしい〕

以下では，置換 $\sigma,\tau\in S_n$ の積 $\sigma\circ\tau$ を省略して，$\sigma\tau$ ともかく．

問 1.2 (1) 次のあみだくじに対応する $\sigma\in S_5$ の元は何か？

$\sigma=\begin{pmatrix}1&2&3&4&5\\ \boxed{\quad ? \quad}\end{pmatrix}\in S_5$ の形とそのサイクル分解を答えること．

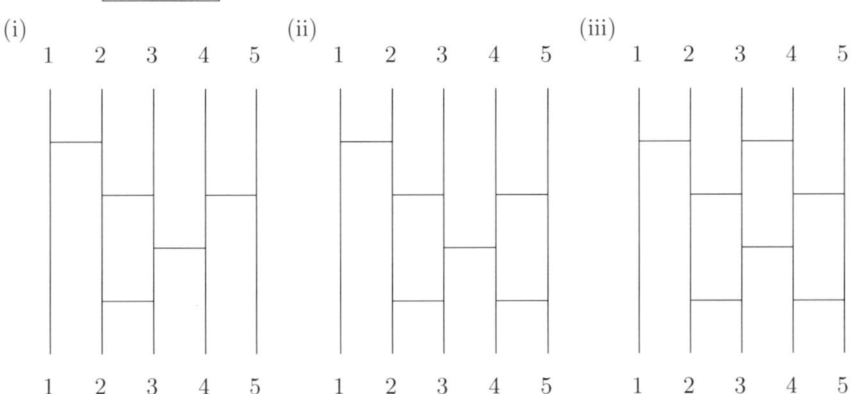

(2) 以下の (i)–(iv) を解きながら，次の問題の答えを考えてみよう：〔← ヒント：それぞれ 1 つ前の問を参考にしながら考えてみる〕

任意の置換 $\sigma\in S_n$ に対して，σ に対応するあみだくじは必ず存在するだろうか？

(i)-1 巡回置換 $(1\,2\,3\,4\,5)$ に対応するあみだくじを横棒 4 本だけを使って作れ．〔← ヒント：分からない場合には，$(1\,2),(1\,2\,3),(1\,2\,3\,4)$ と順に考えてみる〕

(i)-2 巡回置換 $(1\,2\,3\,4\,5)$ を 4 つの隣接互換の積でかけ．〔← ヒント：分からな

い場合には，問 1.1 (4) を繰り返し使ってもよい〕

(i)-3　長さ r の巡回置換 $(j_1\, j_2\, \cdots j_r)$ は $r-1$ 個の互換の積で表せることを示せ．〔← ヒント：具体的にかく〕

(i)-4　一般に，置換 $\sigma \in S_n$ はいくつかの互換の積で表せることを説明せよ．

(ii)-1　互換 $(1\,5)$ に対応するあみだくじを横棒 7 本で 4 種類以上かけ．〔← ヒント：分からない場合には，$(1\,2), (1\,3), (1\,4)$ と徐々に数字を離してみる〕

(ii)-2　互換 $(1\,5)$ を 7 つの隣接互換の積として $(1\,2) \circ \boxed{\quad ? \quad} \circ (1\,2)$ の形で表せ．

(ii)-3　一般に，任意の互換 $(i\, j)$ は隣接互換の積で表されることを，実際にかいて示せ．

(iii)　上の問題の答えをかき，なぜかを (分かりやすく) 説明せよ．

(iv)　上記 (i)–(iii) を参考にして，次の置換に対応するあみだくじを実際にかけ．ただし，とり除ける横棒 (連続した横棒 $\boxminus$ など) はとり除いて，できる限り横棒の数を少なくすること．

(iv)-1　$(1\,2\,3\,5\,4)$　　(iv)-2　$(1\,3\,2\,4\,5)$　　(iv)-3　$(1\,5\,3\,4\,2)$

問 1.2 を解きながら分かったことを，以下にまとめてみる．

命題 1.14 (大根切りの法則)　長さ r の巡回置換 $\sigma = (j_1\, j_2\, \cdots j_r)$ は $r-1$ 個の互換の積でかける：

$$\sigma = (j_1\, j_2)(j_2\, j_3) \cdots (j_{r-2}\, j_{r-1})(j_{r-1}\, j_r).$$

証明　右辺は $j_1 \mapsto j_2$, $j_2 \mapsto j_3$, $\cdots$, $j_{r-1} \mapsto j_r$ であり，j_r は一番右から 1 つずつ動いて結局 j_1 に移り，$j_r \mapsto j_1$ となる． ∎

命題 1.15 (回文の法則)　任意の互換 $\sigma = (i\, j)$, $i < j$ は隣接互換の積によって (回文のようにして)

$$\sigma = (i\, i{+}1)(i{+}1\, i{+}2) \cdots (j{-}2\, j{-}1)(j{-}1\, j)(j{-}2\, j{-}1) \cdots (i{+}1\, i{+}2)(i\, i{+}1)$$

と表せる．特に，$k := j - i$ とすれば σ は $2k-1$ 個の隣接互換の積である．

証明　右辺で，$i \mapsto j$ と $j \mapsto i$ をそれぞれ確認し，それ以外の元は自分自身に戻ることを見ればよい． ∎

例 1.16 (回文の法則) $(1\ 5) = (1\ 2)(2\ 3)(3\ 4)(4\ 5)(3\ 4)(2\ 3)(1\ 2)$:

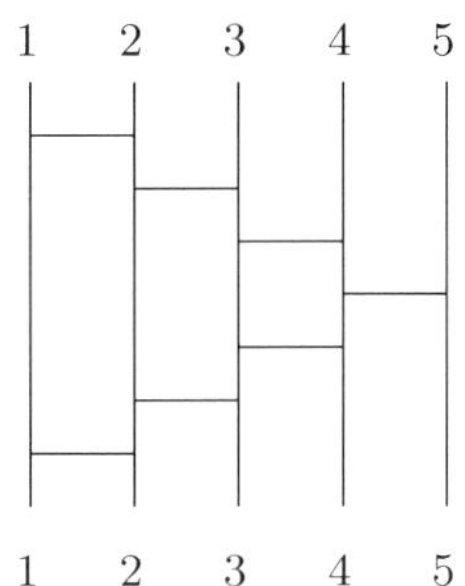

注意 「大根切りの法則」と「回文の法則」は著者が勝手につけた名前なので，一般には通用しない．

「大根切りの法則」と「回文の法則」によって，以下のあみだくじの原理を得る．

あみだくじの原理 <u>任意の置換 $\sigma \in S_n$ に対して，σ に対応するあみだくじが存在する</u>.

あみだくじの原理は次の (I), (II), (III) から従う．

(I) 任意の置換 $\sigma \in S_n$ は互いに共通の数字を含まない，いくつかの巡回置換の積でかける (サイクル分解).

(II) 長さ r の巡回置換 $(j_1\ j_2\ \cdots j_r)$ は $r-1$ 個の互換の積でかける．

(III) 任意の互換 $(i\ j)$ は隣接互換の積でかける．

例 1.17 巡回置換 $(1\,5\,3\,4\,2)$ に対応するあみだくじを作ってみる．大根切りの法則から，$(1\,5\,3\,4\,2) = (1\,5)(5\,3)(3\,4)(4\,2) = (1\,5)(3\,5)(3\,4)(2\,4)$ となり，右から順に回文の法則を適用していけば，実際にあみだくじが得られる (次ページ図の上)．ただし，右では (不要な) 連続した 2 つの横棒を削除した．しかし，この方法では，横棒の数が多くなってしまう．横棒の数がなるべく少ないあみだくじはどのようにしたら得られるだろうか？ 以下では，2 つの方法を紹介する．

(1) **連鎖による方法**. 回文の法則 (命題 1.15) を改良して，$(1\,5) = (5\,1) = (5\,4)(4\,3)(3\,2)(2\,1)(3\,2)(4\,3)(5\,4)$ のように大きい数を先に動かすことができる．〔← $(1\,5)$ のあみだくじを左右反転させたものに対応している〕これを $(1\,5\,3\,4\,2) =$

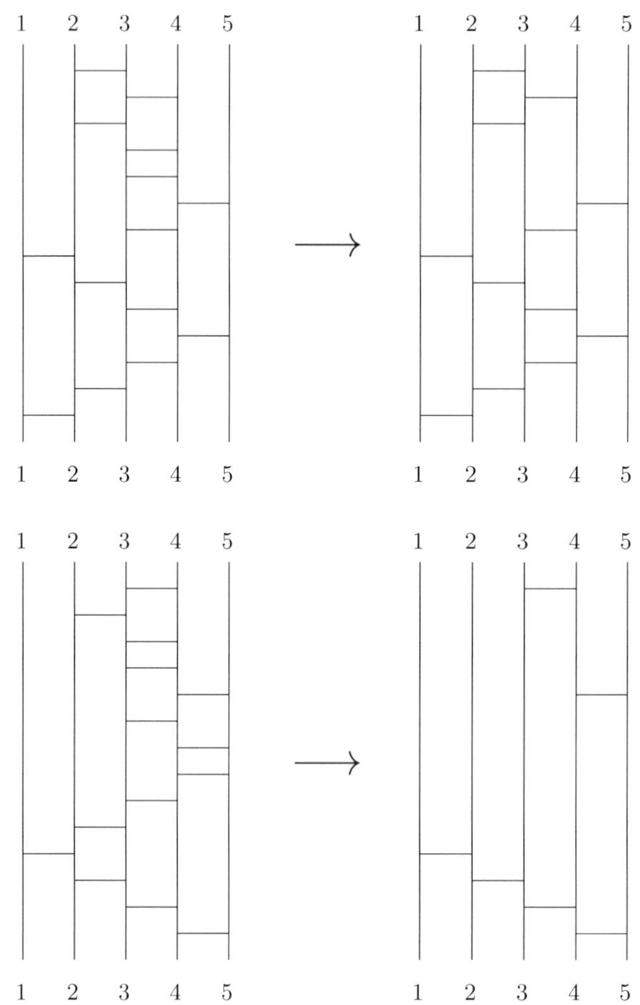

(5 1)(5 3)(4 3)(4 2) に適用すれば，次々と 2 つの連続した横棒を連鎖的に消して，横棒を少なくできる (上図の下)．〔← 連鎖が 4 回連続で起こることを 4 連鎖ともいう〕

(2) **回転大根切りによる方法**．横棒が多くなってしまっている理由の 1 つとして，(1 5) という数字の離れた互換の実現に，横棒を 7 本必要としている点 (回文の法則 (命題 1.15) による) がある．巡回置換の性質

$$(i_1\, i_2\, \cdots\, i_n) = (i_2\, i_3\, \cdots\, i_n\, i_1) = \cdots = (i_n\, i_1\, \cdots\, i_{n-1})$$

を使ってうまく回転させることで，数字の離れた互換を回避すれば，横棒の本数は少なくてすむ：〔← これを，回転大根切りということがある〕 $(1\,5\,3\,4\,2) = (2\,1\,5\,3\,4) = (2\,1\,5\,3)(3\,4) = (5\,3\,2\,1)(3\,4) = (5\,3\,2)(2\,1)(3\,4) = (5\,3)(3\,2)(2\,1)(3\,4)$:

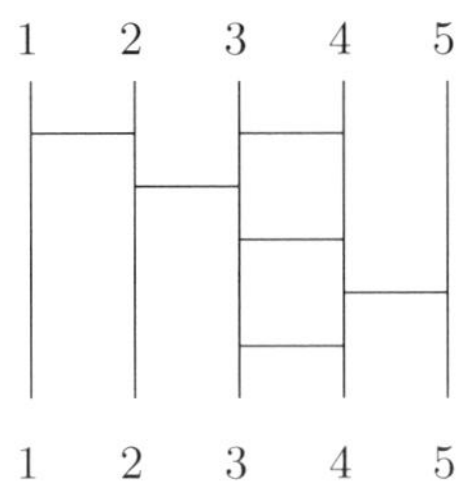

横棒の最少本数は「転倒数」によって与えられるが，本書ではこれ以上深入りしない．〔← 興味のある読者は自ら調べたり，考えたりしてほしい〕

一般に，置換 σ を互換の積で表す表し方はいくらでもあるが，どのように表しても，互換の個数の偶奇 (偶数か奇数か) は一致することが分かる．

命題 1.18 恒等置換 $\sigma = (1)$ がいくつかの互換の積 $\sigma = \sigma_1 \cdots \sigma_m$ で表されたとすると，その個数 m は偶数となる．

証明 (Hans Liebeck による証明, 1969) $\sigma = \sigma_1 \cdots \sigma_m$, $\sigma_i = (a_i\,b_i)$ $(1 \leq a_i < b_i \leq n)$ とする．$a_i \neq 1$ に対して，$(a_i\,b_i) = (1\,a_i)(1\,b_i)(1\,a_i)$ を使って，

$$(1) = (1\,c_1) \cdots (1\,c_l) \qquad (1 < c_i \leq n)$$

とできて，l と m の偶奇は一致する．ここで，各 $(1\,s)$ $(1 < s \leq n)$ はそれぞれ偶数個でなくてはならないから，l および m は偶数である．〔← なぜか？考える〕 ∎

定理 1.19 置換 $\sigma \in S_n$ をいくつかの互換の積 $\sigma = \sigma_1 \cdots \sigma_m$ で表すとき，その個数 m の偶奇は一意的に定まる．

証明 $\sigma = \sigma_1 \cdots \sigma_m = \sigma'_1 \cdots \sigma'_k$ と 2 通り互換の積で表せたとする．互換 σ'_j は $\sigma'_j \sigma'_j = (1)$ をみたすので，この等式の両辺に右から $\sigma'_k, \cdots, \sigma'_1$ をかけていけば，$\sigma_1 \cdots \sigma_m \sigma'_k \cdots \sigma'_1 = (1)$ を得る．命題 1.18 より，$m + k$ は偶数であり，m と k の偶奇は一致しなければならない． ∎

注意 確かに，連続した横棒 $\vdash\!\dashv$ は不要であるから，同じ置換を表すあみだくじ

の横棒の本数の偶奇は一致しそうではあるが，一般に証明すれば上のようになる．また，本によっては，「差積」Δ を使って証明しているであろう．

1.3　置換の結合法則

2 ページの例 1.6 で見たように，置換の積 $\circ$ は普通の数の積 $2 \cdot 3 = 3 \cdot 2 = 6$ とは異なり，一般に非可換 $\sigma \circ \tau \neq \tau \circ \sigma$ であった．それでは，括弧の付け替え $2 \cdot 12 = 2 \cdot (3 \cdot 4) = (2 \cdot 3) \cdot 4 = 6 \cdot 4$ は自由にできるだろうか？

問題 (置換の結合法則)　3 つの置換 $\sigma, \tau, \rho \in S_n$ に対して，つねに

$$(\sigma \circ \tau) \circ \rho = \sigma \circ (\tau \circ \rho)$$

が成り立つだろうか？

このような法則が成り立つとき，積 $\circ$ に関して**結合法則** (associative law) が成り立つという．〔← 括弧を付け替えただけのように見えるが，その意味を図をかいたりしてよく考えてほしい〕

例 1.20 (結合法則)　実数 a, b, c は，通常の加法 $(+)$，乗法 $(\times)$ に関して結合法則をみたす：

$$(a + b) + c = a + (b + c), \quad (a \times b) \times c = a \times (b \times c).$$

しかし，実は結合法則をみたさない積 $\circ$ が存在する！　この場合には以下を区別しなければならない！

$$(a \circ b) \circ c \neq a \circ (b \circ c),$$

$$((a \circ b) \circ c) \circ d \neq (a \circ (b \circ c)) \circ d \neq a \circ ((b \circ c) \circ d)$$

$$\neq a \circ (b \circ (c \circ d)) \neq (a \circ b) \circ (c \circ d).$$

このような場合には，(当然) 括弧を省略することは許されない (!).

ところで，そもそも積とは何だろうか？　置換の積は，数ではなく集合 S_n の 2 つの元に対して定義されていた．数の積，置換の積などを一般化した概念として**二項演算**がある．二項演算について述べるには**集合**と**写像**の概念が必要である．また，上の問題 (置換の結合法則) を考える上でもこれらの概念が必須となる．

よって，これ以上進む前に，まず集合と写像の基本概念を準備しておく．

第2章
集合と写像：準備

本章では集合と写像の基本事項について復習しておく．

2.1 集合とその例

定義 2.1 (集合) **集合** (set) とは，何がそのメンバーであるか (そこに属しているか否か) を一意的 (unique) に判定できるようなものの集まりのこと．

例 **2.2** (集合)

$\mathbb{N}$：自然数全体の集合　自然数 = natural numbers

$\mathbb{Z}$：整数全体の集合　整数 = integers (ドイツ語で ganze Zahlen)

$\mathbb{Q}$：有理数全体の集合　有理数 = rational numbers だが quotient (分数) の q

$\mathbb{R}$：実数全体の集合　実数 = real numbers

$\mathbb{C}$：複素数全体の集合　複素数 = complex numbers

定義 2.3 (元，要素) 集合 S に属するメンバーを，その集合の**元**または**要素** (element) といい，

　x が S の元であることを $x \in S$,〔← x は S に属すると読む〕

　x が S の元でないことを $x \notin S$〔← x は S に属さないと読む〕

とかく．

例 **2.4** $\sqrt{2} \in \mathbb{R}$ であるが $\sqrt{2} \notin \mathbb{Q}$. $\sqrt{-1} \notin \mathbb{R}$ であるが $\sqrt{-1} \in \mathbb{C}$.

定義 2.5 (有限集合，無限集合) 集合 X の元が有限個のとき，X を**有限集合** (finite set)，X の元が無限個のとき，X を**無限集合** (infinite set) という．

定義 2.6 (**集合 X の位数**)　集合 X の元の個数を X の**位数** (order) といい，$|X|$ または $\#X$ で表す．X が無限集合のときは，$|X| = \infty$ とかく．

例 2.7 (**集合の表記**)　集合の表し方には，要素をかき並べる方法 (外延的記法)

$$\mathbb{N} = \{1, 2, 3, \cdots\}$$

と，要素であるための条件をかく方法 (内包的記法) がある：

$$\mathbb{Q} = \left\{ \frac{a}{b} \,\middle|\, a, b \in \mathbb{Z},\ b \neq 0 \right\}.$$

例えば，$S = \{1, 2, 3, 4, 6, 12\} = \{n \in \mathbb{N} \mid n$ は 12 の約数 $\}$.

定義 2.8 (**部分集合**)　集合 B のいくつかの元からなる集合 A を，B の**部分集合** (subset) といい，$A \subset B$ とかく (A は B に含まれるともいう)．すなわち，集合 A が集合 B の**部分集合**であるとは，

$$\text{任意の (すべての) } x \in A \text{ に対して，} x \in B$$

が成り立つことである．〔← なぜか？各自考える！〕

A が B の**部分集合でない**とき $A \not\subset B$ とかく．$A \subset B$ かつ $B \subset A$ のとき，集合 A と集合 B は**等しい**といい，$A = B$ とかく．

定義 2.9 (**空集合**)　要素を 1 つも含まないものの集まりも 1 つの集合とみなし，**空集合** (empty set) と呼んで記号 $\varnothing$ で表す．〔← 定義から，空集合は任意の集合の部分集合である〕

例 2.10 (**部分集合**)　$S = \{0, 1\}$ の部分集合は $\varnothing$, $\{0\}$, $\{1\}$, $S = \{0, 1\}$ の 4 個．$S = \{0, 1, 2\}$ の部分集合は $\varnothing$, $\{0\}$, $\{1\}$, $\{0, 1\}$, $\{2\}$, $\{0, 2\}$, $\{1, 2\}$, $S = \{0, 1, 2\}$ の 8 個．〔← 同様に，$S = \{0, 1, \cdots, n\}$ の部分集合は 2^{n+1} 個ある〕

定義 2.11 (**和集合，共通部分，差集合，補集合**)　$A, B \subset U$ に対して，

$A \cup B := \{x \mid x \in A$ または $x \in B\}$; A と B の**和集合** (union)

$A \cap B := \{x \mid x \in A$ かつ $x \in B\}$; A と B の**共通部分** (intersection)

$A - B := \{x \mid x \in A$ かつ $x \notin B\}$; **差集合** (difference set)

$A^c := \{x \in U \mid x \notin A\}$; A の (U の中での) **補集合** (complement)

と定義する．差集合 $A - B$ を $A \setminus B$ ともかく．

注意 一般に，集合の族 $\{A_\lambda\}_{\lambda\in\Lambda}$ (Λ は添字集合) に対しても和集合，共通部分が定義される：

$$\bigcup_{\lambda\in\Lambda} A_\lambda = \{x \mid \text{ある } \lambda\in\Lambda \text{ に対して，} x\in A_\lambda\};$$

$$\bigcap_{\lambda\in\Lambda} A_\lambda = \{x \mid \text{任意の } \lambda\in\Lambda \text{ に対して，} x\in A_\lambda\}.$$

〔← 添字集合 Λ が有限集合 $|\Lambda| = n$ の場合には，それぞれ $\bigcup_{i=1}^{n} A_i = A_1\cup\cdots\cup A_n$, $\bigcap_{i=1}^{n} A_i = A_1\cap\cdots\cap A_n$ などとかかれる〕

定義 2.12 (**直積集合**) n 個の集合 $A_1,\cdots,A_n$ に対して，A_i の要素 $a_i\in A_i$ を順番に並べた組 $(a_1,\cdots,a_n)$ 全体の集合

$$\{(a_1,\cdots,a_n)\,|\,a_i\in A_i\ (i=1,\cdots,n)\}$$

を A_i $(i=1,\cdots,n)$ の**直積集合** (direct product) といい，$A_1\times\cdots\times A_n$ とかく．

例 2.13 (**直積集合**) 平面 $\mathbb{R}^2=\mathbb{R}\times\mathbb{R}=\{(x,y)\mid x\in\mathbb{R},\ y\in\mathbb{R}\}$ は 2 つの $\mathbb{R}$ の直積集合である．

2.2 写像とその例

「関数」の概念を一般の集合 (ものの集まり，数の集まりである必要はない) 上に一般化することで「写像」の概念が得られる．

定義 2.14 (**写像**) $X, Y\neq\varnothing$ とする．X の元 x に Y の元 $y=f(x)$ を対応させる規則 f のことを，X から Y への**写像** (map) といい，

$$f: X\longrightarrow Y,\ x\longmapsto y=f(x),$$

$$f: X\ni x\longmapsto y=f(x)\in Y$$

などとかく．また，黒板などには，以下のようにもかく：

$$\begin{array}{ccc} f: X & \longrightarrow & Y \\ \cup\!\!\!\shortmid & & \cup\!\!\!\shortmid \\ x & \longmapsto & y=f(x). \end{array}$$

特に，X, Y が $\mathbb{R}$ や $\mathbb{C}$ など数の場合には写像を**関数** (function) という．

注意　(1) 写像を定めるということは，どの集合 (X) からどの集合 (Y) に，どの元 (x) をどの元 (y) に対応させせるか，その両方を定めるということである．ときどき，集合 X と Y のみ，あるいは，元 x と y のみで写像を定めた気になっている人を見かけることがあるので，ここに注意しておく．

(2) 二種類の矢印 ($\longrightarrow, \longmapsto$)，コロン (:)，セミコロン (;) の使い方には十分に注意すること．例えば，コロン (:) をセミコロン (;) にしてはいけない．〔← それぞれの記号には，意味がある！〕

定義 2.15 (**合成写像**)　写像 $f: X \to Y$, $g: Y \to Z$ に対して，X の元 x を f で移した $f(x) \in Y$ を，さらに g で $g(f(x)) \in Z$ に移す写像を f と g の**合成写像** (composite map) といい，$g \circ f$ で表す：$(g \circ f)(x) = g(f(x))$．すなわち，

$$g \circ f : X \ni x \longmapsto g(f(x)) \in Z.$$

例 2.16 (**合成写像**)　3 つの集合 $X = \{a, b, c\}$, $Y = \{1, 2, 3\}$, $Z = \{¥, 0\}$ に対して，写像 $f: X \to Y$ と $g: Y \to Z$ を

$$f(a) = 2,\ f(b) = 3,\ f(c) = 2, \qquad g(1) = ¥,\ g(2) = 0,\ g(3) = 0$$

と定義する．このとき，合成写像 $g \circ f$ は $g \circ f : X \to Z$, $a \mapsto 0$, $b \mapsto 0$, $c \mapsto 0$ となる．

次の命題から，10 ページの問題 (置換の結合法則) の答えが得られる：〔← 置換は実は写像の一種であることが命題 3.5 で分かる〕

命題 2.17 (**写像の結合法則**)　写像 $f: X \to Y$, $g: Y \to Z$, $h: Z \to W$ に対して，次が成り立つ：

$$(h \circ g) \circ f = h \circ (g \circ f) \ : \ X \to W.$$

証明　2 つの写像が等しいことを示すには，任意の $x \in X$ に対して，その行先 (W の元) が等しいことを示せばよい．写像の合成の定義から，

$$((h \circ g) \circ f)(x) = (h \circ g)(f(x)) = h(g(f(x))),$$

$$(h \circ (g \circ f))(x) = h((g \circ f)(a)) = h(g(f(x)))$$

であるので，2 つの写像は等しいといえる：$(h \circ g) \circ f = h \circ (g \circ f)$.　∎

2.3 全射と単射

写像 $X \to Y$ が分かりやすいのは,「Y のすべての元は X から移ってくる」場合や「X の別々の元はそれぞれ Y の別々の元に移る」場合で,そのような (直感的な) イメージは,数学では次のように定義 (表現) する:〔← イメージでは数学 (証明) はできないので,厳密な定義が必要!〕

定義 2.18 (**全射,単射,全単射**) (1) 写像 $f : X \to Y$ が**全射** (surjection) であるとは,任意の $y \in Y$ に対して,$f(x) = y$ となる $x \in X$ が存在すること.

(2) 写像 $f : X \to Y$ が**単射** (injection) であるとは,任意の $x_1, x_2 \in X$ に対して,$x_1 \neq x_2$ ならば $f(x_1) \neq f(x_2)$ が成り立つこと.

(3) 写像 $f : X \to Y$ が**全単射** (bijection) であるとは,全射かつ単射であること.

注意 写像 $f : X \to Y$ が**単射**であるとは,任意の $x_1, x_2 \in X$ に対して,$f(x_1) = f(x_2)$ ならば $x_1 = x_2$ が成り立つこと,でもある.〔← 対偶をとった〕

命題 2.19 写像 $f : X \to Y$, $g : Y \to Z$ に対して,以下が成り立つ:

(1) f, g が全射ならば $g \circ f$ は全射;

(2) f, g が単射ならば $g \circ f$ は単射;

(3) $g \circ f$ が全射ならば g は全射;

(4) $g \circ f$ が単射ならば f は単射.

証明 (1) 任意の $z \in Z$ に対して,g の全射性から,$g(y) = z$ なる $y \in Y$ が存在し,f の全射性から,$f(x) = y$ なる $x \in X$ が存在する.$z = g(f(x)) = (g \circ f)(x)$ であるから,$g \circ f$ は全射.

(2) f, g の単射性から,任意の $x_1, x_2 \in X$ に対して,$(g \circ f)(x_1) = (g \circ f)(x_2) \implies g(f(x_1)) = g(f(x_2)) \implies f(x_1) = f(x_2) \implies x_1 = x_2$ より,$g \circ f$ は単射.

(3) $g \circ f$ の全射性から,任意の $z \in Z$ に対して,$(g \circ f)(x) = z$ なる $x \in X$ が存在する.$y = f(x)$ とすれば,$g(y) = (g \circ f)(x) = z$ であるから,g は全射.

(4) $g \circ f$ の単射性から,$f(x_1) = f(x_2) \implies g(f(x_1)) = g(f(x_2)) \implies (g \circ f)(x_1) = (g \circ f)(x_2) \implies x_1 = x_2$ となり,f は単射. ∎

定義 2.20 (**恒等写像**)　写像 $\mathrm{id}_X : X \to X,\ x \mapsto x$ を X の**恒等写像** (identity map) という．〔← 恒等写像は定義から全単射〕

定義 2.21 (**逆写像**)　写像 $f : X \to Y$ を全単射とする．このとき，(全射より) 任意の $y \in Y$ に対して，ある $x \in X$ が存在して $f(x) = y$ をみたし，またそのような $x \in X$ は (単射より) 一意的 (ただ 1 つ) に定まる．$y \in Y$ に対して，この $x \in X$ を対応させる写像を f の**逆写像** (inverse map) といい，f^{-1} で表す．〔← すなわち，$f^{-1} : Y \to X,\ f(x) = y \mapsto x$ のこと〕

注意　定義から，$f^{-1} \circ f = \mathrm{id}_X$，$f \circ f^{-1} = \mathrm{id}_Y$ である．〔← 各自確認せよ！〕

命題 2.22　写像 $f : X \to Y$，$g : Y \to X$ に対して，$g \circ f = \mathrm{id}_X$ かつ $f \circ g = \mathrm{id}_Y$ ならば f と g は全単射で $g = f^{-1}$.

証明　恒等写像は全単射であるから命題 2.19 (3), (4) より，f と g は全単射．また，$f \circ f^{-1} = \mathrm{id}_Y$ だから，写像の結合法則 (命題 2.17) より，$g = g \circ \mathrm{id}_Y = g \circ (f \circ f^{-1}) = (g \circ f) \circ f^{-1} = \mathrm{id}_X \circ f^{-1} = f^{-1}$. ∎

2.4　命題の否定

集合 X の元 $x \in X$ に対する命題 $P(x)$ の**否定** ($\neg$) を $Q(x)$ ($= \neg P(x)$) とする．このとき，否定と「任意の」「存在する」には次のような関係がある．〔← $P(x)$, $Q(x)$ の中にくり返し「任意の」「存在する」が出てくることもある〕

<u>ある $x \in X$ が存在して，</u> $\boxed{P(x)\ (= \neg Q(x))}$ <u>が成り立つ</u>.

否定↑　　↓**否定**

<u>任意の $x \in X$ に対して，</u> $\boxed{\neg P(x)\ (= Q(x))}$ <u>が成り立つ</u>.

これを，以下のようにもかく：

$$\exists x \in X \text{ s.t. } P(x)$$

否定↑　　↓**否定**

$$\neg P(x)\ (\forall x \in X).$$

ここで

∃は「存在する」を表す記号 (存在記号, Exist の E を左右反対にしたもの),

∀は「任意の」を表す記号 (全称記号, Any の A を上下逆さまにしたもの),

s.t. は such that〜 (〜をみたすような) の略

である．1つだけ存在することを，

∃! や ∃1「唯一存在する」

と表すこともある．また，このほか，

i.e. は「すなわち」(ラテン語の id est の略),

e.g. は「例えば」(ラテン語の exempli gratiafor の略)

の意味で数学ではよく使われるので，覚えておく必要がある．

注意 命題の否定をとる際に，特に間違えやすい以下の点を注意しておく．命題 $P(x)$ と $Q(x)$ に対して，$P(x) \Rightarrow Q(x)$ ($P(x)$ ならば $Q(x)$) の否定は

$$P(x) \text{ でない} \Rightarrow Q(x) \text{ でない} \quad \text{あるいは} \quad P(x) \Rightarrow Q(x) \text{ でない}$$

などと思っている人がいるようだが，これは**大きな間違い**である．〔← 具体例などを各自，時間を十分にとって考えてみること〕 $P(x) \Rightarrow Q(x)$ は条件 $P(x)$ をみたすと自動的に条件 $Q(x)$ がみたされるということであるから，このことを否定するには，条件 $P(x)$ をみたすもののなかから条件 $Q(x)$ をみたしていないものを探さなくてはいけない．これを踏まえると，$P(x) \Rightarrow Q(x)$ の否定は

$$P(x) \quad \text{かつ} \quad Q(x) \text{ でない}$$

となる．〔← $P(x) \Rightarrow Q(x)$ を否定して $\Rightarrow$ が残っていたら間違いとなる！〕 真理値表を知っている読者は，真理値表によって確認することもできるだろう．

さて，次の問 2.1 を解きながら，命題の否定がとれるようになろう．命題の否定を正しくとることは，背理法などの証明をする際にも使われ，大変重要である．

問 2.1 (1) **(全射でない)** 写像 $f : X \to Y$ が**全射でない**ということは，どのようなことか？ ある写像が**全射でない**ことを示すには，何を示す必要があるか？〔← ヒント：「ある〜が存在して」を用いる〕

(2) **(単射でない)** 写像 $f : X \to Y$ が**単射でない**ということは，どのようなことか？ ある写像が**単射でない**ことを示すには，何を示す必要があるか？〔← ヒント：「ある〜が存在して」を用いる〕

(3) $X = \mathbb{Z}, \mathbb{Q}, \mathbb{R}$ のそれぞれに対して，次の写像は全射，単射，全単射かどうかを判定せよ．

(i) $f : X \to X,\ x \mapsto x+2$　　(ii) $f : X \to X,\ x \mapsto 3x$

(iii) $f : X \to X,\ x \mapsto x^2$　　(iv) $f : X \to X,\ x \mapsto x^3$

2.5　順序集合とツォルンの補題

ここで，実数 $a, b \in \mathbb{R}$ の大小関係 ($2 \leq 3$ など) を一般の集合 X に拡張しておく．〔← 順序と呼ばれる〕

定義 2.23 (**順序，順序集合，全順序集合**)　集合 X に次の 3 つの条件をみたす関係 $\leq$ が定義されているとき，この関係 $\leq$ を X 上の**順序** (order) といい，X を**順序集合** (ordered set) という：

(1) $x \leq x$ $(\forall x \in X)$;

(2) $x \leq y$ かつ $y \leq x$ ならば $x = y$ $(\forall x, y \in X)$;

(3) $x \leq y$ かつ $y \leq z$ ならば $x \leq z$ $(\forall x, y, z \in X)$.

(1), (2), (3) に加えて，

(4) $x \leq y$ または $y \leq x$ $(\forall x, y \in X)$

が成り立つとき，X を**全順序集合** (totally ordered set) という．

例 2.24 (**順序集合，全順序集合**)　(1) $\mathbb{N}, \mathbb{Z}, \mathbb{Q}, \mathbb{R}$ は通常の不等号 $\leq$ (順序) に関して全順序集合.

(2) 集合 Ω に対して，$X = \{\Omega' \subset \Omega \mid \Omega'$ は Ω の部分集合$\}$ とすれば，X は包含関係 $\subset$ に関して順序集合となる．一般には，全順序ではない.〔← なぜか考えてみる〕 4 章 (4.8 節) では，Ω が群 G であるとき，この順序を棒を用いてハッセ図 (定義 4.71) という図で表すであろう．

定義 2.25 (**上界，極大元**)　X を順序集合とする．

(1) $x \in X$ が $Y \subset X$ の**上界** (upper bound) とは，$y \leq x$ $(\forall y \in Y)$ をみたすこと．

(2) $x \in X$ が X の**極大元** (maximal element) であるとは，

$$y \in X \text{ に対し，} x \leq y \text{ ならば } x = y$$

をみたすこと.〔← 下界 (lower bound), 極小元 (minimal element) も同様にして定義される〕

本書では公理として次を認める.

公理 2.26 (ツォルンの補題, **Zorn's lemma**) X を順序集合とする. X の任意の全順序部分集合が上界をもてば, X は極大元をもつ.

注意 ツォルンの補題は**選択公理** (axiom of choice) や**整列可能定理** (well-ordering theorem), さらには環論における**環の極大イデアルの存在**などと同値であることが知られている. 興味のある読者は, 自ら調べてみてほしい.

第3章
置換とあみだくじ（再考）

3.1　二項演算

集合 X とは，ものの集まりのことであった．例えば，

$$\mathbb{N}, \quad \mathbb{Z}, \quad \mathbb{Q}, \quad \mathbb{R}, \quad \mathbb{C}$$

は集合の例である．しかし，実数全体の集合 $\mathbb{R}$ といわれると，単に集合 (数を集めたもの) というだけでは，何かが足らない気がする．

2 つの実数 $a, b \in \mathbb{R}$ には，順序 $a \leq b$ や距離 $|a-b|$ が定められていて，単なるものの集まりよりは，はるかに豊富な構造をもっている．〔← 実数直線を想像できるのは，この理由からである〕 さらに，2 つの実数 $a, b \in \mathbb{R}$ には加法 (和) $a+b \in \mathbb{R}$ と乗法 (積) $a \cdot b \in \mathbb{R}$ が定められている．このような，加法や乗法は，次のように一般化される．

定義 3.1 (二項演算)　集合 X に対して，写像

$$f : X \times X \to X, \ (a, b) \mapsto a \circ b := f(a, b)$$

を X 上の**二項演算** (binary operation) または**演算**といい，$a \circ b := f(a, b)$ を a と b の**積**という．この $\circ$ を単に二項演算や積ということもある．集合 X 上に二項演算 $\circ$ が与えられている (定義されている) ことを $(X, \circ)$ と表す．

例 3.2 (二項演算 **(I)**)　(1)　通常の加減乗除に対して，$(\mathbb{Q}, +)$, $(\mathbb{Q}, -)$, $(\mathbb{Q}, \times)$, $(\mathbb{Q} \setminus \{0\}, \div)$ は二項演算が与えられた集合の例である．しかし，$\mathbb{N}$ に対する減法と除法

$$(a, b) \mapsto a - b, \qquad (a, b) \mapsto \frac{a}{b}$$

は二項演算ではないことに注意する．〔← なぜか考える！〕

(2) n 次対称群 S_n と置換の積 $\sigma \circ \tau$ に対して，$\circ$ は S_n 上の二項演算：$(S_n, \circ)$.

この定義によれば，二項演算とは集合 X の 2 つの元 $a, b \in X$ に，ある 1 つの元 $a \circ b \in X$ を対応させる規則 (写像) のことである．逆にいえば，積 $\circ$ は $2 \circ 3 = 100$ でもよいし，$2 \circ (-5) = 1$ でもよいわけである．〔← 積 $\circ$ は，一般には結合法則 $(a \circ b) \circ c = a \circ (b \circ c)$ をみたさないことに注意 (例 1.20)〕

例 3.3 (**二項演算 (II)**) (1) 2 つの元からなる集合 $X = \{a, b\}$ に二項演算 $\circ$ を定義して $(X, \circ)$ とみなす方法について考える．積の定め方は，

$$a \circ a = \boxed{?}, \quad a \circ b = \boxed{?}, \quad b \circ a = \boxed{?}, \quad b \circ b = \boxed{?}$$

の $\boxed{?}$ を a または b として定義すればよいので，$2^4 = 16$ 通りある．同様に，$X = \{a, b, c\}$ に積を定義して $(X, \circ)$ を考えるには，積の定め方は $3^9 = 19683$ 通り，$X = \{a, b, c, d\}$ に至っては，$4^{16} = 4294967296$ 通りもある (!).

(2) すべての積 $\circ$ を考えるのではなく，ある特定の積を考えることにする．集合 $X = \{0, 1\}$ に対して，二項演算 $\circ$ を "$\circ$" = "$+$"(和) あるいは "$\circ$" = "$\cdot$" (通常の積) として定義するには，

$$0+0=0, \qquad 0+1=1, \qquad 1+0=1, \qquad 1+1=0,$$
$$0 \cdot 0=0, \qquad 0 \cdot 1=0, \qquad 1 \cdot 0=0, \qquad 1 \cdot 1=1$$

とするのが自然であろう．これを表で表してみると以下のようになる：

$+$	0	1
0	0	1
1	1	0

$\cdot$	0	1
0	0	0
1	0	1

一般に有限集合 X に二項演算を定めるということは，以下の演算表を定めることと同じである．〔← なぜか少し考える！〕

定義 3.4 (**演算表**) 二項演算 $\circ$ が与えられた有限集合 $X = \{a_1, a_2, \cdots, a_n\}$ に対して，その二項演算の対応を以下のように表にしたものを，$(X, \circ)$ の演算表という：〔← $a \circ a$ を a^2 とかく〕

$\circ$	a_1	a_2	$\cdots$	a_j	$\cdots$	a_n
a_1	a_1^2	$a_1 \circ a_2$		$\vdots$		$a_1 \circ a_n$
a_2	$a_2 \circ a_1$	a_2^2		$\vdots$		$a_2 \circ a_n$
$\vdots$				$\vdots$		$\vdots$
a_i	$\cdots$	$\cdots$	$\cdots$	$a_i \circ a_j$		$\vdots$
$\vdots$						$\vdots$
a_n	$a_n \circ a_1$	$a_n \circ a_2$	$\cdots$	$\cdots$	$\cdots$	a_n^2

3.2　置換の定義の再考

前章で学んだ写像 (全射，単射) と二項演算を用いて，n 次対称群

$$S_n = \left\{ \begin{pmatrix} 1 & 2 & \cdots & n \\ i_1 & i_2 & \cdots & i_n \end{pmatrix} \;\middle|\; \{i_1, i_2, \cdots, i_n\} \text{ は } \{1, 2, \cdots, n\} \text{ の並べ替え} \right\}$$

を捉え直してみる．以下，積 $\circ$ を省略して，$\sigma \circ \tau = \sigma\tau$ ともかく．

命題 3.5 (**置換の定義の再考**)　n 文字 $I_n := \{1, 2, \cdots, n\}$ の置換 σ を 1 つ与えることは，I_n から I_n への全単射である写像 σ を 1 つ与えることと同じである．よって，この同一視によって，I_n の置換全体のなす集合，n **次対称群** S_n は

$$S_n = \{\sigma : I_n \to I_n \mid \sigma \text{ は全単射}\}$$

と表せる．また，置換の積 $\sigma \circ \tau$ (S_n 上の二項演算) は合成写像 $(\sigma \circ \tau)(i) = \sigma(\tau(i))$ $(i \in I_n)$ に他ならない．

証明　置換 σ によって，全単射 $I_n \to I_n$，$i \mapsto \sigma(i)$ が得られる．〔← なぜか？〕逆に，全単射 $\sigma : I_n \to I_n$ に対して，$\begin{pmatrix} 1 & 2 & \cdots & n \\ \sigma(1) & \sigma(2) & \cdots & \sigma(n) \end{pmatrix}$ は置換 $\sigma \in S_n$ を定める．このとき，置換の積の定義 (定義 1.5) から，置換 $\sigma \circ \tau$ は全単射 σ, τ に対する合成写像 $\sigma \circ \tau$ のことに他ならない．∎

置換 $\sigma \in S_n$ を互換の積 $\sigma = \sigma_1 \cdots \sigma_m$ で表したとすると，定理 1.19 より，その個数 m の偶奇は一意的に定まる．これにより，σ の符号が定義できる：

定義 3.6 (**置換の符号，偶置換，奇置換**)　$\sigma \in S_n$ に対して，σ が m 個の互換

の積で表されるとき，$\mathrm{sgn}(\sigma) = (-1)^m$ を σ の**符号** (signature) という．符号 $\mathrm{sgn}(\sigma) = 1$ なる置換 $\sigma \in S_n$ を**偶置換** (even permutation)，符号 $\mathrm{sgn}(\sigma) = -1$ なる置換 $\sigma \in S_n$ を**奇置換** (odd permutation) という．〔← つまり，偶 (奇) 数個の互換の積のとき偶 (奇) 置換という〕

例 3.7 (偶置換，奇置換) (1) S_3 の 6 個の元のうち，

$$(1) = (1\,2)(1\,2),\ (1\,2\,3) = (1\,2)(2\,3),\ (1\,3\,2) = (1\,3)(3\,2)$$

の 3 個は偶置換,

$$(1\,2),\ (1\,3),\ (2\,3)$$

の 3 個は奇置換.

(2) S_4 の 24 個の元のうち，

$$(1) = (1\,2)(1\,2),\ (1\,2)(3\,4),\ (1\,3)(2\,4),\ (1\,4)(2\,3),$$
$$(1\,2\,3),\ (1\,3\,2),\ (1\,2\,4),\ (1\,4\,2),\ (1\,3\,4),\ (1\,4\,3),\ (2\,3\,4),\ (2\,4\,3)$$

の 12 個は偶置換,

$$(1\,2),\ (1\,3),\ (1\,4),\ (2\,3),\ (2\,4),\ (3\,4),$$
$$(1\,2\,3\,4),\ (1\,2\,4\,3),\ (1\,3\,2\,4),\ (1\,3\,4\,2),\ (1\,4\,2\,3),\ (1\,4\,3\,2)$$

の 12 個は奇置換.

一般に次が成り立つ：

命題 3.8 S_n $(n \geq 2)$ の元のうち，偶置換と奇置換は半分 ($n!/2$ 個) ずつある.

証明 $A_n = \{\sigma \in S_n \mid \mathrm{sgn}(\sigma) = 1\}$, $B_n = \{\sigma \in S_n \mid \mathrm{sgn}(\sigma) = -1\}$ とすれば，$S_n = A_n \cup B_n$ かつ $A_n \cap B_n = \varnothing$ であるから $|A_n| = |B_n|$ を示せばよい. A_n の各元に $(1\,2)$ を左からかける写像 $f : A_n \to B_n$, $\sigma \mapsto (1\,2)\sigma$ は，$\sigma, \tau \in A_n$ に対して，$(1\,2)\sigma = (1\,2)\tau \implies (1\,2)(1\,2)\sigma = (1\,2)(1\,2)\tau \implies \sigma = \tau$ より単射であり，$|A_n| \leq |B_n|$ を得る．同様に，$g : B_n \to A_n$, $\tau \mapsto (1\,2)\tau$ を考えれば，$|B_n| \leq |A_n|$ を得るから，$|A_n| = |B_n|$.〔← これより，f も g も全単射が分かる〕 ∎

符号 sgn を写像と捉えて，その性質をみてみる.

命題 3.9 (写像 sgn の性質) 符号を対応させる写像 $\mathrm{sgn} : S_n \to \{\pm 1\}$, $\sigma \mapsto \mathrm{sgn}(\sigma)$ を考える．このとき，$\mathrm{sgn}(\sigma\sigma') = \mathrm{sgn}(\sigma)\,\mathrm{sgn}(\sigma')$ $(\forall \sigma, \sigma' \in S_n)$.

証明 σ, σ' をそれぞれ互換の積で $\sigma = \sigma_1 \cdots \sigma_m$, $\sigma' = \sigma'_1 \cdots \sigma'_n$ と表したと

すると，$\mathrm{sgn}(\sigma\sigma') = (-1)^{m+n} = (-1)^m(-1)^n = \mathrm{sgn}(\sigma)\mathrm{sgn}(\sigma')$. ∎

例 3.10 (写像 sgn の性質)　$n = 3$ のとき，sgn: $S_3 \ni \sigma \mapsto \mathrm{sgn}(\sigma) \in \{\pm 1\}$ は

$$(1) \mapsto 1, \qquad a = (1\,2\,3) \mapsto 1, \qquad b = (1\,3\,2) \mapsto 1,$$
$$c = (1\,2) \mapsto -1, \qquad d = (1\,3) \mapsto -1, \qquad e = (2\,3) \mapsto -1$$

なる写像である．命題 3.9 より，$\mathrm{sgn}(\sigma\sigma') = \mathrm{sgn}(\sigma)\mathrm{sgn}(\sigma')$ $(\forall\sigma, \sigma' \in S_3)$ であり，置換の積 $\sigma\sigma'$ の符号は σ の符号と σ' の符号の積となる．すなわち，S_n の中で積 $\sigma\sigma'$ をとって写像 sgn で送っても，先に σ と σ' を写像 sgn で送り，その結果の積を $\{\pm 1\}$ の中でとっても，答えは同じになる．これをもう少しよく考えれば，sgn : $S_3 \to \{\pm 1\}$ は S_3 の積の構造を保存したまま $\{\pm 1\}$ に送っていると表現することができる．〔← 落ち着いて，絵をかいたりしてよく考えてみる〕次のように演算表の対応をかいてみると，S_3 の積の構造がこわされることなく $\{\pm 1\}$ に伝播 (遺伝) している様子がよく分かる：

$\circ$	(1)	a	b	c	d	e
(1)	(1)	a	b	c	d	e
a	a	b	(1)	d	e	c
b	b	(1)	a	e	c	d
c	c	e	d	(1)	b	a
d	d	c	e	a	(1)	b
e	e	d	c	b	a	(1)

sgn
$\mapsto$

$\cdot$	1	1	1	−1	−1	−1
1	1	1	1	−1	−1	−1
1	1	1	1	−1	−1	−1
1	1	1	1	−1	−1	−1
−1	−1	−1	−1	1	1	1
−1	−1	−1	−1	1	1	1
−1	−1	−1	−1	1	1	1

注意　例 3.10 のように，積の構造を保つ写像は非常に重要である．このような写像は準同型写像と呼ばれ，9 章で学ぶ．準同型定理 (定理 9.14) の例 (例 9.15) としても偶置換が半分あること ($|A_n| = n!/2$) (命題 3.8) が得られる．

3.3　群とは？

群(ぐん) (group) は現代の数学において欠かせない非常に重要な概念である．しかし，群の定義は，4 章まで与えない．

その理由の 1 つは，群の定義は非常に抽象的 (一般的) であり，また群の理論は抽象代数学とも呼ばれる，現代における抽象的な数学の一部をなしていることにある．〔← よって，定義だけ聞いても理解しづらい．イメージが湧かず，分かりづらい〕

そこで，定義を紹介する代わりに，なぜ抽象的な定義 (概念) が必要なのかにつ

いて考えてみたい．**群とは** (誤解を恐れずに) そのイメージだけを伝えれば，

$$\boxed{\text{群}} \quad \text{“=”} \quad \boxed{\text{集合}} \quad + \quad \boxed{\text{二項演算}} \quad + \quad \boxed{\text{いくつかの条件}}$$

〔← 数学的な等式ではなくイメージ〕である．すなわち，群とは二項演算が定義された集合 $(X, \circ)$ であって，いくつかの条件をみたすものの総称である．ただ単に二項演算が定義された集合 $(X, \circ)$ を考えるだけでは，例 3.3 でみたように膨大に多くの例が存在してしまう．そこで，しかるべき「いくつかの条件」をみたす $(X, \circ)$ のみを考える，それが**群**を考えるということである．〔← どうしても今すぐ定義が知りたい (!) という場合には，4 章を参照のこと〕

二項演算 $\circ$ が明らかな場合は群 $(X, \circ)$ を単に群 X ともかく．また，群 X は英語名 (group) から，G とかかれることが多い．以下では，群を表す記号として G を用いることにする．

実は「いくつかの条件」の中には，積 $\circ$ が**結合法則**をみたすという条件が入っている．〔← 結合法則がみたされない積 $\circ$ を考えると，困ったことになるのはすでに述べた通り (1.3 節)〕 よって，群とは，結合法則をみたすような $(G, \circ)$ であり，さらにいくつかの条件をみたすもの，と思ってよい．

例 3.11 (**群の例**) 群の定義を述べる代わりに，その例を紹介する．以下はすべて群の例である：

$$(\mathbb{Z}, +),\ (\mathbb{Q}, +),\ (\mathbb{R}, +),\ (\mathbb{C}, +),\ (\mathbb{Q}^{\times}, \times),\ (\mathbb{R}^{\times}, \times),\ (\mathbb{C}^{\times}, \times),\ (S_n, \circ),$$

ただし, $\mathbb{Q}^{\times} := \mathbb{Q} \setminus \{0\}$, $\mathbb{R}^{\times} := \mathbb{R} \setminus \{0\}$, $\mathbb{C}^{\times} := \mathbb{C} \setminus \{0\}$.〔← $\{0\}$ を除いた集合〕

上の例からも分かるように，群とは，新しくて難しい概念ではなく，実はすでにこれまでも群に触れながら数学をしてきたことになる．〔← ただ，群であるという認識がなかっただけのことである〕 群の理論はこれらを抽象化 (一般化) した「仕組み」である．なぜ，1 つひとつの場合を考えるのではなく，**群として抽象化して**学ぶのだろうか？ その答えは，群の公理 (定義) のみを使って，一度 (抽象的，一般的に) 定理 (命題，系，補題) が得られると，その理論が (世の中の) **すべての群に適用できる**からである (!).

3.4　有限群の同型

定義 3.12 (有限群)　有限集合 G からなる群 $(G, \circ)$ を**有限群** (finite group) という．〔← しかし，群の定義はまだ勉強していないことに注意〕

例 3.13 (有限群)

$$S_2 = \{(1), (1\,2)\}, \qquad S_3 = \{(1), (1\,2), (1\,3), (2\,3), (1\,2\,3), (1\,3\,2)\}.$$

より一般に S_n は位数 $n!$ の有限群の例である．

以下の問 3.1 に必要なので，群に関する定義を 2 つ紹介しよう．

定義 3.14 (可換群，アーベル群)　$(G, \circ)$ を群とする．任意の $a, b \in G$ に対して，$a \circ b = b \circ a$ が成り立つとき，G を**可換群** (commutative group) または**アーベル群** (abelian group) という．

定義 3.15 (有限群の同型)　2 つの有限群 $(G, \circ)$ と $(G', \star)$ は，それぞれの演算表が，元を並べる順番と名前を適当に変更して同じ形にできるとき，**同型** (isomorphic) といい，$(G, \circ) \simeq (G', \star)$ または単に $G \simeq G'$ とかく．〔← G と G' は集合としては異なっていて構わない．G と G' の集合の位数 (元の個数) が等しく，かつ積 $\circ$ と積 $\star$ は構造 (二項演算の対応) が同じという意味である〕

群 $(G, \circ)$ のことをよく知るには，実際に積 $\circ$ がどのように定義されているかを知る必要がある．それを自分の目で見て確かめるために，実際に以下の問 3.1 を解きながら，$(G, \circ)$ の演算表をかいてみよう！

$(X, \circ)$ が群である限り，そこには「美しい」演算表が現れる！

問 3.1　次の $G_1, \cdots, G_9$ は有限群 (S_n とその部分群 $G_i \leq S_n$ (定義 4.25)) の例である．演算表をかいて，同型な群を答えよ．さらに，群の演算表にはどんな特徴があるか，できるだけ多く予想すること．〔← また，その証明も考える〕 例えば，G が可換群であることは，演算表ではどのように表現できるか？

$\circ$	(1)	a	b	$\cdots$
(1)	(1)	a	b	$\cdots$
a	a	?	?	
$\vdots$				

? の中には (1), a, b, c, d, e のどれかが入る

(i) $G_1 = S_2 = \{(1), a\}$, $a = (1\,2)$,

(ii) $G_2 = S_3 = \{(1), a, b, c, d, e\}$, $a = (1\,2\,3)$, $b = (1\,3\,2)$, $c = (1\,2)$, $d = (1\,3)$, $e = (2\,3)$,

(iii) $G_3 = \{(1), a, b\}$, $a = (1\,2\,3)$, $b = (1\,3\,2)$,

(iv) $G_4 = \{(1), a, b\}$, $a = (1\,4\,3)$, $b = (1\,3\,4)$,

(v) $G_5 = \{(1), a, b, c\}$, $a = (1\,2\,3\,4)$, $b = (1\,3)(2\,4)$, $c = (1\,4\,3\,2)$,

(vi) $G_6 = \{(1), a, b, c\}$, $a = (1\,2)(3\,4)$, $b = (1\,3)(2\,4)$, $c = (1\,4)(2\,3)$,

(vii) $G_7 = \{(1), a, b, c\}$, $a = (1\,5\,2\,3)$, $b = (1\,2)(5\,3)$, $c = (1\,3\,2\,5)$,

(viii) $G_8 = \{(1), a, b, c\}$, $a = (1\,2)$, $b = (3\,4)$, $c = (1\,2)(3\,4)$,

(ix) $G_9 = \{(1), a, b, c, d\}$, $a = (1\,2\,3\,4\,5)$, $b = (1\,3\,5\,2\,4)$, $c = (1\,4\,2\,5\,3)$, $d = (1\,5\,4\,3\,2)$.

3.5 対称群の性質

本節では，問 3.1 で予想されたことについて，特に群 G が n 次対称群 $(S_n, \circ)$ の場合にその証明を試みる．〔← 問 3.1 を解いていない場合には，戻ってよく考えてから先にすすんでほしい〕 それには，$(S_n, \circ)$ がもつ性質を整理することが重要である．n 次対称群 $(S_n, \circ)$ とは，置換 $\sigma, \tau \in S_n$ に対して，置換の合成 (積) $\sigma \circ \tau \in S_n$ が定義された集合であった．ここで，$(S_n, \circ)$ がどのような性質をもっているかを考えてみると，次の 3 つの重要な性質が得られる．

定理 3.16 (n **次対称群** S_n **の性質)** $(S_n, \circ)$ に対して，次が成り立つ：

(G1) 積 $\circ$ は結合法則をみたす：

任意の $\sigma, \tau, \rho \in S_n$ に対して，$(\sigma \circ \tau) \circ \rho = \sigma \circ (\tau \circ \rho)$ が成り立つ．

(G2) 恒等置換 $\tau = (1) \in S_n$ は，$\sigma \in S_n$ にかけても相手を変化させない：

任意の $\sigma \in S_n$ に対して，$\tau \circ \sigma = \sigma \circ \tau = \sigma$ が成り立つ．

〔← 恒等写像 $\tau : I_n \to I_n$ に対応している〕

(G3) 任意の $\sigma \in S_n$ に対して，

$\sigma \circ \sigma' = \sigma' \circ \sigma = (1)$ をみたす置換 $\sigma' \in S_n$ が存在する．

この σ' を σ の**逆置換**といい，σ^{-1} と表す．〔← σ の逆写像に対応している〕

証明 (G1) 積 $\circ$ は写像の合成により定義されているので，命題 2.17 より従う．

(G2) はよい．

(G3) $\sigma \in S_n$ を I_n から I_n への全単射とみたとき，σ' としてその逆写像 σ^{-1} をとればよい．〔← 置換の上下を入れ替えることに対応する〕 ∎

命題 3.17 (恒等置換，逆置換の一意性) (1) 定理 3.16 (G2) をみたすような置換 $\tau \in S_n$ は $\tau = (1)$ のみである．

(2) $\sigma \in S_n$ に対して，定理 3.16 (G3) をみたす置換 σ' は一意的に定まる．

証明　感覚と合致している証明 (証明 1) と次章でも使えるより一般的な証明 (証明 2) を与える．

(証明 1) (1) $\tau \neq (1)$ とすれば，異なる 2 つの整数 $i \neq j \in \mathbb{N}$ が存在して $\tau(i) = j$ となる．互換 $(i\,j) \in S_n$ に対して，$(i\,j) \circ \tau$ は i を動かさないので，$(i\,j) \circ \tau \neq (i\,j)$ であり，τ は定理 3.16 (G2) をみたさない．

(2) $\sigma = \begin{pmatrix} 1 & 2 & \cdots & n \\ i_1 & i_2 & \cdots & i_n \end{pmatrix}$ とすれば，σ の逆置換は $\sigma^{-1} = \begin{pmatrix} i_1 & i_2 & \cdots & i_n \\ 1 & 2 & \cdots & n \end{pmatrix}$ であり，これ以外には存在しない．なぜなら，σ^{-1} の下の段の k 番目が k でなければ $\sigma^{-1} \circ \sigma(k) \neq k$ となるからである． ∎

(証明 2) (1) 2 つの $\tau, \tau' \in S_n$ が定理 3.16 (G2) をみたすと仮定し，$\tau = \tau'$ を示す．仮定より，τ は $\sigma = \tau'$ に対して $\tau \circ \tau' = \tau' \circ \tau = \tau'$ をみたす．また，τ' は $\sigma = \tau$ に対して $\tau' \circ \tau = \tau \circ \tau' = \tau$ をみたす．よって，$\tau = \tau \circ \tau' = \tau'$．

(2) 2 つの $\sigma', \sigma'' \in S_n$ が定理 3.16 (G3) をみたすと仮定し，$\sigma' = \sigma''$ を示す．仮定より，$\sigma \in S_n$ に対して，$\sigma \circ \sigma' = \sigma' \circ \sigma = (1)$, $\sigma \circ \sigma'' = \sigma'' \circ \sigma = (1)$．定理 3.16 (G1) より，$(S_n, \circ)$ の積 $\circ$ は結合法則をみたし，$\sigma' = \sigma' \circ (1) = \sigma' \circ (\sigma \circ \sigma'') = (\sigma' \circ \sigma) \circ \sigma'' = (1) \circ \sigma'' = \sigma''$ を得る． ∎

この命題の系として，問 3.1 (1) の答えの一部が次のように得られる：

系 3.18　S_n の演算表の各行各列には (1) がちょうど 1 回現れる．

証明　任意の置換 $\sigma \in S_n$ に対して，その逆置換 σ^{-1} が一意的に存在するからである． ∎

演算表の性質をもう 1 つ示してみよう (命題 3.20)．そのためにまず次の命題を示す：

命題 3.19 $m = n!$ とする．$S_n = \{a_1, \cdots, a_m\}$ の各元に $\sigma \in S_n$ を左右からかけた集合をそれぞれ，$\sigma S_n := \{\sigma \circ a_1, \cdots, \sigma \circ a_m\}$，$S_n \sigma := \{a_1 \circ \sigma, \cdots, a_m \circ \sigma\}$ とする．このとき，$\sigma S_n = S_n = S_n \sigma$ が成り立つ．〔← 集合として等しい〕

証明 $\sigma S_n = S_n$ を示すには，写像 $f : S_n \to \sigma S_n,\ a_i \mapsto \sigma \circ a_i\ (1 \leq i \leq m)$ が単射を示せばよい．〔← なぜか？考える〕 定理 3.16 (G1), (G2), (G3) を用いれば，

$$
\begin{aligned}
f(a_i) = f(a_j) \quad &\Longrightarrow \quad \sigma \circ a_i = \sigma \circ a_j \\
&\Longrightarrow \quad \sigma^{-1} \circ (\sigma \circ a_i) = \sigma^{-1} \circ (\sigma \circ a_j) \\
&\Longrightarrow \quad (\sigma^{-1} \circ \sigma) \circ a_i = (\sigma^{-1} \circ \sigma) \circ a_j \\
&\Longrightarrow \quad (1) \circ a_i = (1) \circ a_j \\
&\Longrightarrow \quad a_i = a_j
\end{aligned}
$$

として f の単射性が示される．これより，$\sigma S_n = S_n$ となる (特に，f は全単射となる)．$S_n = S_n \sigma$ についても，同様である． ∎

命題 3.20 S_n の演算表の各行各列にはすべての元が 1 回ずつ現れる．

証明 命題 3.19 より，任意の $\sigma \in S_n$ に対して，$\sigma S_n = S_n = S_n \sigma$ を得る．$\sigma S_n = \{\sigma \circ a_1, \cdots, \sigma \circ a_m\}$ は，σ が左端にある行に出現する置換全体の集合であるので，これは S_n の演算表の各行にすべての元が 1 回ずつ現れることを示している．列については，σS_n のかわりに $S_n \sigma$ を考えればよい． ∎

注意 命題 3.19 や命題 3.20 の証明は S_n の 3 つの性質，すなわち，定理 3.16 の

(G1) 結合法則， (G2) 恒等置換の存在， (G3) 逆置換の存在

をフルに使っており，これらの 3 つの性質の重要性がよく分かる．言い方を変えれば，性質 (G1), (G2), (G3) をみたすような集合 G の演算表には各行各列にすべての元が 1 回ずつ現れる．実は，(G1), (G2), (G3) をみたす集合 G が群の定義に他ならない．はやく次章の群の定義に進もう．

第 4 章
群の定義と部分群，種々の群の例

4.1　群の定義

定義 4.1 (群)　空でない集合 G 上に二項演算

$$f : G \times G \longrightarrow G, \quad (a, b) \longmapsto a \circ b := f(a, b)$$

が定義され，次の 3 つの条件をみたすとき $(G, \circ)$ を**群** (group) という：

(G1) (結合法則)　任意の $a, b, c \in G$ に対して，$(a \circ b) \circ c = a \circ (b \circ c)$;

(G2) (単位元の存在)

　ある $e \in G$ が存在して，任意の $a \in G$ に対して，$a \circ e = e \circ a = a$;

(G3) (逆元の存在)

　任意の $a \in G$ に対して，ある $a' \in G$ が存在して，$a \circ a' = a' \circ a = e$.

注意　(G2) は「任意の $a \in G$ に対して，ある $e \in G$ が存在して，$a \circ e = e \circ a = a$」とは**まったく違う**.〔← なぜか考える！　ヒント：「任意の〜」「〜が存在する」は順番を変えると意味が変わる〕

スポーツでもゲームでも，みんなが一緒に楽しむためには，全員が同じルールを共有することが大切である．これまで出てきたものも含めて，ここで群に関するルールを確認しておく：

＊　＊　＊

群の基本的なルール

(1)　二項演算 $\circ$ が明確にされている場合には，群 $(G, \circ)$ を単に G とかく．また，定義から，空集合 $\varnothing$ は群とはいわない．

(2) 定義 (G2) の $e \in G$ を群 G の**単位元**, (G3) の $a' \in G$ を a の**逆元**という.

(3) 乗法 $(\cdot)$ による群 $(G, \cdot)$ であることをはっきりさせたいときには, **乗法群** (multiplicative group) G といい, 加法 $(+)$ による群 $(G, +)$ であることをはっきりさせたいときには, **加法群** (additive group) G という. 〔← 例えば, 加法群 $\mathbb{Z}$ とは, 集合 $\mathbb{Z}$ を加法 $+$ について群 $(\mathbb{Z}, +)$ とみなすという意味〕 加法群のことを単に**加群** (module) ともいう.

(4) 二項演算は通常 $a \circ b = a \cdot b = ab$ と乗法的にかく. 〔← 一般に, 交換法則は成り立たない：$ab \neq ba$〕

(5) 群 $(G, \circ)$ の積 $\circ$ が交換法則 $a \circ b = b \circ a$ $(\forall a, b \in G)$ をみたすとき, G を**可換群**または**アーベル群** (abelian group) という (定義 3.14). 群 G が可換群ではないとき, **非可換群**または**非アーベル群** (nonabelian group) という.

(6) 加法群 $(G, +)$ では, つねに交換法則が成り立つと約束する：$a + b = b + a$ $(\forall a, b \in G)$. 逆に, 可換群 $(G, \circ)$ が与えられたとき, 演算 $\circ$ を $+$ とかくことにして, 加法群 $(G, +)$ ということがある. 〔← 加法群, 加群, 可換群, アーベル群は (演算記号の使い方が使うだけで) すべて同じ概念である〕

(7) 乗法群 $(G, \cdot)$ に対しては, 単位元は 1_G または単に 1 とかく. $a \in G$ に対する逆元 a' は a^{-1} とかく.

(8) 加法群 $(G, +)$ に対しては, 単位元を**零元**といい 0 とかく. $a \in G$ に対する逆元 a' は $-a$ とかく.

(9) 群 $(G, \circ)$ の集合としての位数 (元の個数) を群 G の**位数**といい, $|G|$ または $\#G$ で表す.

(10) 群 G は, 位数 $|G| < \infty$ のとき**有限群** (finite group) という (定義 3.12). G の位数 $|G| = \infty$ のとき**無限群** (infinite group) という.

(11) $G = \{1\}$ のとき, $(G, \cdot)$ はただ 1 つの元からなる群であり, **自明群** (trivial group) という[*1]. 自明群を単に $G = 1$ とかくこともある. 〔← この場合の 1 は数ではなく $\{1\}$ という集合を表す〕 同様に, 加法群の自明群を $G = 0$ と表すこともある.

(12) 有限集合 $X = \{a_1, \cdots, a_n\}$ に二項演算 $\circ$ が与えられたとき, その演算結果を表にしたものを $(X, \circ)$ に対する演算表という (定義 3.4). 〔← X に二項演

*1 世の中には自明群論研究会という組織もあるらしい.

算を 1 つ与えることと，演算表を 1 つ指定することは同じことである〕特に，$X = G$ が群の場合，$(G, \circ)$ に対する演算表を**群表** (group table) という．

(13) 2 つの有限群 $(G, \circ)$ と $(G', \star)$ に対して，それぞれの群表が元を並べる順番と名前を適当に変更して同じ形にできるとき，群 G と群 G' は**同型**であるといい，$(G, \circ) \simeq (G', \star)$ または単に $G \simeq G'$ とかく (定義 3.15).

(14) 群論において，集合としては異なり $G \neq G'$ であっても，同型な群 $G \simeq G'$ は同じものとみなす．逆に，$G = G'$ であっても，同型ではない群 $(G, \circ) \not\simeq (G, \star)$ は異なるものとして区別する．〔← 無限群は一般に群表がかけないが，無限群の同型の概念も，準同型写像を用いて 9.2 節で定義される〕

*　*　*

命題 4.2 (1) 位数 2 の群 G は可換群で (同型を同一視して) 1 つしかない．

(2) 位数 3 の群 G は可換群で (同型を同一視して) 1 つしかない．

(3) 位数 4 の群 G は可換群で (同型を同一視して) ちょうど 2 つある．

証明　G の群表を考えてみると，(名前を適当に変更して) それぞれ以下の形になるしかないことが分かる：〔← なぜか？考える〕

$\cdot$	1	a
1	1	a
a	a	1

$\cdot$	1	a	b
1	1	a	b
a	a	b	1
b	b	1	a

$\cdot$	1	a	b	c
1	1	a	b	c
a	a	b	c	1
b	b	c	1	a
c	c	1	a	b

$\cdot$	1	a	b	c
1	1	a	b	c
a	a	1	c	b
b	b	c	1	a
c	c	b	a	1

特に，対角線に沿って対称であることから可換群であることも分かる．■

定理 4.3　n 次対称群 $(S_n, \circ)$ は位数 $n!$ の有限群である．

証明　定理 3.16 による．■

次の 2 つの命題は $G = S_n$ の場合にすでに証明した．しかし，その証明に使ったことはまさに $(S_n, \circ)$ が群の定義 (G1), (G2), (G3) をみたすということであった．よって，一般の群 $(G, \circ)$ に対しても (G1), (G2), (G3) を用いてまったく同様に証明することができる：〔← 各自納得できるまで考えること！〕

命題 4.4 (単位元，逆元の一意性)　G を群とする．

(1) (G2) をみたす単位元 $e \in G$ は一意的に定まる (ただ 1 つである).

(2) $a \in G$ に対して, (G3) をみたす $a' = a^{-1}$ は一意的に定まる.

証明 命題 3.17 の (証明 2) と同じ議論をすればよい. 〔← 各自確認する〕 ∎

命題 4.5 有限群 $G = \{a_1, \cdots, a_n\}$ の元 a_i に対して, $a_iG := \{a_ia_1, \cdots, a_ia_n\}$, $Ga_i := \{a_1a_i, \cdots, a_na_i\}$ とする. このとき, $G = a_iG = Ga_i$ が成り立つ. 特に, 有限群 $G = \{a_1, \cdots, a_n\}$ の群表の各行各列にはすべての元が 1 回ずつ現れる.

証明 命題 3.19 の証明と同じである. 〔← 各自, (G1), (G2), (G3) をどこで使っているか確認のこと〕 ∎

群の定義から次の命題が導かれる. 特に, 命題 4.5 は有限群だけではなく, 一般の (無限) 群に対しても成り立つことが分かる.

命題 4.6 (逆演算可能, 消去律) G を群とする.

(1) (**逆演算可能**, Latin square property) 任意の $a, b \in G$ に対して,

(i) $ax = b$ となる $x \in G$ が一意的に定まる

かつ

(ii) $ya = b$ となる $y \in G$ が一意的に定まる.

(2) (**消去律**, cancellation law) 任意の $a, b, c \in G$ に対して,

(i) $ac = bc$ ならば $a = b$ かつ (ii) $ca = cb$ ならば $a = b$.

証明 (1) G は群であるから, a の逆元 a^{-1} が存在し, 結合法則をみたすから, $x = a^{-1}b$, $y = ba^{-1}$ とすればよい. 一意性も $ax = b$ かつ $ax' = b$ ならば $x = x'$ よりよい. 〔← a^{-1} をかけて結合法則を使った〕 y についても同様.

(2) G は群であるから, c の逆元 c^{-1} が存在し, 結合法則から主張が従う. ∎

注意 逆演算可能であることは, $(G, \circ)$ の演算表の各行各列にすべての元が 1 回ずつ現れることに他ならない. このような性質をもつ表は**ラテン方陣** (Latin square) と呼ばれ, 逆演算可能であることを, 英語では Latin square property ともいう. 実は, 次が成り立つ:〔← 興味のある読者は, 確かめてみよう〕

$$(G, \circ) \text{ が群} \iff (G, \circ) \text{ は結合法則 (G1) をみたし逆演算可能}^{*2}.$$

---

*2 実際, [鈴木 1 (上)] では群の定義として後者を採用している.

また，有限集合 G に対しては，以下も成り立つ：

$$(G,\circ) \text{ が群} \iff (G,\circ) \text{ は結合法則 (G1) と消去律をみたす}^{*3}.$$

しかし，G が無限集合のときは，一般に $(\Leftarrow)$ は成り立たない．〔← $\mathbb{N}$ を考えよ，次節のモノイドも参照のこと〕

命題 4.7　次の (G2), (G3) をそれぞれ弱めた 2 つの条件を考える：

(G2R)　ある $1_R \in G$ が存在して，任意の $a \in G$ に対して，$a \cdot 1_R = a$;

(G3R)　任意の $a \in G$ に対して，ある $b \in G$ が存在して，$ab = 1_R$.

このとき，$(G,\circ)$ が群 $\iff$ $(G,\circ)$ は結合法則 (G1), (G2R), (G3R) をみたす．〔← すなわち，結合法則 (G1) のおかげで，(G2), (G3) は右側だけ仮定しても自動的に左側をみたして，G は群となる〕 (G2R) の 1_R を G の**右単位元**，(G3R) の b を a の**右逆元**という．

証明　$(\Rightarrow)$ はよい．

$(\Leftarrow)$　任意の $a \in G$ に対して，$ab = 1_R$ なる $b \in G$ があり，その b に対して，$bc = 1_R$ なる $c \in G$ がある．結合法則 (G1) より，$1_R \cdot c = (ab)c = a(bc) = a \cdot 1_R = a$ となり，$1_R \cdot a = 1_R(1_R \cdot c) = (1_R \cdot 1_R)c = 1_R \cdot c = a$ である．これが任意の $a \in G$ で成り立つから，1_R は G の単位元 1_G で (G2) が成り立つ．ここから，$a = c$ となり，$ba = 1_R = 1_G$ から，b は a の逆元で，(G3) が成り立つ．■

このようにして，(1.3 節でも問いかけた) 結合法則 (G1) の重要性が分かっていただけたと思う．しかし，(G1) をみたさない $(G,\circ)$ でも数学の世界に自然と現れることがある．次節 (40 ページ) のケイリーの 8 元数 $\mathbb{O}$ はその一例である．必ずしも結合法則 (G1) をみたさない群 $(G,\circ)$〔← もはや群ではない〕は**ループ** (loop) と呼ばれたり，さらには，(G1) を適切に弱めた**ジャイロ群** (gyrogroup)〔← 単位元，逆元の一意性や左消去律が導かれる！〕というものもある．

問 4.1　問 3.1 (26 ページ) をもう一度解け．〔← 命題 4.5 から群表の各行，各列には G の各元が 1 回ずつ現れるから，計算が楽になったことを確認しよう〕

---

*3　例えば，[新妻-木村, 2 章] を参照のこと．

4.2　半群，モノイド，環，体

本節では，まず群論を始める前に，代数における 3 つの重要な概念「**群・環・体**」について説明する．〔← これらは別々にあるのではなく，非常に密接に関わっている！〕 まずは，群の概念を弱めた半群，モノイドを導入しよう：〔← 群ではないが半人前の群で半群？〕

定義 4.8 (**半群，単位的半群，モノイド**)　$(G, \circ)$ が群の定義 (定義 4.1) の (G1) 結合法則をみたすとき**半群** (semigroup)，(G1) かつ (G2) をみたすとき**単位的半群** (semigroup with unity) または**モノイド** (monoid) という．

例 4.9 (**半群，モノイド**)　(1)　$X = \{1, a, b, c\}$ に対して，積 $\circ$ を以下の演算表で定めれば，$(X, \circ)$ は半群となる．

(2)　$(\mathbb{N}, \cdot)$ はモノイドであり，単位元は 1 である．

(3)　$(\mathbb{N}, +)$ は半群であるが，モノイドではない．〔← 単位元 $0 \notin \mathbb{N}$，n の逆元 $-n \notin \mathbb{N}$〕 $(\mathbb{N} \cup \{0\}, +)$ は 0 を単位元とするモノイドになる．

(1)

$\circ$	1	a	b	c
1	a	a	a	a
a	a	a	a	a
b	a	a	a	a
c	a	a	a	a

(2)

$\cdot$	1	2	3	$\cdots$
1	1	2	3	$\cdots$
2	2	4	6	$\cdots$
3	3	6	9	$\cdots$
$\vdots$	$\vdots$	$\vdots$	$\vdots$	$\ddots$

(3)

$+$	0	1	2	$\cdots$
0	0	1	2	$\cdots$
1	1	2	3	$\cdots$
2	2	3	4	$\cdots$
$\vdots$	$\vdots$	$\vdots$	$\vdots$	$\ddots$

半群 $(X, \circ)$ の演算表は上の (1) のようにきれいになることもあるが，これは数学的に「美しい」というよりは「構造がない」ようにも見える．有限群 G のように，各行各列に G の元が一回ずつ現れるのは，群の定義の (G1), (G2), (G3) の 3 つの条件がそろって初めて起こるということがよく分かる．

代数における 3 つの重要な概念「**群・環・体**」が何であるかを，やっと述べることができる：

定義 4.10 (**環，体，有限体**)　(1)　集合 R に 2 つの演算，加法 $(+)$ と乗法 $(\cdot)$ が定義されていて，以下の条件 (R1), (R2), (R3) をみたすとき $(R, +, \cdot)$ を**環** (ring) という．また，演算を省略して単に環 R ともかく：

(R1)　$(R,+)$ は加法群；〔← この中に (G1), (G2), (G3) が入っていることに注意〕

(R2)　$(R,\cdot)$ はモノイド；〔← この中に (G1), (G2) が入っていることに注意〕

(R3)　加法 $(+)$ と乗法 $(\cdot)$ は分配法則をみたす：

$$a\cdot(b+c)=a\cdot b+a\cdot c,\quad (a+b)\cdot c=a\cdot c+b\cdot c\quad (\forall a,b,c\in R).$$

〔← $(R,\cdot)$ に単位元がなくても環と呼ぶ場合もある．その場合は，単位元が存在する環を**単位的環** (ring with unity) といい，単位元がない環と区別するが，本書では乗法の単位元の存在を仮定する〕 乗法 $\cdot$ が可換な環を**可換環** (commutative ring)，非可換な環を**非可換環** (noncommutative ring) という．

(2)　可換環 R は $R\setminus\{0\}$ が乗法群をなすとき**体** (field) という．〔← 0 以外の元 $x\in R\setminus\{0\}$ に逆元 $x^{-1}\in R$ が存在するとき〕 非可換環 R は $R\setminus\{0\}$ が乗法群をなすとき**非可換体** (noncommutative field) または**斜体** (skew field) と呼ばれる．

(3)　体 K は $|K|<\infty$ のとき**有限体** (finite field)，$|K|=\infty$ のとき**無限体** (infinite field) という．位数が q の有限体を $\mathbb{F}_q$ と表す．〔← q は素数 p の巾(べき) p^n となることが分かる (命題 6.31)．たとえば集合 $\{0,1\}$ に例 3.3 (2) のように和と積を定めると有限体 $\mathbb{F}_2$ になる〕

注意　(1)　通常，群 (group) は G で表し，環 (ring) は R，体 (field) は K と表すことが多い．〔← 体はドイツ語で Körper という〕

(2)　定義から分かるように，群 G を学ぶということは，2 つの演算を兼ね備えた環 $(R,+,\cdot)$ や体 $(K,+,\cdot)$ を，1 つの演算に着目して学ぶということでもある．〔← さらに 11 章で Ω 群の概念を学ぶと，群論が環や体にいきいきと応用される様子が，雲が晴れるように見えてくるであろう〕

(3)　体 K には四則演算 (加減乗除) があり，実は，線形代数は ($K=\mathbb{R}$ や $\mathbb{C}$ だけではなく) 一般の体 K 上で展開できる，体 K 上の線形空間の理論である．

例 4.11 (**環，非可換環，体**)　(1)　$(\mathbb{Z},+,\cdot)$ は環であるが，体ではない．〔← $n\in\mathbb{Z}\setminus\{0\}$ の逆元 $\dfrac{1}{n}\notin\mathbb{Z}$〕 $\mathbb{Z}$ を**整数環**という．

(2)　実数 $\mathbb{R}$ を成分とする $n\times n$ 行列全体 $M_n(\mathbb{R})$ は，行列の和と積に関して環をなし，$n\geq 2$ のとき非可換環である．〔← なぜ？〕

(3)　$(\mathbb{Q},+,\cdot)$, $(\mathbb{R},+,\cdot)$, $(\mathbb{C},+,\cdot)$ は体である．〔← したがって，環でもある〕 $\mathbb{Q}$ を**有理数体**，$\mathbb{R}$ を**実数体**，$\mathbb{C}$ を**複素数体**という．

なぜ体 $(K,+,\cdot)$ を考えるのだろうか？　代数学の 1 つの目的は方程式の解を求めることである．実際，線形代数では連立 1 次方程式の解法を学ぶ．〔← 線形代数 = linear algebra = 1 次式の代数〕 線形代数は $\mathbb{R}$ や $\mathbb{C}$ 上だけでなく，一般の体 K 上において理論を展開できる．〔← 体 K には四則演算があり，分配法則もある〕 一方で，$a \in K$ に対して，加法 $+$ に対する逆元 $-a$，乗法 $\cdot$ に対する逆元 a^{-1} がない集合 K 上では，$ax+b=0$ の解 $x=-b/a$ を考えることはできない．〔← 両辺に $-b$ を足して $ax=-b$ とし，両辺に左から a^{-1} をかけて $x=a^{-1}(-b)$，交換法則で $x=-b/a$ とすることは，加法および乗法の逆元がない世界ではできないことである！〕 逆元 a^{-1} があっても，それが一意的でなければ，解は無数に存在するかもしれない．また，一般の (2 次以上の) 代数方程式を考えると，どの体 K の中で解を考えるかによって解の様子が変わってくる．すなわち，体 K ごとにそれぞれ別々の数学の世界が広がっている (!)．〔← 40 ページのコラムも参照〕

斜体 (非可換体) の重要な例として，ハミルトンの 4 元数体 $\mathbb{H}$ を与える：〔← $\mathbb{H}$ は 4.7 節で，4 元数群 Q_8 に姿を変えて再び現れるであろう (例 4.67)〕

定義 4.12 (**ハミルトンの 4 元数体 $\mathbb{H}$**)　実数体 $\mathbb{R}$，複素数体 $\mathbb{C}=\{a+bi \mid a,b \in \mathbb{R}\}$ を一般化した

$$\mathbb{H}=\{a+bi+cj+dk \mid a,b,c,d \in \mathbb{R}\}$$

を**ハミルトンの 4 元数体** (Hamilton's quaternion) という．ただし，$i^2=j^2=k^2=-1$，$ij=-ji=k$ とし，元 $x_1=a_1+b_1i+c_1j+d_1k$，$x_2=a_2+b_2i+c_2j+d_2k \in \mathbb{H}$ に対して，和を

$$x_1+x_2=(a_1+a_2)+(b_1+b_2)i+(c_1+c_2)j+(d_1+d_2)k,$$

積 x_1x_2 を分配法則によって定義する．

例 4.13 (**斜体：ハミルトンの 4 元数体 $\mathbb{H}$**)　$\mathbb{H}$ は斜体 (非可換体) をなす．実際，$\mathbb{R}$ の可換群としての演算と上の規則によって，〔← 例えば，$ik=i(ij)=i^2j=-j$ のように計算する〕

$$\begin{aligned} x_1x_2 = \quad & (a_1a_2-b_1b_2-c_1c_2-d_1d_2)+(a_1b_2+b_1a_2+c_1d_2-d_1c_2)i \\ & +(a_1c_2+c_1a_2-b_1d_2+d_1b_2)j+(a_1d_2+d_1a_2+b_1c_2-c_1b_2)k \end{aligned}$$

となり，$\mathbb{H}$ は環をなす．$\mathbb{H}$ が斜体であることは，$x=a+bi+cj+dk \in \mathbb{H}$

と $x^* := a - bi - cj - dk \in \mathbb{H}$ に対して，$xx^* = x^*x = a^2 + b^2 + c^2 + d^2 =: N(x) \in \mathbb{R}$〔← x のノルムと呼ばれる〕となるので，x に逆元

$$x^{-1} = \frac{x^*}{N(x)} = \frac{1}{a^2 + b^2 + c^2 + d^2}(a - bi - cj - dk) \in \mathbb{H}$$

が存在することから分かる．このノルム N は乗法性 $N(x_1x_2) = N(x_1)N(x_2)$ をもつ．実際，$(x_1x_2)^* = x_2^*x_1^*$ を直接計算で確かめて，$\mathbb{R}$ の元 ($N(x_2)$ など) はすべての元と可換であることに注意すれば，$N(x_1x_2) = (x_1x_2)(x_1x_2)^* = (x_1x_2)(x_2^*x_1^*) = x_1N(x_2)x_1^* = x_1x_1^*N(x_2) = N(x_1)N(x_2)$ を得る．すなわち，4 つの平方数の和で表される数の積は再び 4 つの平方数の和で表される：

$$\begin{aligned}(a_1^2 + b_1^2 + c_1^2 + d_1^2)(a_2^2 + b_2^2 + c_2^2 + d_2^2) = \quad & (a_1a_2 - b_1b_2 - c_1c_2 - d_1d_2)^2 \\ & + (a_1b_2 + b_1a_2 + c_1d_2 - d_1c_2)^2 \\ & + (a_1c_2 + c_1a_2 - b_1d_2 + d_1b_2)^2 \\ & + (a_1d_2 + d_1a_2 + b_1c_2 - c_1b_2)^2.\end{aligned}$$

これを用いて，すべての自然数は高々 4 つの平方数の和で表されること (ラグランジュの 4 平方定理，Lagrange's four square theorem) を示すこともできる．〔← 上述のことから，素数に対して示せば十分になったわけである〕

定義 4.14 (**環 R 上の行列環**)　環 R の元を成分とする $n \times n$ 行列全体

$$M_n(R) = \{[a_{ij}]_{1 \leq i,j \leq n} \mid a_{ij} \in R\}$$

は行列の和と積に関して環をなし，環 R 上の**行列環** (matrix ring) という．

注意　実際，線形代数で学ぶように，行列の積は結合法則をみたし，単位行列が単位元，逆行列が逆元，零行列が加法の単位元 (零元) である．$n \geq 2$ のとき，$M_n(R)$ は非可換環となる．〔← なぜ？〕

定義 4.15 (**可逆元，単元，可逆元群，単元群**)　R を環とする．乗法に関して逆元がある R の元を**可逆元** (invertible element) または**単元** (unit) という．乗法群

$$R^\times := \{a \in R \mid a \text{ は可逆元 }\} = \{a \in R \mid ab = ba = 1 \ (\exists b \in R)\}$$

を R の**可逆元群** (invertible group) または**単元群** (unit group) という．〔← 実際群であることは，各自確認する〕

例 4.16 (**可逆元群**) K を体とすると，$K^\times = K \setminus \{0\}$. また，$\mathbb{Z}^\times = \{\pm 1\}$.

注意 環 R が $\mathbb{Q}$ など数からなる集合の場合には，単元を**単数** (unit)，単元群を**単数群** (unit group) ともいう．また，定義から次が成り立つ：

$$\text{可換環 } R \text{ が体となる} \iff R^\times = R \setminus \{0\}.$$

定義 4.17 (**一般線形群** $GL_n(R)$) 可換環 R 上の行列環 $M_n(R)$ (定義 4.14) の可逆元群 $M_n(R)^\times = \{A \in M_n(R) \mid \det(A) \in R^\times\}$ を環 R 上の**一般線形群** (general linear group) といい，$GL_n(R)$ とかく．〔← 左の式はなぜ成り立つか？各自考える〕

例 4.18 (**一般線形群** $GL_n(K)$) R が体 K のとき，体 K 上の一般線形群は

$$GL_n(K) = M_n(K)^\times = \{A \in M_n(K) \mid \det(A) \neq 0\}.$$

また，$R = \mathbb{Z}$ のとき，$GL_n(\mathbb{Z}) = M_n(\mathbb{Z})^\times = \{A \in M_n(\mathbb{Z}) \mid \det(A) = \pm 1\}$.

定義 4.19 (**零因子，整域**) R を環とする．

(1) $a \in R$ が R の**左零因子** (**右零因子**) であるとは，$ab = 0$ ($ba = 0$) となる $b \neq 0$ が存在すること．R の左零因子または右零因子を単に R の**零因子** (zero divisor) という．〔← R が可換環のときは，零因子の左右を区別する必要がなく，単に零因子と呼ばれる〕

(2) 可換環 R が 0 以外の零因子をもたないとき，R を**整域** (domain) という．

例 4.20 (**零因子，整域**) (1) $\mathbb{Z}$ は整域である．

(2) $n \geq 2$ のとき，体 K 上の行列環 $M_n(K)$ は零因子をもち，整域でない．〔← 例えば，右上だけ 1 で残りは 0 の行列 A は $A^2 = O$ (零行列) で零因子である〕

命題 4.21 R を環とする．$R^\times$ の元は零因子でない．特に，体 K は整域である．

証明 $x \in R^\times$ に対して，$xy = 0 \implies x^{-1}(xy) = 0 \implies (x^{-1}x)y = 0 \implies y = 0$. R が体 K のとき，$K^\times = K \setminus \{0\}$ の元は零因子ではないから，整域となる． ∎

命題 4.21 から，零因子をもつ環 R やそれを含む $X \supset R$ は体にはなれない．一方で，整域 $\mathbb{Z}$ を含む体 $\mathbb{Q} \supset \mathbb{Z}$ がとれる〔← $\mathbb{Z}$ の元を分子，分母とすればよい〕のと同じように，整域 R があれば，それを含む最小の体 $K \supset R$ がとれる：

定義 4.22 (**商体**)　整域 R に対して，

$$\mathrm{Quot}(R) = \left\{ \frac{a}{b} \;\middle|\; a, b \in R,\ \ b \neq 0 \right\}$$

は，和 $\dfrac{a}{b} + \dfrac{c}{d} = \dfrac{ad + bc}{bd}$ と積 $\dfrac{a}{b} \cdot \dfrac{c}{d} = \dfrac{ac}{bd}$ に関して，R を含む最小の体となり，R の**商体** (quotient field) という．分母・分子に共通の因子がある場合は「約分」できるものとする．〔← 厳密には同値関係 (6 章, 定義 6.1) が必要〕

例 4.23 (**商体**)　(1)　$\mathbb{Z}$ の商体は $\mathbb{Q}$ である．

(2)　体 K の商体は K 自身．

定義 4.24 (**多項式環，有理関数体**)　体 K の元を係数とする多項式全体

$$K[X] := \{ f(X) = a_n X^n + \cdots + a_1 X + a_0 \mid a_i \in K \}$$

を体 K 上の**多項式環** (polynomial ring) という．この $K[X]$ の商体

$$K(X) = \mathrm{Quot}(K[X]) = \left\{ \frac{f(X)}{g(X)} \;\middle|\; f(X), g(X) \in K[X],\ \ g(X) \neq 0 \right\}$$

を体 K 上の**有理関数体** (rational function field) という．

注意　実際，$K[X]$ は，$f, g \in K[X]$ に対する和と積を多項式の和 $f + g$ と積 fg で定義すれば環をなす．また $f, g \neq 0$ ならば $fg \neq 0$ であるから，〔← 最高次係数を見れば，体 K が整域であることから従う〕 $K[X]$ は整域である．これにより，商体 $K(X)$ がとれる．また，変数の個数を増やした場合にも同様に，体 K 上の n **変数多項式環** $K[X_1, \cdots, X_n]$ とその商体，n **変数有理関数体** $K(X_1, \cdots, X_n)$ が定義される．

体 K のレベル？

世の中には本当に多くの体が存在する．その一端を理解するためにも，ここで体 K のレベルという概念を紹介しておきたい．

ハミルトンの 4 元数体 $\mathbb{H}$ をさらに一般化したケイリーの 8 元数 $\mathbb{O}$ (octanion number, Cayley number) というものがあって，ノルム乗法性をもつが，もはや結合法則は成り立たなくなってしまう．一般に，ディクソンの二重化法 (Dickson's doubling process) によって，次々と 2^{n-1} 次元から 2^n 次元の代数を構成することができるが，良い性質がどんどん失われてしまうことになる．特に，ノルム乗法性をもつ $\mathbb{R}$ 上の代数は 1, 2, 4, 8 次元に限る，

すなわち，$\mathbb{R}$, $\mathbb{C}$, $\mathbb{H}$, $\mathbb{O}$ のみであることが知られている (フルヴィッツの定理, 1923). 興味のある読者は，例えば，非結合的代数の本 [Schafer] を見ていただきたい.

一方，フィスター (A. Pfister) は分母も許せば，$N = 2^n$ ならば恒等式

$$(X_1^2 + \cdots + X_N^2)(Y_1^2 + \cdots + Y_N^2) = (Z_1^2 + \cdots + Z_N^2)$$

が存在することを示した (1965). ただし，$Z_i \in K(X_1, \cdots, X_N, Y_1, \cdots, Y_N)$ は体 K 上の有理関数で K の標数 (定義 6.29 参照) は 2 ではないとする. フィスターは，さらにここから，体 K の**レベル** (level, ドイツ語で <u>S</u>tufe)

$$s(K) := \min\{n \in \mathbb{N} \mid -1 = x_1^2 + \cdots + x_n^2 \ (x_i \in K)\}$$

〔← -1 が平方和で表されたときの平方の個数の最小値，例えば $\sqrt{-1} \in K$ ならば $s(K) = 1$, 位数が奇素数 p の有限体 $\mathbb{F}_p$ は，p を 4 で割った余り 1, 3 に従って，$s(\mathbb{F}_p) = 1, 2$ となる〕 は (有限の値として) 存在すれば 2 の巾乗 2^m であること，逆に，任意の 2 の巾乗 2^m に対して，2^m をレベルとする体 K が存在することを示した (1965). 〔← 体 K と一口でいっても，まだまだ我々の知らない体が，ゴロゴロいるのである！〕 このあたりのことに興味のある読者は，乗法的二次形式，いわゆるフィスター形式，に関する [Pfister], [Knebusch-Scharlau], [Scharlau], [Rajwade] など参考文献に挙げた本を読んでほしい[*4].

4.3 部分群とその判定条件

本節から本格的に群論を学んでいく. 群論を学ぶには，まずどのような群が実際に存在するのか，その具体例をたくさん知ることが重要である. さらには，与えられた群 G がどのような群なのか，可換群か非可換群か，どのような性質や特徴をもつのかを調べるには，その中身 (部分群) を見なくてはならない：

---

*4 著者は 2004 年秋から 1 年間レーゲンスブルク大学にて Manfred Knebusch 先生の下で二次形式に関する数学を学ぶという幸運に恵まれた. Knebusch 先生は学生時代はハンブルク大学で (本書でも 4.8 節でハッセ図として出てくる) ハッセの学生だったというから，脈々と受け継がれる数学の伝統を感じずにはいられない.

定義 4.25 (**部分群**)　群 $(G, \circ)$ に対して，部分集合 $H \subset G$ が同じ積 $\circ$ に関して再び群をなすとき，H を G の**部分群** (subgroup) であるといい，$H \leq G$ とかく．

注意　単なる部分集合 $H \subset G$ と明確に区別するため，本書では群 G の部分群 H を $H \leq G$ と表す．数に対する不等号 $1 \leq 2$ と同じ記号であるが，文脈によって判断すれば混乱は起こらないであろう．

例 4.26 (**部分群**)　S_3 は S_4 の部分群，S_4 は S_5 の部分群，S_3 は S_5 の部分群．より一般に，$1 \leq k \leq n$ に対して，S_k は S_n の部分群である：$S_k \leq S_n$.

定義 4.27 (**自明な部分群**)　群 G の部分集合のうち，$\varnothing$ は (定義から) 部分群ではなく，自明群 $\{1\}$ と G 自身は G の部分群である．そこで，2 つの部分群 $\{1\}$ と G 自身を G の**自明な部分群** (trivial subgroup)，$\{1\} \lneq H \lneq G$ なる部分群 H を G の**非自明な部分群** (nontrivial subgroup) という．〔← $H \leq G$ とすると，G の単位元 1 が H の元となり，H の単位元ともなることを，各自確認せよ〕

一般に，二項演算 $\circ$ が定義された集合 $(X, \circ)$ が群であることを示すのは結構大変である．〔← S_n のときのように (G1), (G2), (G3) を示さないといけない〕 しかし，すでに群 G に含まれている集合 $H \subset G$ が G の部分群であることを示すのは，はるかに簡単である：〔← すでに親玉のような大きな群 G に含まれている $H \subset G$ が，(部分) 群になっていることを確認するのは，次のように楽である〕

定理 4.28 (**部分群の判定条件**)　G を群とする．
空でない部分集合 $H \subset G$ が次の条件 (1), (2) をみたすならば $H \leq G$ (部分群)：

(1)　任意の $a, b \in H$ に対して，$ab \in H$.〔← $ab \in G$ はよいので，$\in H$ が重要〕

(2)　任意の $a \in H$ に対して，$a^{-1} \in H$.〔← $a^{-1} \in G$ はよいので，$\in H$ が重要〕

逆に，部分群 $H \leq G$ は条件 (1), (2) をみたす．〔← すなわち，条件 (1), (2) は $H \leq G$ となるための必要十分条件を与える〕

証明　条件 (1), (2) を仮定して，$H \leq G$ (部分群) を示す．

(G1)　G は群で，G 全体で結合法則が成り立っているから，H でも当然成り立つ．

(G2)　条件 (2) より，$a \in H$ の逆元 $a^{-1} \in H$ をとれば，(1) より $aa^{-1} = 1 \in H$ で，H は単位元 1 をもつ．

(G3)　条件 (2) より，任意の $a \in H$ に対して，逆元 $a^{-1} \in H$ が存在する．

逆に，$H \leq G$ であれば，条件 (1), (2) をみたすことはよい．∎

注意 条件 (1), (2) は次の条件 (3) として，1 つにまとめることができる：

$$(1)\text{ かつ }(2) \iff (3)\ \text{任意の } a, b \in H \text{ に対して，} ab^{-1} \in H.$$

〔← 各自確認する！〕

定義 4.29 (演算について閉じている) 群 $(G, \circ)$ の部分集合 $H \subset G$ が定理 4.28 の条件 (1)「任意の $a, b \in H$ に対して，$a \circ b \in H$」をみたすとき，H は**演算 $\circ$ について閉じている** (closed under multiplication) という．

例 4.30 $H = \{(1), (1\,2\,3)\} \subset S_3$ とする．このとき，$(1\,2\,3) \circ (1\,2\,3) = (1\,3\,2) \notin H$ であるから，H は演算 $\circ$ について閉じていない．よって，H は S_3 の部分群ではない．〔← 定理 4.28 より〕

命題 4.31 群 G と部分群 H_λ ($\lambda \in \Lambda$, Λ は添字集合) に対して，$H = \bigcap_{\lambda \in \Lambda} H_\lambda \leq G$ (部分群).

証明 まず，$H_\lambda \leq G$ より，$1 \in \bigcap_{\lambda \in \Lambda} H_\lambda$ であり，$H \neq \varnothing$. 定理 4.28 (部分群の判定条件) の条件 (1), (2) を示せばよい.

(1) $a, b \in H$ とすれば，$a, b \in H_\lambda$ $(\forall \lambda \in \Lambda)$. ここで，$H_\lambda \leq G$ (部分群) なので，定理 4.28 より，$ab \in H_\lambda$ となり，$ab \in \bigcap_{\lambda \in \Lambda} H_\lambda = H$.

(2) (1) と同様に，$a \in H \implies a^{-1} \in H$ が分かる. ∎

注意 (1) 命題 4.31 は，添字集合 Λ が有限集合 $|\Lambda| = n < \infty$ の場合には，$\bigcap_{i=1}^{n} H_i \leq G$ を表している.

(2) $H_1, H_2 \leq G$ に対して，$H_1 \cup H_2$ は G の部分群とは限らない.〔← 各自，考えてみる．例えば，$H_1 = \{(1), (1\,2)\}$, $H_2 = \{(1), (1\,3)\} \leq S_3$〕

定義 4.32 (特殊線形群) 体 K 上の一般線形群 $GL_n(K)$ (定義 4.17) の部分群

$$SL_n(K) := \{A \in GL_n(K) \mid \det(A) = 1\}$$

を体 K 上の**特殊線形群** (special linear group) という.

注意 実際，$A, B \in SL_n(K)$ に対して，$\det(AB) = \det(A)\det(B) = 1$, $\det(A^{-1}) = 1$ より，AB, $A^{-1} \in SL_n(K)$ であるから，部分群の判定条件 (定理 4.28) より，$SL_n(K) \leq GL_n(K)$ (部分群).

定義 4.33 (アフィン変換群)　体 K 上の一般線形群 $GL_2(K)$ の部分群

$$\mathrm{Aff}(K) := \left\{ \begin{pmatrix} a & b \\ 0 & 1 \end{pmatrix} \;\middle|\; a \in K^{\times},\ b \in K \right\}$$

を K 上の (1 次元) **アフィン変換群** (affine transformation group) という．

注意　(1) 実際，$A, B \in \mathrm{Aff}(K) \implies AB, A^{-1} \in \mathrm{Aff}(K)$ となるので，〔← 各自確認する〕部分群の判定条件 (定理 4.28) より，$\mathrm{Aff}(K) \leq GL_2(K)$ (部分群).

(2) $\begin{pmatrix} x \\ 1 \end{pmatrix}$ に左からかけてみると，$\begin{pmatrix} a & b \\ 0 & 1 \end{pmatrix}\begin{pmatrix} x \\ 1 \end{pmatrix} = \begin{pmatrix} ax+b \\ 1 \end{pmatrix}$ となり，K 上のアフィン変換 $x \mapsto ax+b$ に対応していることが分かる．

例 4.34 (アフィン変換群)　K を位数 p の有限体 $\mathbb{F}_p$ とすると，$a \in \mathbb{F}_p^{\times} \iff a \in \mathbb{F}_p \setminus \{0\}$ であるから，$\mathrm{Aff}(\mathbb{F}_p)$ は位数 $p(p-1)$ の (非可換) 有限群である．〔← 6.3 節で有限体 $\mathbb{F}_p$ は $\{0, 1, \cdots, p-1\}$ と同一視できることが分かる (系 6.28)．また，$\mathrm{Aff}(\mathbb{F}_p)$ は p 次フロベニウス群の重要な例をなす (定理 10.89)〕

なぜ部分群を調べるのか？ (I)

G の性質を知るには，G の中身 (部分群) を見ないといけないことは本節の最初に述べた．実は，S_n の部分群を調べることは，n 次方程式の解がルート $\sqrt[m]{a}$ と四則演算でかき表されるか？という問題と次のように関係がある．

代数で学ぶ**ガロア理論** (Galois theory) によって，あるタイプの 5 次方程式には (ルート $\sqrt[m]{a}$ と四則演算を混ぜ合わせて作る) 解の公式が存在しないという衝撃的なことが判明する．〔← しかし，解の公式が存在する 5 次方程式も当然ある；$X^5 = 2$ の解の 1 つは $\sqrt[5]{2}$ など〕そこでどのようなタイプの 5 次方程式に解の公式があり，どのようなタイプに解の公式がないのかが問題となる．実は，このような解の公式の問題を考える中で，ガロア (É. Galois, 1811–1832) によって群の概念が見いだされた．具体例を考えてみたい．ガロア理論を用いると，5 次方程式 $f(X) = 0$ からガロア群という有限群 $G_f \leq S_5$ がとり出せ，G_f の性質から解の公式が存在するか，あるいは存在しないかを判断することができる：〔← 既約 5 次式 $f(X)$ に対して，G_f は次の 5 つのタイプがある〕

5 次方程式 $f(X)=0$	方程式のガロア群 G_f
$X^5-X^3-X^2+X+1=0$	$\longrightarrow\ S_5$
$X^5+X^4-2X^2-2X-2=0$	$\longrightarrow\ A_5$
$X^5+X^4+2X^3+4X^2+X+1=0$	$\longrightarrow\ F_{20}$
$X^5-X^3-2X^2-2X-1=0$	$\longrightarrow\ D_5$
$X^5+X^4-4X^3-3X^2+3X+1=0$	$\longrightarrow\ C_5$

定理* (ガロア，É. Galois, 1830)

n 次方程式 $f(X)=0$ の解が四則演算と $\sqrt[m]{\ }$ を使って解の公式としてかける

$\Longleftrightarrow$ 方程式のガロア群 $G_f \leq S_n$ は可解群.

可解群の定義は 12 章で与える (定義 12.1)．特に，$n \leq 4$ のとき，すべての部分群 $G_f \leq S_n$ は可解群であり，これによって $f(X)=0$ が解の公式をもつことが分かる．誤解を恐れずにイメージだけを伝えると，G が可換群または可換群に近い性質をもつとき，G は可解群となる．〔← ここでは，あえて 5 つの群 G_f うち，どの群が可解群であるかは述べない．興味のある読者は，本書を読み進めてほしい〕 このように，群 G_f が可換群とどのくらいかけ離れているかによって，方程式 $f(X)=0$ の解の公式の有無が分かるというのは驚きである．

ところで，ガロア理論によって n 次方程式 $f(X)=0$ からガロア群 $G_f \leq S_n$ がとり出せるのとは逆に，任意の有限群 G は，n と $f(X)$ を動かせば，ガロア群 G_f として現れるだろうか？という問題は**ガロア逆問題** (inverse Galois problem) と呼ばれ，これまで盛んに研究されてきたが，**未解決問題**である[*5]．〔← 例えば，散在型単純群の 23 次マシュー群 M_{23} (102 ページ) は ($\mathbb{Q}$ 上の) ガロア群として現れるかどうか分かっていない〕

4.4　元の位数と巡回群

群 G の部分群 $H \leq G$ を調べるために，少し準備をする．

命題 4.35 (積の逆元)　群 G の元 $a_1, \cdots, a_n \in G$ に対して，以下が成り立つ：

*5　著者は三宅克哉先生からガロア逆問題に関する多くのことを学んだ．ガロア逆問題に興味のある読者は，例えば [三宅, VII 章] を見ていただきたい．

(1) $(a_1a_2)^{-1} = a_2^{-1}a_1^{-1}$;

(2) $(a_1 \cdots a_n)^{-1} = a_n^{-1} \cdots a_1^{-1}$.

証明　(1) 実際にかければ，$(a_1a_2)(a_2^{-1}a_1^{-1}) = a_1(a_2a_2^{-1})a_1^{-1} = a_1a_1^{-1} = 1$ であり，同様に $(a_2^{-1}a_1^{-1})(a_1a_2) = 1$ も得られる．(2) も同様． ∎

定義 4.36 (a **の** n **乗**)　群 G の元 $a \in G$ と $n \in \mathbb{Z}$ に対して，a の n 乗 a^n を

$$a^n := \begin{cases} a \cdots a \ (n \text{ 個}) & (n > 0), \\ 1 & (n = 0), \\ a^{-1} \cdots a^{-1} \ (|n| \text{ 個}) & (n < 0) \end{cases}$$

によって定義する．G が加法群のときには，a^n を na とかき，a の n 倍という．

命題 4.37 (**指数法則**)　群 G の元 $a \in G$ に対して，以下が成り立つ：

(1) $a^m \cdot a^n = a^{m+n}$ $(\forall m, n \in \mathbb{Z})$;

(2) $(a^m)^n = a^{mn}$ $(\forall m, n \in \mathbb{Z})$.

証明　$m, n \geq 0$ のときは，n 乗の定義からよい．それ以外の場合も，$(a^{-1})^m = (a^m)^{-1} = a^{-m}$ に注意すればよい．〔← 各自確認すること〕 ∎

定義 4.38 (**元の位数**)　群 G の元 $a \in G$ に対して，$a^n = 1$ となる最小の正の整数 n を元 a の**位数** (order) といい，$\mathrm{ord}(a)$ とかく．そのような n が存在しないとき，a の位数は無限といい，$\mathrm{ord}(a) = \infty$ とかく．

注意　元 $a \in G$ の位数 $\mathrm{ord}(a)$ と集合 X の位数 $|X|$ (定義 2.6) はどちらも位数であるが，定義が異なるので注意すること．

例 4.39　長さ n の巡回置換 $\sigma = (1\,2\,\cdots\,n) \in S_n$ の位数は n である．

元の位数の情報から G の構造が分かることもある：

命題 4.40　群 G に対して，$\mathrm{ord}(a) = 2$ $(\forall a \in G)$ ならば G は可換群である．

証明　$a^2 = 1 \iff a = a^{-1}$ に注意すれば，命題 4.35 (1) より，任意の $a, b \in G$ に対して，$(ab)^2 = 1$ より $ab = (ab)^{-1} = b^{-1}a^{-1} = ba$. ∎

命題 4.41　$G = \{a_1, \cdots, a_n\}$ が可換群ならば任意の元 $a_i \in G$ に対して，$a_i^n = 1$ が成り立つ．すなわち，位数 n の可換群 G の元の位数は n 以下である．

証明 命題 4.5 より，$G = a_iG$ であるから，$\{a_1, \cdots, a_n\} = \{a_ia_1, \cdots, a_ia_n\}$. 両辺のすべての元の積を考えれば，積の可換性から，$a_1 \cdots a_n = a_ia_1 \cdots a_ia_n = a_i^n(a_1 \cdots a_n)$ となる．$(a_1 \cdots a_n)^{-1}$ を両辺に右からかけて，$a_i^n = 1$ を得る． ∎

注意 実際，5 章では，$\mathrm{ord}(a_i) \mid n$ を除法の原理を用いて示す (命題 5.24)．さらに，7 章でラグランジュの定理 (定理 7.10) を学ぶと，実は可換群でなくとも，一般の有限群 G に対して，$\mathrm{ord}(a_i) \mid n$ が成り立つことが分かる (系 7.11).

定義 4.42 (**生成された部分群，生成系，有限生成，巡回部分群**) 群 G の部分集合を $A \subset G$ とする．

(1) A で**生成された** G **の部分群** (subgroup generated by A) とは，

$$\langle A \rangle = \{a_1^{n_1} \cdots a_r^{n_r} \mid r \in \mathbb{N},\ a_i \in A,\ n_i \in \mathbb{Z}\ (i = 1, \cdots, r)\}$$

のこと．$G = \langle A \rangle$ のとき，A を群 G の**生成系** (generating system)，A の元を G の**生成元** (generating element) といい，$|A| < \infty$ なるとき，G は**有限生成** (finitely generated) という．

(2) 1 つの元 $a \in A$ で生成された部分群

$$\langle a \rangle = \{a^n \mid n \in \mathbb{Z}\}\ (= \langle \{a\} \rangle)$$

を $a \in G$ で生成された G の**巡回部分群** (cyclic subgroup) という．

注意 (1) 実際，命題 4.35 より，$x, y \in \langle A \rangle \implies xy, x^{-1} \in \langle A \rangle$ となるから，部分群の判定条件 (定理 4.28) から，$\langle A \rangle \leq G$ (部分群) となる．

(2) $A \subset H_\lambda \leq G$ なる G のすべての部分群 H_λ $(\lambda \in \Lambda)$ に対して，$\langle A \rangle = \bigcap_{\lambda \in \Lambda} H_\lambda$ となり，命題 4.31 からも $\langle A \rangle \leq G$ が分かる．〔← 各自確認せよ〕

命題 4.43 部分群 $H \leq G$ に対して，$a_1, \cdots, a_n \in H$ ならば $\langle a_1, \cdots, a_n \rangle \leq H$，特に，$a \in H$ ならば $\langle a \rangle \leq H$.〔← $\langle a \rangle$ は a を含む最小の G の部分群となる〕

証明 H は演算について閉じているから，$a_1, \cdots, a_n, a_1^{-1}, \cdots, a_n^{-1}$ を繰り返しかけ合せた元はすべて H の元となる．よって，$\langle a_1, \cdots, a_n \rangle \leq H$ (部分群). ∎

定義 4.44 (**巡回群** C_n) ある $a \in G$ に対して，$G = \langle a \rangle$ となる群 G を**巡回群** (cyclic group) という．$\mathrm{ord}(a) = n$ ならば $\langle a \rangle = \{a, \cdots, a^{n-1}, a^n = 1\}$ となる．〔← $\mathrm{ord}(a) = |\langle a \rangle|$ である〕 位数 n の巡回群を C_n で表す．

例 4.45 $\sigma = (1\,2 \cdots n) \in S_n$ に対して，$\langle \sigma \rangle$ は位数 n の巡回群.

命題 4.46　巡回群 $G = \langle a \rangle$ はアーベル群 (可換群) である．

証明　指数法則より，可換性 $a^i \cdot a^j = a^{i+j} = a^{j+i} = a^j \cdot a^i$ が従う．■

命題 4.47 (巡回群の特徴付け (I))　G を位数 n の群とする．

$$G \text{ は巡回群 } (G = C_n) \iff \text{位数 } n \text{ の元 } x \in G \text{ が存在する．}$$

証明　$(\Rightarrow)$　$G = \langle x \rangle$ とすれば x の位数は n.

$(\Leftarrow)$　$H = \langle x \rangle$ とすれば $|H| = |G| = n$ より $H = G$.　■

注意　7 章ではラグランジュの定理を学び，これを用いて，より詳細に，位数 n の群 G が巡回群となるための必要十分条件 (特徴付け) を与える (定理 7.14).

命題 4.48　群 $G \neq 1$ の部分群が自明な部分群のみならば $G = C_p$ (p : 素数).

証明　$1 \neq a \in G$ に対して，$\langle a \rangle \leq G$ であるが，仮定から $G = \langle a \rangle$. もし，$\mathrm{ord}(a) = \infty$ ならば $\langle a^2 \rangle \lneq \langle a \rangle = G$ となり仮定に反するので，$\mathrm{ord}(a) < \infty$ となり，G は有限群．$\mathrm{ord}(a) = n = mk$ $(m, k > 1)$ とすると，$C_m = \langle a^k \rangle \lneq G$ となり仮定に反するので，n は素数 p でなくてはいけない．すなわち，$G = C_p$.　■

注意　命題 4.48 の逆も正しいことが，ラグランジュの定理 (7 章) から分かる．

4.5　交代群と二面体群

本節では有限群の例として，交代群 A_n，二面体群 D_n，クラインの四元群 V_4 を学ぶ．任意の $\sigma \in S_n$ は互換の積でかけ，その個数の偶奇は σ によって一意的に定まり (定理 1.19)，$\sigma \in S_n$ が偶数個の互換の積のとき**偶置換**，奇数個の互換の積のとき**奇置換**といったことを思い出しておこう (定義 3.6).

定義 4.49 (交代群 A_n)　S_n の $n!/2$ 個の偶置換 (命題 3.8) を集めた集合

$$A_n := \{\sigma \in S_n \mid \sigma \text{は偶置換}\} \leq S_n$$

は S_n の部分群をなし，n **次交代群** (alternating group) という．

注意　実際，$\sigma, \tau \in A_n$ ならば $\sigma \circ \tau, \sigma^{-1} \in A_n$ であるから，部分群の判定条件 (定理 4.28) より，$A_n \leq S_n$ (部分群)．特に，単位元 $(1) = (1\,2)(1\,2) \in A_n$ は偶置換であることに注意する．よって，同様に奇置換をすべて集めても，S_n の部分群とはならない．〔← なぜ？〕

例 4.50 (交代群 A_n)　$A_2 = \{(1)\}$.

$A_3 = \{(1), (1\,2\,3), (1\,3\,2)\} = \langle(1\,2\,3)\rangle \simeq C_3$.

$A_4 = \{(1), (1\,2)(3\,4), (1\,3)(2\,4), (1\,4)(2\,3), (1\,2\,3), (1\,3\,2), (1\,2\,4), (1\,4\,2),$
$(1\,3\,4), (1\,4\,3), (2\,3\,4), (2\,4\,3)\}$.

$n \geq 4$ のとき，A_n は非可換群である．〔← なぜか考える〕

n 次交代群 A_n の生成元は次のようにとれる：

命題 4.51 (交代群 A_n の生成元)　$n \geq 4$ とする．

(1)　$A_n = \langle (i\,j\,k) \mid i, j, k$ はすべて異なる $\rangle$.

(2)　$n \geq 5$ ならば $A_n = \langle (i\,j)(k\,l) \mid i, j, k, l$ はすべて異なる $\rangle$.

(3)　$A_n = \langle (1\,2\,j) \mid j = 3, \cdots, n \rangle$.

(4)　$A_n = \langle (i\;i+1\;i+2) \mid i = 1, \cdots, n-2 \rangle$.

(5)　$n \geq 5$ が奇数のとき，$A_n = \langle (1\,2\,3), (1\,2\cdots n) \rangle$,
　　$n \geq 4$ が偶数のとき，$A_n = \langle (1\,2\,3), (2\,3\cdots n) \rangle$.

証明　(1)　($\supset$) は $(i\,j\,k) = (i\,j)(j\,k) \in A_n$ よりよい．　($\subset$) A_n の元は偶数個の互換の積であるから，$(i\,j)(k\,l)$ が長さ 3 の巡回置換の積となることを示せばよい．i, j, k, l がすべて異なるときは，$(i\,j)(k\,l) = (i\,j)(j\,k)(j\,k)(k\,l) = (i\,j\,k)(j\,k\,l)$，共通の文字をもつときは，$(i\,j)(i\,l) = (j\,i)(i\,l) = (j\,i\,l)$ よりよい．

(2)　$(i\,j\,k) \in A_n$ をとる．$n \geq 5$ より，i, j, k と異なる l, m をとれば，$(i\,j\,k) = (i\,j)(j\,k) = (i\,j)(l\,m)(l\,m)(j\,k)$ であるから，異なる文字からなる 2 つの互換の積をいくつかかければ，すべての $(i\,j\,k) \in A_n$ が得られる．よって，(1) より従う．

(3)　$(i\,j\,k) = (1\,i\,j)(1\,j\,k)$, $(1\,i\,j) = (1\,2\,j)(1\,2\,j)(1\,2\,i)(1\,2\,j)$ と (1) より従う．

(4)　(3) より，$A_4 = \langle (1\,2\,3), (1\,2\,4) \rangle$ で，$(1\,2\,4) = (1\,2\,3)(1\,2\,3)(2\,3\,4)(1\,2\,3)$ より，$A_4 = \langle (1\,2\,3), (2\,3\,4) \rangle$. $n \geq 5$ とする．(3) より，$(1\,2\,j)$ が $(i\;i+1\;i+2)$ の形の連続した 3 つの文字からなる巡回置換の積になることを示せばよい．$j = 3$ はよい．$j = 4$ については $n = 4$ のとき示した．$j \geq 5$ のとき，$3 \leq k \leq j-1$ に対して $(1\,2\,k)$ が連続した 3 つの文字からなる巡回置換の積となることを仮定すれば，$(1\,2\,j) = (1\;2\;j-2)(1\;2\;j-1)(j-2\;\;j-1\;\;j)(1\;2\;j-2)(1\;2\;j-1)$ であるから，帰納法から従う．

(5)　$n \geq 5$ を奇数とすれば，$\sigma = (1\,2\cdots n) \in A_n$ で，(4) と $\sigma^i (1\,2\,3) \sigma^{-i} =$

$(i+1\ i+2\ i+3)$ よりよい．$n \geq 4$ を偶数とすれば，$\tau = (2\,3\,\cdots\,n) \in A_n$ で，$\tau^i(1\,2\,3)\tau^{-i} = (1\ i+2\ i+3)$ と，任意の連続した 3 つの文字からなる巡回置換が $(i\ i+1\ i+2) = (1\ i\ i+1)(1\ i+1\ i+2)$ とかけることから，(4) より従う．∎

ちなみに，n 次対称群 S_n の生成元は次のようにとれる：

命題 4.52 (**対称群 S_n の生成元**)　$n \geq 3$ とする．

(1)　$S_n = \langle (1\,2), (2\,3), \cdots, (n-1\,n) \rangle$.

(2)　$S_n = \langle (1\,2), (1\,3), \cdots, (1\,n) \rangle$.

(3)　$S_n = \langle (1\,2), (1\,2\,\cdots\,n) \rangle$.

証明　(1)　($\supset$) はよい．($\subset$)　あみだくじの原理 (7 ページ) より，任意の $\sigma \in S_n$ は，$(1\,2), (2\,3), \cdots, (n-1\,n)$ を用いて表せる．

(2)　$(i\,j) = (1\,i)(1\,j)(1\,i)$ より，任意の互換は $(1\,i)$ の形の互換の積となる．よって，(1) より従う．

(3)　$\sigma = (1\,2\,\cdots\,n)$ とすれば，$\sigma^i(1\,2)\sigma^{-i} = (i+1\ i+2)$ であるから，(1) と合わせれば，任意の S_n の元は，$(1\,2)$ と σ でかける．∎

定義 4.53 (**二面体群 D_n**)　平面上の正 n 角形 $(n \geq 3)$ を空間内で動かし，自分自身に重ねる変換 (動かし方) 全体は群をなし，**二面体群** (dihedral group) といって，D_n とかく．正 n 角形の頂点に時計と同じように番号を付け，頂点 n が一番上に来るようにすれば，D_n の元は $\{1, \cdots, n\}$ の置換を与えており，D_n は S_n の部分群と見なせる．また，頂点 1 を頂点 i $(1 \leq i \leq n)$ に動かす n 通りごとに，2 が 1 の右側にあるか左側にあるかの 2 種類があるため，$|D_n| = 2n$ である．

例 4.54 (**二面体群 D_n**)　$D_3 = \{(1), (1\,2\,3), (1\,3\,2), (1\,2), (1\,3), (2\,3)\} = S_3$.

$D_4 = \{(1), (1\,2\,3\,4), (1\,3)(2\,4), (1\,4\,3\,2), (1\,4)(2\,3), (2\,4), (1\,2)(3\,4), (1\,3)\}$.

$$D_5 = \{(1), (1\,2\,3\,4\,5), (1\,3\,5\,2\,4), (1\,4\,2\,5\,3), (1\,5\,4\,3\,2), (1\,4)(2\,3), (1\,5)(2\,4), (2\,5)(3\,4), (1\,2)(3\,5), (1\,3)(4\,5)\}.$$

命題 4.55 (**二面体群 D_n の構造**)　D_n $(n \geq 3)$ の元のうち，時計回りの回転を $\sigma = (1\,2 \cdots n)$，頂点 n を動かさない裏返しを τ とする．

(1)　$\sigma^n = \tau^2 = 1$，$\tau^{-1}\sigma\tau = \sigma^{-1}$.〔← $\tau = \tau^{-1}$ に注意〕

(2)　$D_n = \langle \sigma, \tau \rangle = \{(1), \sigma, \cdots, \sigma^{n-1}, \tau, \sigma\tau, \cdots, \sigma^{n-1}\tau\}$.

特に，D_n $(n \geq 3)$ は非可換群である．

証明 (1) は直接計算による．

(2) (1) より，$\tau^{-1}=\tau$ に注意すれば，$\tau\sigma=\sigma^{-1}\tau$ であるから，$\langle\sigma,\tau\rangle$ の元 x は σ を左に，τ を右にまとめることができる．(1) から，$\sigma^n=1$，$\tau^2=1$ であるから，$x=\sigma^i\tau^j$ $(0\leq i\leq n-1,\ 0\leq j\leq 1)$ となる．これら $2n$ 個の元は D_n の異なる元を与えているから，$D_n=\langle\sigma,\tau\rangle$ となる． ∎

次の定理は二面体群 D_n の特徴付け (必要十分条件) を与えている：

定理 4.56 (二面体群 D_n の特徴付け) G を非可換な有限群とする．
ある $n\geq 3$ に対して $G\simeq D_n \iff G$ は位数 2 の 2 つの元で生成される．

証明 ($\Rightarrow$) $D_n=\langle\sigma,\tau\rangle=\langle\sigma\tau,\tau\rangle$ であり，$(\sigma\tau)^2=1$．

($\Leftarrow$) $G=\langle b,c\rangle$，$b^2=c^2=1$ $(b\neq c)$ とする．$a:=bc$ とすれば，$G=\langle a,b\rangle$ かつ $ab=bcb=b(c^{-1}b^{-1})=ba^{-1}$．よって，$bab^{-1}=a^{-1}$ をみたし，$n:=\mathrm{ord}(a)$ と置けば，$G=\{1,a,\cdots,a^{n-1},b,ab,\cdots,a^{n-1}b\}\simeq D_n$．〔← これらの元がすべて異なることは，$b\notin\langle a\rangle$ と $a^ib=a^jb$ $(0\leq i,j\leq n-1)\implies a^i=a^j\implies i=j$ からわかり，よって G と D_n の群表は同じ形となる〕 ∎

次の位数 4 の巡回群ではない群 V_4 はクラインの四元群と呼ばれる：

定義 4.57 (クラインの四元群 V_4) D_4 の位数 4 の可換な部分群

$$V_4=\{(1),(1\,2)(3\,4),(1\,3)(2\,4),(1\,4)(2\,3)\}\leq D_4\ (\leq A_4\leq S_4)$$

を**クラインの四元群** (Klein four-group) という．〔← 可換と部分群を確認する〕

注意 (1) 実際，部分群の判定条件 (定理 4.28) から V_4 は D_4 の部分群をなす．

(2) 可換群 G に対して，$G\simeq V_4 \iff G$ は位数 2 の (異なる) 2 つの元で生成される，となる (定理 4.56 の可換群版)．〔← 各自確認する！〕

4.6 中心，中心化群，交換子群

本節では群 G の重要な部分群として，中心 $Z(G)$，中心化群 $Z_G(S)$，交換子群 $D(G)$ を学んでいく．

定義 4.58 (中心，中心化群) G を群とする．

(1) G の任意の元と可換である G の元全体

$$Z(G) = \{x \in G \mid xy = yx\ (\forall y \in G)\} \leq G$$

を G の**中心** (center, ドイツ語で Zentrum) という．〔← $C(G)$ ともかかれる〕

(2) 空でない部分集合 $S \subset G$ に対して，S の任意の元と可換である G の元全体

$$Z_G(S) = \{x \in G \mid xa = ax\ (\forall a \in S)\} \leq G$$

を S の G における**中心化群** (centralizer) という．特に，$S = \{a\}$ のときは，単に $Z_G(\{a\}) = Z_G(a)$ とかく．〔← 定義から，G の中心 $Z(G) = Z_G(G)$〕

注意　(1) $Z_G(S)$ は群である．実際，$x, y \in Z_G(S)$ ならば $(xy)a = a(xy)$, $ax^{-1} = x^{-1}a\ (\forall a \in S)$ より，$xy, x^{-1} \in Z_G(S)$ となり，部分群の判定条件 (定理 4.28) から，$Z_G(S) \leq G$ (部分群) である．特に，G の中心 $Z(G) \leq G$ (部分群).

(2) 定義から，G がアーベル群 $\iff Z(G) = G$.

例 4.59 (**中心，中心化群**)　(1) $Z(S_n) = \{(1)\}\ (n \geq 3)$, $Z(A_n) = \{(1)\}\ (n \geq 4)$ となることが分かる．〔← $Z(S_n) = \{(1)\}$ は命題 10.23 で，$Z(A_n) = \{(1)\}$ は系 10.33 で示される〕

(2) $Z_{S_4}((1\,2)) = Z_{D_4}((1\,2)) = \{(1), (1\,2), (3\,4), (1\,2)(3\,4)\} \simeq V_4$.

命題 4.60　$n \geq 3$ に対して，以下が成り立つ：

(1) $Z(D_n) = \{(1), \sigma^{\frac{n}{2}}\} = \langle \sigma^{\frac{n}{2}} \rangle \simeq C_2$ (n は偶数);

(2) $Z(D_n) = \{(1)\}$ (n は奇数).

証明　命題 4.55 より，$D_n = \langle \sigma, \tau \rangle = \{(1), \sigma, \cdots, \sigma^{n-1}, \tau, \sigma\tau, \cdots, \sigma^{n-1}\tau\}$. $\sigma^i\tau \in Z(D_n) \implies \sigma(\sigma^i\tau) = (\sigma^i\tau)\sigma \implies \sigma\tau = \tau\sigma$ となるが，$n \geq 3$ に対して，σ と τ は非可換であり，$\sigma^i\tau \notin Z(D_n)$. $\sigma^i \in Z(D_n)$ とすれば，$\tau\sigma = \sigma^{-1}\tau$ (命題 4.55) より，$\sigma^i\tau = \tau\sigma^i = \sigma^{-i}\tau$ となり，$\sigma^{2i} = 1$. これは，$1 \leq i \leq n-1$ より，$i = \dfrac{n}{2}$ のときしかおこらない．すなわち，n が奇数 $\implies Z(D_n) = \{(1)\}$. n を偶数とすると，σ^i どうしは可換であり，$\sigma^{\frac{n}{2}} \in Z(D_n)$. ∎

定義 4.61 (**交換子，交換子群**)　(1) 元 $x, y \in G$ に対して, $[x, y] := x^{-1}y^{-1}xy \in G$ を x と y の**交換子** (commutator) という．

(2) 交換子全体で生成される G の部分群 $\langle\{[x, y] \mid x, y \in G\}\rangle$ を G の**交換子群** (commutator subgroup, derived subgroup) といい，$D(G)$ とかく．

注意 (1) 実際，生成の定義 (定義 4.42) から，$D(G) \leq G$ (部分群) である．

(2) G がアーベル群 $\iff$ $D(G) = \{1\}$．〔← $xy = yx \iff [x, y] = 1$ である〕

(3) x と y の交換子を $xyx^{-1}y^{-1}$ と定義する流儀もあるので注意が必要である．$[x, y] := x^{-1}y^{-1}xy$, $[[x, y]] := xyx^{-1}y^{-1}$ とすれば，$[x, y] = [[x^{-1}, y^{-1}]]$ であるから，どちらの流儀を採用しても，得られる交換子群 $D(G)$ は同じである．

例 4.62 (**交換子，交換子群**) $S_2 \simeq C_2$, $A_3 \simeq C_3$ (アーベル群) より，$D(S_2) = D(A_3) = 1$．また，直接計算してみると，$D(S_3) = A_3$, $D(S_4) = A_4$, $D(A_4) = V_4 = \{(1), (1\ 2)(3\ 4), (1\ 3)(2\ 4), (1\ 4)(2\ 3)\}$．〔← 各自，具体的に確かめてみる〕

命題 4.63 $n \geq 3$ に対して，以下が成り立つ：

(1) $D(S_n) = A_n$ $(n \geq 3)$;

(2) $D(A_n) = A_n$ $(n \geq 5)$;

(3) $D(D_n) = \langle \sigma^2 \rangle \simeq C_{n/2}$ (n は偶数);

(4) $D(D_n) = \langle \sigma \rangle \simeq C_n$ (n は奇数).

証明 (1) $(\subset)$ $x, y \in S_n$ に対して，x と x^{-1} は同じ個数の互換の積でかけるから，$[x, y] = x^{-1}y^{-1}xy$ は偶数個の互換の積で，$D(S_n) \leq A_n$． $(\supset)$ $(i\,j\,k) \in A_n$ に対して，$(i\,j\,k) = (i\,j)^{-1}(i\,k)^{-1}(i\,j)(i\,k) = [(i\,j), (i\,k)] \in D(S_n)$．命題 4.51 より，$A_n$ は長さ 3 の巡回置換で生成されるから，$D(S_n) \geq A_n$．

(2) $n \geq 5$ より，$(i\,j\,k) \in A_n$ に対して，i, j, k と異なる l, m がとれて，$(i\,j\,k) = (i\,m\,j)^{-1}(i\,l\,k)^{-1}(i\,m\,j)(i\,l\,k) = [(i\,m\,j), (i\,l\,k)] \in D(A_n)$ より，(1) と合わせて，$A_n \leq D(A_n) \leq D(S_n) = A_n$ となり，$D(A_n) = A_n$．

(3), (4) 命題 4.55 より，$D_n = \langle \sigma, \tau \rangle = \{(1), \sigma, \cdots, \sigma^{n-1}, \tau, \sigma\tau, \cdots, \sigma^{n-1}\tau\}$ で，$\sigma^n = \tau^2 = 1$, $\tau\sigma = \sigma^{-1}\tau$ をみたす．$\tau\sigma^i = \sigma^{-i}\tau$ から，$(\sigma^j\tau)^{-1} = \sigma^j\tau$ となるから，$[\sigma^i, \sigma^j] = 1$, $[\sigma^i, \sigma^j\tau] = \sigma^{-i}(\sigma^j\tau)(\sigma^i)(\sigma^j\tau) = \sigma^{-2i}$, $[\sigma^i\tau, \sigma^j\tau] = (\sigma^i\tau)(\sigma^j\tau)(\sigma^i\tau)(\sigma^j\tau) = \sigma^{2(i-j)}$．よって，$D(D_n) = \langle \sigma^2 \rangle$ を得る．n が偶数のときは，$\langle \sigma^2 \rangle \simeq C_{n/2}$ であり，n が奇数のときは，$\langle \sigma^2 \rangle = \langle \sigma \rangle \simeq C_n$ となる． ∎

注意 10.3 節で A_n $(n \geq 5)$ が単純群であることを学べば，$D(A_n) = A_n$ はすぐに分かる (系 10.33).

なぜ部分群を調べるのか？ (II)

群 G が可換群に近ければ近いほど，$\{1\} \leq Z(G) \leq G$ は G に近く，$\{1\} \leq D(G) \leq G$ は $\{1\}$ に近いことが予想される．〔← 定義をよく考える〕 すなわち，G の部分集合 $Z(G)$ や $D(G)$ は G の**非可換性の強さを計るためのバロメーター**である．このような部分集合 $Z(G)$ や $D(G)$ が G の部分群として現れるという所が重要である．よって，そもそも G にどのような部分群が存在しているかを知ることは，G の非可換性の強さを知るという上でも重要なことである．

4.7 生成元と基本関係による群の表示，種々の群の例

位数 $2n$ の 二面体群 $D_n = \langle x, y \rangle$ の生成元 x, y は関係

$$R = \{x^n = 1, y^2 = 1, y^{-1}xy = x^{-1}\}$$

をみたしていた．この関係 R から，D_n の $2n$ 個の元が

$$D_n = \{1, x, \cdots, x^{n-1}, y, xy, \cdots, x^{n-1}y\}$$

とかけることがわかり，さらに，2 つの元の積が，$yx^j = x^{-j}y$ と結合法則から，

$$x^i x^j = x^{i+j}, \qquad (x^i y)x^j = x^{i-j}y, \qquad x^i(x^j y) = x^{i+j}y, \qquad (x^i y)(x^j y) = x^{i-j}$$

と定まる (命題 4.55 の証明を参照)．すなわち，群 $\langle x, y \rangle$ の生成元 x, y が関係 R をみたしているとし，さらに最も一般的な状況〔← $x = y$ や $y \in \langle x \rangle$ などが起こらない．いい方を変えれば，これ以上の関係はもたない〕とすれば，二面体群 D_n の構造が定まってしまう．〔← 群表 (群の元と積の構造) が 1 つ定まる〕

これを一般化したものが，次の生成元と基本関係による群の表示である：

定義 4.64 (基本関係)　群 G が $S = \{s_1, \cdots, s_n\}$ で生成され，S の元は関係

$$R_\lambda(s_1, \cdots, s_n) = 1 \qquad (\lambda \in \Lambda \ (\Lambda \text{ は添字集合}))$$

をみたすとする．この関係 $R_\lambda = 1$ $(\lambda \in \Lambda)$ をみたす群 G のうち最も一般的なものが (同型を除き) ただ 1 つ定まるとき，この関係からなる集合 $R = \{R_\lambda = 1 \mid \lambda \in \Lambda\}$ を群 G の**基本関係** (defining relation) という．このとき，G は**生成元 S と基本関係 R による表示** (presentation) **をもつ**といい，$G = \langle S \mid R \rangle$ とか

く．〔← G が有限群のときには，S と R によって，G の群表 (G のすべての元とその積の構造) が 1 つ定まるということ〕 一般に，G の生成元 (S の元) に関する，$P_\lambda(s_1, \cdots, s_n) = Q_\lambda(s_1, \cdots, s_n)$ という形をした関係の集合についても，逆元をかけて右辺を 1 にして得られた関係たちが G の基本関係となるとき，G の**基本関係**という．

注意 実は，任意に与えた関係からなる集合 R に対して，それを基本関係とする群が必ず存在する．しかし，それを示すには自由群の概念が必要になるので，本書では深入りしない．詳しく知りたい読者は，例えば [近藤, 6 章], [鈴木 (上), 2 章 §6], [クローシュ 1, §18] などを見ていただきたい．〔← 133 ページも参照〕

例 4.65 (1) 位数 n の巡回群 C_n の基本関係による表示：

$$C_n = \langle x \mid x^n = 1 \rangle.$$

実際，基本関係 $R = \{x^n = 1\}$ から，$C_n = \{1, x, \cdots, x^{n-1}\}$ を得て，C_n の 2 つの元の積も $x^i x^j = x^{i+j}$ $(= x^j x^i)$ で定まる．〔← 群表が 1 つ定まる〕

(2) 位数 $2n$ の二面体群 D_n の生成元と基本関係による表示：

$$D_n = \langle x, y \mid x^n = y^2 = 1, y^{-1}xy = x^{-1} \rangle.$$

〔← 本節の冒頭を参照〕

定義 4.66 (一般 4 元数群 Q_{4m}, 4 元数群 Q_8) 生成元 x, y と次の基本関係により定まる位数 $4m$ $(m \geq 2)$ の群

$$\begin{aligned} Q_{4m} &= \langle x, y \mid x^{2m} = y^4 = 1,\ \ x^m = y^2,\ \ y^{-1}xy = x^{-1} \rangle \\ &= \{1, x, \cdots, x^{2m-1}, y, xy, \cdots, x^{2m-1}y\} \end{aligned}$$

を**一般 4 元数群** (generalized quaternion group) という．特に，$m = 2$ の場合，位数 8 の群 Q_8 を **4 元数群** (quaternion group) という．

例 4.67 (4 元数群 Q_8) 4 元数群

$$\begin{aligned} Q_8 &= \langle x, y \mid x^4 = y^4 = 1,\ \ x^2 = y^2,\ \ y^{-1}xy = x^{-1} \rangle \\ &= \{1, x, x^2, x^3, y, xy, x^2y, x^3y\} \end{aligned}$$

とハミルトンの 4 元数体 (定義 4.12)

$$\mathbb{H} = \{a + bi + cj + dk \mid \ a, b, c, d \in \mathbb{R}\}$$

には次のような密接な関係がある．$\mathbb{H}$ の基底 $\{1,i,j,k\}$，$i^2=j^2=k^2=-1$，$ij=-ji=k$ に対して，$\{\pm1,\pm i,\pm j,\pm k\}$ は位数 8 の群をなし，同型 $Q_8\simeq\{\pm1,\pm i,\pm j,\pm k\}$ が得られる．実際，対応 $x\leftrightarrow i$，$y\leftrightarrow j$，$xy\leftrightarrow k$，$x^2\leftrightarrow -1$ から定まる同型対応 $Q_8=\{1,x,y,xy,x^2,x^3,x^2y,x^3y\}\leftrightarrow\{1,i,j,k,-1,-i,-j,-k\}$ がある．これより，$\{\pm1,\pm i,\pm j,\pm k\}=Q_8$ ともかく．$Q_8\simeq\{\pm1,\pm i,\pm j,\pm k\}$ の群表をかいてみると，下のようになる．〔← 読者は，$Q_8=\{1,x,x^2,x^3,y,xy,x^2y,x^3y\}$ の群表も基本関係 R を用いて書いてみてほしい〕

$\cdot$	1	i	j	k	-1	$-i$	$-j$	$-k$
1	1	i	j	k	-1	$-i$	$-j$	$-k$
i	i	-1	k	$-j$	$-i$	1	$-k$	j
j	j	$-k$	-1	i	$-j$	k	1	$-i$
k	k	j	$-i$	-1	$-k$	$-j$	i	1
-1	-1	$-i$	$-j$	$-k$	1	i	j	k
$-i$	$-i$	1	$-k$	j	i	-1	k	$-j$
$-j$	$-j$	k	1	$-i$	j	$-k$	-1	i
$-k$	$-k$	$-j$	i	1	k	j	$-i$	-1

ここで二面体群 D_{2^n} と似た構造をもつ次の 2 つの群 QD_{2^n} と M_{p^n} を定義しよう．〔← D_{2^n} と同様に基本関係 R から群表 (群の元と積の構造) が定まる〕 これらの群は 10.8 節で学ぶ群の (外部) 半直積により，その構造がより深く理解され，〔← これにより，「似た」構造をもつと述べた理由も分かる〕さらには，10.10 節で再び登場するほか，12 章の定理 12.36 まで進むことで，ここに二面体群 D_{2^n} と一緒に登場させた理由が分かるであろう．

定義 4.68 (**準二面体群** QD_{2^n}，**モジュラー** p **群** M_{p^n}) (1) 生成元 x,y と次の基本関係により定まる位数 2^{n+1} $(n\geq 3)$ の群

$$
\begin{aligned}
QD_{2^n}&=\langle x,y\mid x^{2^n}=y^2=1,\ y^{-1}xy=x^{2^{n-1}-1}\rangle\\
&=\{1,x,\cdots,x^{2^n-1},y,xy,\cdots,x^{2^n-1}y\}
\end{aligned}
$$

を**準二面体群** (quasidihedral group) という．〔← 準二面体群 QD_{2^n} は SD_{2^n} (semidihedral group) とかかれることもある〕

(2) 生成元 x,y と次の基本関係により定まる位数 p^n (p は素数，$n\geq 3$) の群

$$M_{p^n} = \langle x, y \mid x^{p^{n-1}} = y^p = 1,\ y^{-1}xy = x^{p^{n-2}+1} \rangle$$
$$= \{x^i y^j \mid 0 \le i \le p^{n-1} - 1,\ 0 \le j \le p - 1\}$$

を**モジュラー p 群** (modular p-group) という.

注意　部分群の列 $Q_{2^{n-1}} \le Q_{2^n} \le QD_{2^n} \le QD_{2^{n+1}}$ を得る.〔← 真ん中は $Q_{2^n} \simeq \langle x^2, xy \rangle \le \langle x, y \rangle = QD_{2^n}$ のように分かる〕

定義 4.69 (p 群)　p を素数とする.
位数が p 巾 $|G| = p^a$ $(a \ge 0)$ である群 G を **p 群** (p-group) という.

例 4.70 (p 群)　C_{p^n}, M_{p^n} は p 群, $D_{2^n}, Q_{2^n}, QD_{2^n}$ は 2 群.

4.8 ハッセ図

有限群 G のすべての部分群の様子を図で表す方法として次のハッセ図がある:

定義 4.71 (ハッセ図)　部分群の列 $H_1 \le H_2 \le G$ が存在するとき, 右図のように棒を引く. ただし, このとき G と H_1 は**棒では結ばないこととする**. G のすべての部分群の包含関係を右図のように棒で表した図を**ハッセ図** (Hasse diagram) という.〔← G のすべての部分群は包含関係に関して順序集合であることから, このようなことが可能となる, 例 2.24 参照〕

G
|
H_2
|
H_1

例 4.72 (V_4, S_3 **の部分群のハッセ図**)　(1)　$V_4 = \{(1), a, b, c\}$, $a = (1\,2)(3\,4)$, $b = (1\,3)(2\,4)$, $c = (1\,4)(2\,3)$ は S_4 の部分群である. V_4 の部分群は自明な部分群 $\{1\}, V_4$ の他に 3 つあり, それらをハッセ図で表すと左図のようになる.

(2)　S_3 のすべての部分群とその包含関係をハッセ図で表すと右図になる.

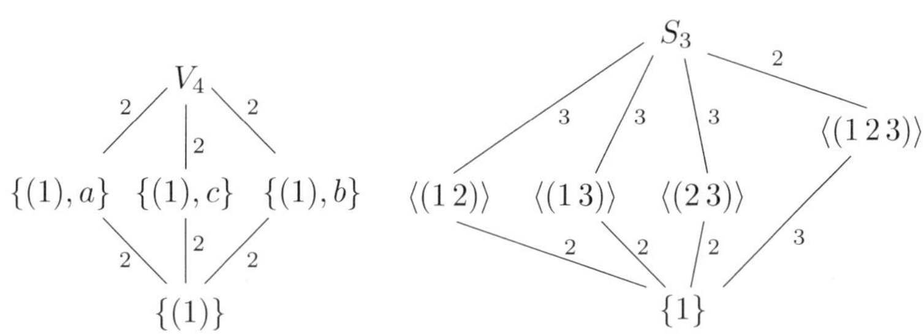

ただし，棒の横の数字は位数が何倍になっているかを表している．

次の問 4.2 を解き，実際に部分群のハッセ図を描いてみよう．しかし，部分群をもれなくすべて求めるのは，現状では結構大変なことであることがすぐに分かるであろう．以下のヒントを見てから挑戦してほしい．〔← できるだけ多くの部分群を自分で見つけてみよう！〕

問 4.2　次の群の部分群をすべて求め，その包含関係をハッセ図で表せ．

(1)　巡回群 $C_n = \langle\sigma\rangle = \{(1), \sigma, \cdots, \sigma^{n-1}\}$，$\sigma = (1\,2 \cdots n)$ $(2 \leq n \leq 18)$.

(2)　二面体群 $D_n = \langle\sigma, \tau\rangle$ $(3 \leq n \leq 7)$.

(3)　4 元数群 Q_8.

(4)　4 次交代群 A_4.

ヒント：$H \subset G$ がいつ部分群となるかを定義に従って考えてみる：〔← 結合法則は，G 全体で成り立っているので，当然 H でも成り立っていることに注意〕

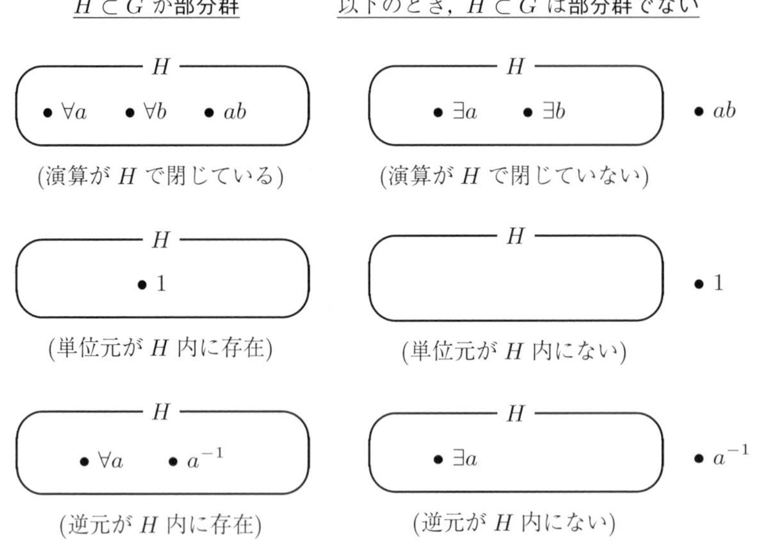

例えば，次の (1), (2) を考えてみる．

(1)　$C_3 = \{1, a, b\}$ の部分集合をすべて求め，部分群かどうか判定する．
ただし，$a = (1\,2\,3)$，$b = (1\,3\,2)$.

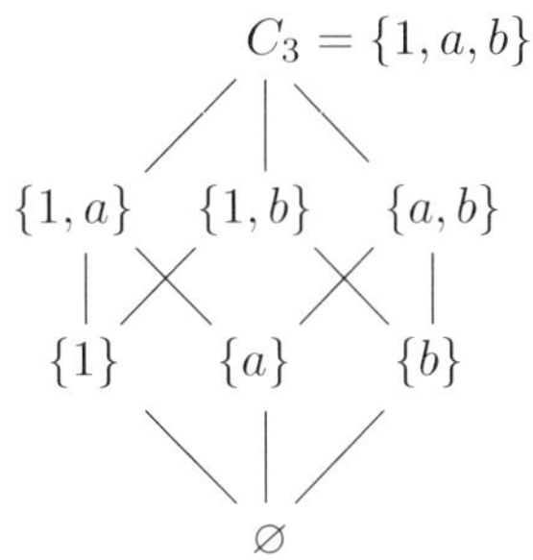

C_3 の部分群

(2) $V_4 = \{1, a, b, c\}$ の部分集合をすべて求め，部分群かどうか判定する．
ただし，$a = (1\,2)(3\,4)$，$b = (1\,3)(2\,4)$，$c = (1\,4)(2\,3)$.

V_4 の 1 を含む部分集合

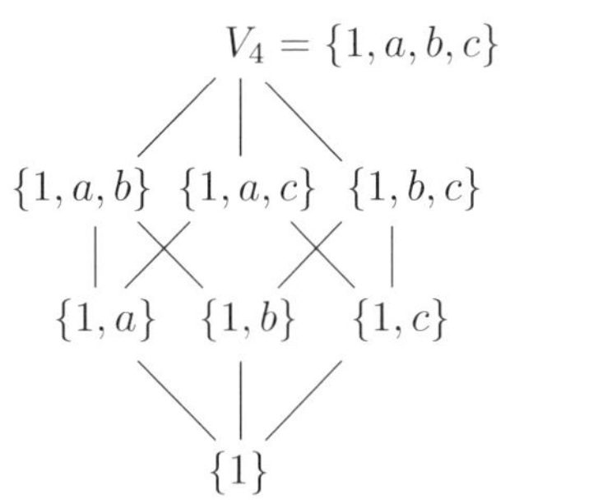

V_4 の部分群

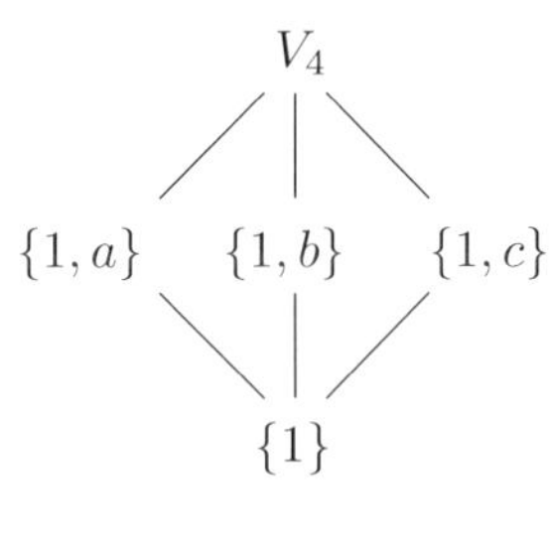

しかし，$|G| = n$ のとき，G のすべての部分集合は 2^n 個あって非常に大変である！ 次の命題を使えば少し楽になる．

命題 4.73 $H \lneq G$ を有限群 G の部分群とする．このとき，

$$|H| \leq \begin{cases} \dfrac{|G|}{2} & (|G| \text{ が偶数}), \\ \dfrac{|G| - 1}{2} & (|G| \text{ が奇数}). \end{cases}$$

証明 $a_2 \notin H \lneq G = \{a_1 = 1, a_2, \cdots, a_n\}$ としても，一般性を失わない．H の群表を G の群表

$\circ$	a_1	$\boldsymbol{a_2}$	a_3	$\cdots$
a_1	a_1	$\boldsymbol{a_2}$	a_3	$\cdots$
$\boldsymbol{a_2}$	$\boldsymbol{a_2}$	$\boldsymbol{a_s}$	$\boldsymbol{a_t}$	$\boldsymbol{\cdots}$
a_3	a_3	$\boldsymbol{a_u}$	a_v	$\cdots$
$\vdots$	$\vdots$	$\boldsymbol{\vdots}$	$\vdots$	$\ddots$

から得るには，a_2 の行と列をとり除かねばならない．しかし，群表の内部に a_2 が残っていては H は群にならない．よって，H が群となるためには，$a_3, \cdots, a_n$ (のいずれかの行および列) をさらに削除し，各行各列に (1 つずつ) ある a_2 を消す必要が生じる．しかし，1 つの a_i $(3 \leq i \leq n)$ の削除によって消すことができる群表内部の a_2 は最大 2 つであり，(少なくとも) n が偶数のときは $n/2$ 個，n が奇数のときは $(n+1)/2$ 個の a_i を削除する必要がある． ∎

注意　(1) 次章 (5 章) で巡回群の部分群の構造を学べば (5.4 節)，問 4.2 (1) は任意の $n \in \mathbb{N}$ に対して，解けるようになる．

(2) 7 章でラグランジュの定理を学べば，$H \leq G$ の位数 $|H|$ に関して，命題 4.73 よりも，より詳細な情報が得られる．しかし，これには類別の概念 (6 章) が必要となる．部分群 H のことを知るには，まだまだ歩みを進めていかなければならないわけである．

第 5 章
初等整数論とその応用

本章では，まず最初の 3 つの節で，除法の原理とユークリッドの互除法，互いに素な整数の特徴付け，素因数分解の一意性といった初等整数論を学び，これらを用いて，5.4 節で巡回群の部分群の構造を決定する．5.5 節ではさらに応用として，「体 K 上の n 次方程式の解は高々 n 個」であることを示す．

5.1　除法の原理とユークリッドの互除法

定義 5.1 (約数，倍数)　整数 $a, b \in \mathbb{Z}$, $b \neq 0$ に対して，$a = bc$ となる整数 $c \in \mathbb{Z}$ が存在するとき，b は a を**割り切る**，b は a の**約数** (divisor)，a は b の**倍数** (multiple) といい，$b \mid a$ とかく．

例 5.2 (約数，倍数)　$-2 \mid 4$ (4 は -2 の倍数)．$5 \mid 0$ (5 は 0 の約数)．

命題 5.3　$a, b, c \in \mathbb{Z}$ に対して，以下が成り立つ：

(1)　$a \mid b$ かつ $a \mid c$ ならば $a \mid (b \pm c)$;

(2)　$a \mid b$ ならば $a \mid bc$;

(3)　$a \mid b$ かつ $b \mid c$ ならば $a \mid c$;

(4)　$a \mid b \iff -a \mid b$;

(5)　$a \mid b$ かつ $b \mid a \iff a = \pm b$.

証明　(1)　$b = ak$,　$c = al$ $(\exists k, l \in \mathbb{Z}) \implies b \pm c = a(k \pm l)$.

(2)　$b = ak$ $(\exists k \in \mathbb{Z}) \implies bc = a(kc)$.

(3)　$b = ak$, $c = bl$ $(\exists k, l \in \mathbb{Z}) \implies c = a(kl)$.

(4)　$b = ak = (-a)(-k)$ よりよい．

(5) ($\Rightarrow$) $b = ak$, $a = bl$ $(\exists k, l \in \mathbb{Z}) \implies a = akl \implies l = \pm 1 \implies a = \pm b$. ($\Leftarrow$) もよい. ∎

注意　命題 5.3 (4) より，$b \in \mathbb{Z}$ の約数は正負がペアになって出てくる．そこで，b の約数 d といった場合には (負の約数は考えず) 正の約数 $d > 0$ のみを指すこともあるので注意が必要である．

定義 5.4 (**公約数，最大公約数**)　$a, b \in \mathbb{Z}$ に対して，$d \mid a$ かつ $d \mid b$ をみたす $d \in \mathbb{N}$ を a と b の**公約数** (common divisor)，a と b の公約数のうち最大のものを a と b の**最大公約数** (greatest common divisor) という．a と b の最大公約数を $\gcd(a, b)$ または単に (a, b) と表す．〔← $d \in \mathbb{N}$ より $d > 0$ に注意する〕

例 5.5 (**最大公約数**)　(1)　$\gcd(-3, 6) = 3$.

(2)　$\gcd(a, 0) = |a|$ $(\forall a \in \mathbb{Z})$.

(3)　$\gcd(0, 0)$ は (定義から) 存在しない．

定理 5.6 (**除法の原理**)　$a, b \in \mathbb{Z}$, $b > 0$ に対して，

$$a = qb + r, \qquad 0 \leq r < b$$

をみたす整数の組 $(q, r) \in \mathbb{Z}^2$ が一意的に存在する．

証明　(存在性)　$a \in \mathbb{Z}$ に対して，$qb \leq a < (q+1)b$ なる $q \in \mathbb{Z}$ が存在する．$r := a - qb$ とすれば，$a = qb + r$ かつ $0 \leq r < b$ となる．〔← 各自確認する！〕

(一意性)　$a = q'b + r'$, $0 \leq r' < b$ とすれば，$a = qb + r = q'b + r'$ より，$(q - q')b = r' - r$．条件より，$-b < r - r' < b$ であるから，$-b < (q - q')b < b$，すなわち，$-1 < q - q' < 1$ となり，$q = q'$ を得る．よって，$r = r'$ でもある．∎

命題 5.7　$a, b, q, r \in \mathbb{Z}$, $b > 0$ に対して，$a = qb + r$ ならば $\gcd(a, b) = \gcd(b, r)$.

証明　$g_1 := \gcd(a, b)$, $g_2 := \gcd(b, r)$ に対して，$g_1 \leq g_2$ かつ $g_2 \leq g_1$ を示せばよい．いま，$a = g_1 a_1$, $b = g_1 b_1$, $b = g_2 b_2$, $r = g_2 r_2$ とかけるので，$a = qb + r = qg_2 b_2 + g_2 r_2 = (qb_2 + r_2) g_2$ から $g_2 \mid a$ であり，$g_2 \mid b$ でもあるので，$g_2 \leq \gcd(a, b) = g_1$．また，$r = a - qb = g_1 a_1 - qg_1 b_1 = (a_1 - qb_1) g_1$ より $g_1 \mid r$ となり，$g_1 \leq \gcd(b, r) = g_2$. ∎

定義 5.8 (**公倍数，最小公倍数**) $a, b \in \mathbb{Z}$ に対して，$a \mid m$ かつ $b \mid m$ をみたす $m \in \mathbb{Z}$ を a と b の**公倍数** (common multiple)，a と b の公倍数のうち正であって最小のものを a と b の**最小公倍数** (least common multiple) という．a と b の最小公倍数を $\operatorname{lcm}(a, b)$ とかく．

例 5.9 (**最小公倍数**) $a = 12 = 2^2 \cdot 3$, $b = 30 = 2 \cdot 3 \cdot 5$ に対して，$\operatorname{lcm}(a, b) = 2^2 \cdot 3 \cdot 5 = 60$, $\gcd(a, b) = 2 \cdot 3 = 6$, $ab = 360 = \operatorname{lcm}(a, b) \gcd(a, b)$.

命題 5.10 $a, b \in \mathbb{N}$, $m \in \mathbb{Z}$ とする．

(1) $a \mid m$ かつ $b \mid m \iff \operatorname{lcm}(a, b) \mid m$.

(2) $\operatorname{lcm}(a, b) = \dfrac{ab}{\gcd(a, b)}$.

証明 $l := \operatorname{lcm}(a, b)$, $g := \gcd(a, b)$ とおく．

(1) ($\Leftarrow$) は定義から従う． ($\Rightarrow$) $a \mid m$ かつ $b \mid m$ を仮定し，m を l で割って $m = ql + r$, $0 \leq r < l$ とすれば，m と l が a, b の公倍数であるから，r も a, b の公倍数．しかし，l の最小性から $r = 0$ でなくてはならない．よって，$l \mid m$.

(2) (1) で $m = ab$ とすれば，$l \mid ab$ であり，$ab = ld$, $d \in \mathbb{N}$ と表せる．よって，$ab = lg$ を示すには，$d \leq g$ かつ $g \leq d$ を示せばよい．$a = d(l/b)$, $b = d(l/a)$ から d は a, b の公約数であり，$d \leq g$ はよい．また，$ab/g = a(b/g) = b(a/g)$ であるから，ab/g は a, b の公倍数であり，(1) より $l \mid (ab/g)$．いま，$l = ab/d$ であったから，$(ab/d) \mid (ab/g)$ となり，$g \leq d$. ∎

命題 5.6 と命題 5.7 を繰り返し用いれば，次のように $\gcd(a, b)$ を非常に効率よく計算できる．

定理 5.11 (**ユークリッドの互除法**) $a, b \in \mathbb{Z}$, $b > 0$ に対して，

$$
\begin{aligned}
a &= q \cdot b + r_0, & 0 &\leq r_0 < b, \\
b &= q_1 \cdot r_0 + r_1, & 0 &\leq r_1 < r_0, \\
r_0 &= q_2 \cdot r_1 + r_2, & 0 &\leq r_2 < r_1, \\
&\vdots
\end{aligned}
$$

と繰り返していけば，$b > r_0 > r_1 > \cdots > r_n \geq 0$ より，ある n で $r_n = 0$ となる：

$$
\begin{aligned}
r_{n-3} &= q_{n-1} \cdot r_{n-2} + r_{n-1}, & 0 &\leq r_{n-1} < r_{n-2}, \\
r_{n-2} &= q_n \cdot r_{n-1} + 0, & r_n &= 0.
\end{aligned}
$$

このとき，$\gcd(a,b) = \gcd(b,r_0) = \gcd(r_0,r_1) = \cdots = \gcd(r_{n-2},r_{n-1}) = \gcd(r_{n-1},0) = r_{n-1}$.〔← $\gcd(a,b)$ は $r_n = 0$ の 1 つ前 (上) の r_{n-1}〕

証明　命題 5.6 と命題 5.7 による. ∎

例 5.12　$a = 1859$, $b = 1785$ に対して，ユークリッドの互除法を用いて $\gcd(a,b)$ を求めてみる.

$$
\begin{aligned}
1859 &= 1 \times 1785 + 74, \\
1785 &= 24 \times 74 + 9, \\
74 &= 8 \times 9 + 2, \\
9 &= 4 \times 2 + \mathbf{1}, \\
2 &= 2 \times 1 + \mathbf{0}
\end{aligned}
$$

より，定理 5.11 より $\mathbf{0}$ の真上の $\mathbf{1}$ を見れば，$\gcd(a,b) = 1$ を得る.

注意　例 5.9 の方法では，$\gcd(a,b)$ を求めるために，a と b を素因数分解していた. 例えば，$a = 1859$ を素因数分解しようとすると，2 でも 3 でも 5 でも 7 で割れない. 実際には，$a = 1859 = 11 \times 13$, $b = 1785 = 3 \times 5 \times 7 \times 17$ であって，$\gcd(a,b) = 1$ であることも分かるが，一般には，大きな数を素因数分解したり，大きな数自身が素数であるかを判定したりすることは，非常に難しいことが知られている. しかし，ユークリッドの互除法を用いることで，$a, b \in \mathbb{Z}$ の素因数分解が分からないのに，$\gcd(a,b)$ が求まってしまった！

大きな数を素因数分解するのは非常に難しく，これを利用して作られた RSA 暗号によって，実は我々の生活は守られている. 詳しくは，88 ページで解説する.

5.2　互いに素な整数の特徴付け

定理 5.13 (不定方程式の解の存在)　整数 $a, b \in \mathbb{Z}$ に対して，$d := \gcd(a,b) \in \mathbb{N}$ とする. このとき，

$$sa + tb = d$$

をみたす整数 $s, t \in \mathbb{Z}$ が存在する.

証明 定理 5.11 のユークリッドの互除法を $a, b \in \mathbb{Z}$ に適用して，$d = r_{n-1}$ を得たとする．このとき，ユークリッドの互除法を下から逆にたどっていけば，$d = r_{n-1}$ は $r_{n-1} = r_{n-3} - q_{n-1} \cdot r_{n-2}$ として，r_{n-3} と r_{n-2} の 1 次結合でかけ，$2 \leq i \leq n$ に対しても r_{n-i} は $r_{n-(i+1)}$ と $r_{n-(i+2)}$ の 1 次結合でかける．このように繰り返していけば，最終的には $d = r_{n-1}$ は a と b の 1 次結合でかける：$d = sa + tb$ $(s, t \in \mathbb{Z})$. ∎

例 5.14 (不定方程式の解の存在) 例 5.12 を使って，$a = 1859$, $b = 1785$ に対して，不定方程式 $sa + tb = 1$ の解をもとめてみよう．例 5.12 の計算を下から逆にたどっていくと，

$$
\begin{aligned}
1 &= 9 - 4 \times 2 \\
&= 9 - 4 \times (74 - 8 \times 9) \\
&= 33 \times 9 - 4 \times 74 \\
&= 33 \times (1785 - 24 \times 74) - 4 \times 74 \\
&= -796 \times 74 + 33 \times 1785 \\
&= -796 \times (1859 - 1785) + 33 \times 1785 \\
&= -796 \times 1859 + 829 \times 1785
\end{aligned}
$$

となり，$s = -796$, $t = 829$ を得る．

定義 5.15 (互いに素) 整数 $a, b \in \mathbb{Z}$ は $\gcd(a, b) = 1$ のとき，**互いに素** (relatively prime) という．

定理 5.16 (互いに素な整数の特徴付け) $a, b \in \mathbb{Z}$ とする．

a と b が互いに素 $(\gcd(a, b) = 1)$ $\iff$ $sa + tb = 1$ なる $s, t \in \mathbb{Z}$ が存在する．

証明 $(\Rightarrow)$ 定理 5.13 ですでに示した．

$(\Leftarrow)$ $d := \gcd(a, b)$ は $sa + tb = 1$ より，$d \mid 1$ で $d = \pm 1$ となるが，定義から $d > 0$ であり，$d = 1$. ∎

系 5.17 $a, b, c \in \mathbb{Z}$, $a \neq 0$ に対して，$a \mid bc$ かつ $\gcd(a, b) = 1$ ならば $a \mid c$.

証明 仮定 $\gcd(a, b) = 1$ と定理 5.16 より，$sa + tb = 1$ なる $s, t \in \mathbb{Z}$ が存在する．両辺を c 倍すれば，$acs + (bc)t = c$ であり，仮定 $a \mid bc$ より $a \mid c$ を得る． ∎

問 5.1　次の $(a,b) \in \mathbb{N}^2$ に対して，$\gcd(a,b)$ の値と $sa + tb = \gcd(a,b)$ をみたす整数 $s,t \in \mathbb{Z}$ を求めよ．〔← 例 5.12 を参考にせよ〕

(1)　$(114, 102)$,　　(2)　$(858, 330)$,

(3)　$(465, 434)$,　　(4)　$(519593, 510510)$.

5.3　素因数分解の一意性

定義 5.18 (**素数，合成数**)　1 以外の自然数 $p \in \mathbb{N}$ は，正の約数が 1 と p 自身のみであるとき，**素数** (prime number) という．1 以外の素数でない自然数を**合成数** (composite number) という．

例 5.19 (**素数，合成数**)

(1)　$2, 3, 5, 7, 11, 13, 17, 19, 23, 29, 31, 37, 41, 43, 47, 53, 59, 61, 67, \cdots$ は素数.

(2)　$4, 6, 8, 9, 10, 12, 14, 15, 16, 18, 20, 21, 22, 24, 25, 26, 27, 28, \cdots$ は合成数.

系 5.20 (**素数の基本性質**)　p を素数とする.

(1)　$p \mid ab$ ならば $p \mid a$ または $p \mid b$.

(2)　$p \mid a_1 \cdots a_r$ ならば p はいずれか a_i $(1 \leq i \leq r)$ を割り切る.

証明　(1)　p は素数であるから，$p \nmid a$ の場合には $(p, a) = 1$ となる．よって，系 5.17 より $p \mid b$ を得る.

(2)　(1) を $a_1(a_2 \cdots a_r)$ に用いて，これを繰り返していけばよい．〔← 厳密には数学的帰納法を用いる〕 ∎

定理 5.21 (**素因数分解の一意性**)　1 以外の任意の自然数 $n \in \mathbb{N} \setminus \{1\}$ は素数の積に分解し，その表示は積の順序を除いて一意的である.

証明　(分解可能)　n が素数でなければ，n には $n = ab$, $1 < a, b < n$ なる約数 a, b が存在する．これを繰り返せば，素数でない約数は (単調減少に) それより小さな約数の積に分解する．この分解は止まらなくてはいけないので，最後には素数の積となる.

(一意性)　$n = p_1 \cdots p_s = q_1 \cdots q_t$, $s \leq t$ と 2 通りの素数の積にかけたとする (各 p_i, q_j には重複があってよい)．このとき，p_1 は系 5.20 より $q_1, \cdots, q_t$ のうちの 1 つ q_k を割り切る．しかし，各 q_j は素数であるから $p_1 = q_k$ となる．そこ

で，番号を付け替えて，$q_1 := q_k$ とする．いま，$p_2 \cdots p_s = q_2 \cdots q_t$ であるから，この議論を繰り返して，q_j の番号を付け替えれば $p_2 = q_2$ とできる．これを残りの $p_3, \cdots, p_s$ に対しても繰り返せば，$s = t$ かつ $p_i = q_i$ $(1 \leq i \leq s)$ を得る．■

素因数分解の一意性とイデアル類群

素因数分解の一意性はいかにも当たり前のように見える．しかし，数の世界を広げてみると，いつも成り立つとは限らない．整数論では，その名前とは反して，整数の世界 (集合) $\mathbb{Z}$ をより大きな集合，例えば，

$$\mathbb{Z}[\sqrt{-5}] = \{a + b\sqrt{-5} \mid a, b \in \mathbb{Z}\}$$

に広げて考える必要がでてくる．さらに，集合 $\mathbb{Z}[\sqrt{-5}]$ は代数体

$$\mathbb{Q}(\sqrt{-5}) = \{a + b\sqrt{-5} \mid a, b \in \mathbb{Q}\}$$

〔← 実際に体となる〕の部分集合であって，$\mathbb{Q}(\sqrt{-5})$ の整数環と呼ばれる．〔← 実際に環となる〕この世界 (環) $\mathbb{Z}[\sqrt{-5}]$ の元に対して，素数にあたるものを定義して同様のことを考えると，素因数分解の一意性は次のように成り立たなくなる：

$$21 = 3 \cdot 7 = (1 + 2\sqrt{-5})(1 - 2\sqrt{-5}) = (4 + \sqrt{-5})(4 - \sqrt{-5}).$$

因子 (約数) のそれぞれは $\mathbb{Z}[\sqrt{-5}]$ の元の積には分解できない (既約元)．クンマー (Kummer, 1810–1893) は素因数分解の一意性が成り立たないことを解消するために，素イデアル (理想数) の概念を導入して，素イデアル分解の一意性を導いた．上のような現象は，数とイデアルのずれとして現れ，このずれの大きさは，**イデアル類群と単数群という群の大きさで測ることができる．**〔← 整数論の本，例えば [小野] を参照していただきたい〕 例えば，フェルマー (Fermat, 1607–1665) の平方和定理〔← 証明を最初に公表したのはオイラー (Euler, 1707–1783) ([ヴェイユ, II 章, §VIII] 参照)〕：奇素数 p に対して，

p は $4m+1$ の形 $\iff$ $p = s^2 + t^2$ と 2 つの整数の平方和で表される，

は，$p = 4m+1$ の形の $5 = 1^2 + 2^2$，$13 = 2^2 + 3^2$，$17 = 1^2 + 4^2$，$29 = 2^2 + 5^2$，$37 = 1^2 + 6^2$，$41 = 4^2 + 5^2$ などの素数は，整数の世界 (集合)$\mathbb{Z}$ を $\mathbb{Z}[\sqrt{-1}] = \{a + b\sqrt{-1} \mid a, b \in \mathbb{Z}\}$ に拡張すると，$p = (s + t\sqrt{-1})(s - t\sqrt{-1})$ と分解して，(この世界の) **素数ではなくなってしまうこと**を表している．一方，$p = 4m + 3$ は $\mathbb{Z}[\sqrt{-1}]$ でも素数 (素元，既約元) である．

高木貞治 (1875–1960) による**類体論** (class field theory) は，非常に美しい理論で，アーベル体 (ガロア群がアーベル群となる拡大体) での素数 p の分解の様子を教えてくれる．〔← 我々は [高木] を日本語で読める！〕 また，1995 年のワイルズ (A. Wiles) によるフェルマーの最終定理の証明 (谷山-志村予想の部分的解決) では，岩澤健吉 (1917–1998) による**岩澤理論** (Iwasawa theory) が活躍している．

5.4　巡回群の部分群の構造

本節では，除法の原理を応用して，巡回群の部分群の構造を決定する．まず，無限巡回群 $\mathbb{Z}$ の場合には，部分 (加) 群の構造が次のようにして分かる．

定理 5.22 ($\mathbb{Z}$ **の部分加群は** $m\mathbb{Z}$)　$H \leq \mathbb{Z}$ (部分加群) $\iff$ $H = m\mathbb{Z}$ $(m \in \mathbb{N})$．〔← $m\mathbb{Z} = \{mn \mid n \in \mathbb{Z}\}$〕 また，このような m は各 H に対して一意的に定まる．

証明　($\Leftarrow$) 任意の $mn_1, mn_2 \in m\mathbb{Z}$ に対して，$mn_1 + mn_2 = m(n_1 + n_2) \in m\mathbb{Z}$ かつ $-(mn_1) = m(-n_1) \in m\mathbb{Z}$ となる．よって，部分群の判定条件 (定理 4.28) より，$m\mathbb{Z}$ は $\mathbb{Z}$ の部分群．

($\Rightarrow$) $H = \{0\}$ のときは，$m = 0$．$H \neq \{0\}$ のとき，$m \in H \implies -m \in H$ であるから，最小の自然数 $(0 <)$ $m \in H$ が存在する．この m について $H = m\mathbb{Z}$ を示す．($\supset$) は $mn = nm = m + \cdots + m \in H$ と $m(-n) = n(-m) \in H$ より従う．($\subset$) $a \in H$ ならば除法の原理 (定理 5.6) より，$a = qm + r$ $(0 \leq r < m)$ となり，$a, m \in H$ であるから，$r = a - qm \in H$．よって，m の最小性より $r = 0$．すなわち，$H \subset m\mathbb{Z}$．(一意性) $H = m\mathbb{Z} = m'\mathbb{Z}$ $(m, m' \in \mathbb{N})$ とすれば，$m = m'x$, $m' = my$ $(x, y \in \mathbb{Z})$ より，$xy = 1$ となり $x = y = \pm 1$．$m, m' > 0$ であるから，$x = y = 1$，すなわち，$m = m'$ を得る．∎

注意　9.2 節 (命題 9.16) で示すように，すべての無限巡回群 G は $\mathbb{Z}$ と同型である $(G \simeq \mathbb{Z})$．これにより，定理 5.22 はすべての無限巡回群 G に対して，その部分群の構造を明らかにしているともいえる．

次に，有限巡回群 C_n の部分群の構造を調べるために，少し準備をしよう．

命題 5.23 群 G の元 $x \in G$ に対して，$x^k = 1 \iff \mathrm{ord}(x) \mid k$.

証明 $s := \mathrm{ord}(x)$ とする．

($\Leftarrow$) $k = sm$ ならば $x^k = (x^s)^m = 1^m = 1$.

($\Rightarrow$) 除法の原理 (定理 5.6) より，$k = sq + r$ $(0 \leq r < s)$ とかけて，$1 = x^k = x^{sq+r} = (x^s)^q(x^r) = 1^q x^r = x^r$ を得るが，s の最小性から $r = 0$. ∎

命題 5.24 $G = \langle g \rangle$ を巡回群とする．

(1) $|G| = n$ のとき，$\mathrm{ord}(g^a) = \dfrac{n}{\gcd(a, n)}$ $(a \in \mathbb{Z})$.

特に，$G = \langle g^a \rangle \iff \gcd(a, n) = 1$.

(2) $|G| = \infty$ のとき，G の生成元は g と g^{-1} の 2 つのみ．

証明 (1) $a = 0$ のときは，$\mathrm{ord}(g^0) = \mathrm{ord}(1) = 1$ かつ $n/\gcd(0, n) = n/n = 1$ でよい．以下 $a \neq 0$ とする．$t := \mathrm{ord}(g^a)$, $d := \gcd(a, n)$ とし，$a = da'$, $n = dn'$ とかく．$1 = (g^a)^t = g^{at}$ より，$n \mid at$ (命題 5.23) で，$n' \mid a't$ となるが，$\gcd(a', n') = 1$ より，$n' \mid t$. また，$(g^a)^{n'} = (g^n)^{a'} = (1)^{a'} = 1$ より，$t \mid n'$ であるから，$t = n' = \dfrac{n}{d}$. 特に，$G = \langle g^a \rangle \iff \mathrm{ord}(g^a) = n \iff \gcd(a, n) = 1$.

(2) $G = \langle g \rangle = \langle g^{-1} \rangle$ はよい．$G = \langle g^k \rangle$ $(k \neq \pm 1)$ と仮定すると，$g \in G$ より $g = (g^k)^l$ なる $l \in \mathbb{Z}$ があって，$g^{kl-1} = 1$ となる．このとき，$0 < |kl - 1| < \infty$ であるから，$\mathrm{ord}(g) = \infty$ に矛盾する． ∎

注意 命題 5.24 (1) より，有限巡回群 G のすべての元の位数は $n = |G|$ の約数となる．実は，これは一般の有限群 G で成り立つことである (7 章，ラグランジュの定理，系 7.11) が，これを示すには，類別の概念 (6 章) が必要となる．

有限巡回群 C_n の部分群の構造を決定しよう：〔← 部分群がきれいに並んでいることが分かる．問 5.2 も参照のこと〕

定理 5.25 (**有限巡回群 C_n の部分群の構造**) $G = \langle g \rangle \simeq C_n$ を位数 n の巡回群とする．n の正の約数 d ごとに位数 d の巡回部分群 $H_d = \langle g^{\frac{n}{d}} \rangle \simeq C_d$ がただ 1 つ存在し，G の部分群はそれらですべて尽くされる．〔← つまり，n の正の約数と G の部分群 (巡回群となる) には 1 対 1 対応がある〕

証明　命題 5.24 (1) より，$\mathrm{ord}(g^{\frac{n}{d}}) = n/\gcd\left(\dfrac{n}{d}, n\right) = n/(n/d) = d$ であるから，H_d は確かに位数 d の G の巡回部分群である．よって，H を G の勝手な部分群として，$H = H_d$ $(\exists d)$ を示す．$M = \{m \in \mathbb{Z} \mid g^m \in H\}$ とおくと，$g^n = 1 \in H$ より，$n \in M$ だから $M \neq \{0\}$．また，$m, m' \in M \implies m + m', -m \in M$ より，部分群の判定条件 (定理 4.28) から，$M \leq \mathbb{Z}$ (部分加群)．定理 5.22 より，$M = n'\mathbb{Z}$ $(n' \in \mathbb{N})$ であり，$n' \mid n$．ここで，$n = n'd$ とすれば，$g^m \in H \iff m \in M \iff n' \mid m$ より，$H = \{g^{tn'} \mid t \in \mathbb{Z}\} = \langle g^{n'} \rangle = \langle g^{\frac{n}{d}} \rangle = H_d$ となる． ∎

問 5.2　次の問 4.2 (1) をもう一度解け．

「次の群の部分群をすべて求め，その包含関係をハッセ図で表せ．

(1)　巡回群 $C_n = \langle \sigma \rangle = \{(1), \sigma, \cdots, \sigma^{n-1}\}$, $\sigma = (1\,2 \cdots n)$ $(2 \leq n \leq 18)$.」

〔← 定理 5.25 を使う！〕

5.5　体 K 上の n 次方程式の解は高々 n 個

本章で学んできたことをまとめてみると次のようになる：

定理 5.6 (除法の原理)　$\Rightarrow$　定理 5.22 ($\mathbb{Z}$ の部分加群は $m\mathbb{Z}$)

$\Downarrow$

定理 5.11 (ユークリッドの互除法)　$\Leftarrow$　命題 5.7　$\Leftarrow$　命題 5.3

$\Downarrow$

定理 5.13 (不定方程式の解の存在)

$\Downarrow$

定理 5.16 (互いに素な整数の特徴付け)

$\Downarrow$

系 5.17

$\Downarrow$

系 5.20 (素数の基本性質)

$\Downarrow$

定理 5.21 (素因数分解の一意性)

このように定理，命題，系などのお互いの関係を整理してみることは数学を学ぶ上でとても重要である．〔← 各自それぞれの関係を確認してほしい〕 実は，以上のことは，整域 $\mathbb{Z}$ だけではなく，ユークリッド整域と呼ばれる，除法の原理およびユークリッドの互除法 (の類似) が成り立つような整域で成り立つ．これにより，ユークリッド整域は単項イデアル整域 (定理 5.22 の類似) となり，また一意分解整域 (定理 5.21 の類似) となる．これらは今後学んでいただくことにして，〔← 巻末にある代数の本参照〕ここでは (ユークリッド) 整域 $K[X]$ に限定して話を進め，「体 K 上の n 次方程式の解は高々 n 個」(系 5.29) を示そう．

以下，体 K 上の多項式環 $K[X]$ を考える．〔← $K[X]$ は整域, 40 ページ〕

定義 5.26 (**多項式の次数**) 多項式 $f(X) = a_nX^n + \cdots + a_1X + a_0 \in K[X]$ $(a_n \neq 0)$ に対して，n を $f(X)$ の**次数** (degree) といい，$\deg(f)$ とかく．

注意 最高次係数を見れば，体 K は整域であることから，$\deg(fg) = \deg(f) + \deg(g)$ となる．〔← fg の最高次係数 $a_nb_m \neq 0$ となる〕

定理 5.27 (**除法の原理**) $f(X), g(X) \in K[X] \setminus \{0\}$ に対して，

$$f(X) = q(X)g(X) + r(X), \qquad r(X) = 0 \text{ または } \deg(r) < \deg(g)$$

をみたす $q(X), r(X) \in K[X]$ が一意的に存在する．

証明 (存在性) $f(X) = a_nX^n + \cdots + a_0$ $(a_n \neq 0)$, $g(X) = b_mX^m + \cdots + b_0$ $(b_m \neq 0)$ として，n に関する帰納法で示す．$n < m$ ならば $q(X) = 0$, $r(X) = f(X)$ とすればよいので，$n \geq m$ とする．$h(X) = f(X) - \dfrac{a_n}{b_m}g(X)X^{n-m}$ とおけば，$h(X) = 0$ または $\deg(h) < n$ となるから，帰納法の仮定より，$h(X) = Q(X)g(X) + r(X)$, $r(X) = 0$ または $\deg(r) < \deg(g)$ なる $Q(X), r(X) \in K[X]$ が存在する．このとき，$q(X) = Q(X) + \dfrac{a_n}{b_m}X^{n-m}$ に対して，$f(X) = q(X)g(X) + r(X)$ となるので，$q(X)$, $r(X)$ が求めるものである．

(一意性) $f(X) = q(X)g(X) + r(X) = q'(X)g(X) + r'(X)$ ならば $(q(X) - q'(X))g(X) = r'(X) - r(X)$ で $\deg(r' - r) < \deg(g)$ より $q(X) = q'(X)$ となるしかない．よって，$r(X) = r'(X)$ でもある． ∎

系 5.28 (**剰余定理**) $f(\alpha) = 0$ $(\alpha \in K)$ ならば $f(X) = q(X)(X - \alpha)$ をみたす $q(X) \in K[X]$ が存在する．

証明　$g(X) = X - \alpha$ に命題 5.27 を適用すれば，$f(X) = q(X)(X - \alpha) + \beta$ $(\beta \in K)$ を得るが，$f(\alpha) = 0$ より $\beta = 0$. ∎

系 5.29　体 K 上の n 次方程式 $f(X) = 0$ の K 内の解は高々 n 個である.

証明　$f(X) = 0$ の相異なる解を $\alpha_1, \cdots, \alpha_m \in K$ とする．剰余定理 (系 5.28) より $f(X) = q(X)(X - \alpha_1)$ と書け，$0 = f(\alpha_2) = q(\alpha_2)(\alpha_2 - \alpha_1)$ でもあるので，$\alpha_2 - \alpha_1 \neq 0$ と体 K が整域であることから，$q(\alpha_2) = 0$. これを繰り返していけば，$f(X) = Q(X)(X - \alpha_m) \cdots (X - \alpha_1)$ となり，$m \leq n = \deg(f)$. ∎

注意　系 5.29 は K が体でないときには，一般には成り立たない．例えば，$\mathbb{H}$ をハミルトンの 4 元数体 (40 ページ)〔← 斜体，非可換環で体ではない〕とすれば，$(bi + cj + dk)^2 = -(b^2 + c^2 + d^2)$ であるから，$b, c, d \in \mathbb{R}$ を $b^2 + c^2 + d^2 = 1$ をみたすように単位球の上を動かせば，$x^2 + 1 = 0$ は $\mathbb{H}$ 内に無限個の解をもつ.

完全数，メルセンヌ素数，フェルマー素数

自然数 x は，x を除く約数の和がちょうど x になるとき，**完全数** (perfect number) と呼ばれる．例えば，6, 28, 496 は完全数である：$6 = 1 + 2 + 3$, $28 = 1 + 2 + 4 + 7 + 14$, $496 = 1 + 2 + 4 + 8 + 16 + 31 + 62 + 124 + 248$.

一方，$2^n - 1$ の形の素数は**メルセンヌ素数** (Mersenne prime) と呼ばれる．実は，次の 2 つの定理から，偶数の完全数を見つけることと，メルセンヌ素数を見つけることは同じことであることが分かる：

定理* (ユークリッド, Euclid)　$2^n - 1$ が素数ならば $2^{n-1}(2^n - 1)$ は完全数 (偶数).

定理* (オイラー, Euler)　偶数の完全数は $2^{n-1}(2^n - 1)$ の形の数に限られる.

例えば，$2^7 - 1 = 127$ はメルセンヌ素数 $\Longrightarrow$ $2^6(2^7 - 1) = 64 \times 127 = 8128$ は完全数．この調子で次々と完全数が見つかる気がするが，そう簡単ではない．実際，5 番目，6 番目に小さい完全数は，$33550336 = 2^{12}(2^{13} - 1)$, $8589869056 = 2^{16}(2^{17} - 1)$ である．〔← $2^{13} - 1 = 8191$, $2^{17} - 1 = 131071$ はメルセンヌ素数〕それどころか，メルセンヌ素数や完全数が無限に存在するか

どうかは現在でも分かっていない**未解決問題**である．現在知られているメルセンヌ素数，完全数 (偶数) は 48 個だけで，奇数の完全数は 1 つも発見されていない．〔← 48 個目のメルセンヌ素数 $2^{57885161}-1$ は 2013 年 1 月に発見された．2008 年 8 月の UCLA のコンピュータによる 45 個目の $2^{43112609}-1$ (現在ではこれより小さいメルセンヌ素数が 2 つ見つかり，47 番目と思われている) の発見は，1000 万桁を超す人類初めての素数の発見で，10 万ドルの賞金が与えられた〕[*1] 奇数の完全数は，もし存在すれば，10^{1500} より大きいこと (2012)，後藤-大野 (2008) によって 10^8 より大きい素因数をもつことが示されている．〔← が，本当にあるのだろうか？〕 また，松本-西村 (1998) によるメルセンヌ素数を用いた疑似乱数生成法，メルセンヌ・ツイスタは広く普及しており，世界中で利用されている．

$2^{2^n}+1$ の形の素数は**フェルマー素数** (Fermat prime) と呼ばれている．$2^1+1=3$, $2^2+1=5$, $2^4+1=17$, $2^8+1=257$, $2^{16}+1=65537$ はすべて素数であり，このまま素数が次々と生み出されるのではと思ってしまうが，オイラー (1732) は，$2^{32}+1=4294967297=641\times 6700417$ を示した．それどころか，現在まで，上記の 5 つ以外のフェルマー素数が存在するかどうかは**未解決問題**である．〔← 本書でも，p 次可移置換群の分類で登場する，167 ページ〕

*1 本書の執筆後，2016 年 1 月 7 日に 49 個目のメルセンヌ素数 $2^{74207281}-1$ が世界中のパソコンを使ってメルセンヌ素数を見つけるプロジェクト GIMPS によって発見された (!)．この想像を超えた (今日現在の) 世界最大の素数は 2233 万 8618 桁とのことである．

第6章
同値関係と類別，商集合，well-defined

6.1 同値関係と類別

同値関係と類別の概念は非常に重要であり，現代数学のあらゆる分野に現れる．本節では，$\mathbb{Z}/m\mathbb{Z}$ を通じてそれらを十分に理解することを目指す．

定義 6.1 (同値関係) 集合 X の 2 つの元の間に定義された関係 $\sim$ が，次の 3 つの条件をみたすとき，$\sim$ を**同値関係** (equivalence relation) という：

(1) **反射律** $a \sim a$ $(\forall a \in X)$;

(2) **対称律** $a \sim b$ ならば $b \sim a$ $(\forall a, b \in X)$;

(3) **推移律** $a \sim b$ かつ $b \sim c$ ならば $a \sim c$ $(\forall a, b, c \in X)$.

定義 6.2 (同値類) 同値関係 $\sim$ が定義された集合 X の各元 $a \in X$ に対して，$C(a) := \{x \in X \mid a \sim x\}$ を a を含む**同値類** (equivalent class) といい，$\overline{a}$ または $[a]$ と表す．同値類 $C(a)$ の 1 つの元 $x \in C(a)$ をとって，x は $C(a)$ の**代表元** (representative) という．〔← a は $C(a)$ の代表元の 1 つである〕

定義 6.3 (類別，クラス分け) 集合 X の部分集合 C_i $(i \in I)$ の集まりが次の 3 つの条件をみたすとき，X の**類別**または**クラス分け** (classification) という：

(1) $C_i \neq \varnothing$;

(2) $X = \bigcup_{i \in I} C_i$;

(3) $C_i \neq C_j$ ならば $C_i \cap C_j = \varnothing$.

命題 6.4 集合 X の類別が与えられたとき，a を含む類を $C(a)$ とかけば，

(1) $a \in C(a)$,

(2) $b \in C(a)$ ならば $C(b) = C(a)$

が成り立つ．逆に，各元 $a \in X$ に $C(a) \subset X$ が対応していて，(1), (2) をみたせば，$\bigcup_{a \in X} C(a)$ は X の類別を与える．

証明 (前半) はよい．

(後半) (1) より，各 $C(a) \neq \varnothing$ であり，$a \in X \implies a \in C(a) \implies X \subset \bigcup_{a \in X} C(a)$ より，$X = \bigcup_{a \in X} C(a)$ を得る．$x \in C(a) \cap C(b) \implies C(a) = C(x) = C(b)$ より，$C(a) \neq C(b) \implies C(a) \cap C(b) = \varnothing$. ∎

定理 6.5 (**同値関係と類別**) 集合 X に同値関係 $\sim$ を定めると，同値類 $C(a)$ によって X の類別が得られる．逆に，X の類別が与えられると，「$a \sim b \iff a$ と b は同じ類に属する」によって，X に同値関係が定義できる．

証明 (前半) 反射律から $a \in C(a)$ であり，$C(a) \neq \varnothing$. $a \sim b$ ならば対称律から $b \sim a$ であり，$x \in X$ に対して，推移律より $a \sim x \iff b \sim x$ が分かる．これは，$C(a) = C(b)$ を表している．また，$a \not\sim b$ を仮定して，$c \in C(a) \cap C(b)$ とすれば，$a \sim c$ かつ $b \sim c$ であり，対称律，推移律より $a \sim b$ となり仮定に反する．よって，$C(a) \cap C(b) = \varnothing$ である．(後半) もよい． ∎

例 6.6 (**同値関係と類別**) 学校のクラス分けは文字通り，クラス分け (類別) である．しかし，校内の委員会や部活などは一般に類別ではない．なぜなら，2 つ以上の委員会や部活に所属する人がいるかもしれないからである．

定義 6.7 (**法 m に関して合同**) $m \in \mathbb{N}$ とする．整数 $a, b \in \mathbb{Z}$ は，$a - b$ が m で割り切れるとき，**法 m に関して合同** (congruent modulo m) であるといい，$a \equiv b \pmod{m}$ とかく．すなわち，

$$a \equiv b \pmod{m} \iff m \mid a - b.$$

命題 6.8 $\mathbb{Z}$ における，法 m に関して合同という関係 ($\equiv$) は，同値関係である．

証明 命題 5.3 を使って，反射律，対称律，推移律を示す．

(反射律) $m \mid a - a = 0$ より，$a \equiv a \pmod{m}$.

(対称律) $a \equiv b \pmod{m} \implies m \mid a - b \implies m \mid b - a \implies b \equiv a \pmod{m}$.

(推移律)　$a \equiv b \pmod m$ かつ $b \equiv c \pmod m \implies m \mid a-b$ かつ $m \mid b-c \implies m \mid a-c=(a-b)+(b-c) \implies a \equiv c \pmod m$. ∎

例 6.9 (合同 ($\equiv$) による類別)　$\mathbb{Z}$ の 2 つの元 $a, b \in \mathbb{Z}$ に定義された，法 m に関して合同 $a \equiv b \pmod m$ という同値関係 $\equiv$ による $\mathbb{Z}$ の類別を考える．いま，

$$a+m\mathbb{Z} := \{a+mn \mid n \in \mathbb{Z}\}$$

とかけば，$a+m\mathbb{Z}=\overline{a}=[a]$ であり，合同 $\equiv$ による類別は

$$m=2; \quad \mathbb{Z}=2\mathbb{Z} \cup (1+2\mathbb{Z}), \qquad \mathbb{Z}=\overline{0} \cup \overline{1},$$

$$m=3; \quad \mathbb{Z}=3\mathbb{Z} \cup (1+3\mathbb{Z}) \cup (2+3\mathbb{Z}), \qquad \mathbb{Z}=\overline{0} \cup \overline{1} \cup \overline{2},$$

$$m=4; \quad \mathbb{Z}=4\mathbb{Z} \cup (1+4\mathbb{Z}) \cup (2+4\mathbb{Z}) \cup (3+4\mathbb{Z}), \quad \mathbb{Z}=\overline{0} \cup \overline{1} \cup \overline{2} \cup \overline{3}$$

となる．以下は，$m=5$ のときの $\mathbb{Z}$ の合同 $\equiv$ による類別 (イメージ図)：

$\mathbb{Z}$

$5\mathbb{Z}$	• 0	$1+5\mathbb{Z}$	• 1	$2+5\mathbb{Z}$	• 2	$3+5\mathbb{Z}$	• 3	$4+5\mathbb{Z}$	• 4
$=\overline{0}$	• 5	$=\overline{1}$	• 6	$=\overline{2}$	• 7	$=\overline{3}$	• 8	$=\overline{4}$	• 9
$=[0]$	• 10	$=[1]$	• 11	$=[2]$	• 12	$=[3]$	• 13	$=[4]$	• 14
	⋮		⋮		⋮		⋮		⋮

定義 6.10 (商集合，完全代表系)　X の同値類の集まりを，同値関係 $\sim$ による X の**商集合** (quotient set) といい，

$$X/\sim = \{C(a) \mid a \in X\} = \{\overline{a} \mid a \in X\} = \{[a] \mid a \in X\}$$

と表す．各同値類の代表元からなる集合を**完全代表系** (complete system of representatives) という．〔← 各同値類から 1 つずつ元をとりだして集めたもの〕

命題 6.11　商集合 $X/\sim$ とその完全代表系には全単射 (1 対 1 の対応) がある．〔← これより，両者を同一視することもある〕

証明　$X/\sim$ の完全代表系 R に対して，$R \to X/\sim$, $a \mapsto [a]$ は全単射である． ∎

定義 6.12 (法 m に関する剰余類)　法 m に関して合同という同値関係 $\equiv$ による商集合 $\mathbb{Z}/\equiv$〔← $\mathbb{Z}/\sim$ のこと〕を $\mathbb{Z}/m\mathbb{Z}$ とかく：

$$\mathbb{Z}/m\mathbb{Z} = \{\overline{0}, \overline{1}, \cdots, \overline{m-1}\} = \{[0], [1], \cdots, [m-1]\}.$$

このとき，各同値類を**法 m に関する剰余類** (residue class modulo m) という．

例 6.13 (商集合，完全代表系) $\{0, 1, \cdots, m-1\}$ や $\{-2, -1, 0, \cdots, m-3\}$ は $\mathbb{Z}/m\mathbb{Z}$ の完全代表系．特に，完全代表系 $R = \{0, 1, \cdots, m-1\}$ と $\mathbb{Z}/m\mathbb{Z}$ には全単射があり，以下のように同一視できる：

$$R = \{0, 1, \cdots, m-1\} \to \mathbb{Z}/m\mathbb{Z},\ a \mapsto [a].$$

6.2 既約剰余類群 $(\mathbb{Z}/m\mathbb{Z})^\times$ とオイラー関数

法 m に関する剰余類

$$\begin{aligned} a + m\mathbb{Z} &= \{a + mn \mid n \in \mathbb{Z}\} = [a] = \overline{a} \\ &= \{\cdots, a-2m, a-m, a, a+m, a+2m, \cdots\} \end{aligned}$$

m 個 $(a = 0, \cdots, m-1)$ からなる集合〔← これは，同値関係 $\equiv$ による $\mathbb{Z}$ の商集合 $\mathbb{Z}/\equiv$ であった〕

$$\begin{aligned} \mathbb{Z}/m\mathbb{Z} &= \{m\mathbb{Z}, 1 + m\mathbb{Z}, 2 + m\mathbb{Z}, \cdots, (m-1) + m\mathbb{Z}\} \\ &= \{[0], [1], [2], \cdots, [m-1]\} = \{\overline{0}, \overline{1}, \overline{2}, \cdots, \overline{m-1}\} \end{aligned}$$

を考える．〔← $a + m\mathbb{Z} = \{a + mn \mid n \in \mathbb{Z}\} = [a] = \overline{a}$ に注意〕

$a + \mathbb{Z}$ は無限集合であり，$a + \mathbb{Z} = [a] = \overline{a}$ の代表元 a のとり方は無限にある．たとえば，$m = 5$ のとき，$[-7] = [-2] = [3] = [8] = [3 + 5n]$ となっている．より詳しくは，次が成り立つ．

命題 6.14 次の (1)–(5) は同値である：

(1) $a + m\mathbb{Z} = b + m\mathbb{Z}$;

(2) $-a + b \in m\mathbb{Z}$;

(3) $b \in a + m\mathbb{Z}$;

(4) $a \in b + m\mathbb{Z}$;

(5) $(a + m\mathbb{Z}) \cap (b + m\mathbb{Z}) \neq \varnothing$.

証明 (1) $\Rightarrow$ (2) $b \in b + m\mathbb{Z} = a + m\mathbb{Z}$ より，$b = a + mn$ $(\exists n \in \mathbb{Z})$ であり，$-a + b = mn \in m\mathbb{Z}$.

(2) $\Rightarrow$ (3) $-a + b = mn$ $(\exists n \in \mathbb{Z})$ より，$b = a + mn \in a + m\mathbb{Z}$.

(3) $\Rightarrow$ (4) $b = a + mn$ $(\exists n \in \mathbb{Z})$ より，$a = b - mn = b + m(-n) \in b + m\mathbb{Z}$.

(4) ⇒ (5)　$a \in b + m\mathbb{Z}$ かつ $a \in a + m\mathbb{Z}$ より，$(a + m\mathbb{Z}) \cap (b + m\mathbb{Z}) \neq \varnothing$.

(5) ⇒ (1)　$\exists c \in (a + m\mathbb{Z}) \cap (b + m\mathbb{Z})$ に対して，$c = a + mn_1 = b + mn_2$ $(\exists n_1, n_2 \in \mathbb{Z})$. よって，$a = b + m(n_2 - n_1)$. 任意の $a + mn \in a + m\mathbb{Z}$ に対して，$a + mn = b + m(n_2 - n_1 + n) \in b + m\mathbb{Z}$ であるから，$a + m\mathbb{Z} \subset b + m\mathbb{Z}$. a と b を入れ替えれば，$b + m\mathbb{Z} \subset a + m\mathbb{Z}$ となり，$a + m\mathbb{Z} = b + m\mathbb{Z}$. ∎

注意　$(a + m\mathbb{Z}) = [a] = \overline{a}$ より，命題 6.14 の (1)–(5) は次のようにもかける：

(1) $[a] = [b]$;　(2) $-a + b \in [0]$;　(3) $b \in [a]$;　(4) $a \in [b]$;　(5) $[a] \cap [b] \neq \varnothing$.

(1) $\overline{a} = \overline{b}$;　(2) $-a + b \in \overline{0}$;　(3) $b \in \overline{a}$;　(4) $a \in \overline{b}$;　(5) $\overline{a} \cap \overline{b} \neq \varnothing$.

各剰余類は $|a + m\mathbb{Z}| = |[a]| = |\overline{a}| = \infty$ ではあるが，商集合 $\mathbb{Z}/m\mathbb{Z}$ は $|\mathbb{Z}/m\mathbb{Z}| = m$ なので，以下の演算表により，$\mathbb{Z}/m\mathbb{Z} = \{\overline{0}, \cdots, \overline{m-1}\}$ に 2 つの演算，加法 $+$ と乗法 $\cdot$ を (感覚と一致するように) 定義できる：

$(\mathbb{Z}/m\mathbb{Z}, +)$ の演算表〔← 単位元 $\overline{0}$ で，群になっている?〕

$m = 2$

$+$	$\overline{0}$	$\overline{1}$
$\overline{0}$	$\overline{0}$	$\overline{1}$
$\overline{1}$	$\overline{1}$	$\overline{0}$

$m = 3$

$+$	$\overline{0}$	$\overline{1}$	$\overline{2}$
$\overline{0}$	$\overline{0}$	$\overline{1}$	$\overline{2}$
$\overline{1}$	$\overline{1}$	$\overline{2}$	$\overline{0}$
$\overline{2}$	$\overline{2}$	$\overline{0}$	$\overline{1}$

$m = 4$

$+$	$\overline{0}$	$\overline{1}$	$\overline{2}$	$\overline{3}$
$\overline{0}$	$\overline{0}$	$\overline{1}$	$\overline{2}$	$\overline{3}$
$\overline{1}$	$\overline{1}$	$\overline{2}$	$\overline{3}$	$\overline{0}$
$\overline{2}$	$\overline{2}$	$\overline{3}$	$\overline{0}$	$\overline{1}$
$\overline{3}$	$\overline{3}$	$\overline{0}$	$\overline{1}$	$\overline{2}$

$m = 5$

$+$	$\overline{0}$	$\overline{1}$	$\overline{2}$	$\overline{3}$	$\overline{4}$
$\overline{0}$	$\overline{0}$	$\overline{1}$	$\overline{2}$	$\overline{3}$	$\overline{4}$
$\overline{1}$	$\overline{1}$	$\overline{2}$	$\overline{3}$	$\overline{4}$	$\overline{0}$
$\overline{2}$	$\overline{2}$	$\overline{3}$	$\overline{4}$	$\overline{0}$	$\overline{1}$
$\overline{3}$	$\overline{3}$	$\overline{4}$	$\overline{0}$	$\overline{1}$	$\overline{2}$
$\overline{4}$	$\overline{4}$	$\overline{0}$	$\overline{1}$	$\overline{2}$	$\overline{3}$

$m = 6$

$+$	$\overline{0}$	$\overline{1}$	$\overline{2}$	$\overline{3}$	$\overline{4}$	$\overline{5}$
$\overline{0}$	$\overline{0}$	$\overline{1}$	$\overline{2}$	$\overline{3}$	$\overline{4}$	$\overline{5}$
$\overline{1}$	$\overline{1}$	$\overline{2}$	$\overline{3}$	$\overline{4}$	$\overline{5}$	$\overline{0}$
$\overline{2}$	$\overline{2}$	$\overline{3}$	$\overline{4}$	$\overline{5}$	$\overline{0}$	$\overline{1}$
$\overline{3}$	$\overline{3}$	$\overline{4}$	$\overline{5}$	$\overline{0}$	$\overline{1}$	$\overline{2}$
$\overline{4}$	$\overline{4}$	$\overline{5}$	$\overline{0}$	$\overline{1}$	$\overline{2}$	$\overline{3}$
$\overline{5}$	$\overline{5}$	$\overline{0}$	$\overline{1}$	$\overline{2}$	$\overline{3}$	$\overline{4}$

$m = 7$

$+$	$\overline{0}$	$\overline{1}$	$\overline{2}$	$\overline{3}$	$\overline{4}$	$\overline{5}$	$\overline{6}$
$\overline{0}$	$\overline{0}$	$\overline{1}$	$\overline{2}$	$\overline{3}$	$\overline{4}$	$\overline{5}$	$\overline{6}$
$\overline{1}$	$\overline{1}$	$\overline{2}$	$\overline{3}$	$\overline{4}$	$\overline{5}$	$\overline{6}$	$\overline{0}$
$\overline{2}$	$\overline{2}$	$\overline{3}$	$\overline{4}$	$\overline{5}$	$\overline{6}$	$\overline{0}$	$\overline{1}$
$\overline{3}$	$\overline{3}$	$\overline{4}$	$\overline{5}$	$\overline{6}$	$\overline{0}$	$\overline{1}$	$\overline{2}$
$\overline{4}$	$\overline{4}$	$\overline{5}$	$\overline{6}$	$\overline{0}$	$\overline{1}$	$\overline{2}$	$\overline{3}$
$\overline{5}$	$\overline{5}$	$\overline{6}$	$\overline{0}$	$\overline{1}$	$\overline{2}$	$\overline{3}$	$\overline{4}$
$\overline{6}$	$\overline{6}$	$\overline{0}$	$\overline{1}$	$\overline{2}$	$\overline{3}$	$\overline{4}$	$\overline{5}$

$m = 8$

$+$	$\overline{0}$	$\overline{1}$	$\overline{2}$	$\overline{3}$	$\overline{4}$	$\overline{5}$	$\overline{6}$	$\overline{7}$
$\overline{0}$	$\overline{0}$	$\overline{1}$	$\overline{2}$	$\overline{3}$	$\overline{4}$	$\overline{5}$	$\overline{6}$	$\overline{7}$
$\overline{1}$	$\overline{1}$	$\overline{2}$	$\overline{3}$	$\overline{4}$	$\overline{5}$	$\overline{6}$	$\overline{7}$	$\overline{0}$
$\overline{2}$	$\overline{2}$	$\overline{3}$	$\overline{4}$	$\overline{5}$	$\overline{6}$	$\overline{7}$	$\overline{0}$	$\overline{1}$
$\overline{3}$	$\overline{3}$	$\overline{4}$	$\overline{5}$	$\overline{6}$	$\overline{7}$	$\overline{0}$	$\overline{1}$	$\overline{2}$
$\overline{4}$	$\overline{4}$	$\overline{5}$	$\overline{6}$	$\overline{7}$	$\overline{0}$	$\overline{1}$	$\overline{2}$	$\overline{3}$
$\overline{5}$	$\overline{5}$	$\overline{6}$	$\overline{7}$	$\overline{0}$	$\overline{1}$	$\overline{2}$	$\overline{3}$	$\overline{4}$
$\overline{6}$	$\overline{6}$	$\overline{7}$	$\overline{0}$	$\overline{1}$	$\overline{2}$	$\overline{3}$	$\overline{4}$	$\overline{5}$
$\overline{7}$	$\overline{7}$	$\overline{0}$	$\overline{1}$	$\overline{2}$	$\overline{3}$	$\overline{4}$	$\overline{5}$	$\overline{6}$

$m = 9$

$+$	$\overline{0}$	$\overline{1}$	$\overline{2}$	$\overline{3}$	$\overline{4}$	$\overline{5}$	$\overline{6}$	$\overline{7}$	$\overline{8}$
$\overline{0}$	$\overline{0}$	$\overline{1}$	$\overline{2}$	$\overline{3}$	$\overline{4}$	$\overline{5}$	$\overline{6}$	$\overline{7}$	$\overline{8}$
$\overline{1}$	$\overline{1}$	$\overline{2}$	$\overline{3}$	$\overline{4}$	$\overline{5}$	$\overline{6}$	$\overline{7}$	$\overline{8}$	$\overline{0}$
$\overline{2}$	$\overline{2}$	$\overline{3}$	$\overline{4}$	$\overline{5}$	$\overline{6}$	$\overline{7}$	$\overline{8}$	$\overline{0}$	$\overline{1}$
$\overline{3}$	$\overline{3}$	$\overline{4}$	$\overline{5}$	$\overline{6}$	$\overline{7}$	$\overline{8}$	$\overline{0}$	$\overline{1}$	$\overline{2}$
$\overline{4}$	$\overline{4}$	$\overline{5}$	$\overline{6}$	$\overline{7}$	$\overline{8}$	$\overline{0}$	$\overline{1}$	$\overline{2}$	$\overline{3}$
$\overline{5}$	$\overline{5}$	$\overline{6}$	$\overline{7}$	$\overline{8}$	$\overline{0}$	$\overline{1}$	$\overline{2}$	$\overline{3}$	$\overline{4}$
$\overline{6}$	$\overline{6}$	$\overline{7}$	$\overline{8}$	$\overline{0}$	$\overline{1}$	$\overline{2}$	$\overline{3}$	$\overline{4}$	$\overline{5}$
$\overline{7}$	$\overline{7}$	$\overline{8}$	$\overline{0}$	$\overline{1}$	$\overline{2}$	$\overline{3}$	$\overline{4}$	$\overline{5}$	$\overline{6}$
$\overline{8}$	$\overline{8}$	$\overline{0}$	$\overline{1}$	$\overline{2}$	$\overline{3}$	$\overline{4}$	$\overline{5}$	$\overline{6}$	$\overline{7}$

$(\mathbb{Z}/m\mathbb{Z},\ \cdot\ )$ の演算表〔← $\overline{1}$ は単位元?，群にはならない?，半群?〕

$m = 2$

$\cdot$	$\overline{0}$	$\overline{1}$
$\overline{0}$	$\overline{0}$	$\overline{0}$
$\overline{1}$	$\overline{0}$	$\overline{1}$

$m = 3$

$\cdot$	$\overline{0}$	$\overline{1}$	$\overline{2}$
$\overline{0}$	$\overline{0}$	$\overline{0}$	$\overline{0}$
$\overline{1}$	$\overline{0}$	$\overline{1}$	$\overline{2}$
$\overline{2}$	$\overline{0}$	$\overline{2}$	$\overline{1}$

$m = 4$

$\cdot$	$\overline{0}$	$\overline{1}$	$\overline{2}$	$\overline{3}$
$\overline{0}$	$\overline{0}$	$\overline{0}$	$\overline{0}$	$\overline{0}$
$\overline{1}$	$\overline{0}$	$\overline{1}$	$\overline{2}$	$\overline{3}$
$\overline{2}$	$\overline{0}$	$\overline{2}$	$\overline{0}$	$\overline{2}$
$\overline{3}$	$\overline{0}$	$\overline{3}$	$\overline{2}$	$\overline{1}$

$m = 5$

$\cdot$	$\overline{0}$	$\overline{1}$	$\overline{2}$	$\overline{3}$	$\overline{4}$
$\overline{0}$	$\overline{0}$	$\overline{0}$	$\overline{0}$	$\overline{0}$	$\overline{0}$
$\overline{1}$	$\overline{0}$	$\overline{1}$	$\overline{2}$	$\overline{3}$	$\overline{4}$
$\overline{2}$	$\overline{0}$	$\overline{2}$	$\overline{4}$	$\overline{1}$	$\overline{3}$
$\overline{3}$	$\overline{0}$	$\overline{3}$	$\overline{1}$	$\overline{4}$	$\overline{2}$
$\overline{4}$	$\overline{0}$	$\overline{4}$	$\overline{3}$	$\overline{2}$	$\overline{1}$

$m = 6$

$\cdot$	$\overline{0}$	$\overline{1}$	$\overline{2}$	$\overline{3}$	$\overline{4}$	$\overline{5}$
$\overline{0}$	$\overline{0}$	$\overline{0}$	$\overline{0}$	$\overline{0}$	$\overline{0}$	$\overline{0}$
$\overline{1}$	$\overline{0}$	$\overline{1}$	$\overline{2}$	$\overline{3}$	$\overline{4}$	$\overline{5}$
$\overline{2}$	$\overline{0}$	$\overline{2}$	$\overline{4}$	$\overline{0}$	$\overline{2}$	$\overline{4}$
$\overline{3}$	$\overline{0}$	$\overline{3}$	$\overline{0}$	$\overline{3}$	$\overline{0}$	$\overline{3}$
$\overline{4}$	$\overline{0}$	$\overline{4}$	$\overline{2}$	$\overline{0}$	$\overline{4}$	$\overline{2}$
$\overline{5}$	$\overline{0}$	$\overline{5}$	$\overline{4}$	$\overline{3}$	$\overline{2}$	$\overline{1}$

$m = 7$

$\cdot$	$\overline{0}$	$\overline{1}$	$\overline{2}$	$\overline{3}$	$\overline{4}$	$\overline{5}$	$\overline{6}$
$\overline{0}$	$\overline{0}$	$\overline{0}$	$\overline{0}$	$\overline{0}$	$\overline{0}$	$\overline{0}$	$\overline{0}$
$\overline{1}$	$\overline{0}$	$\overline{1}$	$\overline{2}$	$\overline{3}$	$\overline{4}$	$\overline{5}$	$\overline{6}$
$\overline{2}$	$\overline{0}$	$\overline{2}$	$\overline{4}$	$\overline{6}$	$\overline{1}$	$\overline{3}$	$\overline{5}$
$\overline{3}$	$\overline{0}$	$\overline{3}$	$\overline{6}$	$\overline{2}$	$\overline{5}$	$\overline{1}$	$\overline{4}$
$\overline{4}$	$\overline{0}$	$\overline{4}$	$\overline{1}$	$\overline{5}$	$\overline{2}$	$\overline{6}$	$\overline{3}$
$\overline{5}$	$\overline{0}$	$\overline{5}$	$\overline{3}$	$\overline{1}$	$\overline{6}$	$\overline{4}$	$\overline{2}$
$\overline{6}$	$\overline{0}$	$\overline{6}$	$\overline{5}$	$\overline{4}$	$\overline{3}$	$\overline{2}$	$\overline{1}$

$m=8$

$\cdot$	$\overline{0}$	$\overline{1}$	$\overline{2}$	$\overline{3}$	$\overline{4}$	$\overline{5}$	$\overline{6}$	$\overline{7}$
$\overline{0}$	$\overline{0}$	$\overline{0}$	$\overline{0}$	$\overline{0}$	$\overline{0}$	$\overline{0}$	$\overline{0}$	$\overline{0}$
$\overline{1}$	$\overline{0}$	$\overline{1}$	$\overline{2}$	$\overline{3}$	$\overline{4}$	$\overline{5}$	$\overline{6}$	$\overline{7}$
$\overline{2}$	$\overline{0}$	$\overline{2}$	$\overline{4}$	$\overline{6}$	$\overline{0}$	$\overline{2}$	$\overline{4}$	$\overline{6}$
$\overline{3}$	$\overline{0}$	$\overline{3}$	$\overline{6}$	$\overline{1}$	$\overline{4}$	$\overline{7}$	$\overline{2}$	$\overline{5}$
$\overline{4}$	$\overline{0}$	$\overline{4}$	$\overline{0}$	$\overline{4}$	$\overline{0}$	$\overline{4}$	$\overline{0}$	$\overline{4}$
$\overline{5}$	$\overline{0}$	$\overline{5}$	$\overline{2}$	$\overline{7}$	$\overline{4}$	$\overline{1}$	$\overline{6}$	$\overline{3}$
$\overline{6}$	$\overline{0}$	$\overline{6}$	$\overline{4}$	$\overline{2}$	$\overline{0}$	$\overline{6}$	$\overline{4}$	$\overline{2}$
$\overline{7}$	$\overline{0}$	$\overline{7}$	$\overline{6}$	$\overline{5}$	$\overline{4}$	$\overline{3}$	$\overline{2}$	$\overline{1}$

$m=9$

$\cdot$	$\overline{0}$	$\overline{1}$	$\overline{2}$	$\overline{3}$	$\overline{4}$	$\overline{5}$	$\overline{6}$	$\overline{7}$	$\overline{8}$
$\overline{0}$	$\overline{0}$	$\overline{0}$	$\overline{0}$	$\overline{0}$	$\overline{0}$	$\overline{0}$	$\overline{0}$	$\overline{0}$	$\overline{0}$
$\overline{1}$	$\overline{0}$	$\overline{1}$	$\overline{2}$	$\overline{3}$	$\overline{4}$	$\overline{5}$	$\overline{6}$	$\overline{7}$	$\overline{8}$
$\overline{2}$	$\overline{0}$	$\overline{2}$	$\overline{4}$	$\overline{6}$	$\overline{8}$	$\overline{1}$	$\overline{3}$	$\overline{5}$	$\overline{7}$
$\overline{3}$	$\overline{0}$	$\overline{3}$	$\overline{6}$	$\overline{0}$	$\overline{3}$	$\overline{6}$	$\overline{0}$	$\overline{3}$	$\overline{6}$
$\overline{4}$	$\overline{0}$	$\overline{4}$	$\overline{8}$	$\overline{3}$	$\overline{7}$	$\overline{2}$	$\overline{6}$	$\overline{1}$	$\overline{5}$
$\overline{5}$	$\overline{0}$	$\overline{5}$	$\overline{1}$	$\overline{6}$	$\overline{2}$	$\overline{7}$	$\overline{3}$	$\overline{8}$	$\overline{4}$
$\overline{6}$	$\overline{0}$	$\overline{6}$	$\overline{3}$	$\overline{0}$	$\overline{6}$	$\overline{3}$	$\overline{0}$	$\overline{6}$	$\overline{3}$
$\overline{7}$	$\overline{0}$	$\overline{7}$	$\overline{5}$	$\overline{3}$	$\overline{1}$	$\overline{8}$	$\overline{6}$	$\overline{4}$	$\overline{2}$
$\overline{8}$	$\overline{0}$	$\overline{8}$	$\overline{7}$	$\overline{6}$	$\overline{5}$	$\overline{4}$	$\overline{3}$	$\overline{2}$	$\overline{1}$

一般の $m \in \mathbb{N}$ に対しても，集合 $\mathbb{Z}/m\mathbb{Z} = \{\overline{0}, \cdots, \overline{m-1}\}$ に加法 $+$ と乗法 $\cdot$ を定義することを考える．しかし，いちいち演算表をかいていたのでは，非常に大変である．〔← 特に乗法 $\cdot$ について〕これをうまく実現するには，次のようにすればよい：a を代表元とする剰余類 (同値類) $\overline{a} = [a]$ と b を代表元とする剰余類 $\overline{b} = [b]$ の和を，代表元 a と b の和 $a+b$ が属する類 $\overline{a+b} = [a+b]$，$\overline{a} = [a]$ と $\overline{b} = [b]$ の積を，代表元の積 ab が属する類 $\overline{ab} = [ab]$ と定める：

定義 6.15 ($\mathbb{Z}/m\mathbb{Z}$ **上の加法と乗法**)　商集合 $\mathbb{Z}/m\mathbb{Z} = \{[0], \cdots, [m-1]\} = \{\overline{0}, \cdots, \overline{m-1}\}$ 上の加法 $[a]+[b]$　$(\overline{a}+\overline{b})$ と乗法 $[a]\cdot[b]$　$(\overline{a}\cdot\overline{b})$ を以下のように定める:

$$(a+m\mathbb{Z})+(b+m\mathbb{Z}) := (a+b)+m\mathbb{Z}, \quad [a]+[b] := [a+b], \quad \overline{a}+\overline{b} := \overline{a+b},$$

$$(a+m\mathbb{Z})\cdot(b+m\mathbb{Z}) := (a\cdot b)+m\mathbb{Z}, \quad [a]\cdot[b] := [a\cdot b], \quad \overline{a}\cdot\overline{b} := \overline{a\cdot b}.$$

しかし,ここで問題が発生する．$a+m\mathbb{Z}$ および $b+m\mathbb{Z}$ の代表元は a,b 以外にもそれぞれ無限に選び方がある．それにもかかわらず，勝手にとった代表元 a, b の和 $a+b$ や積 ab の属する類を $(a+m\mathbb{Z})+(b+m\mathbb{Z})$, $(a+m\mathbb{Z})\cdot(b+m\mathbb{Z})$ の類として，**本当に問題ないのだろうか？**　仮に，代表元のとり方を変えたとき，加法 $(a+m\mathbb{Z})+(b+m\mathbb{Z})$ や乗法 $(a+m\mathbb{Z})\cdot(b+m\mathbb{Z})$ の結果が変わってしまったとすると，そもそも二項演算 (加法，乗法) 自体がうまく定義されていないことになる．

定義 6.16 (well-defined, うまく定義されている)　$(G, \circ)$ の商集合 $G/\sim$ に定義された演算 $[a]*[b] = [a\circ b]$ は，代表元のとり方によらず演算の結果が一致するとき，すなわち，$[a]=[a']$ かつ $[b]=[b']$ ならば $[a\circ b] = [a'\circ b']$ をみたす

とき，**well-defined** である (うまく定義されている) という．〔← $[a \circ b]$ の中は本来 $a \circ b$ でなくともよいが，今の場合に限定して定義を述べた〕

例 6.17 (well-defined でない例) $\mathbb{Z}$ の部分群 $m\mathbb{Z}$ を用いた類別 $\mathbb{Z}/m\mathbb{Z}$ の代わりに，3 次対称群 $S_3 = \{(1), (1\,2), (1\,3), (2\,3), (1\,2\,3), (1\,3\,2)\}$ の部分群 $H = \{(1), (1\,2)\}$ を用いた類別

$$\begin{aligned} S_3 &= (1)H \cup (1\,3)H \cup (2\,3)H \\ &= \{(1), (1\,2)\} \cup \{(1\,3), (1\,2\,3)\} \cup \{(2\,3), (1\,3\,2)\} \\ &= (1\,2)H \cup (1\,2\,3)H \cup (1\,3\,2)H \end{aligned}$$

を考えてみる．ただし，$\sigma H = \{\sigma h \mid h \in H\}$ とする．このとき，3 つの元からなる商集合 $S_3 \,/\!\sim\, = \{(1)H, (1\,3)H, (2\,3)H\}$ に対して，積 $*$ を

$$(aH) * (bH) := (a \circ b)H$$

と定義する．すなわち，代表元 a,b の積 $a \circ b = c$ の属する cH を積 $(aH) * (bH)$ として定める．しかし，これでは**積は (うまく) 定義されていない**．なぜなら，

$$(1\,3)H * (2\,3)H = (1\,3)(2\,3)H = (1\,3\,2)H = (2\,3)H$$

であるが，別の代表元をとれば，$(1\,3)H = (1\,2\,3)H$ より，

$$(1\,3)H * (2\,3)H = (1\,2\,3)H * (2\,3)H = (1\,2\,3)(2\,3)H = (1\,2)H = (1)H$$

となり，積 $(1\,3)H * (2\,3)H$ の結果が，代表元の選び方によって $(2\,3)H$ になったり，$(1)H$ になったり，変わってしまうからである．〔← つまり，積 (二項演算) が定義できていない〕

実際，我々が考えている商集合 $\mathbb{Z}/m\mathbb{Z}$ に対する和と積は well-defined (定義 6.16) であることが，次のように示される：

定理 6.18 (well-defined) 商集合 $\mathbb{Z}/m\mathbb{Z} = \{[a] \mid a \in \mathbb{Z}\}$ に定義された，加法 $[a] + [b] := [a + b]$ と乗法 $[a] \cdot [b] := [a \cdot b]$ は well-defined である．すなわち，$[a] = [a']$ かつ $[b] = [b']$ ならば $[a + b] = [a' + b']$ かつ $[ab] = [a'b']$ が成り立つ．

証明 $[a] = [a']$ かつ $[b] = [b']$ より，命題 6.14 から $-a + a' \in m\mathbb{Z}$, $-b + b' \in m\mathbb{Z}$ を得る．よって，$-(a + b) + (a' + b') = (-a + a') + (-b + b') \in m\mathbb{Z}$ かつ $-ab + a'b' = (-ab + a'b) + (-a'b + a'b') = (-a + a')b + (-b + b')a' \in m\mathbb{Z}$. 再び，命題 6.14 より，$[a + b] = [a' + b']$ かつ $[ab] = [a'b']$ を得る． ∎

注意　同値類に対する演算を代表元を用いて定めた場合，演算が well-defined (代表元のとり方によらない，定義 6.16) であることが確認され，はじめて演算が定義された集合 ($(\mathbb{Z}/m\mathbb{Z},+)$ や $(\mathbb{Z}/m\mathbb{Z},\cdot)$) を考えることができる.

定理 6.19　$(\mathbb{Z}/m\mathbb{Z},+)$ は位数 m の巡回群である.

証明　演算が well-defined であることは確認されたので，後は群の定義 (定義 4.1) の (G1), (G2), (G3) を示す.

(G1)　整数 $a,b,c\in\mathbb{Z}$ に対する結合法則 $(a+b)+c=a+(b+c)$ を用いれば，$[a],[b],[c]\in\mathbb{Z}/m\mathbb{Z}$ に対して，結合法則 $([a]+[b])+[c]=[a+b]+[c]=[(a+b)+c]=[a+(b+c)]=[a]+[b+c]=[a]+([b]+[c])$ が成り立つ.

(G2)　単位元 (零元) は $[0]$ であり，$[a]+[0]=[a+0]=[a]=[0+a]=[0]+[a]$ $(\forall a\in\mathbb{Z})$.

(G3)　$[a]$ に対する逆元は $[-a]$ であり，$[a]+[-a]=[a+(-a)]=[0]=[(-a)+a]=[-a]+[a]$. 加法 $+$ の可換性も，$[a]+[b]=[a+b]=[b+a]=[b]+[a]$ $(\forall a\in\mathbb{Z})$ よりよい．巡回群であることは，$\langle[1]\rangle=\{a\cdot[1]\mid a\in\mathbb{Z}\}=\{[1\cdot a]\mid a\in\mathbb{Z}\}=\{[a]\mid a\in\mathbb{Z}\}$ として分かる. ∎

注意　商集合 $G/\sim$ に定義された演算が well-defined となるのはいつだろうか？　次章 (7 章) では，部分群 $H\leq G$ に対して商集合 G/H を導入して，積 $(aH)*(bH)=(ab)H$ が well-defined となるための必要十分条件を与える (定理 7.30).

命題 6.20　元 $[a]\in\mathbb{Z}/m\mathbb{Z}$ の積の逆元 $[a]^{-1}\in\mathbb{Z}/m\mathbb{Z}$ が存在 $\iff$ $\gcd(a,m)=1$.〔← 元 $[a]\in\mathbb{Z}/m\mathbb{Z}$ が乗法に関する可逆元となる必要十分条件〕

証明　まず，互いに素な整数の特徴付け (定理 5.16) から，$\gcd(a,m)=1\iff as+mt=1$ $(\exists s,t\in\mathbb{Z})$ であることに注意する.

$(\Rightarrow)$　$[a]$ の逆元 $[b]=[a]^{-1}$ が存在すれば，$[a]\cdot[b]=[ab]=[1]$ であり，命題 6.14 より，$-ab+1\in m\mathbb{Z}$. よって，$ab+mn=1$ $(\exists n\in\mathbb{Z})$ より $\gcd(a,m)=1$.

$(\Leftarrow)$　$\gcd(a,m)=1\implies ab+mn=1$ $(\exists b,n\in\mathbb{Z})$. このとき，$[a][b]=[ab]=[1]=[ba]=[b][a]$ となり，$[a]$ の逆元 $[b]=:[a]^{-1}$ が存在する. ∎

定義 6.21 (既約剰余類，オイラー関数)　$\gcd(a,m)=1$ をみたす $\mathbb{Z}/m\mathbb{Z}$ の元 $[a]$ を**既約剰余類** (irreducible residue class) という.〔← すなわち，積に関する

可逆元のこと〕既約剰余類全体を $(\mathbb{Z}/m\mathbb{Z})^\times = \{[a] \in \mathbb{Z}/m\mathbb{Z} \mid \gcd(a,m)=1\}$ と表し，その位数を $\varphi(m) = |(\mathbb{Z}/m\mathbb{Z})^\times|$ とかいて，φ を**オイラー関数** (Euler function) という．

例 6.22 (オイラー関数) $(\mathbb{Z}/2\mathbb{Z})^\times = \{\overline{1}\}$, $(\mathbb{Z}/3\mathbb{Z})^\times = \{\overline{1},\overline{2}\}$, $(\mathbb{Z}/4\mathbb{Z})^\times = \{\overline{1},\overline{3}\}$, $(\mathbb{Z}/5\mathbb{Z})^\times = \{\overline{1},\overline{2},\overline{3},\overline{4}\}$, $(\mathbb{Z}/6\mathbb{Z})^\times = \{\overline{1},\overline{5}\}$, $(\mathbb{Z}/7\mathbb{Z})^\times = \{\overline{1},\overline{2},\overline{3},\overline{4},\overline{5},\overline{6}\}$, $(\mathbb{Z}/8\mathbb{Z})^\times = \{\overline{1},\overline{3},\overline{5},\overline{7}\}$, $(\mathbb{Z}/9\mathbb{Z})^\times = \{\overline{1},\overline{2},\overline{4},\overline{5},\overline{7},\overline{8}\}$, $(\mathbb{Z}/10\mathbb{Z})^\times = \{\overline{1},\overline{3},\overline{7},\overline{9}\}$, $(\mathbb{Z}/11\mathbb{Z})^\times = \{\overline{1},\overline{2},\overline{3},\overline{4},\overline{5},\overline{6},\overline{7},\overline{8},\overline{9},\overline{10}\}$ のように計算していけば，次の表を得る：

m	2	3	4	5	6	7	8	9	10	11
$\varphi(m)$	1	2	2	4	2	6	4	6	4	10

注意 準同型写像を学んだ後，9.4 節で学ぶ中国式剰余定理によって，オイラー関数 $\varphi(m)$ をさらに効率よく計算することができるようになる (例 9.42).

定理 6.23 $((\mathbb{Z}/m\mathbb{Z})^\times, \cdot)$ は位数 $\varphi(m)$ の可換群をなす．群 $((\mathbb{Z}/m\mathbb{Z})^\times, \cdot)$ を法 m の**既約剰余類群** (irreducible residue class group) という．

証明 演算が well-defined であることは確認されたので，後は群の定義 (定義 4.1) の (G1), (G2), (G3) を示す．

(G1) 整数 $a,b,c \in \mathbb{Z}$ に対する結合法則 $(ab)c = a(bc)$ を用れば，$[a],[b],[c] \in (\mathbb{Z}/m\mathbb{Z})^\times$ に対して，結合法則 $([a]\cdot[b])[c] = [ab]\cdot[c] = [(ab)c] = [a(bc)] = [a]\cdot[bc] = [a]([b]\cdot[c])$ が成り立つ．

(G2) 単位元は $[1]$ であり，$[a][1] = [a\cdot 1] = [a] = [1\cdot a] = [1][a]$ $(\forall [a] \in (\mathbb{Z}/m\mathbb{Z})^\times)$.

(G3) 命題 6.20 より，$[a] \in (\mathbb{Z}/m\mathbb{Z})^\times$ の逆元 $[a]^{-1} \in \mathbb{Z}/m\mathbb{Z}$ が存在し，$[a]^{-1}$ の逆元も $[a]$ として存在するから，$[a]^{-1} \in (\mathbb{Z}/m\mathbb{Z})^\times$ である．可換性も $[a][b] = [ab] = [ba] = [b][a]$ よりよい． ∎

系 6.24 群 $((\mathbb{Z}/m\mathbb{Z})^\times, \cdot)$ の演算表の各行各列にはすべての元が 1 回ずつ現れる．

証明 命題 4.5 (命題 4.6 (1)) と定理 6.23 による． ∎

例 6.25 (群 $((\mathbb{Z}/m\mathbb{Z})^\times, \cdot)$ の演算表) $((\mathbb{Z}/m\mathbb{Z}), \cdot)$ の演算表 (79 ページ) から可逆元，すなわち，$\gcd(m,a) = 1$ なる元 $[a] \in \mathbb{Z}/m\mathbb{Z}$ を抜き出せば乗法群

$((\mathbb{Z}/m\mathbb{Z})^{\times}, \cdot)$ の群表が次のようにできる：

$m=2$

$\cdot$	$\overline{1}$
$\overline{1}$	$\overline{1}$

$m=3$

$\cdot$	$\overline{1}$	$\overline{2}$
$\overline{1}$	$\overline{1}$	$\overline{2}$
$\overline{2}$	$\overline{2}$	$\overline{1}$

$m=4$

$\cdot$	$\overline{1}$	$\overline{3}$
$\overline{1}$	$\overline{1}$	$\overline{3}$
$\overline{3}$	$\overline{3}$	$\overline{1}$

$m=5$

$\cdot$	$\overline{1}$	$\overline{2}$	$\overline{3}$	$\overline{4}$
$\overline{1}$	$\overline{1}$	$\overline{2}$	$\overline{3}$	$\overline{4}$
$\overline{2}$	$\overline{2}$	$\overline{4}$	$\overline{1}$	$\overline{3}$
$\overline{3}$	$\overline{3}$	$\overline{1}$	$\overline{4}$	$\overline{2}$
$\overline{4}$	$\overline{4}$	$\overline{3}$	$\overline{2}$	$\overline{1}$

$m=6$

$\cdot$	$\overline{1}$	$\overline{5}$
$\overline{1}$	$\overline{1}$	$\overline{5}$
$\overline{5}$	$\overline{5}$	$\overline{1}$

$m=7$

$\cdot$	$\overline{1}$	$\overline{2}$	$\overline{3}$	$\overline{4}$	$\overline{5}$	$\overline{6}$
$\overline{1}$	$\overline{1}$	$\overline{2}$	$\overline{3}$	$\overline{4}$	$\overline{5}$	$\overline{6}$
$\overline{2}$	$\overline{2}$	$\overline{4}$	$\overline{6}$	$\overline{1}$	$\overline{3}$	$\overline{5}$
$\overline{3}$	$\overline{3}$	$\overline{6}$	$\overline{2}$	$\overline{5}$	$\overline{1}$	$\overline{4}$
$\overline{4}$	$\overline{4}$	$\overline{1}$	$\overline{5}$	$\overline{2}$	$\overline{6}$	$\overline{3}$
$\overline{5}$	$\overline{5}$	$\overline{3}$	$\overline{1}$	$\overline{6}$	$\overline{4}$	$\overline{2}$
$\overline{6}$	$\overline{6}$	$\overline{5}$	$\overline{4}$	$\overline{3}$	$\overline{2}$	$\overline{1}$

$m=8$

$\cdot$	$\overline{1}$	$\overline{3}$	$\overline{5}$	$\overline{7}$
$\overline{1}$	$\overline{1}$	$\overline{3}$	$\overline{5}$	$\overline{7}$
$\overline{3}$	$\overline{3}$	$\overline{1}$	$\overline{7}$	$\overline{5}$
$\overline{5}$	$\overline{5}$	$\overline{7}$	$\overline{1}$	$\overline{3}$
$\overline{7}$	$\overline{7}$	$\overline{5}$	$\overline{3}$	$\overline{1}$

$m=9$

$\cdot$	$\overline{1}$	$\overline{2}$	$\overline{4}$	$\overline{5}$	$\overline{7}$	$\overline{8}$
$\overline{1}$	$\overline{1}$	$\overline{2}$	$\overline{4}$	$\overline{5}$	$\overline{7}$	$\overline{8}$
$\overline{2}$	$\overline{2}$	$\overline{4}$	$\overline{8}$	$\overline{1}$	$\overline{5}$	$\overline{7}$
$\overline{4}$	$\overline{4}$	$\overline{8}$	$\overline{7}$	$\overline{2}$	$\overline{1}$	$\overline{5}$
$\overline{5}$	$\overline{5}$	$\overline{1}$	$\overline{2}$	$\overline{7}$	$\overline{8}$	$\overline{4}$
$\overline{7}$	$\overline{7}$	$\overline{5}$	$\overline{1}$	$\overline{8}$	$\overline{4}$	$\overline{2}$
$\overline{8}$	$\overline{8}$	$\overline{7}$	$\overline{5}$	$\overline{4}$	$\overline{2}$	$\overline{1}$

本節の最後に，オイラー関数 $\varphi(n)$ と巡回群の関係を述べる．これは，さらに 7.2 節において，完全な形に拡張されるであろう (定理 7.14).

補題 6.26　巡回群 $G \simeq C_n$ の生成元は $\varphi(n)$ 個ある．

証明　命題 5.24 (1) より，$G = \langle g \rangle$ に対して，$G = \langle g^a \rangle \iff \gcd(a, n) = 1$ であるから，生成元 g^a は $\varphi(n)$ 個ある． ∎

命題 6.27　$G \simeq C_n$ を位数 n の巡回群，集合 $X_d = \{x \in G \mid \mathrm{ord}(x) = d\}$ の位数を $\psi(d)$ とかく．このとき，任意の $d \mid n$ に対して，$\psi(d) = \varphi(d)$ が成り立つ．特に，等式 $n = \sum_{d|n} \varphi(d)$ が成り立つ．

証明　命題 5.24 (1) より，$x \in G$ の位数は n の約数であるから，

$$G = \bigcup_{d|n} X_d \qquad (\text{共通部分のない和集合, disjoint union})$$

となり，両辺の位数を比較して，$n = \sum_{d|n} \psi(d)$ を得る．一方，定理 5.25 より，G の位数 d の部分群 $H_d \simeq C_d$ は 1 つしかないから，H_d の生成元と X_d の元は一致する．よって，補題 6.26 から，$|X_d| = \varphi(d)$. 特に，$n = \sum_{d|n} \varphi(d)$ を得る． ∎

問 6.1 (1) オイラー関数の値 $\varphi(m)$ $(2 \leq m \leq 25)$ を計算せよ．また，$\gcd(a,b)=1$ のとき，$\varphi(a), \varphi(b)$ と $\varphi(ab)$ にはどのような関係があると予想できるか？

(2) 乗法群 $((\mathbb{Z}/m\mathbb{Z})^\times, \cdot)$ と加法群 $(\mathbb{Z}/m\mathbb{Z}, +)$ の同型

$$(\mathbb{Z}/3\mathbb{Z})^\times \simeq (\mathbb{Z}/4\mathbb{Z})^\times \simeq (\mathbb{Z}/6\mathbb{Z})^\times \simeq \mathbb{Z}/2\mathbb{Z},$$

$$(\mathbb{Z}/5\mathbb{Z})^\times \simeq (\mathbb{Z}/10\mathbb{Z})^\times \simeq \mathbb{Z}/4\mathbb{Z},$$

$$(\mathbb{Z}/7\mathbb{Z})^\times \simeq (\mathbb{Z}/9\mathbb{Z})^\times \simeq \mathbb{Z}/6\mathbb{Z}$$

を示せ．特に，これらはすべて巡回群であることが分かる．〔← ヒント：演算表を用いた同型の定義：それぞれの群表が元を並べる順番と名前を適当に変更して同じ形にできるとき，同型であるといった〕

さらに，$(\mathbb{Z}/8\mathbb{Z})^\times = \{[1],[3],[5],[7]\}$ は巡回群ではないことを示せ．

Grothendieck 群：$\mathbb{N}$ から $\mathbb{Z}$ を作る

可換モノイド M から群 $K(M)$ を作る次のような方法が知られており，構成された群 $K(M)$ は M の**グロタンディーク群** (Grothendieck group) と呼ばれている．$K(M) = (M \times M)/\!\sim$ を直積 $M \times M$ の次の同値関係による商集合とする：$(a_1,a_2) \sim (b_1,b_2) \iff a_1+b_2+c = a_2+b_1+c$ $(\exists c \in M)$．〔← 一般に，M では消去律 (命題 4.6) は成り立たないことに注意する．消去律が成り立つ場合には $+c$ は不要となる〕 このとき，$(a_1,a_2), (b_1,b_2)$ を代表元とする同値類 $[a_1,a_2], [b_1,b_2]$ の演算を $[a_1,a_2]+[b_1,b_2] := [a_1+b_1, a_2+b_2]$ と (代表元の M での和で) 定めれば，well-defined となり，〔← 各自確認してみる〕可換かつ結合法則をみたし，〔← M が可換かつ結合法則をみたすことから従う〕M の零元 $0 \in M$ に対して，$K(M)$ は単位元 $[0,0]$ をもち，任意の $[a,b] \in K$ に対して，逆元 $[b,a]$ がある．すなわち，$K(M)$ は群をなす．また，M が消去律をみたすとき，写像 $\iota: M \to K$, $m \mapsto [m,0]$ は，$\iota(m) = \iota(n) \implies m+c=n+c \implies m=n$ より，単射となる．例えば，$M=\mathbb{N}$ とすれば，単射 $\iota: \mathbb{N} \hookrightarrow K(\mathbb{N})$ が得られる．このとき，できた群が $K(\mathbb{N}) \simeq \mathbb{Z}$ であることは，対応 $[n,0] \leftrightarrow n$, $0 \leftrightarrow [0,0]$, $[0,n] \leftrightarrow -n$ によって分かる．

6.3　有限体 $\mathbb{F}_q$

本節では有限体 K の位数 $|K|$ は，素数 p の巾 p^n となることを学ぶ．まず，定理 6.23 から $\mathbb{Z}/p\mathbb{Z}$ は有限体をなすことが分かる：

系 6.28 (**有限体** $\mathbb{F}_p$)　素数 p に対して，$(\mathbb{Z}/p\mathbb{Z})^\times = \{[1],[2],\cdots,[p-1]\}$ は位数 $p-1$ の可換乗法群．特に，$(\mathbb{Z}/p\mathbb{Z},+,\cdot)$ は位数 p の有限体で，$\mathbb{F}_p$ とかく．

証明　定理 6.23 より，$((\mathbb{Z}/p\mathbb{Z})^\times,\cdot)$ は位数 $\varphi(p)=p-1$ の可換群．また，$(\mathbb{Z}/p\mathbb{Z},+)$ は加法群であり，体の定義 (定義 4.10) の (1) (R1), (R2) と (2) をみたす．(R3) 分配法則も積 $[a][b]=[ab]$ の定義と $\mathbb{Z}$ の分配法則から従う．■

$\mathbb{F}_p$ 上の方程式とは？

方程式の解は四則演算が可能な体 K 上で考えることができる (4 章 4.2 節 37 ページを参照)．有限体 $K=\mathbb{F}_p$ 上の場合，$ax+b=0$, $x^2=a$ を解くとは，それぞれ $ax+b\equiv 0 \pmod p$, $x^2\equiv a \pmod p$ の解 $x\in\mathbb{F}_p$ を求めることを意味する．〔← もちろん，解が存在しない場合もある〕

定義 6.29 (**体の標数**)　体 K を加法群とみたときの 1 の位数, すなわち，$1+\cdots+1=0$ となるような 1 の最少の個数を体 K の**標数** (characteristic) といい，char K とかく．1 の位数が有限でないとき，体 K の標数は 0 といい，char $K=0$ とかく．

命題 6.30　体 K の標数は 0 または素数 p である．さらに，

(1)　char $K=0 \iff K\supset\mathbb{Q}$;

(2)　char $K=p \iff K\supset\mathbb{F}_p$.

証明　加法群 K の中での 1 の位数 n を有限として，素数 p となることを示す．仮に，n を合成数で $n=n_1n_2$ $(n_1,n_2>1)$ とすれば，K における分配律から $(\underbrace{1+\cdots+1}_{n_1})(\underbrace{1+\cdots+1}_{n_2})=\underbrace{1+\cdots+1}_{n}=0$ を得るが，体 K は整域であるから，n_1 個または n_2 個の和が 0 となり，n の最小性に矛盾する．char $K=p$

のとき，1 の生成する加法群 $\langle 1\rangle$ は K に含まれ，$K\supset\langle 1\rangle=\{1,\cdots,p=0\}=\mathbb{Z}/p\mathbb{Z}=\mathbb{F}_p$.〔← 正確には，$\{1,\cdots,p\}\simeq\mathbb{Z}/p\mathbb{Z}$ (同型) であるが，両者を同一視した〕char $K=0$ のとき，$K\supset\mathbb{Z}$ より，$K\supset\mathrm{Quot}(\mathbb{Z})=\mathbb{Q}$ (商体).〔← K は体であるから，$\mathbb{Z}$ を含めばそれを分子分母とした $\mathbb{Q}$ も含む〕 ∎

注意 すべての体 K は $\mathbb{Q}$ または $\mathbb{F}_p$ を含む．この最小の体 $\mathbb{Q}$ と $\mathbb{F}_p$ は**素体** (prime field) と呼ばれる．〔← 逆に，大きな体とはどんな体だろうか？〕

命題 6.31 有限体 K の標数を p とすると，$|K|=p^n$.

証明 標数 p の体 K は，命題 6.30 より，$K\supset\mathbb{F}_p$ であり，K は $\mathbb{F}_p$ 上の (有限次元) ベクトル空間と見なせる．その基底を $e_1,\cdots,e_n$ とすれば，任意の $x\in K$ は $x=a_1e_1+\cdots+a_ne_n$ $(a_i\in\mathbb{F}_p)$ とかけるから，$|K|=p^n$. ∎

以下のように，素数 p の巾 $q=p^n$ に対して，位数 q の有限体 $\mathbb{F}_q$ が 1 つずつ存在することが分かる．〔← 体論の本，例えば，[藤崎, §2.8] を見ていただきたい〕

定理* 6.32 素数 p の巾 $q=p^n$ に対して，$|K|=q$ なる有限体 K が (同型を除いて) ただ 1 つ存在する．この体を $\mathbb{F}_q$ とかく．

例 6.33 (体 K の標数) $\mathbb{C}$, $\mathbb{R}$, $\mathbb{Q}$ は標数 0 の体，有限体 $\mathbb{F}_q$ $(q=p^n)$ は標数 p の体である．命題 6.30 より，標数 0 の体は無限体であるが，この逆は正しくない．例えば，$K=\mathbb{F}_q(X)$ ($\mathbb{F}_q$ 上の有理関数体, 定義 4.24) は標数 p の無限体である．〔← さらに，その「拡大体」$K(\sqrt{X^3+X+1})\supset K$ などは標数 p の無限体となる．詳しくは，体論の本を参照のこと〕

6.4 オイラーの定理とフェルマーの小定理

$(\mathbb{Z}/m\mathbb{Z})^\times$ が群をなすこと (定理 6.23) から，オイラーの定理とフェルマーの小定理が得られる：

定理 6.34 (オイラーの定理, Euler's theorem) 整数 $m\geq 2$ と $\gcd(a,m)=1$ なる整数 $a\in\mathbb{Z}$ に対して，

$$a^{\varphi(m)}\equiv 1 \pmod{m}.$$

証明 $(\mathbb{Z}/m\mathbb{Z})^\times$ は位数 $\varphi(m)$ の可換群 (定理 6.23) で，命題 4.41 より従う．∎

定理 6.34 の m が素数 p のときは，フェルマーの最終定理 (68 ページ) と間違わないよう，フェルマーの小定理と呼ばれている．

定理 6.35 (**フェルマーの小定理, Fermat's little theorem**) 素数 p と $\gcd(a,p)=1$ なる整数 $a \in \mathbb{Z}$ に対して，

$$a^{p-1} \equiv 1 \pmod{p}.$$

証明　定理 6.34 で $m=p$ とすれば，$\varphi(p)=p-1$. ∎

注意　定理 6.34 と定理 6.35 はそれぞれ乗法群 $(\mathbb{Z}/m\mathbb{Z})^\times$ と $(\mathbb{Z}/p\mathbb{Z})^\times$ の中ですべての元が $\varphi(m)$ 乗および $p-1$ 乗すれば単位元 1 となること，すなわち，すべての元の位数が $\varphi(m)$ および $p-1$ の約数であることを表している (命題 4.41 または命題 5.23)．次章 (7 章) では，定理 7.10 (ラグランジュの定理) の系 (系 7.12) として，これを一般の有限群 G とその元に対して拡張する．

問 6.2 (1) 2^{10} を 11 で割った余りはいくつか？〔← ヒント：直接計算してもよい〕

(2) 3^{100} を 11 で割った余りはいくつか？ 5^{1000} を 11 で割った余りはいくつか？〔← ヒント：群 $(\mathbb{Z}/11\mathbb{Z})^\times = \{[1],\cdots,[10]\}$ と $a \equiv b \pmod{11} \iff [a]=[b]$ を考え，$[a]=[3^{100}]$ なる $0 \le a \le 10$ を求める〕

(3) 5^{1000} を 8 で割った余りはいくつか？ 5^{1000} を 12 で割った余りはいくつか？

(4) 2000^{2000} を 7 で割った余りはいくつか？

オイラーの定理は世界を守っている？

オイラーの定理は我々人類や世界の安全を日々守っている．こう唐突にいわれると，何をいっているのだろう？と思う人も多いかもしれない．より正確にいうと，オイラーの定理を使って作られている RSA 暗号は，この情報化社会におけるインターネットをはじめとした情報通信における安全性を，世界中の至るところで守っている．例えば，インターネットでメッセージを送るとしよう．〔← ここでいうメッセージ (平文) には，メールや写真・音声などのデータ，ログイン ID, パスワード, クレジットカードの番号なども含まれている〕 パソコン，携帯電話などの画面で「送信ボタン」を押した瞬間，あなた

が送ろうとしていたメッセージ x はそのままインターネットを経由して送られたりはしない．〔← 例えば，x が暗証番号だと思えば分かりやすい〕 送信ボタンを押した瞬間，x は暗号化といって，意味をなさない文字列 y に変換され，y としてインターネットを経由して相手に送られる．これを，相手方では何らかの方法で x に戻している (復号という)．〔← 携帯電話などのメッセージでもこれは例外なく行われており，RSA1024 や RSA2048 などの方式が使われている〕 仮に無線 LAN などで通信が傍受されても，暗号化されて y となっていれば，実際に送っていた x は分からないため安心という訳である．RSA 暗号は公開鍵暗号と呼ばれる方式の暗号で，現在広く普及し利用されている．しかし，実際には，暗号方式はそれ以外にも数多く存在し，またハイブリッド暗号といっていくつかの方式を組み合わせて 1 つの暗号ができている場合も多い．〔← SSL や電子署名といえば，聞いたことがある人も多いかもしれない．また，RSA 暗号はメッセージを送るだけではなく，他の方式の鍵を送るのにも使われている〕 以下，オイラーの定理を使って実現されている，RSA 暗号のしくみを解説したい．

唐突ではあるが，アリス (送信者) がボブ (受信者) にメッセージを送りたいとする．〔← アリスやボブというと一人のように思えるが，実際には，ボブは企業や団体など，また，アリスにあたる人は大勢いる (顧客や会員など) ことも想定してほしい．A さん，B さんでもよいのだが……暗号業界の慣習に従った〕 メッセージは何らかの方法で自然数 x に対応付けておく．

ボブ (受信者) は次の 3 つのことをするだけでよい：

(1) 大きな素数 p と q を用意する (秘密にする)；

(2) $n = pq$ とし，n を広く公開する；

(3) $\gcd(\varphi(n), e) = 1$ なる $e \in \mathbb{N}$ を決め，広く公開する．

アリス (送信者) のすべきことはさらに簡単である．アリスはただ送りたいメッセージ x を $y = [x^e]$ としてボブに送ればよい．ただし，$[x^e]$ は x^e を n で割った余りとする：$[x^e] \in \mathbb{Z}/n\mathbb{Z}$．〔← 実際には x は 0 と 1 からなる文字列であるが，ここでは $x \in \mathbb{N}$ は 10 進法で表されているものとし，$x < n$ とする．$n < x$ の場合には，メッセージ x は n より小さいいくつかのメッセージに分割すればよい〕

以上が RSA 暗号の仕組みである．〔← 安全で広く普及しているというわりに，その簡潔な仕組みに驚いたのではないだろうか？〕 なぜこれで安全な暗号になるのか？ なぜボブだけが y を x に戻せ，ボブ以外の人は y を x に戻せないのか？ (2), (3) によって n と e は広く世界に公開されている訳だから，ボブとボブ以外の人の違いは素数 p, q を知っているかどうかのみである．以下で種明かしをする：

ボブ　p と q を知っているので，当然 $\varphi(n) = (p-1)(q-1)$ も計算できる．いま，$\gcd(\varphi(n), e) = 1$ より，定理 5.13 から $s\varphi(n) + te = 1$ なる s, t が存在して，実際，s, t は計算可能である．〔← ユークリッドの互除法を下から逆にたどればよい，例 5.14〕 このとき，$[y^t] = x$ として，x が得られる．なぜなら，$[y^t] = [(x^e)^t] = [x^{te}] = [x^{1-s\varphi(n)}] = [x][x^{-s}]^{\varphi(n)} = [x][1] = [x] = x$.〔← オイラーの定理から，$[a]^{\varphi(n)} = [1]$ と最後に $x < n$ を使った〕

ボブ以外の人 (アリスも含む)　(2), (3) で公開されている n, e は知っているが，p, q は分からない．よって，$\varphi(n)$ すら求めることができない．〔← n が大きくて n の因数分解が分からないと，$\varphi(n)$ の計算には非常に長い時間を要する〕 当然，t を求めることもできないし，y から x を知る術がない．

RSA 暗号では，アリスにあたる人が大勢いても，別々の x に対して，公開されている n, e (共通) を使って (別々の) y を作れることも大きな利点である．また，たとえアリスでも自分で作った y を x に戻せない，というのが RSA 暗号 (公開鍵暗号) の特徴でもある．

以上のように，RSA 暗号が安全であるという根拠は，非常に大きな数 n はたやすく因数分解できないということにある．単純にいえば，因数分解に 1 年かかる数 n は 2 桁増やせば 100 倍の 100 年，4 桁増やせば 10000 倍の 10000 年かかる．〔← 実際は，ここまで単純ではないが〕 現在，RSA 暗号で広く普及している RSA1024 は，n が 1024 ビット (10 進法で 309 桁) である．しかし，2009 年には RSA768 が破られるなど，コンピュータの進歩と暗号の開発技術の速さには目を見張るものがあり，RSA1024 は 2019 年までに RSA2048 (10 進法で 617 桁) に移行するよう世界的に勧告されている．また，楕円曲線暗号をはじめ，整数論を使った新しい規格の暗号開発もまた世界中で進行中である．

第 7 章

正規部分群と剰余群

7.1　剰余類とラグランジュの定理

$\mathbb{Z}/m\mathbb{Z}$ を，一般の群 G と部分群 $H \leq G$ に拡張し，G/H を定義したい．

定義 7.1　群 G の部分集合 $S, T \subset G$ に対して，

$$ST = \{st \mid s \in S,\ t \in T\}, \qquad S^{-1} = \{s^{-1} \mid s \in S\}$$

と定義する．$S = \{s\}$ のときには，$ST = sT$, $TS = Ts$ とかく．

補題 7.2　$S, T, U \subset G$ に対して，$(ST)U = S(TU)$, $(ST)^{-1} = T^{-1}S^{-1}$.

証明　G が群であることから，$(ST)U = \{(st)u \mid s \in S,\ t \in T,\ u \in U\} = \{s(tu) \mid s \in S,\ t \in T,\ u \in U\} = S(TU)$, $(ST)^{-1} = \{(st)^{-1} \mid s \in S,\ t \in T\} = \{t^{-1}s^{-1} \mid s \in S,\ t \in T\} = T^{-1}S^{-1}$ を得る．∎

定義 7.3 (左剰余類，右剰余類)　$H \leq G$ を群 G の部分群とする．$a \in G$ に対して，$aH = \{ah \mid h \in H\}$ を H を法とする a の**左剰余類** (left coset)，$Ha = \{ha \mid h \in H\}$ を H を法とする a の**右剰余類** (right coset) という．

注意　一般に群 G は非可換であり，$aH \neq Ha$ なる場合もある．ただし，G が可換群の場合には，$aH = Ha$ であり，単に**剰余類** (coset) という．

命題 7.4　部分群 $H \leq G$ と $a, b \in G$ に対して，次の (1)–(5) は同値である：

(1)　$aH = bH$;

(2)　$a^{-1}b \in H$;

(3)　$b \in aH$;

(4) $a \in bH$;

(5) $aH \cap bH \neq \varnothing$.

証明　G が加法群のときには，(1) $a + H = b + H$; (2) $-a + b \in H$; (3) $b \in a + H$; (4) $a \in b + H$; (5) $(a + H) \cap (b + H) \neq \varnothing$ となり，これは $G = \mathbb{Z}$, $H = m\mathbb{Z}$ のとき，命題 6.14 で示した．一般の群 G でも，証明はこれと同じである．〔← 各自確認してほしい〕 ∎

定義 7.5 (H **を法として左 (右) 合同**)　$H \leq G$ を群 G の部分群とする．$a, b \in G$ に対して，$aH = bH$ ($\iff a^{-1}b \in H$)〔← 命題 7.4 より〕 となるとき，a と b は H **を法として左合同**といい，$a \sim_l b$ とかく．$Ha = Hb$ ($\iff ab^{-1} \in H$) となるとき，a と b は H **を法として右合同**といい，$a \sim_r b$ とかく．

注意　$a \sim_l b$ と $a \sim_r b$ はともに G 上の同値関係 (定義 6.1) となる．実際，$aH = aH$; $aH = bH \Longrightarrow bH = aH$; $aH = bH$, $bH = cH \Longrightarrow aH = cH$ であるから，$\sim_l$ は反射律，対称律，推移律をみたす．$\sim_r$ も同様．

定義 7.6 (**剰余類の集合** G/H**, 左 (右) 剰余類分解**)　G の部分群 H による左剰余類の集合 $\{aH \mid a \in G\}$ を G/H とかき〔← 同値関係 $\sim_l$ による商集合 $G/{\sim_l}$ のこと〕右剰余類の集合 $\{Ha \mid a \in G\}$ を $H\backslash G$ とかく．また，ここから得られる G の類別 $G = \bigcup aH$ を G の H による**左剰余類分解** (left coset decomposition), $G = \bigcup Ha$ を G の H による**右剰余類分解** (right coset decomposition) という．

注意　G が加法群の場合には，$G/H = \{a + H \mid a \in G\} = H\backslash G$ となる．

例 7.7 (**左 (右) 剰余類分解**)　(1) 3 次対称群 S_3 の $H_1 = \{(1), (1\,2)\}$ による左 (右) 剰余類分解は，$S_3 = H_1 \cup (1\,3)H_1 \cup (2\,3)H_1 = H_1 \cup H_1(1\,3) \cup H_1(2\,3)$ となり，どちらも完全代表系として，$\{(1), (1\,3), (2\,3)\}$ がとれる (一例)．しかし，$\sigma H_1 \neq H_1\sigma$ ($\exists \sigma \in S_3$) である．実際，例えば，$\sigma = (1\,3)$ に対して，$\sigma H_1 = \{(1\,3), (1\,2\,3)\} \neq \{(1\,3), (1\,3\,2)\} = H_1\sigma$ となっている．

(2) 3 次対称群 S_3 の $H_2 = \{(1), (1\ 2\ 3), (1\ 3\ 2)\}$ による左 (右) 剰余類分解は，$S_3 = H_2 \cup (1\,2)H_2 = H_2 \cup H_2(1\,2)$ となり，どちらも完全代表系として，$\{(1), (1\,2)\}$ がとれる (一例)．また，このとき，$\sigma H_2 = H_2\sigma$ ($\forall \sigma \in S_3$) にもなっている．〔← 各自確認のこと〕

命題 7.8 $H \leq G$ とする．G の H による左剰余類の集合 G/H と右剰余類の集合 $H\backslash G$ の間には全単射がある，すなわち，G/H と $H\backslash G$ は濃度が等しい．

証明 G の左剰余類分解 $G = \bigcup aH$ は，全単射 $\iota : G \to G$，$x \mapsto x^{-1}$ によって，$\iota(aH) = Ha^{-1}$ となるから (補題 7.2 参照)，G の右剰余類分解 $G = \bigcup Ha^{-1}$ が得られる．特に，ι は G/H と $H\backslash G$ の全単射を与えている． ∎

定義 7.9 (G **における** H **の指数**) G/H の濃度 (有限の場合は位数) を $[G:H]$ とかいて，G における H の**指数** (index) という．

次の定理が，4 章から 6 章でたびたび予告してきたラグランジュの定理である．

定理 7.10 (**ラグランジュの定理, Lagrange's theorem**) 有限群 G とその部分群 H に対して，$|G| = [G:H]\,|H|$.

証明 左剰余類の集合 $G/H = \{a_1H, \cdots, a_kH\}$ を考える．$a \in G$ に対して，$H = \{h_1, \cdots, h_m\} \ni h_i \mapsto ah_i \in aH = \{ah_1, \cdots, ah_m\} \subset G$ は単射 ($h_i \neq h_j \implies ah_i \neq ah_j$) であり，$|H| = |aH| = m$ $(\forall a \in G)$．$G = a_1H \cup \cdots \cup a_kH$ は G の類別 (定義 6.3) だから，各 $|a_iH| = m$ より，$|G| = km = [G:H]|H|$. ∎

系 7.11 有限群 G の部分群 H の位数 $|H|$ は，$|G|$ の約数である．

証明 $|G| = [G:H]\,|H|$ かつ $[G:H]$ は整数だから，$|H|$ は $|G|$ の約数. ∎

系 7.12 有限群 G の元 a に対して，$\mathrm{ord}(a) \,\Big|\, |G|$.

特に，$|G| = n$ ならば $a^n = 1$ $(\forall a \in G)$.

証明 $H = \langle a \rangle$ として，ラグランジュの定理を適用すれば，$|H| = \mathrm{ord}(a)$ より従う．後半も命題 5.23 よりよい． ∎

系 7.13 位数が素数 p の有限群 G は巡回群である ($G \simeq C_p$).

証明 G を位数が素数 p の群とすると，ラグランジュの定理の系 (系 7.12) から，G の単位元以外の元の位数は，1 より大きい p の約数となり，p となるしかない．よって位数 p の元が存在するので，G は巡回群 (命題 4.47). ∎

問 7.1 (1) 問 4.2 (2), (3), (4) (58 ページ) をもう一度解け．〔← 今度はラグランジュの定理が使えるので，すべての部分群を見つけるのが楽になる〕

(2) S_4 の $V_4 = \{(1), (1\ 2)(3\ 4), (1\ 3)(2\ 4), (1\ 4)(2\ 3)\}$ による右 (左) 剰余類

分解をそれぞれ求め，完全代表系を与えよ．また，$\sigma V_4 = V_4\sigma$ $(\forall\sigma \in S_4)$ を確かめよ．

(3) n 次対称群 S_n の n 次交代群 A_n による右 (左) 剰余類分解を与えよ．また，ここから，$|A_n| = n!/2$ であることを導け．

7.2　巡回群の特徴付け，$\mathbb{F}_q^\times$ は巡回群

ラグランジュの定理を用いて，命題 6.27 を必要十分条件の形に拡張した次の定理を示す：〔← 必要十分条件は，しばしば，特徴付けとも呼ばれる〕

定理 7.14 (**巡回群の特徴付け (II)**)　G を位数 n の群とする．集合 $X_d = \{x \in G \mid \mathrm{ord}(x) = d\}$ の位数を $\psi(d)$ とかく．このとき，以下は同値：

(1) G は位数 n の巡回群 $(G \simeq C_n)$;

(2) 任意の $d \mid n$ に対して，$\psi(d) = \varphi(d)$;

(3) 任意の $d \mid n$ に対して，$|\{x \in G \mid x^d = 1\}| = d$;

(4) 任意の $d \mid n$ に対して，$|\{x \in G \mid x^d = 1\}| \leq d$.

証明　(1) ⇒ (2)　命題 6.27 による．

(2) ⇒ (3)　$|\{x \in G \mid x^d = 1\}| = \sum_{d'|d} \psi(d') = \sum_{d'|d} \varphi(d') = d$ (命題 6.27).

(3) ⇒ (4) はよい．

(4) ⇒ (1)　G を位数 n の群とし，$\psi(n) \geq 1$ を示せばよい．ラグランジュの定理 (定理 7.10) とその系 (系 7.12) から，$\mathrm{ord}(x) = d$ は n の約数でなくてはならず，$n = \sum_{d|n} \psi(d)$ を得る．ここで，$\psi(d) \geq 1$ なる d に対しては，位数 d の元 $b \in G$ が存在し，d 個の元 $b, b^2, \cdots, b^d = 1$ は $x^d = 1$ をみたすが，仮定から，$x^d = 1$ をみたす G の元はこの d 個のみであることになる．$\langle b\rangle \simeq C_d$ の位数 d の元は $\varphi(d)$ 個 (補題 6.26) だから，$\psi(d) = \varphi(d)$ を得る．これより，$\psi(d) = 0$ または $\psi(d) = \varphi(d)$．しかし，$n = \sum_{d|n} \psi(d) \leq \sum_{d|n} \varphi(d) = n$ であるから，$\psi(d) = \varphi(d)$ $(\forall d \mid n)$ となるしかない．特に，$\psi(n) = \varphi(n) \geq 1$. ∎

定理 7.14 の応用として，系 5.29 より，次の重要な結果を得る：

定理 7.15　体 K の乗法群 $K^\times$ の有限部分群 G は巡回群である．

証明 $|G| = n$ とする．系 5.29 より，体 K 上の方程式 $x^d = 1$ $(d \mid n)$ は K 内に高々 d 個しか解をもたない．よって，$K^\times \subset K$ 内でも高々 d 個しか解はない．定理 7.14 より，$G \leq K^\times$ は巡回群である． ∎

系 7.16 有限体 $\mathbb{F}_q$ $(q = p^n)$ に対して，$\mathbb{F}_q^\times$ は位数 $q-1$ の巡回群．

証明 $\mathbb{F}_q^\times$ は位数 $q-1$ の乗法群であり，定理 7.15 より巡回群． ∎

注意 ときどき，$\mathbb{Z}/q\mathbb{Z}$ と有限体 $\mathbb{F}_q$ (定理 6.32) が同じものだと思っている人を見かけるので注意しておく．$\mathbb{Z}/q\mathbb{Z}$ は位数 q のアーベル群であるが，一般に体ではない．例えば，$(\mathbb{Z}/8\mathbb{Z})^\times = \{\overline{1}, \overline{3}, \overline{5}, \overline{7}\} \simeq C_2 \times C_2$ であるが，$\mathbb{F}_8^\times \simeq C_7$ である．落ち着いて考えてみれば，$\mathbb{Z}/n\mathbb{Z}$ が体 $\iff$ n は素数，もよいであろう．

定義 7.17 $(\mathbb{Z}/p\mathbb{Z})^\times = \langle g \rangle$ なる生成元 $g \in \mathbb{Z}$ を**法 p の原始根** (primitive root mod p) という．〔← 命題 5.23 より，$\varphi(p-1)$ 個ある〕

例 7.18 $g = 2$ が法 p の原始根となる素数 p を小さいほうから調べてみると，3, 5, 11, 13, 19, 29, 37, 53, 59, 61, 67, 83, 101, 107, 131, 139, 149, 163, 173, 179, 181, 197, 211, 227, 269, 293, 317, 347, 349, 373, 379, 389, $\cdots$ が得られる．

アルティンの原始根予想

アルティン (E. Artin) による次のような予想 (1927) が知られている：

予想 (アルティンの原始根予想, Artin's primitive root conjecture) $g \in \mathbb{Z}$ を -1 でも平方数でもないとすると，g が法 p の原始根となるような素数 p が無限に存在する．

アルティンの原始根予想は C. Hooley によって，GRH (一般リーマン予想) の仮定の下，証明された (1967)．また，R. Gupta と M. Ram Murty は無限個の g に対して (1984)，D. Roger Heath-Brown は g を素数とすると (最大で) 2 つの例外の g を除いて (1986)，この予想が正しいことを示した．しかしながら，実は，依然としてこの予想をみたす g は 1 つも具体的には見つかっておらず，〔← 上の例外も仮にあったとしても，どこにあるのか分からない〕アルティンの原始根予想は**未解決問題**である．

7.3 共役部分群と両側剰余類

本節では，部分群 $H \leq G$ に対して，共役部分群 $H^x = x^{-1}Hx$ を定義し，それを用いて，両側剰余類 KaH の位数を求めてみる (命題 7.24).

定義 7.19 (共役部分群)　$H \leq G$ と $x \in G$ に対して，

$$x^{-1}Hx = \{x^{-1}hx \mid h \in H\} \leq G$$

を H の**共役部分群**という．また，共役部分群 $x^{-1}Hx$ を H^x ともかく．

注意　実際，$a = x^{-1}hx$, $b = x^{-1}h'x \in H^x$ ならば $ab = (x^{-1}hx)(x^{-1}h'x) = x^{-1}(hh')x \in H^x$, $a^{-1} = x^{-1}h^{-1}x \in H^x$ であり，部分群の判定条件 (定理 4.28) から，$H^x \leq G$ (部分群).

例 7.20 (共役部分群)　$G = S_3$ を 3 次対称群，$\sigma_1 = (1\,2)$, $\sigma_2 = (1\,3)$, $\sigma_3 = (2\,3)$, $\sigma_4 = (1\,2\,3) \in S_3$, $H_1 = \langle\sigma_1\rangle$, $H_2 = \langle\sigma_2\rangle$, $H_3 = \langle\sigma_3\rangle$, $H_4 = \langle\sigma_4\rangle$ とすれば，$H_2 = H_1^{\sigma_3}$, $H_3 = H_1^{\sigma_2}$ は H_1 の共役部分群である．$H_4^{\sigma} = H_4$ $(\forall\sigma \in S_3)$ であることから，H_4 の共役部分群は自分自身のみである．〔← 例 4.72 (2) のハッセ図や例 7.7 (2) も参照のこと〕

命題 7.21　$H \leq G$ の共役部分群 $H^x = x^{-1}Hx$ に対して，$|H^x| = |H|$.

証明　$H \ni h \mapsto x^{-1}hx \in H^x$ は全単射である．〔← 各自確認のこと〕 ∎

注意　9.2 節で，$H^x \simeq H$ (同型) を示す (命題 9.8). 上の例 7.20 も参照.

部分群 $K, H \leq G$ に対して，G の左剰余類 G/H と右剰余類 $K\backslash G$ を同時に考えることで，次の両側剰余類 KaH の概念が得られる．両側剰余類 (分解) は数学の歩みを進めていけば，いずれその重要性が分かるであろう．〔← 本書でもシローの定理 (定理 10.93) の証明に用いられる〕

定義 7.22 (両側剰余類)　$K, H \leq G$ を群 G の部分群とする．$a, b \in G$ に対して，$a \sim b \iff kah = b$ $(\exists k \in K,\ \exists h \in H)$ とすれば，G 上の同値関係 (定義 6.1) となる．〔← 各自確認する〕 各同値類 $KaH = \{kah \mid k \in K,\ h \in H\}$ を**両側剰余類** (double coset) といい，商集合 $G/\!\sim\, = \{KaH \mid a \in G\}$ を $K\backslash G/H$ とかく．また，ここから得られる G の類別 $G = \bigcup KaH$ を G の K と H による**両側剰余類分解** (double coset decomposition) という．

両側剰余類 KaH の位数を求めるために，以下の補題を準備する：

補題 7.23 $K, H \leq G$ に対して，$K \cap H \leq K$ であるから，K の左剰余類分解 $K = \bigcup_{a \in R} a(K \cap H)$ をとる．ただし，R は完全代表系 (定義 6.10)．このとき，$KH = \bigcup_{a \in R} aH$ は KH の類別を与える．特に，$|K|, |H| < \infty$ のとき，

$$|KH| = \sum_{a \in R} |aH| = |R|\,|H| = [K : K \cap H]\,|H| = \frac{|K|\,|H|}{|K \cap H|}.$$

証明 $K = \bigcup_{a \in R} a(K \cap H)$ に右から H をかければ，$KH = \bigcup_{a \in R} aH$ を得る．$a, b \in R$ に対して，$aH \cap bH \neq \varnothing \implies ah = bh'$ $(\exists h, h' \in H) \implies b^{-1}a = h'h^{-1} \in K \cap H \implies a = b$ より，$KH = \bigcup_{a \in R} aH$ は類別となる (定義 6.3)． ∎

命題 7.24 (両側剰余類の位数) $G = \bigcup_{i=1}^{n} Kx_iH$ を有限群 G の K と H による両側剰余類分解とすると，

$$|Kx_iH| = \frac{|K|\,|H|}{|x_i^{-1}Kx_i \cap H|} \quad \text{特に} \quad |G| = \sum_{i=1}^{n} \frac{|K|\,|H|}{|x_i^{-1}Kx_i \cap H|}.$$

証明 $|KxH| = |x^{-1}KxH| = |K^xH|$, $|K^x| = |K|$ (命題 7.21)，補題 7.23 より

$$|Kx_iH| = |K^{x_i}H| = \frac{|K^{x_i}|\,|H|}{|K^{x_i} \cap H|} = \frac{|K|\,|H|}{|x_i^{-1}Kx_i \cap H|}.$$ ∎

注意 10.1 節で群の作用と軌道を学べば，より見通しのよい別証明が得られる (例 10.17)．〔← 両側剰余類の個数 n については，例 10.18 も参照のこと〕

例 7.25 (両側剰余類の位数) $G = S_3$, $K = \{(1), (1\,3)\}$, $H = \{(1), (1\,2)\}$ とすれば，$|(1)^{-1}K(1) \cap H| = |\{(1)\}| = 1$, $|(2\,3)^{-1}K(2\,3) \cap H| = |H| = 2$ より，$|K(1)H| = 2 \cdot 2/1 = 4$, $|K(2\,3)H| = 2 \cdot 2/2 = 2$ を得る．実際，G の K と H による両側剰余類分解は $G = K(1)H \cup K(2\,3)H$, $K(1)H = \{(1), (1\,3), (1\,2), (1\,2\,3)\}$, $K(2\,3)H = \{(2\,3), (1\,3\,2)\}$ で与えられる．

7.4　正規部分群，剰余群，正規化群

本節では，部分群 $H \leq G$ の中でも非常に特別であり重要な役割を果たす正規部分群 H について学ぶ．まず，以下の補題を準備しよう．

補題 7.26　群 G と部分群 $H \leq G$ に対して，

$$aH = bH \iff (ca)H = (cb)H \quad (\forall a, b, c \in G),$$
$$Ha = Hb \iff H(ac) = H(bc) \quad (\forall a, b, c \in G).$$

証明　$aH = bH \iff a^{-1}b \in H$ (命題 7.4) と $a^{-1}b = (ca)^{-1}(cb)$ から，$aH = bH \iff a^{-1}b \in H \iff (ca)^{-1}(cb) \in H \iff (ca)H = (cb)H$．後半も同様．〔← 補題 7.2 を使ってもよい〕 ∎

次の定理は右剰余類と左剰余類が一致するための必要十分条件を与えている．

定理 7.27　群 G と部分群 $H \leq G$ に対して，次の (1)–(4) は同値：

(1)　$aH = Ha$ $(\forall a \in G)$;

(2)　$aH = a'H$ かつ $bH = b'H$ ならば $(ab)H = (a'b')H$ $(\forall a, b, a', b' \in G)$;

(3)　$a^{-1}Ha \subset H$ $(\forall a \in G)$;

(4)　$a^{-1}Ha = H$ $(\forall a \in G)$．〔← H の共役部分群は H 自身のみ〕

証明　(1) ⇒ (2)　補題 7.26 より，$aH = a'H \iff Ha = Ha' \iff H(ab) = H(a'b) \iff (ab)H = (a'b)H$ であり，また $bH = b'H \iff (a'b)H = (a'b')H$ だから，$aH = a'H$ かつ $bH = b'H \implies (ab)H = (a'b')H$．

(2) ⇒ (3)　命題 7.4 から，(2) は $a' \in aH$ かつ $b' \in bH \implies a'b' \in abH$ と同値であり，$aH \cdot bH \subset (ab)H$．$b = a^{-1}$ として，$aHa^{-1} \subset aH \cdot a^{-1}H \subset (aa^{-1})H = H$．

(3) ⇒ (4)　(3) の a を a^{-1} で置き換えると，$aHa^{-1} \subset H$ となり，$h \in H$ に対して，$aha^{-1} = h' \in H$ とすれば，$h = a^{-1}h'a \in a^{-1}Ha$ より，$H \subset a^{-1}Ha$．

(4) ⇒ (1)　$a^{-1}ha = h' \in H$ $(\forall a \in G,\ \forall h \in H) \implies ha = ah' \in aH \implies Ha \subset aH$．同様に，$aha^{-1} = h' \in H$ より，$aH \subset Ha$ を得る． ∎

定義 7.28 (正規部分群)　群 G の部分群 $H \leq G$ が，定理 7.27 の同値な 4 つの条件 (のいずれか) をみたすとき，H を G の**正規部分群** (normal subgroup) といい，$H \lhd G$ とかく．このとき，左剰余類 aH と右剰余類 Ha は一致するか

ら，$aH = Ha$ を単に**剰余類** (coset) という．

注意 (1) 定義から，可換群 G のすべての部分群 $H \leq G$ は正規部分群 $H \lhd G$ である．

(2) $H \lhd G$ を示すのには，定理 7.27 (3) $a^{-1}Ha \subset H$ $(\forall a \in G)$ が示しやすい．

例 7.29 (**正規部分群**) $(\mathbb{Z}, +)$ に対して，$(m\mathbb{Z}, +)$ は正規部分群である．$\mathbb{Z}$ の $m\mathbb{Z}$ による剰余類の集合 $\mathbb{Z}/m\mathbb{Z} = \{[0], [1], \cdots, [m-1]\} = \{\overline{0}, \overline{1}, \cdots, \overline{m-1}\}$ は群の構造をもっていたが，これは次の定理で分かるように，$m\mathbb{Z}$ が $\mathbb{Z}$ の正規部分群であることからくるものである．

正規部分群 $N \lhd G$ は，次のように G/N に演算 $(aN)(bN) = (ab)N$ が定義でき (well-defined)，商群 G/N を考えることができる部分群 $N \leq G$ といえる：

定理 7.30 (**剰余 (類) 群，商群**) 群 G と部分群 $H \leq G$ に対して，左剰余類の集合 $G/H = \{aH \mid a \in G\}$ に積 $*$ を

$$(aH) * (bH) = (ab)H$$

と定義する．このとき，

(1) この積 $*$ が well-defined $\iff$ $H \lhd G$ (正規部分群);

(2) $N \lhd G$ (正規部分群) ならば $(G/N, *)$ は群をなす．$(G/N, *)$ を群 G の N による**剰余 (類) 群** (residue class group) または**商群** (quotient group) という．群 G/N の単位元は $N\ (= 1 \cdot N)$，aN の逆元は $(aN)^{-1} = a^{-1}N$ である．〔← G が加法群の場合，単位元は $N\ (= 0 + N)$，$a + N$ の逆元は $-a + N$〕

証明 (1) 定理 7.27 (2) による．〔← well-defined は定義 6.16〕

(2) (1) から演算が well-defined であることは確認されたので，あとは群の定義 (定義 4.1) の (G1), (G2), (G3) を示す．

(G1) 群 G に対する結合法則 $(ab)c = a(bc)$ から，$(aNbN)cN = (ab)NcN = ((ab)c)N = (a(bc))N = aN(bcN) = aN(bNcN)$ $(\forall aN, bN, cN \in G/N)$.

(G2) 単位元は $N = 1 \cdot N$．実際，$(aN)N = (a \cdot 1)N = aN = (1 \cdot a)N = N(aN)$ $(\forall a \in G)$.

(G3) aN に対する逆元は $a^{-1}N$．実際，$(aN)(a^{-1}N) = (aa^{-1})N = N = (a^{-1}a)N = (a^{-1}N)(aN)$. ∎

例 7.31 (正規部分群 $N \lhd G$ と G/N)　(1) G がアーベル群かつ $H \leq G$ ならば $H \lhd G$ (正規部分群). 特に, G が巡回群 C_n のとき, $\langle a^k \rangle = C_m \lhd C_n = \langle a \rangle$ $(n = mk)$ に対して, $C_n/C_m \simeq C_k = \langle \overline{a} \rangle$ である. 例えば, $C_8/C_4 \simeq C_2$, $C_{12}/C_3 \simeq C_4$.

(2) $V_4 \lhd S_4$ であり, $S_4/V_4 \simeq S_3$ (問 7.1 (2)).

(3) 4 元数群 $Q_8 = \{\pm 1, \pm i, \pm j, \pm k\}$, $i^2 = j^2 = k^2 = -1$, $ij = -ji = k$ (例 4.67) に対して, Q_8 のすべての部分群 $\{1\}$, $\langle -1 \rangle = \{\pm 1\} \simeq C_2$, $\langle i \rangle \simeq \langle j \rangle \simeq \langle k \rangle \simeq C_4$ は Q_8 の正規部分群である. 〔← 各自確かめる〕また, $G/\langle -1 \rangle = \{\overline{1}, \overline{i}, \overline{j}, \overline{k}\} \simeq C_2 \times C_2$, $Q_8/C_4 \simeq C_2$.

注意　$N \lhd G$ に対して, G/N は G の部分群と同型になると勘違いしている人に会うことがあるので注意しておく. 例 7.31 (2) より, $G = Q_8$ と $N = \langle -1 \rangle \simeq C_2$ に対して, $G/N \simeq C_2 \times C_2$ であるが, G には位数 2 の元は -1 の 1 つしかなく, G に $G/N \simeq C_2 \times C_2$ と同型な部分群は存在しない.

命題 7.32　部分群 $H \leq G$ の指数 $[G : H] = 2$ ならば $H \lhd G$ (正規部分群).

証明　$a \in H$ ならば $aH = Ha$ である. $a \notin H$ ならば左剰余類 aH および右剰余類 Ha を考えれば, $G = H \cup aH = H \cup Ha$ より, $aH = Ha$. よって, $aH = Ha$ $(\forall a \in G)$ であるから $H \lhd G$ (定理 7.27). ∎

例 7.33　$[S_n : A_n] = [D_n : C_n] = 2$ より, $A_n \lhd S_n$, $C_n \lhd D_n$.

次の定理は, G/N がいつアーベル群になるのかを我々に教えてくれる：

定理 7.34　$N \leq G$ に対して, $N \lhd G$ かつ G/N がアーベル群 $\iff$ $D(G) \leq N$. 特に, $D(G)$ は G/N がアーベル群となる $N \lhd G$ のうち最小のものである. 〔← 交換子群 $D(G)$ は定義 4.61〕

証明　($\Rightarrow$) $N \lhd G$ とすれば, $x, y \in G$ に対して,

$$(xN)(yN) = (yN)(xN) \iff xyN = yxN \iff [x, y] = x^{-1}y^{-1}xy \in N$$

より, G/N がアーベル群 $\iff$ $[x, y] \in N$ $(\forall x, y \in G)$ $\iff$ $D(G) \leq N$.

($\Leftarrow$) $D(G) \leq N$ とすれば, $x \in G$ と $a \in N$ に対して, $x^{-1}ax = a[a, x] \in N$ より, $N \lhd G$ (定理 7.27 (3)). あとは上の ($\Rightarrow$) の議論より, G/N はアーベル群. ∎

定義 7.35 (アーベル化) 群 G に対して，剰余群 $G/D(G)$ を G のアーベル化 (abelianization) または**最大アーベル拡大**といい，G^{ab} とかく．〔← $N \lhd G$ に対して，G/N がアーベル群となるもののうち最大のもの，定理 7.34〕

例 7.36 (アーベル化) (1) G がアーベル群 $\iff$ $D(G) = 1$ $\iff$ $G^{ab} = G$.

(2) 例 4.62 と命題 4.63 より，$S_n^{ab} = S_n/A_n \simeq C_2$ $(n \geq 3)$，$A_4^{ab} = A_4/V_4 \simeq C_3$，$A_n^{ab} = A_n/A_n = 1$ $(n \geq 5)$，$D_n^{ab} = D_n/\{1, \sigma^2\} \simeq C_2 \times C_2$ (n は偶数)，$D_n^{ab} = D_n/C_n \simeq C_2$ (n は奇数) となる．

(3) $D(Q_8) = \{\pm 1\}$ より，$Q_8^{ab} = Q_8/\{\pm 1\} \simeq V_4$．〔← 各自．例 7.31 も見る〕

部分群 $H \leq G$ に対して，$H \lhd H' \leq G$ をみたす H' のうち最大のものとして，次の正規化群 $N_G(H)$ がある (定理 7.39)：

定義 7.37 (正規化群) 空でない部分集合 $S \subset G$ に対して，

$$N_G(S) = \{x \in G \mid x^{-1}Sx = S\}$$

を S の G における**正規化群** (normalizer) という．特に，$S = \{a\}$ のときは，単に $N_G(\{a\}) = N_G(a)$ とかく．

注意 (1) 実際，$x, y \in N_G(S)$ ならば $(xy)^{-1}S(xy) = y^{-1}(x^{-1}Sx)y = y^{-1}Sy = S$，$(x^{-1})^{-1}Sx^{-1} = x(x^{-1}Sx)x^{-1} = S$ であるから，$xy, x^{-1} \in N_G(S)$ となり，部分群の判定条件 (定理 4.28) から，$N_G(S) \leq G$ (部分群).

(2) 定義から，$Z_G(S) \leq N_G(S)$ であり，$S = \{a\}$ のとき，$Z_G(a) = N_G(a)$.

例 7.38 (正規化群) $G = S_3$ の部分群 $H_1 = \langle (1\,2\,3) \rangle \simeq C_3$，$H_2 = \langle (1\,2) \rangle \simeq C_2$ に対して，$N_G(H_1) = S_3$，$N_G(H_2) = H_2 \simeq C_2$．〔← 各自確認してみる〕

定理 7.39 $H \leq G$ ならば $H \lhd N_G(H)$. $H \lhd H' \leq G$ ならば $H' \leq N_G(H)$. 〔← すなわち，$H \lhd H' \leq G$ なる H' のうち最大のものが $H' = N_G(H)$〕

証明 $H \leq G$ ならば $x \in H$ に対して，$xH = Hx$ より $x \in N_G(H)$ だから $H \leq N_G(H)$. また，$x \in N_G(H)$ に対して，$x^{-1}Hx = H$ より $H \lhd N_G(H)$. $H \lhd H' \leq G$ とすれば，$x \in H'$ に対して，$x^{-1}Hx = H$ となり，$x \in N_G(H)$. ∎

注意 10.1 節で群の作用と軌道を学ぶと，$H \leq G$ の共役部分群 $\{H^x \mid x \in G\}$

(定義 7.19) の個数は $[G : N_G(H)]$ であり，正規化群 $N_G(H)$ は，H の共役部分群の個数を数える役割も果たしていることが分かる (命題 10.20).

7.5　単純群

可換群 G の部分群はすべて正規部分群であった．非可換群 G の部分群は，一般には，正規部分群と正規でない部分群が混ざっている．G が最も可換群から遠いと思われるのは，正規部分群が最も少ない次のような場合であろう：

定義 7.40 (**単純群**)　群 G の正規部分群が自明な正規部分群 ($\{1\}$ と G) のみのとき，G を**単純群** (simple group) という．〔← 単純群は正規部分群の構造が単純であるが，当然，群としては非可換性が高く，単純という訳にはいかない〕

命題 7.41　$G \neq \{1\}$ を可換群とする．

$$G \text{ は単純群} \iff G \text{ は素数位数の巡回群：} G \simeq C_p \ (p\text{：素数}).$$

証明　($\Leftarrow$)　G の部分群は $\{1\}$ と G のみ (定理 5.25) だから G は単純群.

($\Rightarrow$)　$1 \neq a \in G$ をとれば，$\{1\} \lneq \langle a \rangle \triangleleft G$ で G は単純群であるから $G = \langle a \rangle$. $|G| = \infty$ とすると $\{1\} \lneq \langle a^2 \rangle \ntrianglelefteq \langle a \rangle$ となり，単純群にはならない．$|G| = n$ とすると，定理 5.25 から $n = p$ (素数) となるしかない．■

注意　実は，有限群 G は組成列をもち，G から一意的に定まるいくつかの単純群を積み重ねた構造をしている (11 章，ジョルダン-ヘルダーの定理，定理 11.22). 命題 7.41 から，可換な単純群は素数位数の巡回群 C_p であり，あとは非可換単純群の分類が問題となる．これについては，以下のコラムを見てほしい．

コラム：非可換単純群の分類

有限単純群は 1981 年にその分類が宣言され，証明も 2004 年にはすべてが出そろったとされる．これによると，有限単純群は以下 (1)–(4) で尽くされる：

(1)　素数位数の巡回群 C_p;

(2)　5 次以上の交代群 A_n ($n \geq 5$);

(3)　Lie 型の単純群;

(4) 26 個の散在型単純群 (sporadic simple group)：

M_{11}	Mathieu 群	$2^4 3^2 5 \cdot 11$
M_{12}	Mathieu 群	$2^6 3^3 5 \cdot 11$
M_{22}	Mathieu 群	$2^7 3^2 5 \cdot 7 \cdot 11$
M_{23}	Mathieu 群	$2^7 3^2 5 \cdot 7 \cdot 11 \cdot 23$
M_{24}	Mathieu 群	$2^{10} 3^3 5 \cdot 7 \cdot 11 \cdot 23$
J_1	Janko 群	$2^3 3 \cdot 5 \cdot 7 \cdot 11 \cdot 19$
$J_2\ (HJ)$	(Hall-)Janko 群	$2^7 3^3 5^2 7$
J_3	Janko 群	$2^7 3^5 5 \cdot 17 \cdot 19$
J_4	Janko 群	$2^{21} 3^3 5 \cdot 7 \cdot 11^3 23 \cdot 29 \cdot 31 \cdot 37 \cdot 43$
HS	Higman-Sims 群	$2^9 3^2 5^3 7 \cdot 11$
Suz	鈴木群	$2^{13} 3^7 5^2 7 \cdot 11 \cdot 13$
M^c	McLaughlin 群	$2^7 3^6 5^3 7 \cdot 11$
Ru	Rudvalis 群	$2^{14} 3^3 5^3 7 \cdot 13 \cdot 29$
He	Held 群	$2^{10} 3^3 5^2 7^3 17$
Ly	Lyons 群	$2^8 3^7 5^6 7 \cdot 11 \cdot 31 \cdot 37 \cdot 67$
ON	O'Nan 群	$2^9 3^4 5 \cdot 7^3 11 \cdot 19 \cdot 31$
$Co \cdot 1$	Conway 群	$2^{21} 3^9 5^4 7^2 11 \cdot 13 \cdot 23$
$Co \cdot 2$	Conway 群	$2^{18} 3^6 5^3 7 \cdot 11 \cdot 23$
$Co \cdot 3$	Conway 群	$2^{10} 3^7 5^3 7 \cdot 11 \cdot 23$
F_{22}	Fischer 群	$2^{17} 3^9 5^2 7 \cdot 11 \cdot 13$
F_{23}	Fischer 群	$2^{18} 3^{13} 5^2 7 \cdot 11 \cdot 13 \cdot 17 \cdot 23$
F'_{24}	Fischer 群	$2^{21} 3^{16} 5^2 7^3 11 \cdot 13 \cdot 17 \cdot 23 \cdot 29$
$F_2\ (BM)$	Fischer 群	$2^{41} 3^{13} 5^6 7^2 11 \cdot 13 \cdot 17 \cdot 19 \cdot 23 \cdot 31 \cdot 47$
$F_3\ (Th)$	Thompson 群	$2^{15} 3^{10} 5^3 7^2 13 \cdot 19 \cdot 31$
F_5	原田群	$2^{14} 3^6 5^6 7 \cdot 11 \cdot 19$
$F_1\ (M)$	Fischer-Griess 群	$2^{46} 3^{20} 5^9 7^6 11^2 13^3 17 \cdot 19 \cdot 23 \cdot 29 \cdot 31 \cdot 41 \cdot 47 \cdot 59 \cdot 71$

一番右の列は群の位数を表している．$F_2\ (BM)$ は Baby Monster，$F_1\ (M)$ は Monster とも呼ばれる．散在型単純群の発見の歴史については，鈴木群の発見者である鈴木通夫氏による [鈴木 2, 4 章] や原田群の発見者である原田耕一郎氏による [寺田-原田, 4 章] を見ていただきたい．〔← 我々は日本語で読める (!)〕

第8章 不変量と共役類

8.1 不変量とは

現代数学では，不変量の概念・考え方が非常に大切である．よく調べたい対象をすべて集めて集合 X としよう．〔← 群，環，体や写像 (関数)，図形 (多様体) などを集める〕 X 全体の構造を調べようとすると，ほとんどの場合，大きな困難がともなう．また，調べたい対象をすべて集めたのはよいが，そもそも X の元 (対象) は本質的にどのくらいあるのかも問題になる．〔← これには，同じとは何かを定める必要もある〕 多くの場合，X 上に何らかの同値関係 $\sim$ を導入し，その同値類 $[x]$ を調べることが有効となる．このとき，X の元 x, y がいつ $x \sim y$ となるかを調べる手段として，次の不変量がある：

定義 8.1 (不変量) X, Y を集合，$\sim$ を X 上の同値関係とする．このとき，写像 $\pi : X \to Y$ が $\sim$ に関する**不変量** (invariant) であるとは，

$$x \sim y \text{ ならば } \pi(x) = \pi(y) \qquad (\forall x, y \in X)$$

をみたすことをいう．さらに，いくつかの不変量 $\pi_1, \cdots, \pi_k$ が

$$x \sim y \iff \pi_1(x) = \pi_1(y), \ \cdots, \ \pi_k(x) = \pi_k(y) \qquad (\forall x, y \in X)$$

をみたすとき，$\sim$ に関する**完全不変量** (complete invariants) という．

<u>完全不変量は同値類による類別の様子をすべて知っている！</u>

8.2 対称群 S_n の共役類と類等式

不変量を用いて，対称群 S_n の元を共役類 (同値類) に分類する方法を学ぶ．

定義 8.2 (**元の共役，共役類**) 群 G の元 $\sigma, \sigma' \in G$ に対して，

$$\sigma \sim \sigma' \iff \sigma' = \tau^{-1}\sigma\tau \qquad (\exists \tau \in G)$$

と定義すれば，$\sim$ は同値関係 (定義 6.1) となる．〔← 各自確認する〕 このとき，元 σ と σ' は**共役** (conjugate) といい，$\sim$ による同値類を G の**共役類** (conjugacy class) という．

注意 G は群であるから，$\sigma' = \tau\sigma\tau^{-1}$ $(\exists \tau \in G)$ と定義しても同値である．

定義 8.3 (**サイクルタイプ**) $\sigma \in S_n$ のサイクル分解 (3 ページ) を

$$\sigma = (i_1 \cdots i_s)(j_1 \cdots j_t) \cdots (k_1 \cdots k_u) \qquad (s \geq t \geq \cdots \geq u \geq 1)$$

とする．このとき，$(s, t, \cdots, u)$ を σ の**サイクルタイプ** (cycle type) という

例 8.4 (**サイクルタイプ**) $\sigma = (1\,2\,3\,4\,5) \in S_5$ のサイクルタイプは (5), $\tau = (1\,2\,3)(4\,5) \in S_5$ のサイクルタイプは $(3, 2)$，$\rho = (1\,2)(3\,4\,5)(6\,7\,8\,9) = (6\,7\,8\,9)(3\,4\,5)(1\,2) \in S_9$ のサイクルタイプは $(4, 3, 2)$.

S_n の元の共役類への分類を考えるため，次の補題を準備する．

補題 8.5 巡回置換 $\sigma = (i_1 \cdots i_k) \in S_n$ と $\tau = \begin{pmatrix} j_1 & j_2 & \cdots & j_k \\ i_1 & i_2 & \cdots & i_k \end{pmatrix} \in S_n$ に対して，$\tau^{-1}\sigma\tau = (\tau^{-1}(i_1)\ \tau^{-1}(i_2)\ \cdots\ \tau^{-1}(i_k)) = (j_1\ j_2\ \cdots\ j_k)$.〔← σ の中身を τ^{-1} で動かしたもの〕

証明 直接計算により，$\tau^{-1}\sigma\tau(j_l) = \tau^{-1}\sigma(i_l) = \tau^{-1}(i_{l+1}) = j_{l+1}$ を得る．ただし，添え字は法 k で考える． ∎

定理 8.6 (**S_n の共役な元**) $\sigma, \sigma' \in S_n$ に対して，

$$\sigma \text{ と } \sigma' \text{ は共役 } (\sigma \sim \sigma') \iff \sigma \text{ と } \sigma' \text{ のサイクルタイプは一致.}$$

すなわち，サイクルタイプは S_n の元の共役類に関する完全不変量である．

証明 $\sigma = (i_1 \cdots i_k) \cdots (l_1 \cdots l_s)$ とする．

($\Rightarrow$) 補題 8.5 より，

$$\sigma' = \tau^{-1}\sigma\tau = (\tau^{-1}(i_1) \cdots \tau^{-1}(i_k)) \cdots (\tau^{-1}(l_1) \cdots \tau^{-1}(l_s))$$

は σ と同じ形のサイクル分解であり，サイクルタイプは一致する．

(⇐) $\sigma' = (i'_1 \cdots i'_k) \cdots (l'_1 \cdots l'_s)$ を σ と同じサイクルタイプとすれば，補題 8.5 より，$\tau = \begin{pmatrix} i'_1 & \cdots & i'_k & \cdots & l'_1 & \cdots & l'_s \\ i_1 & \cdots & i_k & \cdots & l_1 & \cdots & l_s \end{pmatrix}$ に対して，$\sigma' = \tau^{-1}\sigma\tau$ となる． ∎

注意　定理 8.6 は，一般の群 $G \not\simeq S_n$ では成り立たないので注意が必要である．

有限群 G_1, G_2 に対して，$G_1 \sim G_2 \iff G_1 \simeq G_2$ (同型) は同値関係となり，同値類は**同型類** (isomorphism class) と呼ばれる．〔← 詳しくは，定義 9.7 で学ぶ〕以下に定義する G の類等式は，群の同型類に関する不変量をなす．

定義 8.7 (類等式)　$x \in G$ を含む共役類を $C(x)$ とする．G の共役類による類別 $G = C(x_1) \cup \cdots \cup C(x_r)$ に対して，各類の位数を表した等式 $|G| = |C(x_1)| + \cdots + |C(x_r)|$ を G の**類等式** (class equation) という．

例 8.8 (類等式)　G を位数 n の有限群とすれば，G は可換群 $\iff \sigma = \tau^{-1}\sigma\tau$ $(\forall\sigma, \tau \in G)$ $\iff$ G の任意の元 σ の共役は σ のみ (各共役類は 1 つの元からなる) $\iff$ G の類等式は $n = 1 + 1 + \cdots + 1$ (n 個の和)．特に，位数が同じ可換群の類等式はすべて等しく，類等式は同型類に関する完全不変量ではない．〔← 非可換群 G に対しても完全不変量とはならない (例 10.107 (4) 参照)〕

n 次対称群 S_n $(n \leq 5)$ の共役類と類等式は以下のようになる．〔← 各自なぜこうなるかを考える．余裕がある読者は，$n \geq 6$ のときも考えてみる〕

例 8.9 (S_3, S_4, S_5 の共役類と類等式)　(1)　S_3 の共役類による類別と類等式は

$$\begin{aligned} S_3 &= \{(1)\} \cup \{(1\,2), (1\,3), (2\,3)\} \cup \{(1\,2\,3), (1\,3\,2)\} \\ &= [(1)] \cup [(1\,2)] \cup [(1\,2\,3)], \\ 6 &= 1 + 3 + 2. \end{aligned}$$

(2)　S_4 の共役類による類別と類等式は

$$\begin{aligned} S_4 &= [(1)] \cup [(1\,2)] \cup [(1\,2)(3\,4)] \cup [(1\,2\,3)] \cup [(1\,2\,3\,4)], \\ 24 &= 1 + 6 + 3 + 8 + 6. \end{aligned}$$

(3)　S_5 の共役類による類別と類等式は

$$S_5 = [(1)] \cup [(1\,2)] \cup [(1\,2)(3\,4)] \cup [(1\,2\,3)]$$

$$\cup\,[(1\,2\,3)(4\,5)] \cup [(1\,2\,3\,4)] \cup [(1\,2\,3\,4\,5)],$$

$$120 = 1 + 10 + 15 + 20 + 20 + 30 + 24.$$

注意　S_3, S_4, S_5 の類等式とも右辺に出てくる数は，左辺 ($|S_n|$) の約数になっている (!). 実は，これは一般の群 G の類等式に対しても成り立つ．これは，10 章で群の作用と軌道を学べば，明らかになる (定理 10.14，例 10.25).

Monster の非可換性

例 8.8 をふまえると，G が可換群から遠ければ遠いほど, すなわち，非可換性が強ければ強いほど, 1 つの共役類に多くの元が入ることになる．例えば，非可換単純群 (102 ページ) は，非自明な正規部分群がなく，可換群からかけ離れている群の例をなしている．位数が最大の散在型単純群である Monster (M) は，その位数は 54 桁 (!) の整数であるが (付録の例 19 参照)，共役類数はたった 194 (3 桁) (!) であることが知られている．

8.3　分割数とヤング図形

$n \in \mathbb{N}$ を固定したとき，S_n の元 σ のサイクルタイプが何種類あるか，すなわち，S_n の共役類はいくつあるか，は次の分割数を求めることで分かる．

定義 8.10 (**分割数**)　$n \in \mathbb{N}$ とする．$n = h_1 + \cdots + h_r$, $h_1 \geq \cdots \geq h_r$ なる自然数の組 $(h_1, \cdots, h_r)$ を**整数 n の分割** (integer partitions) という．n の分割の個数を**分割数** (partition number) といい，$p(n)$ とかく．

分割数 $p(n)$ を用いて，定理 8.6 をいい換えれば，以下のようになる：

定理 8.11　S_n の共役類数は分割数 $p(n)$ に等しい．

証明　定理 8.6 をいい換えただけである．〔← 各自確認してみる〕 ∎

例 8.12 (S_n **の共役類数** $p(n)$)　分割数 $p(n)$ ($n \leq 32$) は以下のようになる：

n	1	2	3	4	5	6	7	8	9	10
$p(n) = S_n$ の共役類数	1	2	3	5	7	11	15	22	30	42

11	12	13	14	15	16	17	18	19	20	21	22
56	77	101	135	176	231	297	385	490	627	792	1002

23	24	25	26	27	28	29	30	31	32
1255	1575	1958	2436	3010	3718	4565	5604	6842	8349

可換群 G の共役類数は $|G|$ であった (例 8.8). 一方, S_n の共役類数 $p(n)$ は, $|S_n| = n!$ に比べて極端に少ないことから, S_n は非可換性の高い群であると考えられる.〔← このことは, 非可換単純群 A_n $(n \geq 5)$ を指数 2 の部分群として含んでいるなど, 他の観点からも, 徐々に明らかになっていく〕

ここで, n の分割を視覚的に捉えて図形として表す方法を紹介する.

定義 8.13 (ヤング図形, 共役)　ヤング図形 (Young diagram) とは, n の分割 $n = h_1 + \cdots + h_r$ に対して, n 個の同じ大きさの正方形を上から h_j 個ずつ左端をそろえて横に並べたもの. 2 つのヤング図形は転置が一致するとき, **共役** (conjugate) という. 自分自身と共役のときは**自己共役** (self-conjugate) という. n の分割は, 対応するヤング図形が (自己) 共役であるとき, **(自己) 共役**という.

例 8.14 (ヤング図形)　$n = 3, 4, 5$ に対して, n の分割と対応するヤング図形は以下のようになる：

(1)　$n = 3$, $p(3) = 3$:

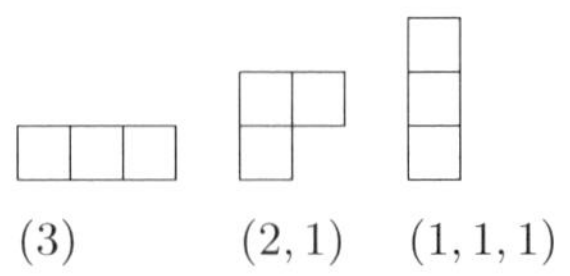

ここで, 分割 $(3) \leftrightarrow (1, 1, 1)$ は共役, $(2, 1)$ は自己共役である.

(2)　$n = 4$, $p(4) = 5$:

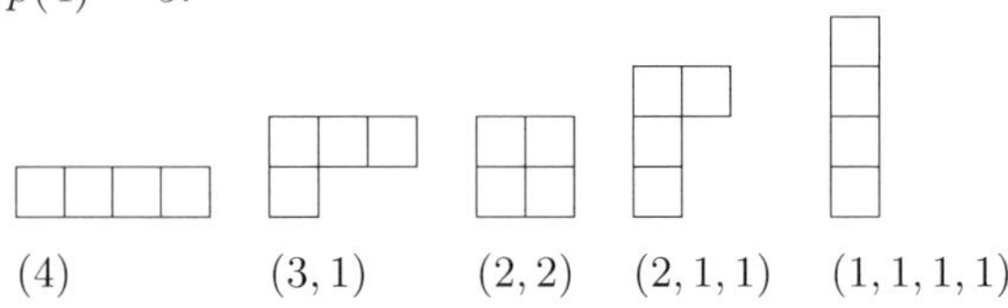

分割 $(4) \leftrightarrow (1,1,1,1)$, $(3,1) \leftrightarrow (2,1,1)$ は共役，$(2,2)$ は自己共役.

(3) $n=5,\ p(5)=7$:

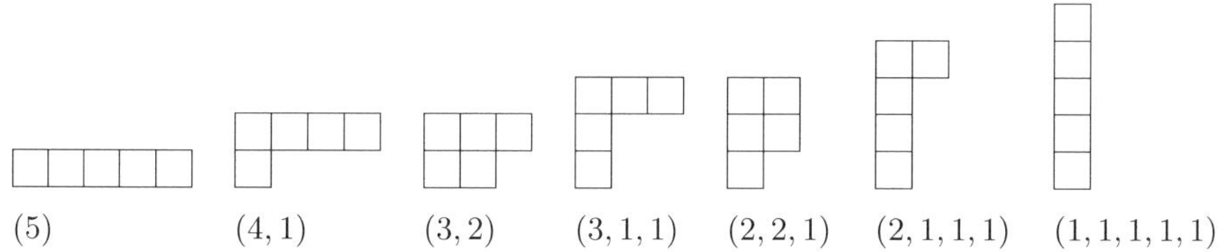

分割 $(5) \leftrightarrow (1,1,1,1,1)$, $(4,1) \leftrightarrow (2,1,1,1)$, $(3,2) \leftrightarrow (2,2,1)$ は共役，$(3,1,1)$ は自己共役.

注意 分割数，ヤング図形とその共役は，対称群の表現論において重要な役割を果たすが，本書ではこれ以上触れられない．興味のある読者は，有限群の表現論の本，例えば [岩堀, 3 章], [彌永-杉浦, 3 章], [寺田-原田, 2, 3 章] などを見てほしい．また，分割数については [アンドリュース-エリクソン] もある.

8.4 行列の相似

線形代数で学ぶように，行列の世界では，共役は相似とよばれている．ここでは，行列の相似に関する不変量を学んでいこう.

定義 8.15 (**行列の相似，対角化可能**) 行列 $A, B \in GL_n(\mathbb{C}) = \{C \in M_n(\mathbb{C}) \mid \det(C) \neq 0\}$ が共役

$$A \sim B \iff B = P^{-1}AP \ \ (\exists P \in GL_n(\mathbb{C}))$$

であるとき，A と B は**相似** (similar) という．〔← $\sim$ は同値関係であった〕 特に，A が対角行列と相似のとき，A は**対角化可能** (diagonalizable) という.

例 8.16 ($GL_n(\mathbb{C})$ **の共役類**) 群 $G = GL_n(\mathbb{C})$ での共役 (相似) を考える.

例えば，$A = \begin{pmatrix} 1 & 2 \\ 0 & 2 \end{pmatrix}$ と $B = \begin{pmatrix} 1 & 0 \\ 0 & 2 \end{pmatrix} \in G$ は相似 $(A \sim B)$.

実際，$P = \begin{pmatrix} 1 & 2 \\ 0 & 1 \end{pmatrix}$ に対して，$B = P^{-1}AP$ である．〔← $Q = P^{-1}$ に対して，$B = QAQ^{-1}$, $A = Q^{-1}BQ$ でもある〕

<u>$A \not\sim B$はどうやって示せるか？</u>　行列 A, B が相似であること $(A \sim B)$ は，P を具体的に見つければ示せる．しかし，相似でない（P が存在しない）こと $(A \not\sim B)$ はどのようにしたら示せるだろうか？〔← 当然，かなりの長い時間やって見つからなかったからないに違いない，などということは数学では通用しない〕以下，それを考えてみよう．

命題 8.17　次の det, tr（トレース）は行列の相似 $\sim$ に関する不変量となる：

(1)　$\det : GL_n(\mathbb{C}) \to \mathbb{C}^\times,\ A \mapsto \det(A)$;〔← A の行列式〕

(2)　$\mathrm{tr} : GL_n(\mathbb{C}) \to \mathbb{C},\ A \mapsto \mathrm{tr}(A) = a_{11} + \cdots + a_{nn}$.〔← A の対角成分の和〕

すなわち，$A \sim B$ ならば　(1)　$\det(A) = \det(B)$　かつ　(2)　$\mathrm{tr}(A) = \mathrm{tr}(B)$.

証明　線形代数における結果：行列 $A, B \in M_n(\mathbb{C})$ に対して，

$$(1)\quad \det(AB) = \det(A)\det(B), \qquad (2)\quad \mathrm{tr}(AB) = \mathrm{tr}(BA)$$

を用いると，〔← 分からない場合は，線形代数の本を参照のこと〕

$$\det(P^{-1}AP) = \det(P^{-1})\det(A)\det(P) = \frac{1}{\det(P)}\det(A)\det(P) = \det(A),$$

$$\mathrm{tr}(P^{-1}AP) = \mathrm{tr}((P^{-1}A)P) = \mathrm{tr}(P(P^{-1}A)) = \mathrm{tr}((PP^{-1})A)) = \mathrm{tr}(A). \quad ■$$

注意　(2) より，$\mathrm{tr}(A)$ は結局 A の固有値の和となり，A の**固有和** (trace) とも呼ばれる．

命題 8.17 の対偶をとれば，不変量 (det, tr) を用いた非同値判定が得られる：

命題 8.18（不変量を用いた非同値判定）　$A, B \in GL_n(\mathbb{C})$ とする．

(1)　$\det(A) \neq \det(B)$ ならば $A \not\sim B$.

(2)　$\mathrm{tr}(A) \neq \mathrm{tr}(B)$ ならば $A \not\sim B$.

証明　命題 8.17 の対偶をとればよい．　■

例 8.19（不変量を用いた非同値判定 (I)）　次の行列 A, B は相似ではない．すなわち，$B = P^{-1}AP$ なる正則行列 P は存在しない：

$$A = \begin{pmatrix} 5 & 2 & -2 \\ -3 & 0 & 2 \\ 1 & 1 & 1 \end{pmatrix}, \quad B = \begin{pmatrix} -1 & 0 & 0 \\ 0 & 2 & 0 \\ 0 & 0 & 3 \end{pmatrix}, \quad C = \begin{pmatrix} 1 & 0 & 0 \\ 0 & 2 & 0 \\ 0 & 0 & 3 \end{pmatrix}.$$

これは，$\det(A) = 6 \neq \det(B) = -6$，あるいは，$\mathrm{tr}(A) = 6 \neq \mathrm{tr}(B) = 4$ より分かる．すなわち，A の対角化を求める問題で，もし求めた答えが B だったら，即

座に間違っていることに気づかなくてはならない．〔← ちなみに，B は何らかのケアレスミスで，本当は $A \sim C$ である〕

例 8.20 (不変量を用いた非同値判定 (II)) しかし，2 つの不変量 det, tr は完全不変量 (定義 8.1) ではない．〔← $A \sim B$ を完全に判定するには不十分である〕例えば，$A = \begin{pmatrix} 1 & 1 \\ 0 & 1 \end{pmatrix}$，$B = \begin{pmatrix} 1 & 0 \\ 0 & 1 \end{pmatrix}$ に対して，$\det(A) = \det(B) = 1$, $\mathrm{tr}(A) = \mathrm{tr}(B) = 2$ であるが，$A \not\sim B$ である．〔← 各自：$PB = AP$ とすると矛盾がおこることを確かめてみる〕

注意 本書では線形代数について詳しく解説するページを割けなかったが，$\det(A)$, $\mathrm{tr}(A)$ に加えて，行列 A の相似 $\sim$ に関する重要な不変量として，

(1) A の**階数** (rank),

(2) A の**固有値** (Eigenvalue),

(3) A の**特性多項式 (固有多項式)**(characteristic polynomial),

(4) A の**最小多項式** (minimal polynomial),

(5) $xI - A$ の**単因子** (elementary divisor),

(6) A の**ジョルダン標準形** (Jordan normal (canonical) form)

などがある．興味が出てきた読者には，(もう一度) 線形代数を (しっかりと) 学び直すことを強くすすめたい．例えば，[佐武 2] は線形代数の本の中でも名著として名高い本である．線形代数を奥深く学びたい場合には，挑戦することをおすすめしたい．今後，代数の世界をさらに歩んで行こうとする場合には，[斎藤 (毅)] もおすすめである．

行列 A は対角化可能か，〔← 相似 $\sim$ の同値類に対角行列が入っているか〕対角化できない行列 A の同値類の代表元として，どのような対角行列に近い行列がとれるか (ジョルダン標準形) は，(基底変換に関する) 線形代数の主題の 1 つである．〔← ジョルダン標準形の定義は，適当な線形代数の本を見てほしい〕 本章の結びとして，線型代数の (1 つの) 目標 (相似 $\sim$ に関する完全不変量) を記す：

定理* 8.21 ([佐武 2, IV 章, §2], [杉浦，1 章, 定理 1.61, 2 章, 定理 2.12] 参照) $A, B \in GL_n(\mathbb{C})$ に対して，以下は同値：

(1) A と B は相似 $A \sim B$： $B = P^{-1}AP$ $(\exists P \in GL_n(\mathbb{C}))$;

(2) $xI - A$ と $xI - B$ の単因子は一致する；

(3) A と B のジョルダン標準形は一致する.

注意　行列 A があるジョルダン標準形と相似になることは, A が**ジョルダン分解** (Jordan decomposition) されること：$A = S + N$, $SN = NS$, ただし, S は対角行列 (半単純成分) で N は巾零行列, すなわち, $N^m = O$ $(\exists m \in \mathbb{N})$, から分かる (例えば, [佐武 2, 146 ページ, 例 1] 参照). 〔← その他, 適当な線形代数の本を見ていただきたい〕 $A \in GL(V) \simeq GL_n(\mathbb{C})$ と $R = \mathbb{C}[X]$ ($\mathbb{C}$ 上の多項式環) に対して, ベクトル空間 V を R 加群〔← Ω 群の例 (定義 11.1, 例 11.6) である〕 とみなすことにより, 見通しがよくなり, V の直既約分解に対応して, A のジョルダン標準形を得ることができる (例えば, [近藤, 3 章, 例題 3.3], [堀田 2, §13], [杉浦, 2 章] などを参照). ジョルダン分解は, 本書の 11.3 節のフィッティングの補題 (定理 11.43) からも得られる.

第 9 章
準同型と同型，準同型定理

本章では，群の準同型写像とその性質，群論を学ぶ上で最も重要な定理の 1 つである準同型定理をその種々の例を通じて学ぶ．さらに，群の外部直積，内部直積を導入して，中国式剰余定理や有限生成アーベル群の基本定理を学んでいく．

9.1 準同型と同型

定義 9.1 (準同型写像) 群 $(G, \circ)$ から群 $(G', *)$ への写像 $f : G \to G'$ が

$$\text{任意の } a, b \in G \text{ に対して，} f(a \circ b) = f(a) * f(b)$$

をみたすとき，f を G から G' への**準同型写像** (homomorphism) という．

例 9.2 (準同型写像) 命題 3.9 や例 3.10 で見たように，準同型写像とは積の構造を保つ写像のことであり，$\mathrm{sgn} : S_n \to \{\pm 1\}$, $\sigma \mapsto \mathrm{sgn}(\sigma)$ は n 次対称群 S_n から位数 2 の乗法群 $\{\pm 1\}$ への準同型写像である．

定義 9.3 (標準全射 (準同型)，自然な全射) $N \lhd G$ に対して，全射準同型写像

$$f : G \to G/N, \qquad g \mapsto gN$$

を**標準全射** (canonical surjection)，**標準全射準同型** (canonical epimorphism)，**自然な全射** (natural surjection) などという．

注意 実際，標準全射 $f : G \to G/N$, $g \mapsto gN$ は，$x, y \in G$ に対して $f(xy) = xyN = (xN)(yN)$〔← 剰余群の積の定義〕$= f(x)f(y)$ より，準同型写像となる．

命題 9.4　$f : G \to G'$ を群の準同型写像，群 G, G' の単位元をそれぞれ $1, 1'$ とする．このとき，以下が成り立つ：

(1)　$f(1) = 1'$;〔← 単位元は単位元に移る〕

(2)　$f(a^{-1}) = f(a)^{-1}$ $(\forall a \in G)$;〔← 逆元を移すと移した元の逆元になる〕

(3)　$a^n = 1$ ならば $f(a)^n = 1'$．特に，$\mathrm{ord}(f(a)) \mid \mathrm{ord}(a)$;

(4)　f が単射ならば $\mathrm{ord}(f(a)) = \mathrm{ord}(a)$.

証明　(1)　$1 = 1^2$ より，$f(1) = f(1^2) = f(1)f(1)$ であり両辺に $f(1)^{-1}$ をかけて $1' = f(1)$.

(2)　$aa^{-1} = 1$ より，(1) より $f(a)f(a^{-1}) = f(1) = 1'$. よって，逆元の一意性から $f(a)^{-1} = f(a^{-1})$.

(3)　$f(a)^n = f(a^n) = f(1) = 1'$.

(4)　f が単射であれば，$f(a)^n = 1' \implies f(a^n) = f(1) \implies a^n = 1$ で (3) の逆が成り立つ．■

例 9.5　$p \neq q$ を素数とすれば，準同型写像 $f : C_p \to C_q$ は $f : x \mapsto 1'$ に限る．実際，巡回群 C_p の単位元以外の元の位数は p，巡回群 C_q の単位元以外の元の位数は q であるから，命題 9.4 から，すべての元を単位元に移すしかない．

命題 9.6　(1)　群 G が巡回群 $\iff$ 全射準同型 $f : \mathbb{Z} \to G$ が存在する．

(2)　巡回群 G の部分群，剰余群は巡回群である．

証明　(1)　$(\Rightarrow)$　$G = \langle a \rangle$ ならば $f : \mathbb{Z} \to G$，$n \mapsto a^n$ は全射準同型.

$(\Leftarrow)$　全射準同型 $f : \mathbb{Z} \to G$ があれば $f(n) = f(1)^n$ と全射性から $G = \langle f(1) \rangle$.

(2)　(1) より，全射準同型 $f : \mathbb{Z} \to G$ が存在する．

(部分群 $H \leq G$)　$1 \neq H \leq G$ に対して，$f^{-1}(H) = \{n \in \mathbb{Z} \mid f(n) \in H\} \leq \mathbb{Z}$ となり，定理 5.22 より $f^{-1}(H) = m\mathbb{Z}$ $(\exists! m \in \mathbb{Z})$．写像 $g : \mathbb{Z} \to m\mathbb{Z}$，$x \mapsto mx$ は全射準同型であり，合成写像 $f \circ g : \mathbb{Z} \to m\mathbb{Z} \to H$ は全射準同型 (命題 2.19 (1)) だから，〔← 準同型の合成は準同型．なぜ？〕 (1) より H は巡回群.

(剰余群 G/H)　f と標準全射 φ の合成 $\varphi \circ f : \mathbb{Z} \to G \to G/H$ は全射準同型であり，(1) より G/H は巡回群.　■

ここで，準同型写像を用いて，群の同型の概念を定義する．特に，**有限群に対しては，以下の準同型写像による同型の定義は，群表による同型の定義** (定義

3.15，26 ページ)，すなわち，有限群 G と G' はそれぞれの群表が元を並べる順番と名前を適当に変更して同じ形にできるとき同型であるという，とまったく同じものである．

定義 9.7 (**群の同型，同型類，無限群も含んだ一般の場合**) 群 G から群 G' への全単射な準同型写像 $f\colon G \to G'$ が存在するとき，G と G' は**同型** (isomorphic) といい，$G \simeq G'$ とかく．また全単射な準同型写像 f を**同型写像** (isomorphism) といい，$f\colon G \xrightarrow{\sim} G'$ とかく．同型は群全体に対する同値関係を与え，この同値関係による同値類を**同型類** (isomorphism class) という．

注意 群 G と群 G' が同型であるとは，1 対 1 対応があり，かつ二項演算 (積) の構造が同じということである (定義 9.1，定義 9.7)．また，同型類の概念は，同型な群を同じものとみなすことに他ならない．

命題 9.8 $H \leq G$ の共役部分群 $H^x = x^{-1}Hx \leq G$ に対して，$f\colon H \xrightarrow{\sim} H^x$, $h \mapsto x^{-1}hx$ (同型)．特に，$h \in H$ と共役 $x^{-1}hx \in H^x$ の位数は等しい．

証明 $f: H \ni h \mapsto x^{-1}hx \in H^x$ は全単射であり，$f(hh') = x^{-1}hh'x = (x^{-1}hx)(x^{-1}h'x) = f(h)f(h')$ $(\forall h, h' \in H)$ より準同型写像である． ∎

一般に与えられた群 G, G' が同型であることを示すには，同型写像 $f: G \xrightarrow{\sim} G'$ を具体的に見つければよい．〔← G の位数が小さい場合には，群表をかいてもよい〕 しかし，群 G と G' が同型でないことを示すのは一般には難しい．〔← コンピュータを用いて数日かけても判定できないこともよくある，224 ページのコラムも参照〕 同型でないことを示すには不変量 (定義 8.1) が有効に用いられる．

命題 9.9 (**同型ではない群の判定**) G, G' を群とする．

(1) $|G| \neq |G'|$ ならば $G \not\simeq G'$．すなわち，G と G' は位数が異なれば同型ではない．

(2) 群 G, G' の位数 k の元の数が異なるならば $G \not\simeq G'$．

これより，写像 $\pi_0 : G \mapsto |G|$，および，$|G|$ の各約数 $k > 0$ に対して，

$$\pi_k : G \mapsto |\{g \in G \mid \mathrm{ord}(g) = k\}|$$

は群の同型類に関する不変量となる．すなわち，$G \simeq G' \implies \pi_i(G) = \pi_i(G')$．

証明　(1) 位数が異なれば全単射は存在しない．

(2) 命題 9.4 (4) より従う． ∎

例 9.10 (同型ではない群の判定 (I))　位数 $2n$ の巡回群 C_{2n} と二面体群 D_n は $\pi_0(C_{2n}) = \pi_0(D_n) = 2n$ であるが，$C_{2n} = \langle\sigma\rangle$ には位数 $2n$ の元 σ があるのに対し，D_n には位数 $2n$ の元がない ($\pi_{2n}(C_{2n}) > 0$, $\pi_{2n}(D_{2n}) = 0$)．よって，$C_{2n} \not\simeq D_n$.

例 9.11 (同型ではない群の判定 (II))　不変量 π_0, π_k $(0 < k \mid |G|)$ を用いて，完全不変量が得られるだろうか？　次の 2 つの位数 27 の群を考えてみる：

$$G = \langle x, y \mid x^9 = y^3 = 1,\ xy = yx\rangle \qquad (\simeq C_9 \times C_3),$$

$$G' = M_{27} = \langle \sigma, \tau \mid \sigma^9 = \tau^3 = 1,\ \tau^{-1}\sigma\tau = \sigma^4\rangle \qquad (\simeq C_9 \rtimes C_3).$$

〔← 記号 × は直積 (定義 9.28)，⋊ は半直積 (定義 10.58) を表している〕

G と G' の部分群のハッセ図をそれぞれかいてみると，

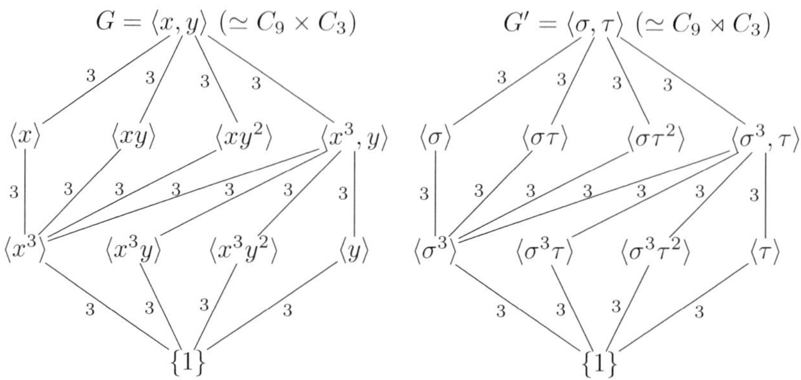

となり，まったく同じ形となる．特に，$\pi_0(G) = \pi_0(G') = 27$, $\pi_1(G) = \pi_1(G') = 1$, $\pi_3(G) = \pi_3(G') = 8$, $\pi_9(G) = \pi_9(G') = 18$, $\pi_{27}(G) = \pi_{27}(G') = 0$ が分かる．一方で，G は可換，G' は非可換であるから，$G \not\simeq G'$ である．〔← なぜ？〕すなわち，$\{\pi_0, \pi_1, \pi_3, \pi_9, \pi_{27}\}$ は群の同型類に関する，完全不変量ではない．以上から，$|G|$ の各約数 k に対して，群の同型類に関する新たな不変量[*1]

*1　この不変量 $\pi_k^*(G)$ を通じて，有限群 G と G' のゼータ関数が一致するという現象が起こることを，恩師である広中由美子先生に教えていただいた．

$$\pi_k^*(G) := |\{H \leq G \mid |H| = k\}|$$

も考えられるが，残念ながら上のように完全不変量ではない．ハッセ図自身もまた，不変量 π_k^* に包含の情報を付け加えた，群の同型類に関する不変量であるが，上のように完全不変量ではない．

準同型写像に関する重要な概念として，次の核と像がある．

定義 9.12 (**準同型写像の核と像**)　$f : G \to G'$ を群の準同型写像，群 G' の単位元を $1'$ とする．G' の単位元に移る G の元全体

$$\mathrm{Ker}(f) = \{g \in G \mid f(g) = 1'\}$$

を f の**核** (kernel) という．また，G から移ってくる G' の元全体

$$\mathrm{Im}(f) = \{f(g) \in G' \mid g \in G\}$$

を f の**像** (image) という．

命題 9.13　$f : G \to G'$ を群の準同型写像，群 G, G' の単位元をそれぞれ 1, $1'$ とする．このとき，以下が成り立つ：

(1) $\mathrm{Im}(f) \leq G'$ (部分群);

(2) $\mathrm{Ker}(f) \lhd G$ (正規部分群);

(3) f : 単射 $\iff$ $\mathrm{Ker}(f) = \{1\}$.

証明　(1) $f(g), f(h) \in \mathrm{Im}(f)$ に対して，$f(g)f(h) = f(gh) \in \mathrm{Im}(f)$, $f(g)^{-1} = f(g^{-1}) \in \mathrm{Im}(f)$ であるから，部分群の判定条件 (定理 4.28) より $\mathrm{Im}(f) \leq G'$.

(2) (1) と同様に，$g, h \in \mathrm{Ker}(f)$ に対して，$f(g) = f(h) = 1'$ であり，$f(gh) = f(g)f(h) = 1'$，$f(g^{-1}) = f(g)^{-1} = (1')^{-1} = 1'$ より $gh, g^{-1} \in \mathrm{Ker}(f)$. $\mathrm{Ker}(f) \lhd G$ であることは，$x \in G$ に対して，$f(x^{-1}gx) = f(x^{-1})f(g)f(x) = f(x)^{-1} \cdot 1' \cdot f(x) = 1'$ より $x^{-1}gx \in \mathrm{Ker}(f)$ から従う (定理 7.27).

(3) ($\Rightarrow$) $f(1) = 1'$ (命題 9.4) であるから，f が単射ならば $\mathrm{Ker}(f) = \{1\}$.

($\Leftarrow$) $\mathrm{Ker}(f) = \{1\}$ とする．$x, y \in G$ に対して，$f(x) = f(y) \implies f(x)f(y)^{-1} = 1' \implies f(xy^{-1}) = 1' \implies xy^{-1} = 1$〔← 仮定を使った〕$\implies x = y$. ∎

注意　$N \lhd G$ と $\mathrm{Ker}(f)$ は同じものと考えることもできる．$N \lhd G$ に対して，標準全射 $f : G \to G/N$ を考えれば，$x \in N \iff xN = N \iff x \in \mathrm{Ker}(f)$ より，$N = \mathrm{Ker}(f)$ となる．すなわち，勝手な準同型写像 $f : G \to G'$ に対して，$\mathrm{Ker}(f) \lhd G$ (命題 9.13 (2)) であったが，逆に $N \lhd G$ は標準全射 f (準同型写像) に対して，$N = \mathrm{Ker}(f)$ となる．

9.2　準同型定理

次の準同型定理は，群論を学ぶ上で最も重要な定理の 1 つである．

定理 9.14 (準同型定理)　群 G から群 G' への準同型写像 $f : G \to G'$ に対して，$N = \mathrm{Ker}(f)$ とすれば，

$$\overline{f} : G/N \to \mathrm{Im}(f),\ \ xN \mapsto f(x)$$

は同型写像となる．すなわち，剰余群 $G/\mathrm{Ker}(f)$ と f による G の像 $\mathrm{Im}(f)$ は同型となる：

$$\overline{f} : G/\mathrm{Ker}(f) \xrightarrow{\sim} \mathrm{Im}(f).$$

証明　$1'$ を G' の単位元とする．命題 9.13 (2) より，$N = \mathrm{Ker}(f) \lhd G$ で G/N は群である．$xN = yN \iff y^{-1}x \in N \iff f(y^{-1}x) = 1' \iff f(y)^{-1}f(x) = 1' \iff f(x) = f(y)$ であるから，$\overline{f}$ は well-defined かつ全単射である．$\overline{f}$ が準同型であることは，$\overline{f}(xN \cdot yN) = \overline{f}(xyN) = f(xy) = f(x)f(y) = \overline{f}(xN)\overline{f}(yN)$ のようにして確かめられる．■

注意　準同型写像 $f : G \to G'$ は演算の構造を保つ写像であるから，G の元のうち $\mathrm{Ker}(f)$ の元 k 個をひとまとまり (1 つの元) と考えると，他の元も k 個ずつひとまとまり ($x\mathrm{Ker}(f)$ に対応) と考えることになり (すなわち，剰余類 $G/\mathrm{Ker}(f)$ を考えて) 同型 $\overline{f} : G/\mathrm{Ker}(f) \xrightarrow{\sim} \mathrm{Im}(f)$ が得られる．この対応は，k 対 1 であるから，準同型写像 f の単射性が，G' の単位元 $1'$ に移る元，すなわち $\mathrm{Ker}(f)$，だけを見れば分かってしまう (命題 9.13 (3)) ということも，今となってはうなづける．

例 9.15 (準同型定理 (I))　$\mathrm{sgn} : S_n \to \{\pm 1\}$，$\sigma \mapsto \mathrm{sgn}(\sigma)$ は全射準同型写像であり (命題 3.9)，$\mathrm{Ker}(\mathrm{sgn}) = A_n \lhd S_n$．よって，準同型定理より，$S_n/A_n \simeq \{\pm 1\}$．特に，$n$ 次交代群 A_n の位数は $n!/2$ である．〔← 命題 3.8 の別証明〕

次の命題のように，準同型定理を用いれば，同じ位数の巡回群はすべて同型であることが分かる．すなわち，位数 n の巡回群は (同型を除いて) 1 つしかない．これによって，この群を C_n とかいていたわけである．〔← 系 7.13 から，素数位数の群 G の同型類は 1 つ，すなわち，$G \simeq C_p$ であることも分かる〕

命題 9.16 G を巡回群とする．

(1) $|G| = \infty$ ならば $G \simeq \mathbb{Z}$.

(2) $|G| = n$ ならば $G \simeq \mathbb{Z}/n\mathbb{Z}$.

証明 命題 9.6 (1) より，全射準同型 $f : \mathbb{Z} \to G$ が存在する．準同型定理 (定理 9.14) より $\overline{f} : \mathbb{Z}/\mathrm{Ker}(f) \xrightarrow{\sim} G$ を得るが，定理 5.22 より $\mathbb{Z} \rhd \mathrm{Ker}(f) = m\mathbb{Z}$ $(\exists! m \in \mathbb{Z})$〔← 一意的に存在〕で，(1) のときは，$m = 0$，(2) のときは位数を比較して，$m = n$ を得る． ∎

例 9.17 (**準同型定理 (II)**) 体 K 上の一般線型群と特殊線形群

$$GL_n(K) = \{A \in M_n(K) \mid \det(A) \neq 0\},$$

$$SL_n(K) = \{A \in M_n(K) \mid \det(A) = 1\}$$

(定義 4.17, 定義 4.32) に対して，$\det : GL_n(K) \to K^\times = K \backslash \{0\}$，$A \mapsto \det(A)$ は全射準同型写像であり，$\mathrm{Ker}(\det) = SL_n(K) \lhd GL_n(K)$．準同型定理 (定理 9.14) から，同型 $\overline{\det} : GL_n(K)/SL_n(K) \xrightarrow{\sim} K^\times$ を得る．

体 K が有限体 $\mathbb{F}_q$ のとき，$GL_n(\mathbb{F}_q)$ と $SL_n(\mathbb{F}_q)$ の位数は次のようになる：

定理 9.18 $\mathbb{F}_q$ $(q = p^n)$ を位数 q の有限体とする．

(1)
$$\begin{aligned}|GL_n(\mathbb{F}_q)| &= (q^n - 1)(q^n - q)\cdots(q^n - q^{n-2})(q^n - q^{n-1}) \\ &= q^{n(n-1)/2}(q^n - 1)(q^{n-1} - 1)\cdots(q - 1).\end{aligned}$$

(2)
$$\begin{aligned}|SL_n(\mathbb{F}_q)| &= |GL_n(\mathbb{F}_q)|/(q - 1) \\ &= (q^n - 1)(q^n - q)\cdots(q^n - q^{n-2})q^{n-1} \\ &= q^{n(n-1)/2}(q^n - 1)(q^{n-1} - 1)\cdots(q^2 - 1).\end{aligned}$$

証明 (1) $A = (\boldsymbol{a}_1 \cdots \boldsymbol{a}_n) \in GL_n(\mathbb{F}_q)$ とすれば，$\det(A) \neq 0 \iff \boldsymbol{a}_1, \cdots, \boldsymbol{a}_n \in \mathbb{F}_q^n$ は $\mathbb{F}_q^n$ の $\mathbb{F}_q$ 上の基底，となる．〔← 線形代数の本を参照〕 $\boldsymbol{a}_1 \in \mathbb{F}_q^n \setminus \{\boldsymbol{0}\}$ は $q^n - 1$ 通りとれるが，$\boldsymbol{a}_2 \in \mathbb{F}_q^n \setminus \langle \boldsymbol{a}_1 \rangle$ は $q^n - q$ 通り，$\boldsymbol{a}_3 \in \mathbb{F}_q^n \setminus \langle \boldsymbol{a}_1, \boldsymbol{a}_2 \rangle$ は $q^n - q^2$ 通りとなる．これを続けていけば，$GL_n(\mathbb{F}_q) = (q^n - 1)(q^n - q)\cdots$

$(q^n - q^{n-2})(q^n - q^{n-1})$.

(2) 例 9.17 より，$GL_n(\mathbb{F}_q)/S_n(\mathbb{F}_q) \simeq \mathbb{F}_q^\times$ であり，$|\mathbb{F}_q^\times| = q-1$ により，$|SL_n(\mathbb{F}_q)| = |GL_n(\mathbb{F}_q)|/(q-1)$. ∎

例 9.19 (1) $GL_2(\mathbb{F}_2) = SL_2(\mathbb{F}_2) = \left\{ \begin{pmatrix} 1 & 0 \\ 0 & 1 \end{pmatrix}, \begin{pmatrix} 1 & 1 \\ 0 & 1 \end{pmatrix}, \begin{pmatrix} 0 & 1 \\ 1 & 0 \end{pmatrix}, \begin{pmatrix} 0 & 1 \\ 1 & 1 \end{pmatrix}, \begin{pmatrix} 1 & 0 \\ 1 & 1 \end{pmatrix}, \begin{pmatrix} 1 & 1 \\ 1 & 0 \end{pmatrix} \right\} \simeq S_3$〔← 各自確認〕であり，$|GL_2(\mathbb{F}_2)| = |SL_2(\mathbb{F}_2)| = 6$.

(2) $|GL_2(\mathbb{F}_3)| = (3^2-1)(3^2-3) = 48$. $|SL_2(\mathbb{F}_3)| = |GL_2(\mathbb{F}_3)|/2 = 24$.

加法群 G の捩れ部分群 $\mathrm{T}(G)$ を導入し，さらに準同型定理の例を与える．

定義 9.20 (捩れ元，捩れ部分群，捩れ群，捩れのない群) G を加法群とする．元 $x \in G$ の位数が有限のとき，x を**捩れ元** (torsion element) といい，G の捩れ元全体

$$\mathrm{T}(G) = \{g \in G \mid \mathrm{ord}(g) < \infty\} \leq G$$

を G の**捩れ部分群** (torsion subgroup) という．$\mathrm{T}(G) = G$ のとき，G を**捩れ群** (torsion group)，$\mathrm{T}(G) = \{0\}$ のとき，G を**捩れのない群** (torsion-free group) という．

注意　実際，$x, y \in \mathrm{T}(G)$ ならば $xy, x^{-1} \in \mathrm{T}(G)$ であるから，部分群の判定条件 (定理 4.28) より，$\mathrm{T}(G) \leq G$. また，G は可換群だから $\mathrm{T}(G) \lhd G$ であり，$G/\mathrm{T}(G)$ は捩れのない群となる．〔← なぜ？〕

例 9.21 (準同型定理 (III)) $T^1 = \{z \in \mathbb{C}^\times \mid |z| = 1\}$ (1 次元トーラス) とする．

(1) $f : \mathbb{C}^\times \to \mathbb{R}_{>0}$, $z \mapsto |z|$ は，$f(zz') = |zz'| = |z||z'| = f(z)f(z')$ より全射準同型写像であり，準同型定理 (定理 9.14) から同型 $\overline{f} : \mathbb{C}^\times/T^1 \xrightarrow{\sim} \mathbb{R}_{>0}$ を得る．

(2) $g : \mathbb{R} \to \mathbb{C}^\times$, $x \mapsto e^{2\pi ix} = \cos 2\pi x + i \sin 2\pi x$ は, $g(x+y) = e^{2\pi i(x+y)} = e^{2\pi ix}e^{2\pi iy} = f(x)f(y)$ より準同型写像であり，$\mathrm{Im}(g) = T^1$ かつ $\mathrm{Ker}(g) = \mathbb{Z}$ より，$\overline{g} : \mathbb{R}/\mathbb{Z} \xrightarrow{\sim} T^1 \leq \mathbb{C}^\times$ を得る．

(3) $h : \mathbb{Q} \to T^1$, $\dfrac{m}{n} \mapsto e^{2\pi i\frac{m}{n}}$ は，(2) と同様に $h\left(\dfrac{m}{n} + \dfrac{m'}{n'}\right) =$

$h\left(\dfrac{m}{n}\right)h\left(\dfrac{m'}{n'}\right)$ から準同型写像で，$\mathrm{Ker}(h)=\mathbb{Z}$ より，$\overline{h}:\mathbb{Q}/\mathbb{Z}\xrightarrow{\sim}S^1:=\mathrm{Im}(h)=\left\{e^{2\pi i\frac{m}{n}}\ \middle|\ \dfrac{m}{n}\in\mathbb{Q}\right\}$ となる．ここで，$S^1=\mathrm{T}(T^1)$，すなわち，S^1 は T^1 の捩れ部分群．同じことだが，$\mathbb{Q}/\mathbb{Z}=\mathrm{T}(\mathbb{R}/\mathbb{Z})$ である．これより，T^1/S^1 と $(\mathbb{R}/\mathbb{Z})/(\mathbb{Q}/\mathbb{Z})$ は捩れのないアーベル群となる．

(4) $\varphi_n:\mathbb{Z}\to T^1,\ m\mapsto e^{2\pi i\frac{m}{n}}$ は, (2) と同様に $\varphi_n(m+m')=\varphi_n(m)\varphi_n(m')$ となり準同型写像で，$\zeta_n=e^{2\pi i/n}$ とすれば，$\mathrm{Im}(\varphi_n)=\{1,\zeta_n,\zeta_n^2,\cdots,\zeta_n^{n-1}\}$，$\mathrm{Ker}(\varphi_n)=n\mathbb{Z}$ より，$\overline{\varphi_n}:\mathbb{Z}/n\mathbb{Z}\xrightarrow{\sim}\{1,\zeta_n,\zeta_n^2,\cdots,\zeta_n^{n-1}\}$ (1 の n 乗根全体).

以下，準同型定理を用いて，非常に有用な 3 つの (第 1，第 2，第 3) 同型定理を示す．これらは，本書でも次節以降，繰り返し用いられるであろう．

定理 9.22 (**第 1 同型定理**) 群 G から群 G' への全射準同型写像 $f:G\to G'$ と正規部分群 $N'\lhd G'$ に対して，$N:=f^{-1}(N')\lhd G$ かつ

$$G/N\simeq G'/N'.$$

証明 f と標準全射 φ との合成 $\varphi\circ f:G\to G'\to G'/N'$ は全射準同型であり，$\mathrm{Ker}(\varphi\circ f)=\{x\in G\mid(\varphi\circ f)(x)=N'\}$ であるから，$x\in\mathrm{Ker}(\varphi\circ f)\iff\varphi(f(x))=N'\iff f(x)\in N'\iff x\in N$.〔← N の定義より〕 よって，$\mathrm{Ker}(\varphi\circ f)=N\lhd G$ で，準同型定理 (定理 9.14) より $\overline{\varphi\circ f}:G/N\xrightarrow{\sim}G'/N'$. ∎

第 2 同型定理を示すために，以下の補題を準備しておく．

補題 9.23 (1) $H,K\leq G$ に対して，$HK\leq G$ (部分群) $\iff HK=KH$.
(2) $H\leq G$ と $N\lhd G$ に対して，$HN=NH\leq G$ (部分群).

証明 (1) $H,K\leq G$ より，$H=H^{-1}$, $K=K^{-1}$, $HH=H$, $KK=K$ に注意する．($\Rightarrow$) $HK\leq G$ ならば $HK=(HK)^{-1}=K^{-1}H^{-1}=KH$. ($\Leftarrow$) $HK=KH$ ならば補題 7.2 より，$(HK)(HK)=H(KH)K=H(HK)K=(HH)(KK)=HK$，$(HK)^{-1}=K^{-1}H^{-1}=KH=HK$. よって，任意の $hk,h'k'\in HK$ に対して，$(hk)(h'k'),(hk)^{-1}\in HK$. 部分群の判定条件 (定理 4.28) より，$HK\leq G$.

(2) $N\lhd G$ より，$h^{-1}Nh=N\ (\forall h\in H)$ であるから，$hN=Nh\ (\forall h\in H)$ となり，$HN=NH$. よって，(1) より，$HN\leq G$. ∎

定理 9.24 (**第 2 同型定理**)　群 G の部分群 $H \le G$ と $N \lhd G$ に対して，

$$H/(H \cap N) \simeq HN/N.$$

証明　補題 9.23 (2) より，$HN \le G$. また，$N \lhd G$ より $N \lhd HN$ でもある．全射準同型 $f : H \to HN/N$, $h \mapsto hN$ に対して，$\mathrm{Ker}(f) = \{x \in H \mid xN = N\}$ であり，$x \in \mathrm{Ker}(f) \iff x \in H \cap N$ より，$\mathrm{Ker}(f) = H \cap N \lhd H$. よって，準同型定理 (定理 9.14) より，$\overline{f} : H/(H \cap N) \xrightarrow{\sim} HN/N$. ∎

例 9.25 (**第 2 同型定理**)　$G = S_4$, $H = \{\sigma \in S_4 \mid \sigma(1) = 1\} \simeq S_3$, $N = V_4 = \{(1), (1\,2)(3\,4), (1\,3)(2\,4), (1\,4)(2\,3)\}$ とすれば，補題 8.5 より，$\sigma \in G$ と $(i\,j)(k\,l) \in N$ に対して，$\sigma^{-1}(i\,j)(k\,l)\sigma = (\sigma^{-1}(i)\,\sigma^{-1}(j))(\sigma^{-1}(k)\,\sigma^{-1}(l)) \in N$ となるから，$N \lhd G$ である．よって，第 2 同型定理 (定理 9.24) より，$H/(H \cap V_4) \simeq HV_4/V_4$. ここで，$H \cap V_4 = 1$ であるから，$H \simeq HV_4/V_4$ となるが，$|H| = 6$, $|V_4| = 4$ であるから $|HV_4| = 24$ となり，$HV_4 = S_4$ でなくてはならない．すなわち，$S_3 \simeq S_4/V_4$.

定理 9.26 (**第 3 同型定理**)　群 G と $N_1, N_2 \lhd G$, $N_2 \le N_1$ に対して，

$$(G/N_2)/(N_1/N_2) \simeq G/N_1.$$

証明　$f : G/N_2 \to G/N_1$, $xN_2 \mapsto xN_1$ は well-defined かつ全射準同型となる．well-defined であることは，$N_2 \le N_1$ から，$xN_2 = yN_2 \iff y^{-1}x \in N_2 \le N_1 \implies y^{-1}x \in N_1 \implies (y^{-1}x)N_1 = N_1 \implies xN_1 = yN_1$ のように分かる．準同型であることは，$f(xN_2 \cdot yN_2) = f(xyN_2) = xyN_1 = xN_1 \cdot yN_1 = f(xN_2)f(yN_2)$ より分かり，全射もよい．また，$\mathrm{Ker}(f) = \{xN_2 \in G/N_2 \mid f(xN_2) = N_1\} = \{xN_2 \in G/N_2 \mid xN_1 = N_1\} = \{xN_2 \in G/N_2 \mid x \in N_1\} = N_1/N_2 \lhd G/N_2$ であるから，準同型定理 (定理 9.14) より，$\overline{f} : (G/N_2)/(N_1/N_2) \xrightarrow{\sim} G/N_1$. ∎

例 9.27 (**第 3 同型定理**)　$G = \langle\sigma\rangle \simeq C_8$, $C_2 \simeq \langle\sigma^4\rangle = N_2 \le N_1 = \langle\sigma^2\rangle \simeq C_4$ とすれば，$(C_8/C_2)/(C_4/C_2) \simeq C_8/C_4 \simeq C_2$.

9.3　外部直積と内部直積

すでに得られている群 G_1 や G_2 からより大きな群を作る方法として，外部直積がある．〔← より一般的な方法 (半直積，群拡大) は，10.7 節で学ぶことになる〕

定義 9.28 (**外部直積，外部直和**)　$G_1, \cdots, G_n$ を群とする．直積集合

$$G = G_1 \times \cdots \times G_n = \{(x_1, \cdots, x_n) \mid x_i \in G_i\}$$

は積 $(x_1, \cdots, x_n) \circ (y_1, \cdots, y_n) := (x_1 y_1, \cdots, x_n y_n)$ で群をなし，$G_1, \cdots, G_n$ の**外部直積** (outer direct product) といい，同じく $G_1 \times \cdots \times G_n$ とかく．各 G_i を G の**直積因子** (direct summand) という．特に，各 G_i が加群 $(G_i, +)$ のときには，$G_1, \cdots, G_n$ の**外部直和** (outer direct sum) といい，$G_1 \oplus \cdots \oplus G_n$ とかいて，各 G_i を G の**直和因子** (direct summand) という．

注意　定義から，$G_1 \times G_2 \simeq G_2 \times G_1$ であり，一般に $G = G_1 \times \cdots \times G_n$ の順序をどう入れ替えても同型である．また，これも定義から，

$$G = G_1 \times \cdots \times G_n \simeq (G_1 \times \cdots \times G_{m-1}) \times (G_m \times \cdots \times G_n).$$

例 9.29 (**外部直積**)　巡回群 $C_m = \langle \sigma \rangle$ と $C_n = \langle \tau \rangle$ の外部直積 $G = C_m \times C_n$ は位数 mn の可換群となる．$\gcd(m, n) = 1$ のとき，$(\sigma, \tau) \in G$ の位数は mn であるから，$G \simeq C_{mn}$ は巡回群となる (命題 4.47)．一方，$\gcd(m, n) > 1$ のときは，G には位数 mn の元がないから G は巡回群ではない．〔← なぜ？〕

命題 9.30　群 G_1, G_2 と $N_1 \lhd G_1$，$N_2 \lhd G_2$ に対して，$N_1 \times N_2 \lhd G_1 \times G_2$ かつ

$$(G_1 \times G_2)/(N_1 \times N_2) \simeq (G_1/N_1) \times (G_2/N_2).$$

さらに，$N_i \lhd G_i$ $(1 \leq i \leq n)$ とすれば，$N_1 \times \cdots \times N_n \lhd G_1 \times \cdots \times G_n$ かつ

$$(G_1 \times \cdots \times G_n)/(N_1 \times \cdots \times N_n) \simeq (G_1/N_1) \times \cdots \times (G_n/N_n).$$

証明　標準全射 $\varphi : G_1 \times G_2 \to (G_1/N_1) \times (G_2/N_2)$ を考えれば，$\mathrm{Ker}(\varphi) = N_1 \times N_2 \lhd G_1 \times G_2$ であり，準同型定理 (定理 9.14) より，$\overline{\varphi} : (G_1 \times G_2)/(N_1 \times N_2) \xrightarrow{\sim} (G_1/N_1) \times (G_2/N_2)$. これを繰り返し適用すれば，後半の主張を得る．■

定義 9.31　外部直積 $G = G_1 \times \cdots \times G_n$ の部分群 N_i' $(i = 1, \cdots, n)$ を

$$N_i' = \{x_i' = (1_1, \cdots, 1_{i-1}, x_i, 1_{i+1}, \cdots, 1_n) \mid x_i \in G_i\} \qquad (1_j \text{ は } G_j \text{ の単位元})$$

で定義する．このとき，同型写像

$$N_i' \ni x_i' = (1_1, \cdots, 1_{i-1}, x_i, 1_{i+1}, \cdots, 1_n) \mapsto x_i \in G_i$$

によって，$N_i' \simeq G_i$ であり，直積因子 G_i は G の部分群 N_i' と同一視できる．

命題 9.32 外部直積 $G = G_1 \times \cdots \times G_n$ に対して，$N'_i \leq G$ を定義 9.31 のようにとる．このとき，以下が成り立つ：

(1) $N'_i \lhd G$ $(i = 1, \cdots, n)$;

(2) $(N'_1 \cdots N'_{j-1}) \cap N'_j = \{1\}$ $(2 \leq \forall j \leq n)$，ただし，$1 = (1_1, \cdots, 1_n)$ は G の単位元；

(3) $x \in G$ は $x = x'_1 \cdots x'_n$ $(x'_i \in N'_i)$ の形に一意的にかける．特に，$G = N'_1 \cdots N'_n$ となる；

(4) $i \neq j$ ならば N'_i の元と N'_j の元は可換.

証明 (1), (2), (4) は N'_i の定義から従う．

(3) $G \ni x = (x_1, \cdots, x_n) = x'_1 \cdots x'_n \in N'_1 \cdots N'_n$ であり，一意性もよい． ∎

定理 9.33 $G_1, \cdots, G_n \leq G$ に対して，以下は同値：

(1) 同型 $f : G \xrightarrow{\sim} G_1 \times \cdots \times G_n$ (外部直積) が存在して，$f(G_i) = N'_i$ (定義 9.31) をみたす；

(2) $G = G_1 \cdots G_n$, $G_i \lhd G$, $(G_1 \cdots G_{j-1}) \cap G_j = \{1\}$ $(2 \leq \forall j \leq n)$;

(3) (i) $x \in G$ は $x = x_1 \cdots x_n$ $(x_i \in G_i)$ の形に一意的にかける，かつ
(ii) $i \neq j$ ならば G_i の元と G_j の元は可換.

証明 (1) ⇒ (2) 命題 9.32 (1), (2), (3) による．

(2) ⇒ (3) (i) $x = x_1 \cdots x_n = y_1 \cdots y_n$ $(x_i, y_i \in G_i)$ とすると，$y_n x_n^{-1} = (y_1 \cdots y_{n-1})^{-1}(x_1 \cdots x_{n-1}) \in (G_1 \cdots G_{n-1}) \cap G_n = \{1\}$ より，$x_n = y_n$．これを繰り返して，$x_1 = y_1, \cdots, x_n = y_n$ を得る．(ii) $i \neq j$ のとき，$x_j x_i = x_i(x_i^{-1} x_j x_i) = (x_j x_i x_j^{-1}) x_j$，$G_i, G_j \lhd G$ より $x_i^{-1} x_j x_i \in G_j$，$x_j x_i x_j^{-1} \in G_i$ で，(i) の表現の一意性から $x_i x_j = x_j x_i$ となる．

(3) ⇒ (1) 条件 (ii) の可換性より，全単射〔← 条件 (i) より〕

$$f : G \ni x = x_1 \cdots x_n \mapsto (x_1, \cdots, x_n) \in G_1 \times \cdots \times G_n$$

は，$x, y \in G$ に対して $f(xy) = f(x)f(y)$ だから準同型で，$f(G_i) = N'_i$． ∎

定義 9.34 (内部直積，直積分解) $G_1, \cdots G_n \leq G$ に対して，定理 9.33 の同値な 3 つの条件 (のいずれか) をみたすとき，G は $G_1, \cdots, G_n$ の**内部直積** (inner direct product) といい，これも $G = G_1 \times \cdots \times G_n$ とかく．$G = G_1 \times \cdots \times G_n$ を G の ($G_1, \cdots, G_n$ への内部) **直積分解** (direct product decomposition)

という．同様に，G が加群の場合には，$G = G_1 \oplus \cdots \oplus G_n$ を G の**直和分解** (direct sum decomposition) という．

注意 外部直積と内部直積の違いは，他からもってきた群 $G_1, \cdots, G_n$ の直積をとるか，G の部分群 $G_1, \cdots, G_n$ の直積をとるかであるが，結局上述のように外部直積は内部直積として実現でき，またその逆も正しい．このような状況から，同じ記号 $G_1 \times \cdots \times G_n$ を用いる．外部直積なのか内部直積なのかは文脈によって判断でき，混乱も起こらないであろう．

命題 9.35 ($C_p \times C_p$ **の部分群**) $G = \langle \sigma, \tau \rangle = \langle \sigma \rangle \times \langle \tau \rangle \simeq C_p \times C_p$ の非自明な部分群 $(1, G \neq)$ H $(\simeq C_p)$ は，$\langle \sigma \rangle, \langle \sigma\tau \rangle, \cdots, \langle \sigma\tau^{p-1} \rangle, \langle \tau \rangle$ の $p+1$ 個．

証明 $1 \neq \forall x \in G$ の位数は p で，$1 \neq y \in \langle x \rangle \implies \langle y \rangle = \langle x \rangle$ より，$p-1$ 個の x が 1 つの非自明な部分群 H に対応しているから，このような H は $(p^2-1)/(p-1) = p+1$ 個ある．$\langle \sigma \rangle, \langle \sigma\tau \rangle, \cdots, \langle \sigma\tau^{p-1} \rangle, \langle \tau \rangle$ がすべて異なることもよい．〔← なぜ？〕 ∎

例 9.36 ($C_p \times C_p$ **の部分群**) $C_p \times C_p = \langle \sigma \rangle \times \langle \tau \rangle$ の部分群のハッセ図は以下のようになる：

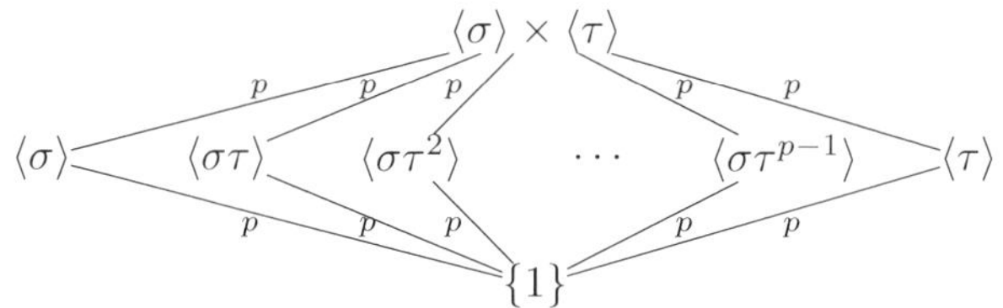

命題 9.37 群 G の直積分解 $G = G_1 \times \cdots \times G_n$ に対して，以下が成り立つ：

(1) $Z(G) = Z(G_1) \times \cdots \times Z(G_n)$;

(2) $D(G) = D(G_1) \times \cdots \times D(G_n)$.

特に，$G^{ab} = G_1^{ab} \times \cdots \times G_n^{ab}$.

証明 $n = 2$ のとき示せばよい (定義 9.28 の後の注意参照)．$G = G_1 \times G_2$，すなわち，$G = G_1 G_2$ で $G_1, G_2 \lhd G$ かつ $G_1 \cap G_2 = \{1\}$ とする．

(1) $Z(G) \ni x = x_1 x_2$ $(x_1 \in G_1,\ x_2 \in G_2)$ ならば定理 9.33 (3) (ii) より，$a_1 \in G_1$ に対して，$(a_1 x_1) x_2 = a_1 x = x a_1 = x_1 x_2 a_1 = (x_1 a_1) x_2$ より，$x_1 \in Z(G_1)$. 同様に，$x_2 \in Z(G_2)$ となり，$Z(G) = Z(G_1) Z(G_2)$．よって，$Z(G_1) \cap Z(G_2) \leq$

$G_1 \cap G_2 = \{1\}$ と $Z(G_1), Z(G_2) \lhd Z(G)$ より，$Z(G) = Z(G_1) \times Z(G_2)$.

(2) $D(G_1) \cap D(G_2) \subset G_1 \cap G_2 = \{1\}$ と $D(G_1), D(G_2) \lhd D(G_1)D(G_2)$ から定理 9.33 に注意すれば，$D(G_1)D(G_2) = D(G_1) \times D(G_2)$ (内部直積) であるから，$D(G) = D(G_1)D(G_2)$ を示す.

$(\supset)$ $D(G) \geq D(G_1), D(G_2)$ よりよい．　$(\subset)$ 定理 9.33 (3) (ii) に注意すれば，$G \ni x = x_1x_2$, $y = y_1y_2$ $(x_1, y_1 \in G_1$, $x_2, y_2 \in G_2) \Longrightarrow [x, y] = x^{-1}y^{-1}xy = (x_2^{-1}x_1^{-1})(y_2^{-1}y_1^{-1})(x_1x_2)(y_1y_2) = [x_1, y_1][x_2, y_2] \in D(G_1)D(G_2)$.

最後の主張は，$G^{ab} = G/D(G)$ (定義 7.35) と命題 9.30 より従う．■

9.4　中国式剰余定理

次の定理によって，有限巡回群 $\mathbb{Z}/n\mathbb{Z}$ の構造は，$\mathbb{Z}/p^e\mathbb{Z}$ の構造により決まる.

定理 9.38 (**中国式剰余定理，Chinese remainder theorem**)　$m, n \in \mathbb{Z}$ を $\gcd(m, n) = 1$ とする．このとき，$\mathbb{Z}/mn\mathbb{Z} \simeq \mathbb{Z}/m\mathbb{Z} \oplus \mathbb{Z}/n\mathbb{Z}$.〔← 乗法群としてかけば，$C_{mn} \simeq C_m \times C_n$〕 さらに，$n_1, \cdots, n_r \in \mathbb{N}$ を，どの 2 つも互いに素とし，$n = n_1 \cdots n_r$ とすれば，$\mathbb{Z}/n\mathbb{Z} \simeq \mathbb{Z}/n_1\mathbb{Z} \oplus \cdots \oplus \mathbb{Z}/n_r\mathbb{Z}$.〔← 乗法群としてかけば，$C_n \simeq C_{n_1} \times \cdots \times C_{n_r}$〕 特に，$n \in \mathbb{Z}$ の素因数分解を $n = p_1^{e_1} \cdots p_r^{e_r}$ とすれば，$\mathbb{Z}/n\mathbb{Z} \simeq (\mathbb{Z}/p_1^{e_1}\mathbb{Z}) \oplus \cdots \oplus (\mathbb{Z}/p_r^{e_r}\mathbb{Z})$.〔← 乗法群としてかけば，$C_n \simeq C_{p_1^{e_1}} \times \cdots \times C_{p_r^{e_r}}$〕

証明　写像 $\varphi : \mathbb{Z} \to \mathbb{Z}/m\mathbb{Z} \oplus \mathbb{Z}/n\mathbb{Z}$, $x \mapsto (x + m\mathbb{Z}, x + n\mathbb{Z})$ を考えれば，$\gcd(m, n) = 1$ より，$\mathrm{Ker}(\varphi) = \{x \in \mathbb{Z} \mid m \mid x$ かつ $n \mid x\} = \{x \in \mathbb{Z} \mid mn \mid x\} = mn\mathbb{Z}$ である．さらに，定理 5.16 から，$sm + tn = 1$ なる $s, t \in \mathbb{Z}$ が存在して，任意の $(a + m\mathbb{Z}, b + n\mathbb{Z}) \in \mathbb{Z}/m\mathbb{Z} \oplus \mathbb{Z}/n\mathbb{Z}$ に対して，$x = smb + tna \in \mathbb{Z}$ は $\varphi(x) = (a + m\mathbb{Z}, b + n\mathbb{Z})$ をみたすから，〔← なぜ？〕φ は全射．よって，準同型定理 (定理 9.14) より，$\overline{\varphi} : \mathbb{Z}/mn\mathbb{Z} \xrightarrow{\sim} \mathbb{Z}/m\mathbb{Z} \oplus \mathbb{Z}/n\mathbb{Z}$. これを繰り返し適用すれば，後半の主張を得る．■

系 9.39　$n_1, \cdots, n_r \in \mathbb{N}$ を，どの 2 つも互いに素とし，$n = n_1 \cdots n_r$ とおく．このとき，$a_1, \cdots, a_r \in \mathbb{Z}$ に対して，ある $x \in \mathbb{Z}$ が存在して，

$$x \equiv a_1 \pmod{n_1}, \qquad \cdots, \qquad x \equiv a_r \pmod{n_r}$$

をみたす．さらに，この連立 1 次方程式のすべての解は，解の 1 つを x_0 とすると，$x = x_0 + kn$ $(k \in \mathbb{Z})$ で与えられる．

証明 中国式剰余定理 (定理 9.38) をいい換えただけであり，解 $\overline{x} \in \mathbb{Z}/n\mathbb{Z}$ は法 n できまる． ∎

系 9.40 $\gcd(m, n) = 1$ ならば $(\mathbb{Z}/mn\mathbb{Z})^\times \simeq (\mathbb{Z}/m\mathbb{Z})^\times \times (\mathbb{Z}/n\mathbb{Z})^\times$ であり，$\varphi(mn) = \varphi(m)\varphi(n)$．さらに，$n_1, \cdots, n_r \in \mathbb{N}$ を，どの 2 つも互いに素とし，$n = n_1 \cdots n_r$ とすれば，$(\mathbb{Z}/n\mathbb{Z})^\times \simeq (\mathbb{Z}/n_1\mathbb{Z})^\times \times \cdots \times (\mathbb{Z}/n_r\mathbb{Z})^\times$ であり，$\varphi(n) = \varphi(n_1) \cdots \varphi(n_r)$．特に，$n \in \mathbb{Z}$ の素因数分解を $n = p_1^{e_1} \cdots p_r^{e_r}$ とすれば，$(\mathbb{Z}/n\mathbb{Z})^\times \simeq (\mathbb{Z}/p_1^{e_1}\mathbb{Z})^\times \times \cdots \times (\mathbb{Z}/p_r^{e_r}\mathbb{Z})^\times$ であり，$\varphi(n) = \varphi(p_1^{e_1}) \cdots \varphi(p_r^{e_r})$．

証明 中国式剰余定理 (定理 9.38) の両辺の可逆元だけを考えれば，$(\mathbb{Z}/mn\mathbb{Z})^\times \simeq (\mathbb{Z}/m\mathbb{Z} \oplus \mathbb{Z}/n\mathbb{Z})^\times \simeq (\mathbb{Z}/m\mathbb{Z})^\times \times (\mathbb{Z}/n\mathbb{Z})^\times$ を得る．これを繰り返し適用すれば，後半の主張を得る．オイラー関数については，両辺の位数を考えればよい． ∎

次の命題を使えば，オイラー関数を効率よく計算できる．

命題 9.41 (オイラー関数) (1) $n \in \mathbb{Z}$ の素因数分解を $n = p_1^{e_1} \cdots p_r^{e_r}$ とすれば，$\varphi(n) = \varphi(p_1^{e_1}) \cdots \varphi(p_r^{e_r})$．

(2) 素数 p と $r \in \mathbb{N}$ に対して，$\varphi(p^r) = p^{r-1}(p-1)$．

証明 (1) 系 9.40 による．

(2) $1, \cdots, p^r$ のうち，p で割れるものは p 個ごとに 1 つあるから，p と互いに素なのは，$\dfrac{p-1}{p}(p^r) = p^{r-1}(p-1)$ 個． ∎

例 9.42 (オイラー関数) $\varphi(p) = p - 1$ であり，合成数 n については，

$\varphi(4) = 2(2-1) = 2, \quad \varphi(6) = \varphi(2)\varphi(3) = 1 \cdot 2 = 2,$

$\varphi(8) = 2^2(2-1) = 4, \quad \varphi(9) = 3(3-1) = 6, \quad \varphi(10) = \varphi(2)\varphi(5) = 4,$

$\varphi(12) = \varphi(3)\varphi(4) = 2 \cdot 2 = 4, \quad \varphi(14) = \varphi(2)\varphi(7) = 6,$

$\varphi(15) = \varphi(3)\varphi(5) = 2 \cdot 4 = 8, \quad \varphi(16) = 2^3(2-1) = 8,$

$\varphi(18) = \varphi(2)\varphi(9) = 6, \quad \varphi(20) = \varphi(4)\varphi(5) = 2 \cdot 4 = 8,$

$\varphi(21) = \varphi(3)\varphi(7) = 2 \cdot 6 = 12, \quad \varphi(22) = \varphi(2)\varphi(11) = 10,$

$$\varphi(24) = \varphi(3)\varphi(8) = 2 \cdot 4 = 8, \qquad \varphi(25) = 5(5-1) = 20$$

のように計算できる．〔← 問 6.1 (85 ページ) と比較せよ〕

本節の最後に，$(\mathbb{Z}/p^e\mathbb{Z})^\times$ の構造を明らかにしておく．

定理 9.43 (1) p を奇素数とすれば，

$$(\mathbb{Z}/p^e\mathbb{Z})^\times \simeq \mathbb{Z}/p^{e-1}(p-1)\mathbb{Z} \simeq \mathbb{Z}/p^{e-1}\mathbb{Z} \oplus \mathbb{Z}/(p-1)\mathbb{Z}.$$

〔← 乗法群としてかけば，$(\mathbb{Z}/p^e\mathbb{Z})^\times \simeq C_{p^{e-1}(p-1)} \simeq C_{p^{e-1}} \times C_{p-1}$〕

(2) $(\mathbb{Z}/2\mathbb{Z})^\times = \{\overline{1}\}$, $(\mathbb{Z}/4\mathbb{Z})^\times = \{\overline{1}, \overline{3}\} \simeq \mathbb{Z}/2\mathbb{Z}$,

$$(\mathbb{Z}/2^e\mathbb{Z})^\times = \langle \overline{-1} \rangle \times \langle \overline{5} \rangle \simeq \mathbb{Z}/2\mathbb{Z} \oplus \mathbb{Z}/2^{e-2}\mathbb{Z} \qquad (e \geq 3).$$

〔← 乗法群としてかけば，$(\mathbb{Z}/2^e\mathbb{Z})^\times \simeq C_2 \times C_{2^{e-2}}$〕

証明　(1) $e = 1$ のときはよい (系 7.16)．$e \geq 2$ とする．$(\mathbb{Z}/p^e\mathbb{Z})^\times$ は位数 $\varphi(p^e) = p^{e-1}(p-1)$ のアーベル群で，標準全射から誘導される写像 $f : (\mathbb{Z}/p^e\mathbb{Z})^\times \to (\mathbb{Z}/p\mathbb{Z})^\times = \mathbb{F}_p^\times = \langle g \rangle \simeq C_{p-1}$ を考えれば，法 p の原始根 g (定義 7.17) の位数は $p-1$ で，$(\mathbb{Z}/p^e\mathbb{Z})^\times$ にも位数 $p-1$ の元 x が存在する (命題 9.4 (3))．以下，$p+1$ の $(\mathbb{Z}/p^e\mathbb{Z})^\times$ での位数が p^{e-1}，すなわち，$(p+1)^{p^{e-1}} \equiv 1 \pmod{p^e}$ かつ $(p+1)^{p^{e-2}} \not\equiv 1 \pmod{p^e}$，を示す．これより，$\gcd(p^{e-1}, p-1) = 1$ だから $(p+1)x$ の位数は $p^{e-1}(p-1)$ より，$(\mathbb{Z}/p^e\mathbb{Z})^\times$ が巡回群 (命題 4.47) となって証明が終了する．$k \geq 0$ に対して，$(p+1)^{p^k} \equiv 1 \pmod{p^{k+1}}$ かつ $(p+1)^{p^k} \not\equiv 1 \pmod{p^{k+2}}$ を帰納法で示す．$k = 0$ はよい．ある k で成り立つと仮定すると，$(p+1)^{p^k} = 1 + a_k p^{k+1}$, $\gcd(a_k, p) = 1$ とかけ，二項定理より，

$$\begin{aligned} (p+1)^{p^{k+1}} &= (1 + a_k p^{k+1})^p \\ &= 1 + p \cdot a_k p^{k+1} + \frac{p(p-1)}{2} a_k^2 p^{2(k+1)} + \cdots + a_k^p p^{p(k+1)} \\ &\equiv 1 + a_k p^{k+2} \not\equiv 1 \pmod{p^{k+3}}. \end{aligned}$$

よって，k が $k+1$ のときにも成立する．

(2) $(\mathbb{Z}/2^e\mathbb{Z})^\times$ は位数 $\varphi(2^e) = 2^{e-1}$ のアーベル群．$e = 1, 2$ のときはよいから，$e \geq 3$ とする．$5 = 1 + 2^2$ とすれば，(1) と同様に，$k \geq 0$ に対して，$5^{2^k} \equiv 1 \pmod{2^{k+2}}$ かつ $5^{2^k} \not\equiv \pm 1 \pmod{2^{k+3}}$ が示される．〔← 各自確認する！〕 これより，5 の $(\mathbb{Z}/2^e\mathbb{Z})^\times$ での位数が 2^{e-2} であること，$\langle \overline{-1} \rangle \cap \langle \overline{5} \rangle = \{\overline{1}\}$ が分か

る．$\langle\overline{-1}\rangle \simeq C_2$ であるから，結局，$(\mathbb{Z}/2^e\mathbb{Z})^\times = \langle\overline{-1}\rangle \times \langle\overline{5}\rangle$ (内部直積) となる (定理 9.33). ∎

以上より，いつ $(\mathbb{Z}/n\mathbb{Z})^\times$ が巡回群かが分かった (!)：

系 9.44 $(\mathbb{Z}/n\mathbb{Z})^\times$ が巡回群 $\iff$ $n = 2, 4, p^e$ または $2p^e$ (p：奇素数, $e \geq 1$).

証明 定理 9.38 と定理 9.43 による．〔← $(\mathbb{Z}/2p^e\mathbb{Z})^\times \simeq (\mathbb{Z}/p^e\mathbb{Z})^\times$ に注意〕 ∎

9.5 有限生成アーベル群の基本定理

本節では，有限生成アーベル群は巡回群の直積 (直和) であることを示す．以下，アーベル群 G の演算を加法 $+$ でかき，加群とも呼ぶ．

定義 9.45 (自由加群) 加群 G が階数 n の**自由加群** (free module) であるとは，任意の $x \in G$ に対して，ある $u_1, \cdots, u_n \in G$ が存在して，

$$x = a_1 u_1 + \cdots + a_n u_n \qquad (a_i \in \mathbb{Z})$$

の形に一意的にかけることをいう．このとき，$u_1, \cdots, u_n \in G$ を自由加群 G の**基底** (basis) といい，G の階数が n であることを，$\mathrm{rank}_{\mathbb{Z}}(G) = n$ とかく．

定義 9.46 (1 次独立) G を加群とする．$u_1, \cdots, u_n \in G$ は，$a_1 u_1 + \cdots + a_n u_n = 0$ $(a_i \in \mathbb{Z})$ ならば $(a_1, \cdots, a_n) = (0, \cdots, 0)$ をみたすとき ($\mathbb{Z}$ 上) **1 次独立** (linearly independent) という．そうでないとき，($\mathbb{Z}$ 上) **1 次従属** (linearly dependent) という．

注意 線形代数で学ぶように，$u_1, \cdots, u_n$ が G の基底 $\iff$ $u_1, \cdots, u_n$ は G を生成しかつ 1 次独立，である．実際，$u_1, \cdots, u_n$ が G の基底ならば G を生成し，一意性から 1 次独立となる．逆に，$u_1, \cdots, u_n$ が G を生成しかつ 1 次独立であれば，$x = a_1 u_1 + \cdots + a_n u_n = b_1 u_1 + \cdots + b_n u_n \implies (a_1 - b_1) u_1 + \cdots + (a_n - b_n) u_n = 0 \implies a_i = b_i$ $(i = 1, \cdots, n)$ として一意性がでる．

命題 9.47 G は階数 n の自由加群 $\iff$ $G \simeq \mathbb{Z}^n = \mathbb{Z} \oplus \cdots \oplus \mathbb{Z}$ (n 個).

証明 ($\Rightarrow$) G を階数 n の自由加群とし，その基底を $u_1, \cdots, u_n$ とすると，写像

$$f : G \to \mathbb{Z}^n, \qquad x = a_1u_1 + \cdots + a_nu_n \mapsto (a_1, \cdots, a_n)$$

は準同型かつ全単射，すなわち，同型写像である．

($\Leftarrow$) $\mathbb{Z}^n$ は標準基底 $\mathbf{1}_i = (0, \cdots, 0, 1, 0, \cdots, 0)$ (i 番目のみ 1) を基底とする自由加群である．同型写像 $g : \mathbb{Z}^n \simeq G$ に対して，$g(\mathbf{1}_i)$ は G を生成し，1 次独立であるから，〔← 分からない場合は，各自確認のこと〕 G の基底であり，G は階数 n の自由加群．∎

注意　自由加群 G の階数 n は一意的に定まる．実際，同型写像 $f \colon \mathbb{Z}^n \xrightarrow{\sim} \mathbb{Z}^m$ はベクトル空間の同型写像 $\widetilde{f} \colon \mathbb{Q}^n \to \mathbb{Q}^m$ に拡張でき，(有限次元) ベクトル空間の次元の一意性から，〔← 線形代数による〕 n が一意的であることが分かる．

命題 9.48　階数 n の自由加群 G は捩れのない群である：$\mathrm{T}(G) = \{0\}$．〔← 捩れは定義 9.20〕

証明　G の基底を $u_1, \cdots, u_n$ とする．$x = a_1u_1 + \cdots + a_nu_n \in G$ かつ $\mathrm{ord}(x) = m < \infty \implies mx = 0 \implies (ma_1)u_1 + \cdots + (ma_n)u_n = 0 \implies ma_i = 0\ (1 \leq \forall i \leq n) \implies a_i = 0\ (1 \leq \forall i \leq n) \implies x = 0$．∎

定理 9.49　階数 n の自由加群 G の部分加群 $H \neq 0$ は階数 $r \leq n$ の自由加群で，G の基底 $v_1, \cdots, v_n$ を適当にとれば，$e_1v_1, \cdots, e_rv_r$ ($e_1 \mid e_2 \mid \cdots \mid e_r$, $e_i \in \mathbb{N}$) が H の基底になるようにできる．

証明　n に関する帰納法で示す．$n = 1$ のときは，$g : \mathbb{Z} \xrightarrow{\sim} G$ であり，H に対応する $\mathbb{Z}$ の部分加群は $m\mathbb{Z} = \langle m \rangle \leq \langle 1 \rangle = \mathbb{Z}$ ($\exists m \in \mathbb{N}$) (定理 5.22) より，$H = \langle g(m)v_1 \rangle \leq G = \langle v_1 \rangle$．$n - 1$ まで成り立つと仮定する．$x \in H \implies -x \in H$ であるから，$x = b_1v_1 + \cdots + b_nv_n \in H$ と表したとき $b_1 > 0$ が最小となるように，G の基底 $v_1, \cdots, v_n$ と $x \in H$ をとる．このとき，$b_2, \cdots, b_n$ は b_1 で割ると，b_1 の最小性から余りが 0 で，$b_1 \mid b_i$ $(2 \leq i)$．$b_i = b_1c_i$ として，$x_1 = v_1 + c_2v_2 + \cdots + c_nv_n$ とすれば，$x = b_1x_1 \in H$ で $x_1, v_2, \cdots, v_n$ も G の基底となる．いま，$H' = \langle v_2, \cdots, v_n \rangle$ とかけば，$H = \langle b_1x_1 \rangle \oplus (H \cap H')$ となる．実際，任意の $y = d_1x_1 + d_2v_2 + \cdots + d_nv_n \in H$ に対して，上と同様に $d_1 = b_1q$ とすれば，$y - qx = d_2'v_2 + \cdots + d_n'v_n \in H \cap H'$ であるから，$y \in \langle b_1x_1 \rangle + (H \cap H')$ かつ $\langle b_1x_1 \rangle \cap (H \cap H') = \{0\}$ である (定理 9.33)．ここで，b_1 を e_1，x_1 を

v_1 ともう一度かき直せば，帰納法の仮定から，H' の基底 $v_2, \cdots, v_n$ を適当にとれば，$e_2v_2, \cdots, e_rv_r$ $(e_2 \mid \cdots \mid e_r,\ e_i \in \mathbb{N})$ が $H \cap H'$ の基底とできて，再び $b_1 = e_1$ の最小性から $e_1 \mid e_i$ となる． ∎

注意 本書では，単因子論については触れられなかったが，定理 9.49 は単因子論では，以下のことに対応している：階数 n の自由加群 G の基底 $u_1, \cdots, u_n$ と部分加群 $0 \neq H \leq G$ の基底 $v_1, \cdots, v_r$ に対して，$v_i = \sum_{j=1}^{n} a_{ij}u_j$ $(1 \leq i \leq r,\ a_{ij} \in \mathbb{Z})$ をみたす $r \times n$ 行列 $A = (a_{ij}) \in M_{r,n}(\mathbb{Z})$ をとれば，$P \in GL_r(\mathbb{Z}) = \{M \in M_r(\mathbb{Z}) \mid \det(M) = \pm 1\}$ (定義 4.17, 例 4.18) と $Q \in GL_n(\mathbb{Z})$ が存在して，

$$PAQ = \begin{pmatrix} e_1 & & & \\ & \ddots & & \\ & & e_r & \\ & & & O \end{pmatrix}$$

とできる．単因子論について，より詳しいことを知りたい場合には，[近藤, 3 章], [堀田 2, §11–§13], [杉浦, 1, 2 章] などを見ていただきたい．

次の命題 9.6 (1) の一般化は，階数 n の自由加群 F_n は，n 元 (有限) 生成アーベル群 $G = \langle g_1, \cdots, g_n \rangle$ の親玉のような存在であることを示している：〔← 同様に，n 元生成な (可換とは限らない) 群 G の親玉として階数 n の自由群がある．これについては本節の最後のコラム (133 ページ) を見てほしい〕

命題 9.50 階数 n の自由加群を F_n とする．群 G が n 元生成アーベル群 $\iff$ 全射準同型 $f : F_n \to G$ が存在する．特に，同型 $F_n/\mathrm{Ker}(f) \simeq G$ を得る．

証明 F_n の基底を $u_1, \cdots, u_n$ とする．

($\Rightarrow$) $G = \langle g_1, \cdots, g_n \rangle$ に対して，$f : F_n \to G,\ a_1u_1 + \cdots + a_nu_n \mapsto a_1g_1 + \cdots + a_ng_n$ は全射準同型である．

($\Leftarrow$) $\langle f(u_1), \cdots, f(u_n) \rangle = G$ は n 元生成アーベル群．

また，最後の主張も準同型定理 (定理 9.14) からよい． ∎

命題 9.50 を通じて，有限生成アーベル群 G の構造は次のように完全に分かる．

定理 9.51 (有限生成アーベル群の基本定理) 有限生成アーベル群 G はいくつかの巡回群の直和と同型である．より詳しくは，G に対して，

$$G \simeq \mathbb{Z}/e_1\mathbb{Z} \oplus \cdots \oplus \mathbb{Z}/e_r\mathbb{Z} \oplus \mathbb{Z}^s \qquad (e_1 \mid e_2 \mid \cdots \mid e_r,\ e_i > 1)$$

となり，このような $r, s \geq 0$ と $e_1, \cdots, e_r > 1$ は G により一意的に定まる．

証明　$G = \langle g_1, \cdots, g_n \rangle$ に対して，命題 9.50 から，階数 n の自由加群 F_n から G への全射準同型 $f : F_n \to G$ が存在して，$N = \mathrm{Ker}(f)$ に対して，$F_n/N \simeq G$ を得る．定理 9.49 から，$N \leq F_n$ は階数 $r' \leq n$ の自由加群で，F_n の基底 $v_1, \cdots, v_n$ を適当にとれば，N の基底を $e'_1 v_1, \cdots, e'_{r'} v_{r'}$ $(e'_1 \mid e'_2 \mid \cdots \mid e'_{r'},\ e'_i \in \mathbb{N})$ とできる．いま，$e'_i = 1$ $(1 \leq i \leq m)$，$e_i = e'_{m+i} > 1$ $(1 \leq i \leq r = r' - m)$ となっているとし，$e'_i = 0$ $(r'+1 \leq i \leq n)$ とおけば，$G \simeq F_n/N \simeq F_n/\langle e'_1 v_1, \cdots, e'_n v_n \rangle \simeq \mathbb{Z}/e_1\mathbb{Z} \oplus \cdots \oplus \mathbb{Z}/e_r\mathbb{Z} \oplus \mathbb{Z}^s$ $(s = n - r' = n - r - m)$ となる．〔← $F_n \simeq \mathbb{Z}^n$ (命題 9.47) と，最後で命題 9.30 を使った〕 以下，一意性を示す．

$$G \simeq \mathbb{Z}/e_1\mathbb{Z} \oplus \cdots \oplus \mathbb{Z}/e_r\mathbb{Z} \oplus \mathbb{Z}^s \simeq \mathbb{Z}/f_1\mathbb{Z} \oplus \cdots \oplus \mathbb{Z}/f_q\mathbb{Z} \oplus \mathbb{Z}^t$$

$(f_1 \mid f_2 \mid \cdots \mid f_q,\ f_i > 1)$ とすれば，命題 9.48 より，捩れ部分群 (定義 9.20)

$$\mathrm{T}(G) \simeq \mathbb{Z}/e_1\mathbb{Z} \oplus \cdots \oplus \mathbb{Z}/e_r\mathbb{Z} \simeq \mathbb{Z}/f_1\mathbb{Z} \oplus \cdots \oplus \mathbb{Z}/f_q\mathbb{Z},$$

$$G/\mathrm{T}(G) \simeq \mathbb{Z}^s \simeq \mathbb{Z}^t$$

であり，自由加群の階数の一意性 (命題 9.47) から $s = t$. いま，$n \mid |T(G)|$ に対して，$\mathrm{T}_n(G) = \{x \in \mathrm{T}(G) \mid nx = 0\} \leq \mathrm{T}(G)$ を考える．素数 $p \mid e_1$ をとれば，$|\mathrm{T}_p(G)| = p^r$ であり，一方，$|\mathrm{T}_p(G)| \leq p^q$ より，$r \leq q$. 逆のことをやれば，$q \leq r$ となり，結局 $r = q$ となる．最後に，$e_i = f_i$ であるが，仮に，$e_1 = f_1$，$\cdots$，$e_{i-1} = f_{i-1}$ であり，最初に異なるのが $e_i \neq f_i$ とすると，$|\mathrm{T}_{e_i}(G)| = e_1 \cdots e_{i-1} e_i^{r-i+1}$ を得るが，一方，$|\mathrm{T}_{e_i}(G)| = e_1 \cdots e_{i-1} f'_i \cdots f'_r$，ただし，$f'_j = \gcd(e_j, f_j) \leq e_j$ $(i \leq j \leq r)$，となるから，$e_i^{r-i+1} = f'_i \cdots f'_r$，結局 $e_i = f_i$ となり矛盾である．すなわち，すべての $1 \leq i \leq s$ に対して，$e_i = f_i$. ∎

定義 9.52　有限生成アーベル群 G に対して，定理 9.51 の $(e_1, \cdots, e_r, 0, \cdots, 0) \in \mathbb{Z}^{r+s}$ を G の**アーベル不変量** (abelian invariants) という．

系 9.53　G, G' を有限生成アーベル群とする．このとき，

$$G \simeq G' \iff G \text{ と } G' \text{のアーベル不変量は一致}$$

が成り立つ．すなわち，アーベル不変量は有限生成アーベル群の同型類に対する完全不変量である．〔← 完全不変量は定義 8.1〕

例 9.54 (アーベル不変量) (1) 有限アーベル群 $(\mathbb{Z}/p^e\mathbb{Z})^\times$ のアーベル不変量は，$(p^{e-1}(p-1))$ (p が奇素数), $(2, 2^{e-2})$ ($p=2, e \geq 3$) (定理 9.43).

(2) 位数が $12 = 2^2 \cdot 3$ のアーベル群 (の同型類) は $\mathbb{Z}/12\mathbb{Z}$, $\mathbb{Z}/2\mathbb{Z} \oplus \mathbb{Z}/6\mathbb{Z}$ の 2 個．実際，可能なアーベル不変量は $(12), (2,6)$ の 2 つのみである．

(3) 位数が $18 = 2 \cdot 3^2$ のアーベル群は $\mathbb{Z}/18\mathbb{Z}$, $\mathbb{Z}/3\mathbb{Z} \oplus \mathbb{Z}/6\mathbb{Z}$ の 2 個．実際，可能なアーベル不変量は $(18), (3,6)$.

(4) 位数が $24 = 2^3 \cdot 3$ のアーベル群は $\mathbb{Z}/24\mathbb{Z}$, $\mathbb{Z}/2\mathbb{Z} \oplus \mathbb{Z}/12\mathbb{Z}$, $\mathbb{Z}/2\mathbb{Z} \oplus \mathbb{Z}/2\mathbb{Z} \oplus \mathbb{Z}/6\mathbb{Z}$ の 3 個．実際，可能なアーベル不変量は $(24), (2,12), (2,2,6)$.

(5) 位数が $48 = 2^4 \cdot 3$ のアーベル群は $\mathbb{Z}/48\mathbb{Z}$, $\mathbb{Z}/4\mathbb{Z} \oplus \mathbb{Z}/12\mathbb{Z}$, $\mathbb{Z}/2\mathbb{Z} \oplus \mathbb{Z}/24\mathbb{Z}$, $\mathbb{Z}/2\mathbb{Z} \oplus \mathbb{Z}/2\mathbb{Z} \oplus \mathbb{Z}/12\mathbb{Z}$, $\mathbb{Z}/2\mathbb{Z} \oplus \mathbb{Z}/2\mathbb{Z} \oplus \mathbb{Z}/2\mathbb{Z} \oplus \mathbb{Z}/6\mathbb{Z}$ の 5 個．実際，可能なアーベル不変量は $(48), (4,12), (2,24), (2,2,12), (2,2,2,6)$.

命題 9.55 位数 p^n の有限アーベル群の同型類は n の分割数 $p(n)$ 個.

証明 系 9.53 より，アーベル不変量 $(p^{n_1}, \cdots, p^{n_r})$ が何種類あるかを考えればよいが，$n = n_1 + \cdots + n_r$ より，n の分割数 (定義 8.10) だけある． ∎

定義 9.56 (基本アーベル群) アーベル不変量が $(p, \cdots, p)$ なるアーベル p 群 $G \simeq (\mathbb{Z}/p\mathbb{Z})^n$ を**基本アーベル群** (elementary abelian group) という．

例 9.57 (基本アーベル群) クラインの四元群 $V_4 \simeq (\mathbb{Z}/2\mathbb{Z})^2$ はアーベル不変量 $(2,2)$ の基本アーベル群.

注意 基本アーベル群 G は，$G \simeq (\mathbb{Z}/p\mathbb{Z})^n \simeq (C_p)^n \simeq (\mathbb{F}_p)^n$ であるから，体 $\mathbb{F}_p$ 上の線形空間とみなせて，線形代数を用いることができる．

本当に自由な自由群？

本書では触れられなかったが，アーベル群とは様子がまったく異なる巨大な群として**自由群** (free group) $F = \langle s_1, \cdots, s_n \rangle$ がある．〔← 本来，自由群は有限生成とも限らないが，ここでは有限生成とする〕 簡単にいえば，F は n 元生成の群の中で最も一般的な (生成元 $s_1, \cdots, s_n$ は何の関係も満たさない) ものである．F の元は，文字 s_i, s_i^{-1} からなる集合 $X = \{s_1, \cdots, s_n\} \cup \{s_1^{-1}, \cdots, s_n^{-1}\}$ の元を並べたもの (**語** (word)) で，元 $a, b \in F$ の積 ab は a と b を続けて並べたもの，単位元 1 は何も並べないもの (**空語** (empty word)) である．〔← 正確には，さらに同値関係を入れる〕 このとき，$F = \langle s_1, \cdots, s_n\rangle = \langle t_1, \cdots, t_m\rangle \implies n = m$ (生成元の個数は一意的) が分かり，n を自由群 F の**階数** (rank) といい，$\mathrm{rank}(F) = n$ とかく．いま，F_n を階数 n の自由群としよう．$F_1 \simeq \mathbb{Z}$ (可換群) であるが，$n \geq 2$ ならば F_n は非可換で巨大な群 (無限群) となる．特に，任意の n 元生成の群 $G = \langle g_1, \cdots, g_n\rangle$ に対して，全射準同型 $\varepsilon : F_n \to G$, $s_i \mapsto g_i$ が存在して，$R = \mathrm{Ker}(\varepsilon)$ とすれば，$F_n/R \simeq G$ を得る．〔← これは，命題 9.50 の非可換版であって，F_n が n 元生成の群 G の親玉のような存在であることを示している〕 ここで，R の生成系を $\{R_\lambda(s_1, \cdots, s_n) \mid \lambda \in \Lambda\}$ とすれば，$\{R_\lambda(s_1, \cdots, s_n) = 1 \mid \lambda \in \Lambda\}$ は G の基本関係 (定義 4.64) に他ならない．〔← より詳しくは，[近藤, 6 章], [クローシュ, §18] などを参照のこと〕

自由群がいかに自由であるか〔← 非可換性が強く，巨大なものであるか〕は，例えば，以下の定理によって分かる：

定理* (シュライヤー, Schreier [近藤, 定理 6.3], [クローシュ, §36]**)**　F を階数 n の自由群，$H \leq F$ を指数 d の部分群とする：$[F : H] = d$. このとき，H は自由群で，$\mathrm{rank}(H) = 1 + d(n-1)$.

落ち着いて考えてみると，これはすごいことである．例えば，有限群 $G \neq 1$ に対して，上述の $F_n/R \simeq G$ を考える．R は $\mathrm{rank}(R) = r = 1 + |G|(n-1)$ であるが，仮に n を小さくとって $n = 2$ としても，$r = 1 + |G| > 2$ で，部分群 $R \leq F_n$ の階数 r は F_n の階数 $n = 2$ よりも大きくなってしまっている (!). 本節で学んだように，自由加群 F の場合には，$H \leq F \implies H$ は自由加群で，$\mathrm{rank}_{\mathbb{Z}}(H) \leq \mathrm{rank}_{\mathbb{Z}}(F) = n$ (定理 9.49) であるから，上のシュライヤーの定理は非可換群 (自由群) の世界がいかに広大であるかを表しているともいえる．〔← 自由加群と自由群は一文字しか違わないが，まるで違う世界なのである！〕

$R^{ab} \simeq \mathbb{Z}^r$ は G の relation module と呼ばれ，Gruenberg, Roggenkamp などによって研究された．これを応用して，Hoshi-Kang-Yamasaki (2019, J. Algebra) は $F/R \simeq G = D_n = \langle \sigma, \tau\rangle$ (n は奇数) かつ $\mathrm{rank}(F) = 2$ のとき，G 格子の同型 $M \oplus \mathbb{Z} \simeq \mathbb{Z}[D_n/\langle\sigma\rangle] \oplus \mathbb{Z}[D_n/\langle\tau\rangle]$ を具体的に与えた．〔← これは，11 章で学ぶクルル-シュミットの定理 (直既約分解の一意性) の反例になっている, 11.5 節〕

第 10 章 群の作用と軌道，シローの定理とその応用

群 G を調べたいとする．G はどのような性質をもっているだろうか？ 他の群とはどのような違いがあるだろうか？ G の部分群 $H \leq G$ (4 章) や正規部分群 $N \lhd G$ による商群 G/N を調べたり (7 章)，さらに，2 つの群 G, G' の違いを知るには，不変量 $\pi(G), \pi(G')$ を用いるのも有効であろう (8 章)．準同型写像 $G \to H$ や $H \to G$ を使って G を調べることは，特に有効な方法となる (9 章)．本章では，G を調べる重要な方法として，G を集合 Ω に作用させることにより，G の特徴を見いだし，G を調べる方法を学ぶ．G の作用を考えることで，G 本来の姿が浮かび上がってくる．

10.1 群の作用と軌道

定義 10.1 (群 G が集合 Ω に左から作用する) G を群，Ω を集合とする．写像

$$G \times \Omega \to \Omega, \qquad (g, x) \mapsto g \circ x$$

が次の 2 つの条件

(1) $(gh) \circ x = g \circ (h \circ x)$;

(2) $1 \circ x = x$ $(\forall x \in \Omega)$〔← 1 は G の単位元〕

をみたすとき，G は Ω に**左から作用している**といい，$G \curvearrowright \Omega$ とかく．G の作用を**左 G 作用** (left G-action)，G を Ω の**変換群** (transformation group)，Ω を **G 集合** (G-set) という．左からの作用は，$g \circ x = g(x) = gx = {}^{g}x$ ともかく：

$$gh(x) = g(h(x)), \qquad 1(x) = x.$$

本書では 1 章からすでに群 $G = S_n$ の左 G 作用を考えていたことになる：

例 10.2　n 次対称群 S_n (定義 1.2) は集合 $\Omega = \{1, \cdots, n\}$ に左から作用する：$S_n \curvearrowright \Omega = \{1, \cdots, n\}$.〔← 置換の積 $\sigma \circ \tau$ は写像の合成 (定義 1.5) $(\sigma \circ \tau)(i) = \sigma(\tau(i))$ $(i \in \Omega)$ であり，これはまさに左 G 作用の定義をみたしている〕

n 次対称群 S_n を一般の集合 Ω 上の対称群 $S(\Omega)$ に次のように一般化する：

定義 10.3 (**Ω 上の対称群 $S(\Omega)$，置換群**)　$S(\Omega) = \{\sigma : \Omega \to \Omega \mid \sigma : 全単射\}$ は写像の合成 $\sigma \circ \tau(x) = \sigma(\tau(x))$ $(\forall x \in \Omega)$ に関して群をなす．$(S(\Omega), \circ)$ を **Ω 上の対称群** (symmetric group on Ω)，$\sigma \in S(\Omega)$ を Ω の**置換** (permutation)，部分群 $G \leq S(\Omega)$ を **Ω 上の置換群** (permutation group on Ω) という．

例 10.4　定義から，$\Omega = \{1, \cdots, n\}$ に対して，$S_n = S(\Omega) = S(\{1, \cdots, n\})$.

次の定理は，作用 $G \curvearrowright \Omega$ を与えることと，準同型 $\varphi : G \to S(\Omega)$ を与えることとは，同じであることを主張しており，特に重要である．

定理 10.5　$G \curvearrowright \Omega$ とする．$g \in G$ に対して，$\varphi_g : \Omega \ni x \mapsto g \circ x = gx \in \Omega$ とすれば，$\varphi : G \to S(\Omega)$, $g \mapsto \varphi_g$ は準同型．逆に，準同型 $\varphi : G \to S(\Omega)$, $g \mapsto \varphi_g$ が与えられれば，作用 $G \times \Omega \to \Omega$, $(g, x) \mapsto \varphi_g(x)$ を得る．すなわち，作用 $G \curvearrowright \Omega$ を与えることと，準同型 $\varphi : G \to S(\Omega)$ を与えることは同じことである．〔← φ は G の (Ω 上) の**置換表現** (permutation representation) と呼ばれる〕

証明　(前半)　($\varphi_g \in S(\Omega)$: φ_g は全単射) 作用の定義 (定義 10.1) の (1), (2) から，$gx = gy \implies g^{-1}(gx) = g^{-1}(gy) \implies (g^{-1}g)x = (g^{-1}g)y \implies x = y$ で，φ_g は単射．作用の定義 (1) で，$h = g^{-1}$ とすれば，$x = (gg^{-1})x = g(g^{-1}x)$ なる $g^{-1}x \in \Omega$ があり，φ_g は全射．もしくは，$\varphi_g \circ \varphi_{g^{-1}} = \varphi_{g^{-1}} \circ \varphi_g = \mathrm{id}_\Omega$ より，φ_g は全単射 (命題 2.22)．(φ は準同型) $S(\Omega)$ の積は写像の合成だから，作用の定義の (1) から，$\varphi(gh)(x) = \varphi_{gh}(x) = \varphi_g \circ \varphi_h(x) = \varphi(g)\varphi(h)(x)$ $(\forall x \in \Omega)$ で，φ は準同型：$\varphi(gh) = \varphi(g)\varphi(h)$.

(後半)　$S(\Omega)$ の積は写像の合成で，φ は準同型より，$\varphi_{gh}(x) = \varphi(gh)(x) = (\varphi(g)\varphi(h))(x) = \varphi(g)(\varphi(h)(x)) = \varphi_g(\varphi_h(x))$, $\varphi_1(x) = \varphi(1)(x) = \mathrm{id}_\Omega(x) = x$ となり，作用の定義 (1), (2) をみたす．∎

定義 10.6 (**左正則作用**)　$\Omega = G$ のとき，$G \times G \to G$, $(g, x) \mapsto gx$ によって与えられる左作用 $G \curvearrowright G$ を，G の**左正則作用** (left regular action) という．〔←

定理 10.5 によって得られる準同型 $\varphi : G \to S(G)$, $g \mapsto \varphi_g$ は**左正則表現** (left regular representation) と呼ばれる〕

例 10.7 (**左正則作用**) $G = \Omega = S_3 = \{(1), (1\,2\,3), (1\,3\,2), (1\,2), (1\,3), (2\,3)\}$ とする．このとき，左正則作用 $G \times G \to G$, $(g, x) \mapsto gx = \varphi_g(x)$ は次のようになる：〔← これまで，集合 Ω は元の集まりとして止まって見えていたが，G の作用を通じて，動きはじめたわけである！〕

$$\varphi_{(12)} : (1) \leftrightarrow (1\,2),\quad (1\,3) \leftrightarrow (1\,3\,2),\quad (2\,3) \leftrightarrow (1\,2\,3),$$
$$\varphi_{(13)} : (1) \leftrightarrow (1\,3),\quad (1\,2) \leftrightarrow (1\,2\,3),\quad (2\,3) \leftrightarrow (1\,3\,2),$$
$$\varphi_{(23)} : (1) \leftrightarrow (2\,3),\quad (1\,2) \leftrightarrow (1\,3\,2),\quad (1\,3) \leftrightarrow (1\,2\,3),$$
$$\varphi_{(123)} : (1) \mapsto (1\,2\,3) \mapsto (1\,3\,2) \mapsto (1),\ (1\,2) \mapsto (1\,3) \mapsto (2\,3) \mapsto (1\,2),$$
$$\varphi_{(132)} : (1) \hookleftarrow (1\,2\,3) \hookleftarrow (1\,3\,2) \hookleftarrow (1),\ (1\,2) \hookleftarrow (1\,3) \hookleftarrow (2\,3) \hookleftarrow (1\,2).$$

この Ω の動きを通じて，群 G を調べようというのが，G の作用の概念である．あるいは逆に，群 G の作用を通じて，集合 Ω を調べることもある．〔← さらに 11.1 節では，集合 Ω の G への作用を加味して考えることで，群の概念は Ω 群の概念に拡張され，応用範囲が一気に広がることをみるであろう〕

次の定理から，n 次対称群 S_n の重要性が分かる．本書でいち早く S_n を導入したのもこの理由からでもある．すなわち，すべての S_n とその部分群を考えるということは，すべての有限群を考えるということと同じであり，有限群は必ずある S_n に部分群としてのみ込まれている．

定理 10.8 位数 n の有限群 G は S_n のある部分群と同型である．

証明 $\Omega = G$ として，G の左正則作用を考えれば，$|G| = n$ より $S(\Omega) \simeq S_n$. 定理 10.5 より，G の左正則作用から準同型 $\varphi : G \to S(\Omega)$, $g \mapsto [\varphi_g : G \ni x \mapsto gx \in G]$ を得る．いま，$g \neq h \implies \varphi_g(1) = g \neq h = \varphi_h(1) \implies \varphi_g \neq \varphi_h$ より，φ は単射で，$G \simeq \varphi(G) \leq S(\Omega) \simeq S_n$.〔← すなわち，$G$ は G 上の置換群である〕 ∎

ここで，群の作用に関する基本的かつ重要な定理である軌道-固定部分群定理 (OS 定理) を示すための準備をしよう．

定義 10.9 (元 x の G 軌道，可移，推移的)　$G \curvearrowright \Omega$ とする．部分集合 $\{g \circ x \in \Omega \mid g \in G\} \subset \Omega$ を x の G **軌道** (G-orbit) といい，$\mathrm{Orb}_G(x)$ または Gx とかく．ある $x \in \Omega$ が存在して，$\Omega = \mathrm{Orb}_G(x)$ なるとき，すなわち，Ω が 1 つの G 軌道からなるとき，G は Ω に**可移** (transitive) または**推移的**に作用するという．

例 10.10 (元 x の G 軌道，可移，推移的)　(1)　$S_n \curvearrowright \Omega = \{1, \cdots, n\} = \mathrm{Orb}_{S_n}(1)$ より，S_n は Ω に可移に作用する．

(2)　$H \leq G$ に対して，左作用 $G \curvearrowright G/H$，$g(xH) = gxH$，$g \in G$ を考えれば，$\mathrm{Orb}_G(xH) = G/H$ であり，G は G/H に可移に作用する．

定義 10.11 (軌道分解)　$G \curvearrowright \Omega$ とする．$x \sim y \iff g \circ x = y \ (\exists g \in G)$ とすれば，$\sim$ は Ω 上の同値関係を与える．このとき，Ω の $\sim$ による類別 $\Omega = \bigcup_{a \in \Omega} C(a)$ を Ω の G 作用による**軌道分解** (orbit decomposition) という．

定義 10.12 (固定部分群または等方部分群)　$G \curvearrowright \Omega$ とする．$x \in \Omega$ に対して，$\{g \in G \mid g \circ x = x\}$ を x の G における**固定部分群** (stabilizer subgroup) または**等方部分群** (isotropy subgroup) といい，$\mathrm{Stab}_G(x)$ または G_x とかく．

例 10.13 (固定部分群)　$G = S_n$ のとき，1 文字 $i \in \Omega = \{1, \cdots, n\}$ の固定部分群は $n-1$ 文字 $\Omega \setminus \{i\}$ 上の対称群：$\mathrm{Stab}_G(i) = S(\Omega \setminus \{i\}) \simeq S_{n-1}$.

次が群の作用で基本的な，軌道-固定部分群定理 (OS 定理) である．

定理 10.14 (**軌道-固定部分群定理，Orbit-Stabilizer Theorem，OS 定理**)　$G \curvearrowright \Omega$ とし，$x \in \Omega$ とする．全射 $f : G \to \mathrm{Orb}_G(x)$，$g \mapsto g \circ x$ に対して，写像

$$\overline{f} : G/\mathrm{Stab}_G(x) \to \mathrm{Orb}_G(x), \qquad g\,\mathrm{Stab}_G(x) \mapsto g \circ x = f(g)$$

は全単射を与える．〔← $G/\mathrm{Stab}_G(x)$ は左剰余類の集合を表す〕特に，$|\mathrm{Orb}_G(x)| = [G : \mathrm{Stab}_G(x)]$ であり，$|G| < \infty$ のとき，$|\mathrm{Orb}_G(x)| \,\Big|\, |G|$.

証明　$f(g) = f(h) \iff g \circ x = h \circ x \iff x = (g^{-1}h) \circ x \iff g^{-1}h \in \mathrm{Stab}_G(x) \iff g\,\mathrm{Stab}_G(x) = h\,\mathrm{Stab}_G(x)$ より，$\overline{f}$ は well-defined かつ単射．定義から，$\overline{f}$ は全射でもある．■

置換の場合には，置換群が Ω に左から作用していたが，実際には右作用を考える場合も多い．〔← 左右どちらでも対応できるようにしておいてほしい〕

定義 10.15 (**群 G が集合 Ω に右から作用する**) 群 G と集合 Ω に対して，写像

$$\Omega \times G \to \Omega, \qquad (x, g) \mapsto x \circ g$$

が次の 2 つの条件

(1) $x \circ (gh) = (x \circ g) \circ h$;

(2) $x \circ 1 = x$ $(\forall x \in \Omega)$〔← 1 は G の単位元〕

をみたすとき，G は **Ω に右から作用している**といい，$\Omega \curvearrowleft G$ とかく．G の作用を**右 G 作用** (right G-action)，G を Ω の**変換群** (transformation group)，Ω を **G 集合** (G-set) という．右からの作用は，$x \circ g = xg = x^g$ ともかく：

$$x^{gh} = (x^g)^h, \qquad x^1 = x.$$

注意 (1) 右作用と左作用の違いは，$gh \in G$ に対して，左作用は左側から h が先に x に作用し，右作用は右側から g が先に x に作用する，というところにある．

(2) $\Omega \curvearrowleft G$ (右作用) のとき，$x \circ g^{-1}$ で新たに $g \circ x$ を定義すれば，$G \curvearrowright \Omega$ (左作用) となる．〔← 各自確認する〕すなわち，逆元 g^{-1} を用いて，右作用と左作用は入れ替えることができる．

(3) OS 定理 (定理 10.14) は，右作用 $\Omega \curvearrowleft G$ のときにも同様にして成り立ち，次の全単射が得られる：

$$\overline{f} : \mathrm{Stab}_G(x) \backslash G \to \mathrm{Orb}_G(x), \qquad \mathrm{Stab}_G(x) g \mapsto x^g.$$

右作用，左作用それぞれに対して，いくつかの例を与える．

例 10.16 (**G 軌道と固定部分群**) $H \leq G$ に対して，右作用 $H \backslash G \curvearrowleft G$, $(Hx)g = Hxg$, $g \in G$ を考えれば，$\mathrm{Orb}_G(Hx) = H \backslash G$，すなわち，可移 (定義 10.9) であり，$g \in G$ に対して，$Hxg = Hx \iff xgx^{-1} \in H \iff g \in x^{-1}Hx$ より，$\mathrm{Stab}_G(Hx) = x^{-1}Hx$ である．同様に，左作用 $G \curvearrowright G/H$, $g(xH) = gxH$, $g \in G$ を考えれば，$\mathrm{Orb}_G(xH) = G/H$, $\mathrm{Stab}_G(xH) = xHx^{-1}$ となる．

以下の例から分かるように，OS 定理 (定理 10.14) は大変有用な定理である．

例 10.17 (**軌道-固定部分群定理，Orbit-Stabilizer theorem, OS 定理**)

(1) $K, H \leq G$ に対して，右作用 $G \curvearrowleft K \times H$, $x^{(k,h)} = k^{-1}xh$, $(k, h) \in K \times H$ を考えれば，$\mathrm{Orb}_{K \times H}(x) = KxH = \{kxh \mid k \in K,\ h \in H\}$ となり，

軌道分解 $G=\bigcup_{i=1}^{n} Kx_iH$ が G の両側剰余類分解 (定義 7.22) に他ならない．よって，OS 定理 (定理 10.14) から，全単射 $\overline{f}:\mathrm{Stab}_{K\times H}(x)\backslash(K\times H)\to KxH$ が得られる．特に，$k^{-1}xh=x \iff h=x^{-1}kx$ から，$|\mathrm{Stab}_{K\times H}(x)|=|\{(k,h)\in K\times H \mid x^{-1}kx=h\}|=|x^{-1}Kx\cap H|$ となるから，命題 7.24 の再証明を得る：

$$|Kx_iH|=\frac{|K|\,|H|}{|x_i^{-1}Kx_i\cap H|},\qquad |G|=\sum_{i=1}^{n}\frac{|K|\,|H|}{|x_i^{-1}Kx_i\cap H|}.$$

同様に，左作用 $K\times H \curvearrowright G$, $(k,h)x=kxh^{-1}$, $(k,h)\in K\times H$ を考えれば，$\mathrm{Orb}_{K\times H}(x)=KxH$, $\mathrm{Stab}_{K\times H}(x)=K\cap xHx^{-1}$, $|G|=\sum_{i=1}^{n}\frac{|K|\,|H|}{|K\cap x_iHx_i^{-1}|}$.

(2) $K,H\leq G$ に対して，右作用 $K\backslash G \curvearrowleft H$, $(Kx)h=K(xh)$, $h\in H$ を考えれば，$\mathrm{Orb}_H(Kx)=\{Ky\mid y\in KxH\}=K\backslash KxH\ (\subset K\backslash G)$．また，$h\in H$ に対して，$Kxh=Kx \iff xhx^{-1}\in K \iff h\in x^{-1}Kx\cap H$ より，$\mathrm{Stab}_H(Kx)=x^{-1}Kx\cap H$ となる．これより，OS 定理 (定理 10.14) から，全単射 $\overline{f}:(x^{-1}Kx\cap H)\backslash H\to K\backslash KxH$ を得る (上の注意も参照) から，両辺の位数を比較すれば，$\frac{|H|}{|x^{-1}Kx\cap H|}=\frac{|KxH|}{|K|}$．いま，$G$ の両側剰余類分解を $G=\bigcup_{i=1}^{n} Kx_iH$ とすれば，ここからも命題 7.24 の再証明

$$|Kx_iH|=\frac{|K|\,|H|}{|x_i^{-1}Kx_i\cap H|},\qquad |G|=\sum_{i=1}^{n}\frac{|K|\,|H|}{|x_i^{-1}Kx_i\cap H|}$$

が得られる．同様に，左作用 $K\curvearrowright G/H$, $k(xH)=(kx)H$, $k\in K$ を考えれば，$\mathrm{Orb}_K(xH)=KxH/H$, $\mathrm{Stab}_K(xH)=K\cap xHx^{-1}$, $|G|=\sum_{i=1}^{n}\frac{|K|\,|H|}{|K\cap x_iHx_i^{-1}|}$.

例 10.18 (両側剰余類の個数)　例 10.17 (2), (3) より, G の K と H による両側剰余類 Kx_iH の個数 $|K\backslash G/H|=n$ は,

(1) $G\curvearrowleft K\times H$ $(K\times H\curvearrowright G)$ の $K\times H$ 軌道の個数,

(2) $K\backslash G\curvearrowleft H$ の H 軌道の個数,

(3) $K\curvearrowright G/H$ の K 軌道の個数,

と一致する．例えば，$G=S_3$, $K=\{(1),(1\,3)\}$, $H=\{(1),(1\,2)\}$ (例 7.25 参照) とし，$K\backslash G=\{K,K(1\,2),K(2\,3)\}\curvearrowleft H$ と見れば，$(1\,2)\in H$ の右作用

$$(1\,2) : K \leftrightarrow K(1\,2),\ K(2\,3) \leftrightarrow K(2\,3)$$

から，$K\backslash G/H = \{K(1)H, K(2\,3)H\}$，$|K\backslash G/H| = n = 2$ を得る．同様に，左作用 $K \curvearrowright G/H = \{H, (1\,3)H, (2\,3)H\}$ を考えれば，$(1\,3) \in K$ の左作用

$$(1\,3) : H \leftrightarrow (1\,3)H,\ (2\,3)H \leftrightarrow (2\,3)H$$

から，やはり $K\backslash G/H = \{K(1)H, K(2\,3)H\}$，$|K\backslash G/H| = n = 2$ を得る．

例 10.19 (**共役部分群**) 群 G の $\Omega = \{H \leq G$ (部分群)$\}$ への右作用 $\Omega \times G \to G$，$(H, g) \mapsto H^g = g^{-1}Hg$ を考えれば，$\mathrm{Orb}_G(H) = \{H^g \mid g \in G\}$ (H の共役部分群)，$\mathrm{Stab}_G(H) = N_G(H)$〔← 正規化群 $N_G(H)$ は定義 7.37〕であり，OS 定理 (定理 10.14) から，全単射 $\overline{f} : N_G(H)\backslash G \to \{H^g \mid g \in G\}$ が得られる．特に，H の共役部分群 H^g の個数は $[G : N_G(H)]$ である：

命題 10.20 $H \leq G$ に対して，H の共役部分群の個数は $[G : N_G(H)]$.

証明 例 10.19 よりよい． ■

例 10.21 (**共役作用，共役類，類等式**) G を群とする．

$$G \times G \to G, \qquad (g, x) \mapsto x^g := g^{-1}xg$$

は右作用 $G \curvearrowleft G$ を与え，G の**共役作用** (conjugate action) と呼ぶ．節 8.2 で考えた G の x を含む共役類 $C(x)$ は，G の共役作用による軌道 $\mathrm{Orb}_G(x)$ のこと．特に，共役作用による軌道分解 $G = C(x_1) \cup \cdots \cup C(x_r)$ に対して，各類の位数を表した等式 $|G| = |C(x_1)| + \cdots + |C(x_r)|$ を G の**類等式**と呼んだ (定義 8.7).

命題 10.22 $G \curvearrowleft G$ を共役作用とする．

(1) x と共役な G の元 $C(x)$ の個数は $[G : Z_G(x)]$.〔← $Z_G(x) = \mathrm{Stab}_G(x)$〕

(2) $C(x) = \{x\} \iff \mathrm{Orb}_G(x) = \{x\} \iff Z_G(x) = G \iff x \in Z(G)$.
〔← $C(x) = \mathrm{Orb}_G(x)$，中心化群 $Z_G(x)$ と中心 $Z(G)$ は定義 4.58〕

証明 (1) 定義から $\mathrm{Stab}_G(x) = Z_G(x)$ であり，OS 定理 (定理 10.14) から $|C(x)| = |\mathrm{Orb}_G(x)| = [G : \mathrm{Stab}_G(x)] = [G : Z_G(x)]$ となる．(2) もよい． ■

命題 10.22 (2) の応用として，群 G の中心 $Z(G)$ の情報が得られる．

命題 10.23 (**対称群 S_n の中心**) $Z(S_n) = 1$ $(n \geq 3)$.

証明　命題 10.22 (2) と定理 8.6 による. ∎

命題 10.24 (p **群の中心**)　$G \neq 1$ が p 群ならば $Z(G) \neq \{1\}$.〔← p 群は定義 4.69〕

証明　命題 10.22 (2) より，類等式は $|G| = 1 + \cdots + 1 + |C(y_1)| + \cdots + |C(y_s)|$ (1 は $|Z(G)|$ 個) で各 $|C(y_i)| \geq 2$ となるが，$p \mid |C(y_i)|$ より，$p \mid |Z(G)|$. ∎

次節では，交代群 A_n の共役類を群の作用 (共役作用) によって考察する．さらに，次々節で A_n ($n \neq 4$) が単純群であることを示す.

10.2　交代群 A_n の共役類と類等式

OS 定理 (定理 10.14) の応用として，交代群 A_n の共役類と類等式を調べる．まず，対称群 S_n に対しては，以下を得る：

例 10.25 (S_3, S_4, S_5 **の類等式**)　有限群 G の類等式 $|G| = h_1 + \cdots + h_r$ ($h_i = |C(x_i)|$) の両辺を $|G| = g$ で割ると，OS 定理 (定理 10.14) より，1 の分数和表示

$$1 = \frac{1}{m_1} + \cdots + \frac{1}{m_k} \qquad (m_i = |Z_G(x_i)|,\ g = h_i m_i)$$

が得られる (命題 10.22)．例えば，$G = S_3, S_4, S_5$ の類等式 (例 8.9)

$$6 = 1 + 2 + 3,$$

$$24 = 1 + 6 + 3 + 8 + 6,$$

$$120 = 1 + 10 + 15 + 20 + 20 + 30 + 24$$

から，1 の分数和表示を得る：

$$1 = \frac{1}{6} + \frac{1}{3} + \frac{1}{2},$$
$$1 = \frac{1}{24} + \frac{1}{4} + \frac{1}{8} + \frac{1}{3} + \frac{1}{4},$$
$$1 = \frac{1}{120} + \frac{1}{12} + \frac{1}{8} + \frac{1}{6} + \frac{1}{6} + \frac{1}{4} + \frac{1}{5}.$$

次の命題から，交代群 A_n の共役類の様子が分かる：

命題 10.26 (**交代群 A_n の共役類**) $x \in A_n$ に対して，x の属する S_n の共役類を $C(x)$ とする．

(1) $Z_{S_n}(x) \leq A_n$ ならば $C(x)$ は個数の等しい 2 つの A_n の共役類に分裂する．

(2) $Z_{S_n}(x) \not\leq A_n$ ならば $C(x)$ は A_n の共役類でもある．

証明 (1) 仮定より，$Z_{S_n}(x) = Z_{S_n}(x) \cap A_n$ であり，$[S_n : Z_{S_n}(x)] = [S_n : A_n][A_n : Z_{S_n}(x)] = 2\,[A_n : Z_{S_n}(x) \cap A_n] = 2\,[A_n : Z_{A_n}(x)]$．よって，命題 10.22 (1) より，$S_n$ の共役類のちょうど半分ずつが 1 つの A_n の共役類をなす．

(2) 仮定より，$Z_{S_n}(x)$ は奇置換を含み，$S_n = A_n Z_{S_n}(x)$ となる．よって，第 2 同型定理 (定理 9.24) を用いれば，$[S_n : Z_{S_n}(x)] = [A_n Z_{S_n}(x) : Z_{S_n}(x)] = [A_n : A_n \cap Z_{S_n}(x)] = [A_n : Z_{A_n}(x)]$ となり，命題 10.22 (1) より主張が従う． ∎

例 10.27 (**A_3, A_4, A_5 の類等式**) (1) $A_3 \simeq C_3$ はアーベル群であるから，A_3 の共役類による類別，類等式と 1 の分数和表示は次のようになる：

$$A_3 = \{(1)\} \cup \{(1\,2\,3)\} \cup \{(1\,3\,2)\},$$

$$3 = 1 + 1 + 1,$$

$$1 = \frac{1}{3} + \frac{1}{3} + \frac{1}{3}.$$

(2) A_4 の共役類による類別と類等式について考える．S_4 の類等式

$$S_4 = [(1)] \cup [(1\,2)] \cup [(1\,2)(3\,4)] \cup [(1\,2\,3)] \cup [(1\,2\,3\,4)],$$

$$24 = 1 + 6 + 3 + 8 + 6$$

のうち，$[(1\,2)(3\,4)]$ は $|[(1\,2)(3\,4)]| = 3$ であり，命題 10.26 から，これは A_4 の 1 つの共役類をなすしかない．実際，奇置換 $(1\,2) \in Z_{S_4}((1\,2)(3\,4))$ より，$Z_{S_4}((1\,2)(3\,4)) \not\leq A_4$ である．また，$Z_{S_4}((1\,2\,3)) = \langle (1\,2\,3) \rangle \simeq A_3 \leq A_4$ より，S_4 の共役類 $[(1\,2\,3)]$ は 2 つの A_4 の共役類に分裂する：

$$[(1\,2\,3)] = \{(1\,2\,3), (1\,3\,4), (1\,4\,2), (2\,4\,3)\},$$

$$[(1\,2\,4)] = \{(1\,2\,4), (1\,3\,2), (1\,4\,3), (2\,3\,4)\}.$$

以上より，A_4 の共役類による類別, 類等式と 1 の分数和表示は次のようになる：

$$A_4 = [(1)] \cup [(1\,2)(3\,4)] \cup [(1\,2\,3)] \cup [(1\,2\,4)],$$

$$12 = 1 + 3 + 4 + 4,$$

$$1 = \frac{1}{12} + \frac{1}{4} + \frac{1}{3} + \frac{1}{3}.$$

(3) A_5 の共役類による類別と類等式について考える．S_5 の類等式

$$S_5 = [(1)] \cup [(1\,2)] \cup [(1\,2)(3\,4)] \cup [(1\,2\,3)] \cup [(1\,2\,3)(4\,5)] \cup [(1\,2\,3\,4)] \cup [(1\,2\,3\,4\,5)],$$

$$120 = 1 + 10 + 15 + 20 + 20 + 30 + 24$$

のうち，$|[(1\,2)(3\,4)]| = 15$ であり，命題 10.26 から，これは A_5 の 1 つの共役類をなすしかない．S_5 の共役類 $[(1\,2\,3)]$ も，奇置換 $(4\,5) \in Z_{S_5}((1\,2\,3))$ より，A_5 の 1 つの共役類をなす．最後に，S_5 の共役類 $[(1\,2\,3\,4\,5)]$ は，$Z_{S_5}((1\,2\,3\,4\,5)) = \langle(1\,2\,3\,4\,5)\rangle \simeq C_5 \leq A_5$ より，12 個ずつからなる 2 つの A_5 の共役類に分裂する．以上より，A_5 の共役類による類別，類等式と 1 の分数和表示は次のようになる：

$$A_5 = [(1)] \cup [(1\,2)(3\,4)] \cup [(1\,2\,3)] \cup [(1\,2\,3\,4\,5)] \cup [(1\,2\,3\,5\,4)],$$

$$60 = 1 + 15 + 20 + 12 + 12,$$

$$1 = \frac{1}{60} + \frac{1}{4} + \frac{1}{3} + \frac{1}{5} + \frac{1}{5}.$$

10.3　A_n $(n \neq 4)$ は単純群

本節では，前節の類等式を用いて，まず A_5 が単純群であることを示す．さらに，一般に，A_n $(n \geq 5)$ が単純群であることを示したい．

命題 10.28　$N \lhd G$ とすると，N はいくつかの G の共役類の和集合である．

証明　$N \lhd G$ より，$x \in N$，$g \in G$ ならば $g^{-1}xg \in N^g = N$ で，x を含む G の共役類 $C(x)$ に対して，$N = \bigcup_{x \in N} C(x)$ は N の類別を与える (命題 6.4)．■

命題 10.29　$1 \neq N \ntrianglelefteq S_4$ ならば $N = A_4$ または V_4．

証明　ラグランジュの定理 (定理 7.10) から $|N|$ は $|S_4| = 24$ の約数であり，命題 10.28 より，N はいくつかの共役類の和集合 $N = \{1\} \cup C(x_1) \cup \cdots C(x_n)$ となるが，S_4 の類等式は $24 = 1 + 6 + 3 + 8 + 6$ であるから，$N = A_4$ $(12 = 1 + 3 + 8)$，V_4 $(4 = 1 + 3)$ 以外は不可能である．■

注意　S_n $(n \neq 4)$ の非自明な正規部分群は A_n しかない．これは小さい n に対しては，類等式によって命題 10.29 と同様に確認できるであろう．11.2 節で

は，ジョルダン-ヘルダーの定理の応用として，その証明を与える (命題 11.23).

命題 10.30 A_4 には指数 $[A_4 : H] = 2$ なる部分群 H は存在しない.

証明 $|H| = 6$ かつ $H \lhd A_4$ (命題 7.32) であり，命題 10.28 より，H はいくつかの共役類の和集合 $H = \{1\} \cup C(x_1) \cup \cdots \cup C(x_n)$ となる．しかし，A_4 の類等式は $12 = 1 + 3 + 4 + 4$ であるから，これは不可能である. ∎

定理 10.31 5 次交代群 A_5 は単純群.

証明 非自明な正規部分群 $\{1\} \neq H \lhd A_5$ は $|H| \mid 60$ かつ，命題 10.28 より，いくつかの A_5 の共役類の和集合 $H = \{1\} \cup C(x_1) \cup \cdots C(x_n)$ となる．しかし，A_5 の類等式は $60 = 1 + 15 + 20 + 12 + 12$ であるから，このうちいくつかを足して $|H| = 2, 3, 4, 5, 6, 10, 12, 15, 20, 30$ とすることはできない. ∎

定理 10.32 n 次交代群 A_n $(n \geq 5)$ は単純群.

証明 $\{1\} \lneq N \lhd A_n \implies N = A_n$ を示す．以下のように 5 つに場合分けする：

(1) $(i\,j\,k) \in N$ のとき．$n \geq 5$ より，i, j, k と異なる l, m に対して，$(l\,m)$ は $(i\,j\,k)$ と可換であり，$(l\,m) \in Z_{S_n}((i\,j\,k))$．命題 10.26 より，すべての長さ 3 の巡回置換は A_n で共役である．いま，$(i\,j\,k) \in N \lhd A_n$ より N はすべての長さ 3 の巡回置換を含み，命題 4.51 (1) より $N = A_n$.

(2) $(i\,j)(k\,l) \in N$ のとき．$(i\,j) \in Z_{S_n}((i\,j)(k\,l))$ であるから，(2) と同様に，命題 4.51 (2) より $N = A_n$ を得る.

(3) サイクル分解が長さ 5 以上の成分をもつ置換 $\sigma \in N$ のとき．$\sigma = (i\,j\,k\,l\,m \cdots) \cdots \in N$ に対して，$\tau = (j\,k\,l) \in A_n$ をとれば，$\sigma^\tau \sigma^{-1} = \tau^{-1}\sigma\tau\sigma^{-1} = \tau^{-1}(\sigma(j)\sigma(k)\sigma(l)) = \tau^{-1}(k\,l\,m) = (j\,l\,k)(k\,l\,m) = (j\,l\,m) \in N$ で (1) に帰着される.

(4) サイクル分解が長さ 2 または 4 の成分をもつ置換 $\sigma \in N$ のとき．σ の位数を $2^r s$ $(2 \nmid s)$ とすると，$\tau = \sigma^{2^{r-1}s} \in N$ は位数 2．τ のサイクルタイプが $(2, 2)$ のときは (2) に帰着されるので，$\tau = (i\,j)(k\,l)(i_1\,j_1)(k_1\,l_1) \cdots$ としてよい．このときも，$\rho = (i\,j\,i_1) \in A_n$ とすれば，$\tau^\rho \tau^{-1} = \rho^{-1}\tau\rho\tau^{-1} = \rho^{-1}(\tau(i)\tau(j)\tau(i_1)) = (i\,i_1\,j)(j\,i\,j_1) = (i\,j_1)(j\,i_1) \in N$ で (2) に帰着される.

(5) 長さ 3 の巡回置換の積 $\sigma \in N$ のとき．$\sigma = (i\,j\,k)(i_1\,j_1\,k_1)\cdots$ に対して，$\tau = (i\,j\,i_1) \in A_n$ とすれば，$\sigma^\tau\sigma^{-1} = \tau^{-1}\sigma\tau\sigma^{-1} = \tau^{-1}(\sigma(i)\sigma(j)\sigma(i_1)) = (i\,i_1\,j)(j\,k\,j_1) = (i\,i_1\,j\,k\,j_1) \in N$ で (3) より，(1) に帰着される．

以上より，$N = A_n$ となり，A_n は単純群．■

系 10.33　$Z(A_n) = 1$, $D(A_n) = A_n$ $(n \geq 5)$.

証明　定理 10.32 と $Z(A_n), D(A_n) \lhd A_n$ による．■

系 10.34　A_n $(n \geq 5)$ には指数 $[A_n : H] = 2$ なる部分群 H は存在しない．

証明　もし指数 2 の部分群 $H \leq G$ が存在すれば，命題 7.32 から $H \lhd A_n$ となるが，定理 10.32 から A_n は単純群であるからこれは不可能である．■

注意　ラグランジュの定理 (定理 7.10) から有限群 G の部分群 H の位数 $|H|$ は $|G|$ の約数となるが，命題 10.30 $(G = A_4)$ や系 10.34 $(G = A_n)$ は，すべての $|G|$ の約数に対して，その位数の部分群 H が存在するとは限らないことを主張している．〔← G が巡回群の場合には $|G|$ の各約数ごとに G の部分群がただ 1 つあるのであった (定理 5.25)〕

10.4　作用群をもつ群，自己同型群，特性部分群

本節では，群 G が群 H に作用する場合を考える：$H \curvearrowleft G$ (右作用とする)．この場合，通常，条件 $(xy)^\sigma = x^\sigma y^\sigma$ $(\forall\sigma \in G,\ \forall x, y \in H)$ を要請する．これにより，定理 10.5 (作用 $G \curvearrowright \Omega$ を与えることと，準同型 $\varphi : G \to S(\Omega)$ を与えることは同じ) に対応して，作用 $H \curvearrowleft G$ を与えることと，準同型 $\varphi : G \to \mathrm{Aut}(H)$ (以下の定義 10.37) を与えることが同じであることが分かる (定理 10.38).

定義 10.35 (作用群 G をもつ群，G 群)　群 G が群 H に右から作用し，

$$(xy)^\sigma = x^\sigma y^\sigma \qquad (\forall\sigma \in G,\ \forall x, y \in H)$$

をみたすとき，群 G を**作用群** (operator group)，H を**作用群 G をもつ群** (group with operator group) または**右 G 群** (right G-group) という．H が加群の場合，**右 G 加群** (right G-module) という．また，左作用によって，同様に**左 G 群** (left G-group)，**左 G 加群** (left G-module) も定義される．

注意 右 G 群 H は，$\sigma x := x^{\sigma^{-1}}$ $(\sigma \in G,\ x \in H)$ で左作用を定義すれば，左 G 群となる (定義 10.15 の後の注意 (2) 参照)．左右の作用いずれかしか考えないときには，単に **G 群**〔← 加群のときは **G 加群**〕と呼ばれることも多い．

例 10.36 (自明な G 加群) (作用を考えていなかった) 通常の (加) 群 H は，G の自明な作用 $x^\sigma = x$ $(\forall\sigma \in G,\ \forall x \in H)$ に対する G (加) 群とみなせる．

上述した，$\mathrm{Aut}(G)$ の定義を与えよう．

定義 10.37 (自己同型群) G を群とする．G から G への自己同型写像全体

$$\mathrm{Aut}(G) := \{\sigma : G \to G \text{ は同型写像 }\}$$

は写像の合成 $x^{\sigma\tau} = (x^\sigma)^\tau$ $(x \in G)$〔← ここでは合成を右作用としておく，定義 10.15 参照〕について群をなし，G の**自己同型群** (automorphism group) という．$\mathrm{Aut}(G)$ の単位元は恒等写像 $\mathrm{id}_G = 1$，σ の逆元は逆写像 σ^{-1} である．

注意 実際，写像の積であるから結合法則をみたし (命題 2.17)，$\sigma, \tau \in \mathrm{Aut}(G)$ に対して，$\sigma\tau, \mathrm{id}_G = 1$，$\sigma^{-1} \in \mathrm{Aut}(G)$ であるから，$\mathrm{Aut}(G)$ は群をなす．

定理 10.5 で $\Omega = H$ とすれば，以下を得る：

定理 10.38 H を右 G 群とする．$\sigma \in G$ に対して，$\varphi_\sigma : H \ni x \mapsto x^\sigma \in H$ とすれば，$\varphi : G \to \mathrm{Aut}(H)$, $\sigma \mapsto \varphi_\sigma$ は準同型であり，逆に，準同型 $\varphi : G \to \mathrm{Aut}(H)$, $\sigma \mapsto \varphi_\sigma$ が与えられれば，右作用 $H \times G \to H$, $(x, \sigma) \mapsto \varphi_\sigma(x)$ と $(xy)^\sigma = x^\sigma y^\sigma$ $(\forall\sigma \in G,\ \forall x, y \in H)$ を得る．すなわち，右 G 群 H を与えることと，群 H と準同型 $\varphi : G \to \mathrm{Aut}(H)$, $\sigma \mapsto [\varphi_\sigma : H \ni x \mapsto x^\sigma \in H]$ を与えることは同じことである．

証明 定理 10.5 と $\varphi_\sigma(xy) = \varphi_\sigma(x)\varphi_\sigma(y) \iff (xy)^\sigma = x^\sigma y^\sigma$ よりよい． ∎

一般に，与えられた群 G に対して，$\mathrm{Aut}(G)$ を求めるのは難しい．ここでは，$\mathrm{Aut}(\mathbb{Z}/n\mathbb{Z})$ を決定しておく．〔← 例 10.103 (5), (6) や定理 12.36 でも用いられる〕

定理 10.39 $\mathrm{Aut}(\mathbb{Z}/n\mathbb{Z}) \simeq (\mathbb{Z}/n\mathbb{Z})^\times$．特に，$|\mathrm{Aut}(\mathbb{Z}/n\mathbb{Z})| = \varphi(n)$．

証明 $G = \mathbb{Z}/n\mathbb{Z} \simeq \langle g \rangle$ と乗法的にかく．$\sigma \in \mathrm{Aut}(G)$ は g の行先 $g^\sigma = g^i$ を定めれば，$(g^k)^\sigma = (g^\sigma)^k = g^{ik}$ によってすべて決まる．σ は同型写像であるから，元の位数を保存し，$\langle g^\sigma \rangle = G$ とならなくてはならない．命題 5.24 (1) よ

り，$\mathrm{Aut}(G) = \{\sigma_i : g \mapsto g^i \mid \gcd(i,n) = 1\} \simeq \{i \in \mathbb{Z}/n\mathbb{Z} \mid \gcd(i,n) = 1\} = (\mathbb{Z}/n\mathbb{Z})^\times$. ∎

注意　この定理と系 9.44 より，以下を得る：

$$\mathrm{Aut}(\mathbb{Z}/n\mathbb{Z})\text{ が巡回群} \iff n = 2, 4, p^e, 2p^e\ (p:\text{奇素数},\ e \geq 1).$$

自己同型のうち，共役作用に対応するものは，内部自己同型と呼ばれる：

定義 10.40 (内部自己同型，内部自己同型群)　群 G の元 $a \in G$ に対して，

$$\sigma_a : G \to G, \qquad x \mapsto x^{\sigma_a} := x^a = a^{-1}xa$$

と定義すれば，$\sigma_a \in \mathrm{Aut}(G)$ となる．この G の自己同型 σ_a を a から定まる G の**内部自己同型** (inner automorphism) という．G の内部自己同型全体

$$\mathrm{Inn}(G) := \{\sigma_a : G \to G \mid a \in G\} \leq \mathrm{Aut}(G)$$

を G の**内部自己同型群** (inner automorphism group) という．$\mathrm{Inn}(G)$ の単位元は恒等写像 $\sigma_1 = \mathrm{id}_G$，$\sigma_a \in \mathrm{Inn}(G)$ の逆元は $\sigma_{a^{-1}}$ である：$(\sigma_a)^{-1} = \sigma_{a^{-1}}$.

注意　実際，σ_a は準同型 $(xy)^{\sigma_a} = (xy)^a = (a^{-1}xa)(a^{-1}ya) = x^a y^a = x^{\sigma_a} y^{\sigma_a}$ かつ単射 $x^{\sigma_a} = y^{\sigma_a} \implies x^a = y^a \implies a^{-1}xa = a^{-1}ya \implies x = y$ で全射でもあるから，$\sigma_a \in \mathrm{Aut}(G)$．また，$\mathrm{Inn}(G) \leq \mathrm{Aut}(G)$ は次 (命題 10.41 (1)) から分かる．

命題 10.41　G を群とする．

(1) $\mathrm{Inn}(G) \lhd \mathrm{Aut}(G)$.

(2) $\mathrm{Inn}(G) \simeq G/Z(G)$.

証明　(1) $\sigma_a, \sigma_b \in \mathrm{Inn}(G)$ に対して，

$$x^{\sigma_a\sigma_b} = (x^{\sigma_a})^{\sigma_b} = (x^a)^b = b^{-1}(a^{-1}xa)b = x^{\sigma_{ab}},$$

$$x^{\sigma_a\sigma_{a^{-1}}} = (x^{\sigma_a})^{\sigma_{a^{-1}}} = a(a^{-1}xa)a^{-1} = x$$

より，$\sigma_a\sigma_b = \sigma_{ab}$，$(\sigma_a)^{-1} = \sigma_{a^{-1}} \in \mathrm{Inn}(G)$ であるから，部分群の判定条件 (定理 4.28) より，$\mathrm{Inn}(G) \leq \mathrm{Aut}(G)$．$\sigma_a \in \mathrm{Inn}(G)$，$\tau \in \mathrm{Aut}(G)$ に対して，$x^{\tau^{-1}\sigma_a\tau} = (a^{-1}(x^{\tau^{-1}})a)^\tau = (a^{-1})^\tau x a^\tau = x^{a^\tau}$ より，$\tau^{-1}\sigma_a\tau = \sigma_{a^\tau} \in \mathrm{Inn}(G)$ であるから，$\mathrm{Inn}(G) \lhd \mathrm{Aut}(G)$.

(2) $\varphi : G \to \mathrm{Inn}(G)$，$a \mapsto \sigma_a$ は $\varphi(ab) = \sigma_{ab} = \sigma_a\sigma_b = \varphi(a)\varphi(b)$ より全

射準同型で，準同型定理 (定理 9.14) から $G/\mathrm{Ker}(\varphi) \simeq \mathrm{Inn}(G)$ である．また，$\mathrm{Ker}(\varphi) = \{a \in G \mid \sigma_a = 1\} = \{a \in G \mid a^{-1}xa = x\ (\forall x \in G)\} = Z(G)$. ∎

例 10.42 $\mathrm{Inn}(S_n) \simeq S_n\ (n \geq 3)$, $\mathrm{Inn}(A_n) \simeq A_n\ (n \geq 4)$. 〔← $Z(S_n) = 1$ $(n \geq 3)$ (命題 10.23), $Z(A_n) = 1$ $(n \geq 4)$ (系 10.33) による〕

定義 10.43 (**外部自己同型，外部自己同型群**) 群 G に対して，$\sigma \in \mathrm{Aut}(G) - \mathrm{Inn}(G)$，すなわち，内部自己同型でない自己同型，を**外部自己同型** (outer automorphism) という．商群

$$\mathrm{Out}(G) := \mathrm{Aut}(G)/\mathrm{Inn}(G)$$

を G の**外部自己同型群** (outer automorphism group) という．

注意 定義から，$\overline{\sigma} \in \mathrm{Out}(G)$ は $\sigma \in \mathrm{Aut}(G)$ たちを内部自己同型の差〔← 実際には合成による積であるが〕によって同一視したものである．

S_n と A_n については，以下が知られている．〔← 興味のある読者は，[鈴木 1 (上), 3 章, §2] を参照のこと〕

定理* 10.44 $n \geq 3$ とする．

$$\mathrm{Aut}(S_n) = \mathrm{Inn}(S_n) \simeq S_n,\ \mathrm{Out}(S_n) = 1 \qquad (n \neq 6),$$

$$\mathrm{Aut}(S_6) \simeq S_6 \rtimes C_2,\ \mathrm{Inn}(S_6) \simeq S_6,\ \mathrm{Out}(\mathrm{S}_6) \simeq C_2,$$

$$\mathrm{Aut}(A_n) \simeq S_n,\ \mathrm{Inn}(A_n) \simeq A_n,\ \mathrm{Out}(A_n) = C_2 \qquad (n \neq 3, 6),$$

$$\mathrm{Aut}(A_3) \simeq C_2,\ \mathrm{Inn}(A_3) = 1,\ \mathrm{Out}(A_3) \simeq C_2,$$

$$\mathrm{Aut}(A_6) \simeq S_6 \rtimes C_2,\ \mathrm{Inn}(A_6) \simeq A_6,\ \mathrm{Out}(A_6) \simeq C_2 \times C_2.$$

ただし，$\rtimes$ は半直積 (定義 10.58) を表している．

注意 本書ではこれ以上，外部自己同型について述べられないが，ここに [鈴木 1 (上), 292 ページ] の次の記述を引用しておく：〔← $\Sigma_6 = S_6$〕

「除外した $n = 6$ の場合は実際例外であって Aut $A_6 \neq \Sigma_6$ となる．この例外が有限群論に及ぼす影響は非常に大きく，単純群論をとても困難なものにしている大きな理由の 1 つである.」

内部自己同型 $\sigma \in \mathrm{Inn}(G)$ で不変な部分群 $H^\sigma \leq H$ を正規部分群 $H \lhd G$ といった (定義 7.28)．これを，自己同型 $\sigma \in \mathrm{Aut}(G)$ に拡張する：

定義 10.45 (特性部分群)　部分群 $H \leq G$ が群 G の**特性部分群** (characteristic subgroup) であるとは，

$$H^\sigma \leq H \qquad (\forall \sigma \in \mathrm{Aut}(G))$$

をみたすことをいう．H が G の特性部分群であるとき，H char G とかく．

注意　(1) 定義から，H char G ならば $H \lhd G$.〔← 特性部分群は正規部分群〕

(2) $H \leq G$ に対して，H と同じ位数の G の部分群が H のみのとき，$\sigma \in \mathrm{Aut}(G)$ は自己同型写像であるから，$\sigma(H) = H$ となって，H char G.

(3) $H^\sigma \leq H \iff H \leq H^{\sigma^{-1}}$ であるから，$H^\sigma \leq H$ の代わりに $H^\sigma = H$ $(\forall \sigma \in \mathrm{Aut}(G))$ としても同じである．

命題 10.46　(1) $Z(G)$ char G.〔← G の中心 $Z(G)$ は G の特性部分群〕

(2) $D(G)$ char G.〔← G の交換子群 $D(G)$ は G の特性部分群〕

証明　(1) $\sigma \in \mathrm{Aut}(G)$ に対して，$x \in Z(G) \implies (xy)^\sigma = (yx)^\sigma \ (\forall y \in G) \implies x^\sigma y^\sigma = y^\sigma x^\sigma (\forall y \in G) \implies x^\sigma y = y x^\sigma (\forall y \in G) \implies x^\sigma \in Z(G)$.

(2) $\sigma \in \mathrm{Aut}(G)$ に対して，$[x,y]^\sigma = (x^{-1}y^{-1}xy)^\sigma = (x^\sigma)^{-1}(y^\sigma)^{-1}x^\sigma y^\sigma = [x^\sigma, y^\sigma] \in D(G)$. ∎

命題 10.47　(1) H char N かつ $N \lhd G$ ならば $H \lhd G$.

(2) H char K かつ K char G ならば H char G.

証明　(1) $x \in G$ に対して，$N \lhd G$ より，$N^x = x^{-1}Nx \leq N$ であるから，$\varphi : N \to N,\ n \mapsto n^x$ は $\mathrm{Aut}(N)$ の元となり H char N より，$H^x = \varphi(H) \leq H$.

(2) $K^\sigma \leq K \ (\forall \sigma \in \mathrm{Aut}(G)) \implies \sigma|_K \in \mathrm{Aut}(K) \implies H^\sigma = H^{\sigma|_K} \leq H$. ただし，$\sigma|_K$ は σ の K への (作用域の) 制限を表す． ∎

群 G の自己同型全体 $\mathrm{Aut}(G)$ は群をなしていた (定義 10.37)．これを自己準同型全体 $\mathrm{End}(G)$ に以下のように拡張しておく．これらは，11.3 節でクルル-シュミットの定理を示す際にも用いられる．

定義 10.48 (自己準同型のなすモノイド)　群 G から G への自己準同型写像全体

$$\mathrm{End}(G) := \{\sigma : G \to G \text{ は準同型 }\}$$

は写像の合成 $x^{\sigma\tau} = (x^\sigma)^\tau$〔← ここでは合成を右作用としておく，定義 10.15 参照〕についてモノイドをなす．$\mathrm{End}(G)$ の単位元は恒等写像 id_G であり，単に $1 \in \mathrm{End}(G)$ と表す： $1 \in \mathrm{End}(G) : G \ni x \mapsto x^1 = x \in G$.

定義 10.49 (加法可能)　$\sigma, \tau \in \mathrm{End}(G)$ は

$$x^\sigma x^\tau = x^\tau x^\sigma \qquad (\forall x \in G)$$

なるとき，**加法可能** (additive) という．このとき，σ **と** τ **の和** $\sigma + \tau \in \mathrm{End}(G)$ を $x^{\sigma+\tau} := x^\sigma x^\tau$ で定義する．

例 10.50 (加法可能)　G がアーベル群ならば $\mathrm{End}(G)$ のすべての元は加法可能.

定義 10.51 (自己準同型環)　G を群，$\mathrm{End}(G)$ の各元は加法可能とする．このとき，$\mathrm{End}(G)$ は環 (定義 4.10) をなし，G の**自己準同型環** (endomorphism ring) という．$\mathrm{End}(G)$ の乗法に関する単位元は恒等写像 $1 = \mathrm{id}_G \in \mathrm{End}(G)$，加法に関する単位元は

$$0 \in \mathrm{End}(G) : G \ni x \mapsto x^0 = 1 \in G$$

である．特に，アーベル群 A に対して，$\mathrm{End}(A)$ は環となる．

注意　実際，$\sigma, \tau, \rho \in \mathrm{End}(G)$ をどの 2 つも加法可能とすれば，和に関する結合法則 $(\sigma + \tau) + \rho = \sigma + (\tau + \rho)$ と分配法則 $\rho(\sigma + \tau) = \rho\sigma + \rho\tau$, $(\sigma + \tau)\rho = \sigma\rho + \tau\rho$ をみたす．〔← 各自確認してみる〕

10.5　完全列と可換図式

現代数学の定理や命題の多くは，完全列や可換図式を使って記述される．例えば，10.7 節で群拡大や半直積を学ぶ際，完全列や可換図式が必要となる．ここではまず定義を学び，基本的な命題を示してみよう．

定義 10.52 (完全列)　群の列 $A_1, A_2, \cdots, A_n, \cdots$ (有限個の場合もある) と準同型 $f_n : A_n \to A_{n+1}$ $(n \in \mathbb{N})$ があり，

$$\mathrm{Ker}(f_{n+1}) = \mathrm{Im}(f_n)$$

をみたすとき，列

$$A_1 \xrightarrow{f_1} A_2 \xrightarrow{f_2} A_3 \xrightarrow{f_3} \cdots \xrightarrow{f_{n-1}} A_n \xrightarrow{f_n} A_{n+1} \xrightarrow{f_{n+1}} \cdots$$

は**完全** (exact) であるという．特に，完全列 $1 \to A \to B \to C \to 1$ を**短完全列** (short exact sequence) という．

以下，自明群 $\{1\}$ を 1 と表す．

命題 10.53　(1)　$1 \xrightarrow{f} A \xrightarrow{g} B$ が完全 $\iff$ g は単射．

(2)　$A \xrightarrow{f} B \xrightarrow{g} 1$ が完全 $\iff$ f は全射．

(3)　$1 \longrightarrow A \xrightarrow{f} B \longrightarrow 1$ が完全 $\iff$ f は同型，すなわち，$A \simeq B$.

(4)　$1 \longrightarrow A \xrightarrow{f} B \xrightarrow{g} C \longrightarrow 1$ が完全ならば $B/\mathrm{Im}(f) \simeq B/A \simeq C$．逆に，$B/A \simeq C$ ならば $1 \longrightarrow A \longrightarrow B \longrightarrow C \longrightarrow 1$ を短完全列にできる．

証明　(1)　($\Rightarrow$)　完全列ならば $\mathrm{Ker}(g) = \mathrm{Im}(f) = 1$ で g は単射．

($\Leftarrow$)　g が単射ならば $\mathrm{Ker}(g) = 1 = \mathrm{Im}(f)$ で完全列．

(2)　($\Rightarrow$)　完全列ならば $\mathrm{Im}(f) = \mathrm{Ker}(g) = B$ で f は全射．

($\Leftarrow$)　f が全射ならば $\mathrm{Im}(f) = B = \mathrm{Ker}(g)$ で完全列．

(3)　(1), (2) による．

(4)　(1) より f は単射で $A \simeq \mathrm{Im}(f)$．(2) より g は全射で $\mathrm{Ker}(g) = \mathrm{Im}(f)$ より，準同型定理 (定理 9.14) から，$B/\mathrm{Im}(f) \simeq B/\mathrm{Ker}(g) \simeq \mathrm{Im}(g) = C$.

逆に，$h : B/A \xrightarrow{\sim} C$ ならば $f : A \to B$, $x \mapsto x$, $g : B \to C$, $x \mapsto h(xA)$ ($xA \in B/A$) と定義すれば，f は単射，g は全射であり，$\mathrm{Im}(f) = A = \mathrm{Ker}(g)$ であるから，$1 \longrightarrow A \xrightarrow{f} B \xrightarrow{g} C \longrightarrow 1$ は完全列．∎

定義 10.54 (可換図式)　群と準同型からなる図式

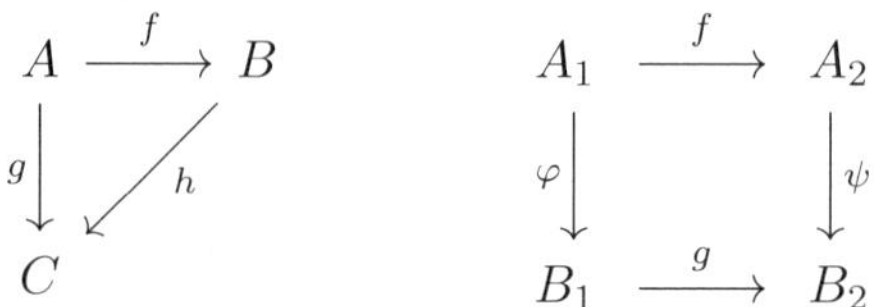

は，それぞれ $g = h \circ f$, $\psi \circ f = g \circ \varphi$ がなりたつとき**可換図式** (commutative diagram) という．図式が可換であることを ↻ を用いて，

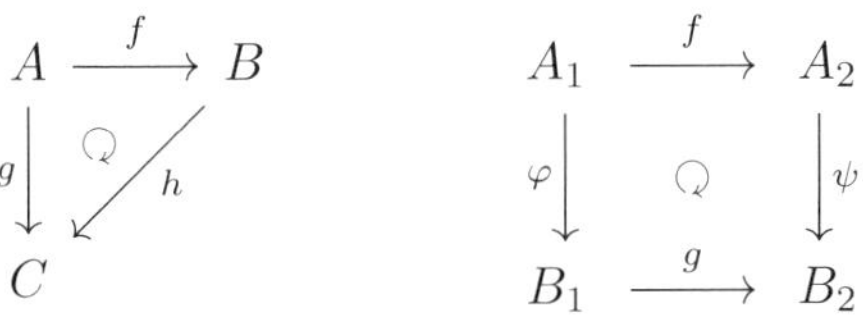

と表す．より複雑な図式においても，各部分三角図式，部分四角図式がすべて可換であるとき，その図式を**可換** (commutative) という．

次の命題は基本的である．〔← それぞれの仮定が証明のどの部分に使われているか，時間をかけてよく考えてほしい〕

命題 10.55　可換図式

$$\begin{array}{ccccccccc}
1 & \longrightarrow & A & \xrightarrow{f} & B & \xrightarrow{g} & C & \longrightarrow & 1 \\
 & & \downarrow{\scriptstyle \alpha} & \circlearrowleft & \downarrow{\scriptstyle \beta} & \circlearrowleft & \downarrow{\scriptstyle \gamma} & & \\
1 & \longrightarrow & A' & \xrightarrow{f'} & B' & \xrightarrow{g'} & C' & \longrightarrow & 1
\end{array}$$

において，上下の列が完全とする．このとき，

(1)　α, γ が単射ならば β は単射．

(2)　α, γ が全射ならば β は全射．

(3)　α, γ が同型ならば β は同型．

証明　(1)　$b \in \mathrm{Ker}(\beta) \Longrightarrow b = 1$ を示す．右の可換性より，$b \in \mathrm{Ker}(\beta) \Longrightarrow b^{g\gamma} = b^{\beta g'} = 1^{g'} = 1$．$\gamma$ は単射より，$b^g = 1$．$\mathrm{Ker}(g) = \mathrm{Im}(f)$ より，$a^f = b$ $(\exists a \in A)$．左の可換性から，$a^{\alpha f'} = a^{f\beta} = b^\beta = 1$ で，f' は単射より，$a^\alpha = 1$．α は単射より，$a = 1$ で $b = a^f = 1$．

(2)　任意の $b' \in B'$ に対して，$b_0^\beta = b'$ $(\exists b_0 \in B)$ を示す．γ が全射より，$c^\gamma = {b'}^{g'}$ $(\exists c \in C)$．g は全射より，$b^g = c$ $(\exists b \in B)$．右の可換性から，$(b^\beta b'^{-1})^{g'} = b^{\beta g'}({b'}^{g'})^{-1} = b^{g\gamma}(c^\gamma)^{-1} = c^\gamma (c^\gamma)^{-1} = 1$ で，$b^\beta b'^{-1} \in \mathrm{Ker}(g') = \mathrm{Im}(f')$ から，${a'}^{f'} = b^\beta b'^{-1}$ $(\exists a' \in A')$．α は全射から，$a^\alpha = a'$ $(\exists a \in A)$．左の可換性から，$a^{f\beta} = a^{\alpha f'} = {a'}^{f'} = b^\beta b'^{-1}$ で，$b' = (a^{f\beta})^{-1} b^\beta = ((a^f)^{-1} b)^\beta = b_0^\beta \in \mathrm{Im}(\beta)$．

(3)　(1), (2) よりよい．∎

注意　さらに，これを拡張した **5 項補題** (five lemma) や，特に重要な，**蛇の補題** (snake lemma)，**長完全列** (long exact sequence) などがあるがここでは述

べない．興味のある読者は，巻末に挙げたホモロジー代数の本や数論の本などへ進んでいってほしい．

10.6　コホモロジー群 $H^n(G,M)$

前節で学んだ完全系列を用いて，G 加群 M に対するコホモロジー群 $H^n(G,M)$ の概念を紹介する．コホモロジー群は本書でも，次節の群拡大や 11.5 節，12.4 節などで登場する．また，不変量としても重要な役割を果たす．

M を左 G 加群 (定義 10.35) とする．すなわち，M は G の左作用 $G \curvearrowright M$ (定義 10.1) が与えられた加群で $g(x+y)=gx+gy$ $(\forall g \in G,\ \forall x,y \in M)$ をみたすとする．〔← 準同型 $\varphi: G \to \mathrm{Aut}(M)$ が与えられていることと同じであった (定理 10.38)〕 G 加群 M に対して，n 次コホモロジー群 $H^n(G,M)$ が以下のように定義される．

定義 10.56 (コホモロジー群)　G を群，M を左 G 加群とする．$G^n = G \times \cdots \times G$ から M への写像全体 $C^n(G,M) = \{\varphi : G^n \to M\}$ は加法 $(\varphi+\psi)(g_1,\cdots,g_n) = \varphi(g_1,\cdots,g_n) + \psi(g_1,\cdots,g_n)$ で加群となる．また，$C^0(G,M) := M$ と定義する．〔← M と $\varphi: G^0 = 1 \to M$ を同一視〕 元 $\varphi \in C^n(G,M)$ は n **コチェイン** (n-cochain) と呼ばれる．**コバウンダリ準同型** (coboundary homomorphism) $d^n : C^n(G,M) \to C^{n+1}(G,M)$ を

$$(d^0\varphi)(g) = g\cdot\varphi - \varphi \qquad (\varphi \in M = C^0(G,M)),$$

$$\begin{aligned}(d^n\varphi)(g_1,\cdots,g_{n+1}) = {}& g_1\cdot\varphi(g_2,\cdots,g_{n+1}) \\ &+ \sum_{i=1}^{n}(-1)^i\varphi(g_1,\cdots,g_{i-1},g_ig_{i+1},g_{i+2},\cdots,g_{n+1}) \\ &+ (-1)^{n+1}\varphi(g_1,\cdots,g_n) \qquad (n \geq 1)\end{aligned}$$

と定義する．〔← 実際, 準同型 $d^n(\varphi+\psi) = d^n(\varphi)+d^n(\psi)$ となる〕さらに，$d^{n+1}\cdot d^n = 0$ であることが確かめられる．$Z^n(G,M) := \mathrm{Ker}(d^n)$ $(n \geq 0)$，$B^n(G,M) := \mathrm{Im}(d^{n-1})$ $(n \geq 1)$ と定義し，それぞれの元を n **コサイクル** (n-cocycle)，n **コバウンダリ** (n-coboundary) という．$B^n(G,M) \leq Z^n(G,M)$ より，$H^0(G,M) := Z^0(G,M) = M^G = \{x \in M \mid g(x) = x\ (\forall g \in G)\}$,

$$H^n(G,M) = Z^n(G,M)/B^n(G,M) \qquad (n \geq 1)$$

と定義し，G 加群 M の n 次**コホモロジー群** (cohomology group) という．

注意　(1)　定義から，n 次コホモロジー群 $H^n(G,M)$ は加群の列

$$M = C^0(G,M) \xrightarrow{d^0} C^1(G,M) \xrightarrow{d^1} C^2(G,M) \xrightarrow{d^2} \cdots \xrightarrow{d^{n-1}} C^n(G,M) \xrightarrow{d^n}$$

の各 $C^n(G,M)$ で完全列とどのくらい離れているかを測っている．

(2)　2 つの群 G と M を定めると，自動的に $H^n(G,M)$ が定まる訳ではないので注意が必要である．実際，M の G 加群としての構造，すなわち，G の M への作用の仕方，に依存して $H^n(G,M)$ が定まっている．例えば，G の M への作用が自明な場合 (例 10.36) には，$\varphi \in Z^1(G,M)$ は G から M への準同型 $\varphi(g_1g_2) = \varphi(g_1) + \varphi(g_2)$ に他ならない．このとき，$B^1(G,M) = 0$ であるから，$H^1(G,M) = Z^1(G,M) = \mathrm{Hom}(G,M) := \{f : G \to M \mid f \text{ は準同型}\}$.

例 10.57 (**コホモロジー群**)　$Z^1(G,M) = \{\varphi : G \to M \mid \varphi(g_1g_2) = g_1\varphi(g_2) + \varphi(g_1)\ (g_1, g_2 \in G)\}$ であり，〔← $Z^1(G,M)$ の元は**捩れ準同型** (crossed homomorphism) といわれる〕 $\varphi \in B^1(G,M) \iff$ ある $x \in M$ があって $\varphi(g) = gx - x\ (g \in G)$．また，$Z^2(G,M) = \{\varphi : G^2 \to M \mid g_1\varphi(g_2, g_3) + \varphi(g_1, g_2g_3) = \varphi(g_1g_2, g_3) + \varphi(g_1, g_2)\ (g_1, g_2, g_3 \in G)\}$ であり，$\varphi \in B^2(G,M) \iff$ ある $\psi \in C^1(G,M)$ があって $\varphi(g_1, g_2) = g_1\psi(g_2) - \psi(g_1g_2) + \psi(g_1)\ (g_1, g_2 \in G)$.

本書ではこれ以上詳しく論ずることはできないが，興味のある読者は，巻末に挙げたホモロジー代数の本 [河田], [中山-服部], [Brown], [Cartan-Eilenberg] や数論の本 [斎藤 (秀)], [Neukirch-Schmidt-Wingberg] などで学びを進めてほしい．

10.7　半直積と群拡大

直積に近い群として，(内部) 半直積がある．半直積は直積の次に調べやすく，群全体の中でも重要なクラスをなす．

定義 10.58 ((**内部**) **半直積**)　部分群 $N, H \leq G$ が次の 3 つの条件

(1)　$G = NH$;

(2)　$N \lhd G$;

(3)　$H \cap N = \{1\}$

をみたすとき，G を N と H の **(内部) 半直積** ((inner) semidrect product) といい，$N \rtimes H$ または $N : H$ とかく．

例 10.59 (**(内部) 半直積**)　$D_n = \langle\sigma\rangle \rtimes \langle\tau\rangle \simeq C_n \rtimes C_2$．$A_4 = V_4 \rtimes C_3$．これらの群の部分群はすべてアーベル群であり，アーベル群の直積はアーベル群となることから，直積分解 (真の部分群の直積で表示) はできない．また，$S_n = A_n \rtimes C_2$ $(n \geq 5)$．直積も半直積であり，例えば，奇数 n に対して，$C_{2n} = C_n \times C_2 = C_n \rtimes C_2$ であり，$D_n = C_n \rtimes C_2$ と同じ表示になってしまう．また，C_4 や Q_8 は真の部分群によって半直積で表示できない．〔← なぜ？〕

定義 10.60 (**補群**)　$K \leq G$ に対して，$KH = G$ かつ $K \cap H = \{1\}$ となる部分群 $H \leq G$ を G 内での K の**補群** (complement) という．

注意　$N \lhd G$ の補群 H が存在するとき，$G = N \rtimes H$ (半直積) である．N の補群が存在するとは限らないが，〔← $G = C_4$ や Q_8 を考えよ〕もし存在すれば同型を除いて一意的である：$G/N = NH/N \simeq H/(H \cap N) = H/1 = H$.

定義 10.61 (**群拡大**)　N, H を群とする．$N \lhd G$ かつ $G/N \simeq H$ なる群 G があるとき，G を N の H による**群拡大** (group extention) という．すなわち，$1 \to N \to G \to H \to 1$ が完全列となる群 G のことである (命題 10.53 (4)).

例 10.62 (**群拡大**)　直積 $G = N \times H$ は N の H による群拡大であり，H の N による群拡大でもある．奇数 n に対して，$C_{2n} = C_2 \times C_n$ (定理 9.38) より，短完全列 $1 \to C_n \to C_{2n} \to C_2 \to 1$ を得る．一方，$D_n = C_n \rtimes C_2$ に対しても，$C_n \lhd D_n$，$D_n/C_n \simeq C_2$ (例 7.33) より，短完全列 $1 \to C_n \to D_n \to C_2 \to 1$ を得る．与えられた群 N, H に対して，N の H による拡大がどのくらいあるのかを知るには，群拡大の理論が必要となる．

定理 10.63 (**直積の特徴付け**)　$N \lhd G$ に対して，以下は同値：

(1)　$H \lhd G$ が存在して，$G = N \times H$ をみたす；

(2)　短完全列 $1 \to N \xrightarrow{f} G \to G/N \to 1$ に対して，準同型写像 $g : G \to N$ が存在して，$gf = 1_N$ ($1_N = \mathrm{id}_N$ は N の恒等写像) をみたす．

証明　(1) $\Rightarrow$ (2)　$G = NH$ だから，$G \ni x = nh$ $(n \in N,\ h \in H)$ に対して，$g(x) = n$ とすればよい (定理 9.33).

(2) $\Rightarrow$ (1)　$H = \mathrm{Ker}(g) \lhd G$ として，$G = NH$ かつ $N \cap H = \{1\}$ を示せばよい (定理 9.33)．$x \in G$ に対して，$g(x) = n \in N$ をとれば，$g(xn^{-1}) =$

$g(x)g(n)^{-1} = nn^{-1} = 1$ より，$xn^{-1} \in H$ となり，$x = (xn^{-1})n \in HN = NH$ (補題 9.23 (2))．よって，$G = NH$．また，$x \in N \cap H \implies g(x) = x$ かつ $g(x) = 1 \implies x = 1$ であるから，$N \cap H = \{1\}$． ■

定義 10.64 (**完全列の分裂，切断**) 短完全列 $1 \to N \to G \xrightarrow{f} H \to 1$ が**分裂** (split) するとは，準同型写像 $s : H \to G$ が存在して，$fs = 1_H$ ($1_H = \mathrm{id}_H$ は H の恒等写像) となることである．写像 s は f の**切断** (section) と呼ばれる．

次の定理は，半直積 $G = N \rtimes H$ が切断をもつ短完全列による群拡大 $1 \to N \to G \to H \to 1$ に対応していることを表している：

定理 10.65 (**半直積の特徴付け**) $N \triangleleft G$ に対して，以下は同値：

(1) $H \leq G$ が存在して，$G = N \rtimes H$ をみたす；

(2) $H \leq G$ が存在して，$g \in G$ は一意的に $g = nh$ ($n \in N$，$h \in H$) とかける；

(3) 短完全列 $1 \to N \to G \xrightarrow{f} G/N \to 1$ は分裂する；

(4) 準同型写像 $\pi : G \to G$ が存在して，$\mathrm{Ker}(\pi) = N$ かつ $\pi(x) = x$ ($\forall x \in \mathrm{Im}(\pi)$) をみたす．〔← π を**レトラクション** (retraction)，$\mathrm{Im}(\pi)$ を G の**レトラクト** (retract) ともいう〕

証明 (1) ⇒ (2) $G = NH$ より，任意の $g \in G$ は，$g = nh$ ($n \in N$，$h \in H$) とかけて，$g = nh = n'h' \implies {n'}^{-1}n = h'h^{-1} \in N \cap H = 1 \implies n = n'$，$h = h'$．

(2) ⇒ (3) $g = nh$ と一意的にかけると，$gN = Ng = Nh = hN$ であるから，$s : G/N \to G$，$s(gN) = h$ と定義すれば，well-defined かつ準同型で，$fs = 1_{G/N}$．

(3) ⇒ (4) f の切断を s とする，すなわち，$s : G/N \to G$，$fs = 1_{G/N}$ (定義 10.64)．$\pi : G \to G$，$g \mapsto sf(g)$ と定義すれば，$x = \pi(g) \in \mathrm{Im}(\pi) \implies \pi(x) = \pi(\pi(g)) = s(fs)f(g) = sf(g) = \pi(g) = x$．

($\mathrm{Ker}(\pi) \supset N$) $n \in N \implies \pi(n) = sf(n) = 1 \implies n \in \mathrm{Ker}(\pi)$．

($\mathrm{Ker}(\pi) \subset N$) $fs = 1_{G/N}$ から s は単射 (命題 2.19 (3)) で，$g \in \mathrm{Ker}(\pi) \implies 1_N = \pi(g) = sf(g) = s(gN) \implies 1_N = gN \implies g \in N$．

(4) ⇒ (1) $H = \mathrm{Im}(\pi)$ とすれば，$g \in N \cap H \implies \pi(g) = 1$ かつ $\pi(g) =$

$g \implies 1 = g \implies N \cap H = 1$. $g \in G \implies g\pi(g^{-1}) \in \mathrm{Ker}(\pi) = N \implies g = (g\pi(g^{-1}))\pi(g) \in NH \implies G = NH$. ∎

例 10.66 (完全列の分裂)　$C_6 = \langle \sigma \rangle = \langle \sigma^2 \rangle \times \langle \sigma^3 \rangle = C_3 \times C_2$ (内部直積) であるから，$1 \to C_3 \to C_6 \to C_2 \to 1$ は分裂する．しかし，C_4 は C_2 と C_2 の半直積ではかけないから，$1 \to C_2 \to C_4 \to C_2 \to 1$ は分裂しない．$1 \to C_2 = \{\pm 1\} \to Q_8 \to Q_8/\{\pm 1\} \simeq C_2 \times C_2 \to 1$ も分裂しない (例 10.59).

定義 10.67 (群拡大の同値)　N の H による 2 つの拡大 G, G' が同値であるとは，次の図式を可換にさせる同型 $\kappa : G \to G'$ が存在することである：

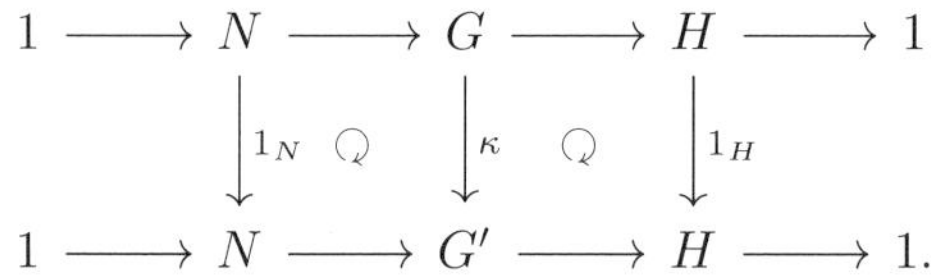

この同値類を $\mathrm{Ext}(H, N)$ とかく．このとき，分裂する拡大は 1 つの類を定める．

注意　準同型 $\kappa : G \to G'$ が存在すると定義しても同値となる (命題 10.55).

本書では証明を与えないが，次は N がアーベル群の場合の基本定理である．

定理* 10.68　群 H と H 加群 N に対して，集合 $\mathrm{Ext}(H, N)$ と $H^2(H, N)$ には全単射がある．このとき，分裂する拡大の類は $[0] \in H^2(H, N)$ に対応する．

注意　N は H 加群であり，H の N への作用 (同型) ごとに $H^2(H, N)$ が定まっているので，注意が必要である．例えば，$H = C_2$, $N = C_3$ のとき，C_6 は H が N に自明に作用するときの $[0] \in H^2(H, N)$ に対応し，S_3 は $\tau \in H$ が $\tau : N \to N$, $\sigma \mapsto \sigma^\tau = \sigma^{-1}$ と作用するときの $[0] \in H^2(H, N)$ に対応している．

例 10.69 ($H^2(C_p, C_p) \simeq C_p$)　$H = C_p$ が $N = C_p$ に作用しているとすると，準同型 $\varphi : H \to \mathrm{Aut}(N) \simeq C_{p-1}$ が得られる (定理 10.38) が，$\varphi(\sigma) = 1$ ($\forall \sigma \in H$) だから，H は N に自明に作用するしかない (例 9.5)．このとき，$H^2(H, N) \simeq C_p$ が分かる．〔← 実は，自明作用 $N \curvearrowleft H$ による $H^2(H, N)$ の元は中心拡大 ($N \leq Z(G)$ なる拡大) に対応する〕 すなわち，$[0] \in H^2(H, N)$ に対応する直積 $C_p \times C_p$ とそれ以外の (分裂しない) $p - 1$ 個の互いに同値でない群拡大 G がある．〔← これらは，$G \simeq C_{p^2}$ となる (命題 12.35 (6))．つまり，群拡大の同値類は，G の同型類を H の N への作用込みでより細かくしたものになっている〕

有限群の拡大について，次の定理が知られている (例えば，[近藤, 定理 7.1], [Rotman 1, Theorem 7.41])：〔← さらに進んで学びたい読者は，巻末に挙げたホモロジー代数の本を見ていただきたい〕

定理* 10.70 (Schur-Zassenhaus theorem, 1937) 有限群 N, H に対して，$\gcd(|N|, |H|) = 1$ ならば短完全列 $1 \to N \to G \to H \to 1$ は分裂する．すなわち，N の H による群拡大 G は半直積 $N \rtimes H$ となる．

10.8 外部半直積とレス積

与えられた 2 つの群 N, H の半直積 $N \rtimes H$ を作る方法について述べる．

定義 10.71 (外部半直積) N を H 群，すなわち，準同型 $\varphi : H \to \mathrm{Aut}(N)$, $h \mapsto [\varphi_h : N \ni n \mapsto n^h \in N]$ が与えられているとする (定理 10.38)．直積集合 $G = N \times H$ に積を $(n_1, h_1)(n_2, h_2) = (n_1^{h_2} n_2, h_1 h_2)$ と定義すれば，単位元を $1_G = (1_N, 1_H)$，$(n, h) \in G$ の逆元を $(n, h)^{-1} = ((n^{-1})^{h^{-1}}, h^{-1}) \in G$ として G は群をなし，N と H の φ による**外部半直積** (outer semidirect product) といって，$N \rtimes_\varphi H$ とかく．

注意 (1) 実際，結合法則は，

$$
\begin{aligned}
((n_1, h_1)(n_2, h_2))(n_3, h_3) &= ((n_1^{h_2} n_2)^{h_3} n_3, (h_1 h_2) h_3) \\
&= (n_1^{h_2 h_3} n_2^{h_3} n_3, h_1 h_2 h_3) = (n_1^{h_2 h_3} (n_2^{h_3} n_3), h_1 (h_2 h_3)) \\
&= (n_1, h_1)((n_2, h_2)(n_3, h_3)),
\end{aligned}
$$

(n, h) の逆元は

$$
\begin{aligned}
(n, h)(n, h)^{-1} &= (n^{h^{-1}} (n^{-1})^{h^{-1}}, h h^{-1}) = 1_G, \\
(n, h)^{-1}(n, h) &= (((n^{-1})^{h^{-1}})^h n, h^{-1} h) = 1_G,
\end{aligned}
$$

と確かめられる．

(2) G は集合としては N と H の直積だから，$|G| = |N||H|$．また，$N \rtimes_\varphi H = N \times H$ (直積) $\iff$ H の N への作用が自明：$\varphi(h) = 1_N$ $(\forall h \in H)$.

(3) H が N に左から作用しているときには，$(n_1, h_1)(n_2, h_2) = (n_1 h_1(n_2), h_1 h_2)$ と定義すれば，同様の議論をすることができる．

定理 10.72　$G = N \rtimes_\varphi H$ (外部半直積) に対して，$N' = \{n' = (n, 1_H) \mid n \in N\} \simeq N$，$H' = \{h' = (1_N, h) \mid h \in H\} \simeq H$ とすれば，〔← N, H を G の部分群 N', H' と同一視した (定義 9.31 参照)〕 $G = N' \rtimes H'$ (内部半直積)．逆に，$G = N \rtimes H$ (内部半直積) は，$\varphi : H \to \mathrm{Aut}(N)$，$h \mapsto [\varphi_h : n \mapsto n^h = h^{-1}nh]$ (内部自己同型) に対して，$G \simeq N \rtimes_\varphi H$ (外部半直積) となる．

証明　$G = N \rtimes_\varphi H$ ならば全射準同型 $\pi : G \to H$，$(n, h) \mapsto h$ に対して，$\mathrm{Ker}(\pi) = N' \lhd G$．また，$H' \leq G$，$N'H' = G$，$N' \cap H' = \{1\}$ であるから，$G = N' \rtimes H'$．逆に，$G = N \rtimes H$ とすると，$g \in G$ は $g = nh$ $(n \in N,\ h \in H)$ と一意的にかけ (定理 10.65)，$g^{-1} = h^{-1}n^{-1}$ を考えれば，結局 $g = hn$ とも一意的にかける．このとき，$(h_1n_1)(h_2n_2) = h_1h_2(h_2^{-1}n_1h_2)n_2 = h_1h_2n_1^{h_2}n_2$ であるから，$G \to N \times H$，$g = hn \mapsto (n, h)$ は同型 $G \simeq N \rtimes_\varphi H$ を与える．∎

注意　すなわち，外部半直積は内部半直積と見なせ，内部半直積は内部自己同型に関する外部半直積となる．よって，どちらも単に**半直積**と呼ばれることも多い．

例 10.73 (**外部半直積**)　4.7 節で定義した群 D_n，Q_{4p}，QD_{2^n}，M_{p^n} (定義 4.53，定義 4.66，定義 4.68) は次のように外部半直積で表せる．

$$D_n = \langle x, y \mid x^n = y^2 = 1,\ y^{-1}xy = x^{-1} \rangle$$
$$\simeq \langle x \rangle \rtimes_\varphi \langle y \rangle \simeq C_n \rtimes_\varphi C_2,$$

ただし，$\varphi : C_2 \to \mathrm{Aut}(C_n) \simeq (\mathbb{Z}/n\mathbb{Z})^\times$，$y \mapsto [\varphi_y : x \mapsto y^{-1}xy = x^{-1}]$．

$$Q_{4p} = \langle x, y \mid x^{2p} = y^4 = 1,\ x^p = y^2,\ y^{-1}xy = x^{-1} \rangle \qquad (p \text{ は奇素数})$$
$$\simeq \langle x^2 \rangle \rtimes_\varphi \langle y \rangle \simeq \langle z \rangle \rtimes_\varphi \langle y \rangle \simeq C_p \rtimes_\varphi C_4,$$

ただし，$\varphi : C_4 \to \mathrm{Aut}(C_p) \simeq (\mathbb{Z}/p\mathbb{Z})^\times$，$y \mapsto [\varphi_y : z \mapsto y^{-1}zy = z^{-1}]$．

$$QD_{2^n} = \langle x, y \mid x^{2^n} = y^2 = 1,\ y^{-1}xy = x^{2^{n-1}-1} \rangle$$
$$\simeq \langle x \rangle \rtimes_\varphi \langle y \rangle \simeq C_{2^n} \rtimes_\varphi C_2,$$

ただし，$\varphi : C_2 \to \mathrm{Aut}(C_{2^n}) \simeq (\mathbb{Z}/2^n\mathbb{Z})^\times$，$y \mapsto [\varphi_y : x \mapsto y^{-1}xy = x^{2^{n-1}-1}]$．

$$M_{p^n} = \langle x, y \mid x^{p^{n-1}} = y^p = 1,\ y^{-1}xy = x^{p^{n-2}+1} \rangle$$
$$\simeq \langle x \rangle \rtimes_\varphi \langle y \rangle \simeq C_{p^{n-1}} \rtimes_\varphi C_p,$$

ただし，$\varphi : C_p \to \mathrm{Aut}(C_{p^{n-1}}) \simeq (\mathbb{Z}/p^{n-1}\mathbb{Z})^\times$，$y \mapsto [\varphi_y : x \mapsto y^{-1}xy =$

$x^{p^{n-2}+1}]$.

定義 10.74 (位数 pl のフロベニウス群 F_{pl}) 奇素数 p と $(1 \neq)\ l \mid p-1$ に対して，位数 pl の群

$$F_{pl} = \langle x, y \mid x^p = y^l = 1,\ y^{-1}xy = x^t \rangle \simeq \langle x \rangle \rtimes_\varphi \langle y \rangle \simeq C_p \rtimes_\varphi C_l$$

を**位数 pl のフロベニウス群** (Frobenius group of order pl) という．

ただし，$\varphi : C_l \to \mathrm{Aut}(C_p) \simeq \mathbb{F}_p^\times = \langle \lambda \rangle$, $y \mapsto [\varphi_y : x \mapsto y^{-1}xy = x^t]$, $t = \lambda^{\frac{p-1}{l}}$ は $\mathbb{F}_p^\times = \langle \lambda \rangle$ の位数 l の元．

例 10.75 (位数 pl のフロベニウス群 F_{pl}) (1) $l = 2$ のとき，$F_{pl} = F_{2p} \simeq D_p$ (位数 $2p$ の二面体群，定義 4.53).

(2) $l = p-1$ のとき，$F_{p(p-1)} \simeq \mathrm{Aff}(\mathbb{F}_p)$ (アフィン変換群，定義 4.33)：

$$F_{p(p-1)} = \langle x \rangle \rtimes_\varphi \langle y \rangle \simeq \mathrm{Aff}(\mathbb{F}_p) = \left\{ \begin{pmatrix} a & b \\ 0 & 1 \end{pmatrix} \middle| \ a \in \mathbb{F}_p^\times,\ b \in \mathbb{F}_p \right\}.$$

実際，$f : F_{p(p-1)} \xrightarrow{\sim} \mathrm{Aff}(\mathbb{F}_p)$, $x \mapsto \begin{pmatrix} 1 & 1 \\ 0 & 1 \end{pmatrix}$, $y \mapsto \begin{pmatrix} \lambda^{-1} & 0 \\ 0 & 1 \end{pmatrix}$ は同型写像となる．特に，$\mathrm{Aff}(\mathbb{F}_p) \simeq \mathbb{F}_p \rtimes \mathbb{F}_p^\times = \mathbb{F}_p \rtimes \langle \lambda \rangle$ $(\simeq C_p \rtimes_\varphi C_{p-1})$.

定義 10.76 (置換群の環積，輪積，レス積，リース積) 置換群 $F \leq S_m$, $H \leq S_n$ に対して，H は $F^n = F \times \cdots \times F$ (n 個) に置換

$$(f_1, \cdots, f_n)^h = (f_{h(1)}, \cdots, f_{h(n)}) \qquad (h \in H,\ (f_1, \cdots, f_n) \in F^n)$$

によって右から作用し，準同型 $\varphi : H \to \mathrm{Aut}(F^n)$ が得られる (定理 10.38). このとき，半直積 $F^n \rtimes_\varphi H \leq S_{mn}$ を F と H の (φ による) **環積，輪積，レス積**または**リース積** (wreath product) といい，$F \wr H$ または F wr H とかく．

注意 (1) 実際，H は F^n に，$(f_1, \cdots, f_n)^{hh'} = (f_{h(h'(1))}, \cdots, f_{h(h'(n))}) = (e_{h'(1)}, \cdots, e_{h'(n)}) = (e_1, \cdots, e_n)^{h'} = (f_{h(1)}, \cdots, f_{h(n)})^{h'} = ((f_1, \cdots, f_n)^h)^{h'}$ $(h, h' \in H)$ と右から作用する．ただし，$e_i = f_{h(i)}$ $(1 \leq i \leq n)$.

(2) 定義から，$|F \wr H| = |F|^n |H|$. また，一般の群 F, H に対して，F と H のレス積 $F \wr H$ を定義することができるが，置換群の場合に限定して定義した．

例 10.77 (1) $G = C_2 \wr C_2 = ((\pm 1) \times (\pm 1)) \rtimes C_2 \simeq D_4 \leq S_4$, $|G| = 8$.

(2) $G = C_2 \wr S_n = ((\pm 1) \times \cdots \times (\pm 1)) \rtimes S_n \leq S_{2n}$ であり，$|G| = 2^n \times n!$.

(3) $G = S_m \wr C_2 = (S_m \times S_m) \rtimes C_2 \leq S_{2m}$ であり，$|G| = (m!)^2 \cdot 2$.

10.9　原始置換群と S_n の可移部分群

本節では，S_n の部分群にはどのようなものがあるかを具体的にみていく．

定義 10.78 (原始的作用)　群 G の集合 Ω への作用 $G \curvearrowright \Omega$ を可移 (定義 10.9) とする．$X \subset \Omega$ は

$$g \circ X = X \text{ または } (g \circ X) \cap X = \varnothing \qquad (\forall g \in G)$$

をみたすとき，(G, Ω) の**非原始ブロック** (imprimive block または block) という．(G, Ω) が自明な非原始ブロック，すなわち，$X = \Omega$ と $\{x\}$ $(x \in X)$，しかもたないとき，G の Ω への作用は**原始的** (primitive) という．

定義 10.79 (t 重可移群)　$G \curvearrowright \Omega$ とする．任意の $(x_1, \cdots, x_t), (y_1, \cdots, y_t)$ $\in \Omega \times \cdots \times \Omega$ $(x_i \neq x_j,\ y_i \neq y_j\ (i \neq j))$ に対して，ある $g \in G$ が存在して，

$$g \circ x_i = y_i \qquad (i = 1, \cdots, t)$$

をみたすとき，G の Ω への作用は t **重可移** (t-transitive) であるという．〔← $t = 1$ のときは単に可移といった (定義 10.9): $G = \mathrm{Orb}_G(x)$ $(\exists x \in G)$．定義から，t 重可移群は $t-1$ 重可移である〕

注意　有限群のうち，対称群 S_n と交代群 A_n (n 重可移と $n-2$ 重可移，以下の定理 10.81 参照) を除けば，4 重以上の可移群は散在型単純群 (102 ページ) のマシュー群 M_{11}, M_{23} (4 重可移)，M_{12}, M_{24} (5 重可移) しか存在しないことが知られている．〔← 興味のある読者は，[Dixon-Mortimer, Section 7.3] などを見ていただきたい〕

定義 10.80　$\Omega = \{1, \cdots, n\}$ のとき，部分群 $G \leq S(\Omega) \simeq S_n$ を Ω の n **次置換群** (permutation group of degree n) という．さらに，G の Ω への作用 $G \curvearrowright \Omega$ が原始的のとき，G を**原始置換群** (primitive permutation group) という．

定理 10.81　$S_n, A_n \curvearrowright \Omega = \{1, \cdots, n\}$ に対して，置換群 S_n は n 重可移，A_n は (ちょうど) $n-2$ 重可移である．

証明　(S_n): $(1, \cdots, n)$ と異なる文字からなる任意の $(y_1, \cdots, y_n) \in \Omega^n$ に対して，置換 $\sigma = \begin{pmatrix} 1 & \cdots & n \\ y_1 & \cdots & y_n \end{pmatrix}$ が存在するから，S_n は n 重可移．

(A_n): 異なる文字からなる任意の $(y_1, \cdots, y_{n-2}) \in \Omega^{n-2}$ に対して，置換

$$\sigma = \begin{pmatrix} 1 & \cdots & n-2 & n-1 & n \\ y_1 & \cdots & y_{n-2} & y_{n-1} & y_n \end{pmatrix}, \qquad \tau = \begin{pmatrix} 1 & \cdots & n-2 & n-1 & n \\ y_1 & \cdots & y_{n-2} & y_n & y_{n-1} \end{pmatrix}$$

のどちらかは偶置換であり A_n の元となる．〔← $\sigma = \tau \circ (n-1\ n)$ より〕 よって，A_n は $n-2$ 重可移である．いま，$\Omega = \{1, \cdots, n\}$ より，$n-1$ 重可移と n 重可移は同じことである．〔← なぜか考える〕 しかし，A_n は奇置換を含まず，n 重可移にはなりえない．よって，$n-1$ 重可移でもない． ∎

命題 10.82 (G, Ω) が 2 重可移ならば G の Ω への作用は原始的．

証明 仮に，$X \neq \Omega, \{x\}$ $(x \in X)$ を (G, Ω) の自明でない非原始ブロックとして，$a, b \in X$ $(a \neq b)$ と $c \in \Omega \setminus X$ をとる．G の Ω への作用は 2 重可移であるから，$g \circ a = a$, $g \circ b = c$ $(\exists g \in G)$．このとき，$(c \in)$ $g \circ X \neq X$ $(\not\ni c)$ かつ $(a \in)$ $(g \circ X) \cap X \neq \varnothing$ となるが，これは X が自明でない非原始ブロックであることに矛盾する．よって，(G, Ω) は自明な非原始ブロックしかもたない． ∎

例 10.83 $S_n, A_n \curvearrowright \Omega = \{1, \cdots, n\}$ に対して，置換群 S_n, A_n は原始置換群．

次の射影特殊線形群 $PSL_n(K)$ は，例えば $K = \mathbb{F}_q$ かつ $(n, q) \neq (2, 2), (2, 3)$ のときには有限単純群となり (定理 10.87)，有限群の重要な系列を与える．

定義 10.84 (射影一般線形群, 射影特殊線形群) 体 K 上の一般線形群 $GL_n(K)$，特殊線形群 $SL_n(K)$ を中心で割った剰余群

$$PGL_n(K) := GL_n(K)/Z(GL_n(K)),$$
$$PSL_n(K) := SL_n(K)/Z(SL_n(K))$$

をそれぞれ，体 K 上の**射影一般線形群** (projective general linear group)，**射影特殊線形群** (projective special linear group) という．

命題 10.85 $\mathbb{F}_q$ $(q = p^r)$ を有限体とする．

(1) $|PGL_n(\mathbb{F}_q)| = |GL_n(\mathbb{F}_q)|/(q-1)$
$$= (q^n-1)(q^n-q)\cdots(q^n-q^{n-2})(q^n-q^{n-1})/(q-1).$$

(2) $|PSL_n(\mathbb{F}_q)| = |SL_n(\mathbb{F}_q)|/d$
$$= (q^n-1)(q^n-q)\cdots(q^n-q^{n-2})q^{n-1}/d.$$

ただし，$d = \gcd(n, q-1)$．

証明　定理 9.18 と $Z(GL_n(\mathbb{F}_q)) = \{aE_n \mid a \in \mathbb{F}_q^\times\} \simeq \mathbb{F}_q^\times$，$Z(SL_n(\mathbb{F}_q)) = \{aE_n \mid a \in \mathbb{F}_q^\times,\ a^n = 1\}$ を考えれば，$\mathbb{F}_q^\times$ は位数 $q-1$ の巡回群 (系 7.16) であることから主張が従う． ∎

例 10.86 (**射影特殊線形群**)　命題 10.85 より，以下が得られる：

$$|PSL_2(\mathbb{F}_2)| = 6, \quad |PSL_2(\mathbb{F}_3)| = 12, \quad |PSL_2(\mathbb{F}_4)| = |PSL_2(\mathbb{F}_5)| = 60,$$
$$|PSL_2(\mathbb{F}_7)| = |PSL_3(\mathbb{F}_2)| = 168, \quad |PSL_2(\mathbb{F}_9)| = 360 = 6!/2,$$
$$|PSL_4(\mathbb{F}_2)| = |PSL_3(\mathbb{F}_4)| = 20160 = 8!/2.$$

注意　さらには，以下の同型が知られている：

$$PSL_2(\mathbb{F}_2) \simeq S_3, \quad PSL_2(\mathbb{F}_3) \simeq A_4,$$
$$PSL_2(\mathbb{F}_4) \simeq PSL_2(\mathbb{F}_5) \simeq A_5, \quad PSL_2(\mathbb{F}_7) \simeq PSL_3(\mathbb{F}_2),$$
$$PSL_2(\mathbb{F}_9) \simeq A_6, \quad PSL_4(\mathbb{F}_2) \simeq A_8 \not\simeq PSL_3(\mathbb{F}_4).$$

非可換有限単純群のうち，位数が最小のものは位数 60 であり $PSL_2(\mathbb{F}_4) \simeq PSL_2(\mathbb{F}_5) \simeq A_5$ と同型，2 番目に小さいものは位数 168 であり，$PSL_2(\mathbb{F}_7) \simeq PSL_3(\mathbb{F}_2)$ と同型であることが知られている．また，$|G| < 60$ ならば G は可解群 (定義 12.1) であることも分かる．〔← 興味のある読者は，ぜひ証明を試みてほしい〕

定義 10.84 の直前に述べたように，以下が成り立つことが知られている：〔← 証明に興味のある読者は，例えば [近藤，§2.5] を見ていただきたい〕

定理* 10.87 ($PSL_n(\mathbb{F}_q)$ **の単純性**)　$\mathbb{F}_q$ $(q = p^r)$ を有限体とする．
$(n, q) \neq (2, 2), (2, 3)$ ならば $PSL_n(\mathbb{F}_q)$ は単純群である．

次の p 次フロベニウス群 $G \leq S_p$ は，12.4 節で述べるフロベニウス群 (定義 12.44) の特別な場合である：

定義 10.88 (p **次フロベニウス群**)　$p \geq 3$ を素数とする．可移部分群 $G \leq S_p$ が p **次フロベニウス群** (Frobenius group of degree p) であるとは，$G_i = \{\sigma \in G \mid \sigma(i) = i\} \neq 1$ $(1 \leq \forall i \leq p)$ かつ $G_i \cap G_j = 1$ $(i \neq j)$ をみたすこと．

定理* 10.89 (**ガロア，Galois** [Huppert, Satz 3.6, 163 ページ])　$p \geq 5$ を素数とする．可移部分群 $C_p \lneq G \leq S_p$ に対して，以下は同値：

(1)　G の p シロー群はただ 1 つ：$C_p \lhd G$；〔← p シロー群は定義 10.91〕

(2) G は可解群；〔← 可解群は定義 12.1〕

(3) $G = F_{pl} \simeq C_p \rtimes C_l \leq \mathrm{Aff}(\mathbb{F}_p)$ $(1 \neq l \mid p-1)$；〔← F_{pl} は定義 10.74〕

(4) G は p 次フロベニウス群.

注意 $G = F_{pl} \leq S_p$ は置換群としては，$G = \langle \sigma, \tau^{\frac{p-1}{l}} \rangle$，ただし，$\sigma = (1\,2 \cdots p)$，$\tau = (1\,g\,g^2 \cdots g^{p-2})$，$\langle g \rangle = \mathbb{F}_p^{\times} \simeq C_{p-1}$ となる.

以下で $3 \leq n \leq 7$ と $n = 11$ に対する，可移置換群 $G \leq S_n$ とそれぞれの包含関係によるハッセ図を与える.

例* 10.90 (可移置換群，原始置換群) 11 次以下の可移置換群 $G \leq S_n$ $(n \leq 11)$ は Butler-McKay (1983) によって決定されており，$3 \leq n \leq 7$ と $n = 11$ については，以下のようになる.〔← 実は，$n = 8$ に対しては 50 個もある〕 ただし，n 次可移置換群のうち共役であるものを同一視して，m 番目のものを nTm とかく.

(1) $n = 3$; $3T1 \simeq C_3$, $3T2 \simeq S_3$ は原始置換群；

(2) $n = 4$; $4T1 \simeq C_4$, $4T2 \simeq V_4$, $4T3 \simeq D_4 \simeq C_2 \wr C_2$, $4T4 \simeq A_4$, $4T5 \simeq S_4$ の 5 個のうち，原始置換群は A_4, S_4；

(3) $n = 5$; $5T1 \simeq C_5$, $5T2 \simeq D_5$, $5T3 \simeq F_{20}$, $5T4 \simeq A_5$, $5T5 \simeq S_5$ の 5 個すべて原始置換群；

(4) $n = 6$; $6T1 \simeq C_6$, $6T2 \simeq S_3$, $6T3 \simeq D_6$, $6T4 \simeq A_4$, $6T5 \simeq C_3 \wr C_2 \simeq C_3 \times S_3$, $6T6 \simeq C_2 \wr C_3 \simeq C_2 \times A_4$, $6T7 \simeq 6T8 \simeq S_4$, $6T9 \simeq (S_3)^2$, $6T10 = (C_3)^2 \rtimes C_4$, $6T11 \simeq C_2 \wr S_3$, $6T12 \simeq A_5$, $6T13 \simeq S_3 \wr C_2$, $6T14 \simeq S_5$, $6T15 \simeq A_6$, $6T16 \simeq S_6$ の 16 個のうち，原始置換群は A_5, S_5, A_6, S_6；

(5) $n = 7$; $7T1 \simeq C_7$, $7T2 \simeq D_7$, $7T3 \simeq F_{21}$, $7T4 \simeq F_{42}$, $7T5 \simeq PSL_2(\mathbb{F}_7)$, $7T6 \simeq A_7$, $7T7 \simeq S_7$ の 7 個すべて原始置換群；

(6) $n = 11$; $11T1 \simeq C_{11}$, $11T2 \simeq D_{11}$, $11T3 \simeq F_{55}$, $11T4 \simeq F_{110}$, $11T5 \simeq PSL_2(\mathbb{F}_{11})$, $11T6 \simeq M_{11}$, $11T7 \simeq A_{11}$, $11T8 \simeq S_{11}$ の 8 個すべて原始置換群.

n が素数 p のとき，G は長さ p の巡回置換を含み，原始置換群となる．$n = 4, 6$ のとき，レス積 (定義 10.76) $4T3 \simeq C_2 \wr C_2$, $6T11 \simeq C_2 \wr S_3$, $6T13 \simeq S_3 \wr C_2$ に含まれる群は非原始置換群であるから，原始置換群は $n = 4$ のとき，A_4, S_4，$n = 6$ のとき，A_5, S_5, A_6, S_6 のみである．次のように包含関係によるハッセ図をかくことで，さらに理解が深まるであろう：

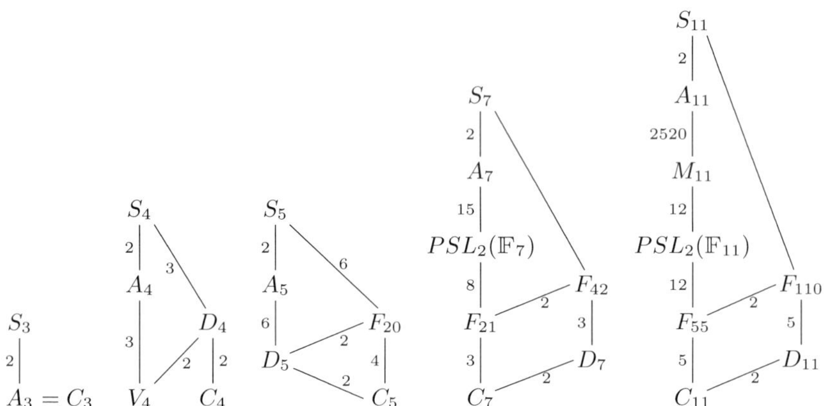
S_3
2
$A_3 = C_3$
S_4
2
3
A_4
3
D_4
2
2
V_4
C_4
S_5
2
6
A_5
6
F_{20}
2
4
D_5
2
C_5
S_7
2
A_7
15
$PSL_2(\mathbb{F}_7)$
8
F_{42}
2
3
F_{21}
3
D_7
2
C_7
S_{11}
2
A_{11}
2520
M_{11}
12
$PSL_2(\mathbb{F}_{11})$
12
F_{110}
2
5
F_{55}
5
D_{11}
2
C_{11}

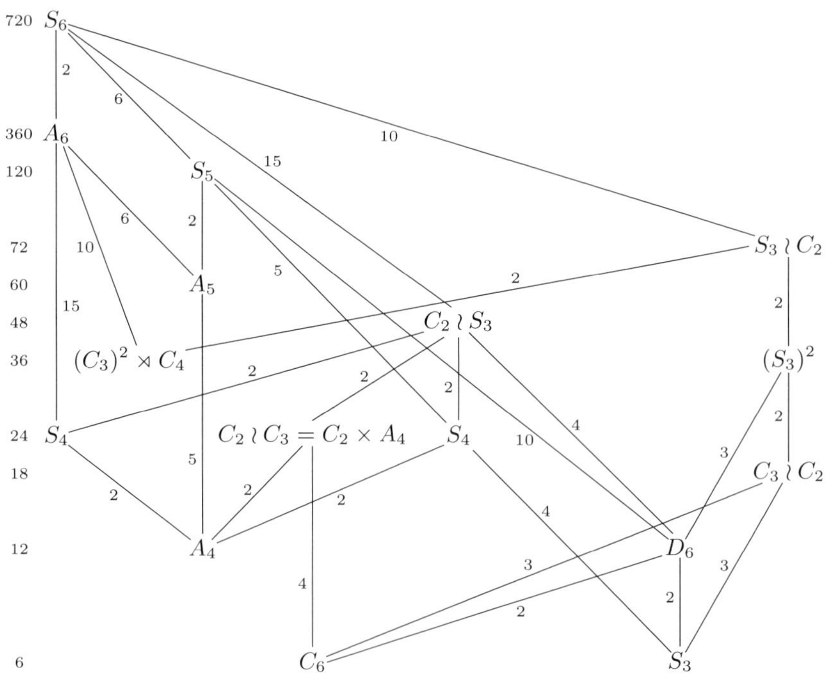
720 S_6
360 A_6
120 S_5
72 $S_3 \wr C_2$
60 A_5
48 $C_2 \wr S_3$
36 $(C_3)^2 \rtimes C_4$
$(S_3)^2$
24 S_4
$C_2 \wr C_3 = C_2 \times A_4$
S_4
18 $C_3 \wr C_2$
12 A_4
D_6
6 C_6
S_3
2
6
15
10
6
10
15
2
5
2
2
2
2
2
2
4
10
5
2
2
3
4
3
3
2
2
4
2
3

ガロア理論を学ぶと，n 次多項式 $f(X)$ のガロア群 $G_f \leq S_n$ に対して，

$$f(X) \text{ が } (\mathbb{Q} \text{ 上}) \text{ 既約} \iff G_f \leq S_n \text{ は可移}$$

が分かる．また，勝手にとった n 次多項式 $f(X)$ に対して，ほとんどが $G_f \simeq S_n$ となる．〔← より進んだ読者は，ヒルベルトの既約性定理，例えば [Serre 4, 9–10 章], [セール 5, 3 章] を参照のこと〕 もし $f(X)$ の判別式がぴったり平方数〔← かなりの幸運である！〕だと $G_f \leq A_n$ となり，さらにいくつかの条件をみたすと，ガロア群 G_f はさらに小さくなる．〔← 興味がある読者は，分解多項式 (resolvent polynomial) を学んでほしい〕 よって，あなたが勝手にとった n 次既約多項式 $f(X)$ のガロア群が仮に $G_f \simeq C_n$〔← 一番小さい！〕となっていたら，あなたはかなりの幸運の持ち主である．

一方，複 2 次式 $f(X^2)$〔← 偶数次のみの $2n$ 次式〕のガロア群 $G_f \leq S_{2n}$ は $G_f \leq C_2 \wr S_n \simeq (\{\pm 1\} \times \cdots \times \{\pm 1\}) \rtimes S_n$ (例 10.77) となる．これは，ガロア群 G_f が $f(X)$ の根 $\{\pm x_1, \cdots, \pm x_n\}$ に置換として作用することから分かる．〔← 例えば，$X^4 + aX^2 + b$ のガロア群 G_f は $G_f \leq C_2 \wr S_2 \simeq D_4$ である〕

p 次可移置換群

素数 p に対して，p 次可移置換群 $G \leq S_p$ は可解群 (定義 12.1) ならば $G \simeq C_p, F_{pl}$ $(l \mid p-1)$ となる (定理 10.89)．では，非可解な可移置換群 $G \leq S_p$ はどのくらいあるだろうか？ 有限単純群の分類定理 (102 ページ) により，非可解な可移置換群 $G \leq S_p$ $(p \geq 5)$ は，以下に限ることが分かる ([Dixon-Mortimer, 99 ページ] 参照):〔← これは [都筑 1, 253 ページ], [Huppert-Blackburn, III, 434 ページ] などで予想されていたことである〕

(1) $S_p, A_p \leq S_p$;

(2) $PSL_2(\mathbb{F}_{11}) \leq S_{11}$;

(3) $M_{11} \leq S_{11}$, $M_{23} \leq S_{23}$;〔← 11 次, 23 次マシュー群, 102 ページ〕

(4) $p = \dfrac{q^d - 1}{q - 1}$ ($q = l^m$ は素巾) のときの，$PSL_d(\mathbb{F}_q) \leq G \leq P\Gamma L_d(\mathbb{F}_q)$. ただし，$P\Gamma L_d(\mathbb{F}_q) \rhd PGL_d(\mathbb{F}_q)$ かつ $P\Gamma L_d(\mathbb{F}_q)/PGL_d(\mathbb{F}_q) \simeq C_m$ をみたす．

(4) をみたす $p \leq 5000$ を調べてみると，$(p, d, q) = (5, 2, 4)$, $(7, 3, 2)$, $(13, 3, 3)$, $(17, 2, 16)$, $(31, 3, 5)$, $(31, 5, 2)$, $(73, 3, 8)$, $(127, 7, 2)$, $(257, 2, 256)$, $(307, 3, 17)$, $(757, 3, 27)$, $(1093, 7, 3)$, $(1723, 3, 41)$, $(2801, 5, 7)$, $(3541, 3, 59)$

を得るが，このような p は無限に存在するかどうかは分かっていない．〔← $q=2$ とすれば，$p=2^d-1$ (メルセンヌ素数)，$d=2$ かつ $q=2^m$ とすれば，$p=2^m+1$ (フェルマー素数) を含んでいる (!)，72 ページ参照〕

10.10　シローの定理とその応用

本章の締めくくりとして，本節ではシローの定理とその応用 (小節 10.10.1, 小節 10.10.2) を与える．シローの定理は，有限群 G の内部構造 (部分群および元の位数) に関する情報を与え，有限群の研究において極めて重要な役割を果たす．

定義 10.91 (p **シロー群**)　G を有限群，p を素数，$p^a \mid |G|$ かつ $p^{a+1} \nmid |G|$ とする．位数が p^a なる G の部分群を G の p **シロー群** (p-Sylow subgroup) という．〔← p シロー部分群ともいう〕 G の p シロー群全体を $\mathrm{Syl}_p(G)$ とかく．

定理 10.92 (Sylow, 1872)　G を有限群，p を素数，$p^a \mid |G|$ かつ $p^{a+1} \nmid |G|$ とする．このとき，G は位数 p^b $(1 \le b \le a)$ の部分群を $r_b p+1$ $(\exists r_b \ge 0)$ 個含む．特に，G の p シロー群は $r_a p+1$ 個存在する：$|\mathrm{Syl}_p(G)| = r_a p + 1$.

証明　(Helmut Wielandt によって簡略化された証明，1959)　位数 p^b の部分群の個数を $N(p^b)$ とかく．$|G| = p^b n$ $(1 \le b \le a)$ として集合

$$\Omega = \left\{ \omega \subset G \text{ (部分集合)} \;\middle|\; |\omega| = p^b \right\}$$

を考えると，二項係数を用いて，$|\Omega| = \dbinom{p^b n}{p^b}$ とかける．G の Ω への作用

$$G \times \Omega \to \Omega, \qquad (g, \omega) \mapsto g \circ \omega = \{gx \mid x \in \omega\}$$

による軌道分解を $\Omega = \Omega_1 \cup \cdots \cup \Omega_t$，$\Omega_i = \mathrm{Orb}_G(\omega_i)$ $(\omega_i \in \Omega_i)$ とする．OS 定理 (定理 10.14) より，

$$|\Omega| = \sum_{i=1}^{t} |\Omega_i|, \qquad \Omega_i = [G : G_{\omega_i}], \qquad G_{\omega_i} = \{g \in G \mid g\omega_i = \omega_i\}$$

となる．$G_{\omega_i}\omega_i = \omega_i$ より，$\omega_i = \bigcup_{j=1}^{n_i} G_{\omega_i} x_{ij}$ $(x_{ij} \in \omega_i)$ とかけるので，

$$|\omega_i| = p^b = n_i \times |G_{\omega_i}|, \qquad |G_{\omega_i}| = p^{b_i} \mid p^b \ (\exists b_i)$$

を得る．ここで，

$$p^{b_i} < p^b \implies |\Omega_i| = [G : G_{\omega_i}] = p^{b-b_i} n \equiv 0 \pmod{pn},$$
$$p^{b_i} = p^b \implies |\Omega_i| = [G : G_{\omega_i}] = n$$

であるから，$|\Omega| = \binom{p^b n}{p^b} \equiv \sum_{|\Omega_i|=n} |\Omega_i| \pmod{pn}$ を得る．一方，

$$|\Omega_i| = n \iff b_i = b \iff |G_{\omega_i}| = p^b \iff |\omega_i| = |G_{\omega_i}|$$
$$\iff \omega_i = G_{\omega_i} x_{i1} \iff K_i := x_{i1}^{-1} \omega_i = x_{i1}^{-1} G_{\omega_i} x_{i1} \in \Omega_i.$$

K_i は G の位数 p^b の部分群であり，$|\Omega_i| = n = [G : K_i]$ より，Ω_i は K_i の G による左剰余類全体の集合となるから，$|\Omega_i| = n$ なる i の数は $N(p^b)$ 個：

$$|\Omega| \equiv \sum_{|\Omega_i|=n} |\Omega_i| \equiv N(p^b) n \pmod{pn}.$$

特に，$G = C_{p^b n}$ (位数 $p^b n$ の巡回群) のとき，$N(p^b) = 1$ (定理 5.25) であるから，合同式 $\binom{p^b n}{p^b} \equiv n \pmod{pn}$ が導かれる．この合同式と $|\Omega| = \binom{p^b n}{p^b}$ から，$N(p^b) \equiv 1 \pmod{p}$ を得る． ∎

次の定理が，有限群論において燦然と輝くシローの定理である．

定理 10.93 (**シローの定理，Sylow theorem, 1872**) G を有限群，p を素数，$p^a \mid |G|$ かつ $p^{a+1} \nmid |G|$ とする．

(1) G の p シロー群 P が存在する：$\exists P \in \mathrm{Syl}_p(G)$.

(2) G の p 部分群 (位数 p 巾の部分群) Q は P のある共役に含まれる．

(3) p シロー群はすべて共役で，$|\mathrm{Syl}_p(G)| = [G : N_G(P)] = rp + 1$ $(\exists r \geq 0)$ 個ある．〔← $P \triangleleft N_G(P)$ より $|\mathrm{Syl}_p(G)|$ は $|G|/p^a$ の約数でもある〕

証明 (1) 定理 10.92 よりよい．

(2) G の P, Q による両側剰余類分解 $P \backslash G / Q$ を考えれば，命題 7.24 より，

$$|G| = \sum_{i=1}^{n} \frac{|P|\,|Q|}{|x_i^{-1} P x_i \cap Q|}.$$

仮に，任意の i に対して，$x_i^{-1} P x_i \cap Q \lneq Q$ としてみると，$[Q : x_i^{-1} P x_i \cap Q] = p^c$ $(c \geq 1)$ より，$[G : P] = \sum_{i=1}^{n} [Q : x_i^{-1} P x_i \cap Q] \equiv 0 \pmod{p}$ となり，P は G

の p シロー群であるから，$[G:P] \not\equiv 0 \pmod p$ に矛盾．よって，ある i に対して，$x_i^{-1}Px_i \cap Q = Q$ となり，$Q \leq x_i^{-1}Px_i$.

(3) (2) で $Q \in \mathrm{Syl_p}(G)$ とすればよい．個数については，命題 10.20 と定理 10.92 より従う． ∎

注意　n が合成数の場合には，$n \mid |G|$ でも位数 n の部分群 $H \leq G$ が存在するとは限らない．例えば，A_n $(n \geq 4)$ には $[A_n : H] = 2$ なる部分群 H は存在しない (命題 10.30，系 10.34).

シローの定理は以下のコーシーの定理の拡張になっている．

系 **10.94** (**コーシーの定理, Cauchy's theorem**)　素数 p に対して，$p \mid |G|$ ならば G は位数 p の元をもつ．

以下の 2 つの小節で，本章でこれまでに準備してきたことを用いて，シローの定理がどのように応用されるか，いかに役立つかを解説する．

10.10.1　与えられた位数をもつ有限群

シローの定理を応用して，与えられた位数 n をもつ有限群 (の同型類) を，いくつかの n に対して決定しよう．まず，位数 n の群 (の同型類) は有限個であることを注意しておく．〔← 群の演算表は有限通りしか作れない〕 また，命題 9.16 より，素数位数 p の群 G (の同型類) は 1 つしかない：$G \simeq C_p$.

定理 10.95 (**位数が pq の群**)　$|G| = pq$ $(q < p:$ 素数$)$ とする．このとき，

$$G \simeq \begin{cases} C_{pq} & (p \not\equiv 1 \bmod q), \\ C_{pq},\ F_{pq} & (p \equiv 1 \bmod q). \end{cases}$$

〔← $F_{pq} \simeq C_p \rtimes C_q$ は位数 pq のフロベニウス群 (定義 10.74)〕

証明　G の p シロー群を P，q シロー群を Q とする．以下，$G = P \rtimes Q$ (半直積) を示す．シローの定理 (定理 10.93) から，P の (共役の) 個数は $rp+1$ かつ $|G|/p = q$ の約数で，1 個：$P \lhd G$. $\gcd(p,q) = 1$ より，$P \cap Q = 1$ だから，第 2 同型定理 (定理 9.24) から，$PQ/P \simeq Q/(Q \cap P) = Q$，$|PQ| = pq$ より $G = PQ$. よって $G = P \rtimes Q$ (半直積) である．Q の P への作用から準同型 $\varphi : Q \to \mathrm{Aut}(P) \simeq C_{p-1}$ が得られる (定理 10.38，定理 10.72).

(1) $p \not\equiv 1 \pmod{q}$ のとき．$|Q| = q \nmid p-1$ より，Q は P に自明に作用するしかないから，$G = P \times Q \simeq C_p \times C_q \simeq C_{pq}$.

(2) $p \equiv 1 \pmod{q}$ のとき．Q が P に自明に作用していれば，(1) と同様に $G \simeq C_{pq}$，非自明に作用していれば，$\varphi(Q) \simeq C_q \leq C_{p-1}$ は C_{p-1} の位数 q のただ 1 つの部分群 (定理 5.25) で，$G \simeq F_{pq}$ となる． ∎

例 10.96 (**位数が pq の群**) (1) 位数が 15, 33, 35, 51, 65, 69, 77, 85, 87, 91, 95, 115, 119, 123, 133, 141, 143, 145, 159, 161, 177, 185, 187 の群は巡回群.

(2) 位数が 21 の群は C_{21} または F_{21}.

(3) 位数が 39 の群は C_{39} または F_{39}.

(4) 位数が 55 の群は C_{55} または F_{55}.

(5) 位数が 57 の群は C_{57} または F_{57}.

系 10.97 (**位数が $2p$ の群**) $|G| = 2p$ (p：奇素数) ならば $G \simeq C_{2p}$ または D_p.

証明 定理 10.95 の $q = 2$ のときである． ∎

例 10.98 (**位数が $2p$ の群**) (1) 位数が 6 の群は C_6 または D_3 ($\simeq S_3$).

(2) 位数が 10 の群は C_{10} または D_5.

(3) 位数が 14 の群は C_{14} または D_7.

(4) 位数が 22 の群は C_{22} または D_{11}.

(5) 位数が 26 の群は C_{26} または D_{13}.

定理 10.99 (**位数が $4p$ の群**) $|G| = 4p$ (p：奇素数) とする．このとき，

$$G \simeq \begin{cases} C_{12},\ C_2 \times C_6,\ D_6,\ C_3 \rtimes C_4,\ A_4 & (p = 3), \\ C_{4p},\ C_2 \times C_{2p},\ D_{2p},\ Q_{4p},\ F_{4p} & (p \equiv 1 \pmod{4}), \\ C_{4p},\ C_2 \times C_{2p},\ D_{2p},\ Q_{4p} & (p \equiv 3 \pmod{4}\ \text{かつ}\ p \neq 3). \end{cases}$$

〔← $Q_{4p} \simeq C_p \rtimes_\varphi C_4$ は位数 $4p$ の一般 4 元数群 (定義 4.66，例 10.73 参照)，$F_{4p} \simeq C_p \rtimes C_4$ は位数 $4p$ のフロベニウス群 (定義 10.74)〕

証明 (1) $p = 3$ のとき．G が可換ならば C_{12} または $C_2 \times C_6$ (定理 9.51). G が非可換ならばシローの定理 (定理 10.93) から 3 シロー群 $P_3 \simeq C_3$ が 1 個または 4 個ある．

(i) $P_3 \simeq C_3$ が 1 個のとき．$C_3 \lhd G$ で $G \simeq C_3 \rtimes H$ となり (定理 10.95 の証明参照)，準同型 $\varphi : H \to \mathrm{Aut}(C_3) \simeq C_2$ を得る (定理 10.72)．G が非可換から，$\varphi(H) \simeq C_2$．$H \simeq C_2 \times C_2$ ならば $G \simeq D_6$．$H \simeq C_4$ ならば $G \simeq C_3 \rtimes_\varphi C_4$．

(ii) $P_3 \simeq C_3$ が 4 個のとき．$X = \mathrm{Syl}_3(G) = \{Q_1, Q_2, Q_3, Q_4\}$ とすれば，$f : G \ni g \mapsto [Q_i \mapsto Q_i^g = g^{-1}Q_i g] \in S(X) \simeq S_4$ は，3 シロー群がすべて共役であることから，$f(G) \leq S_4$ (可移置換群) となる．特に，$4 \mid |f(G)|$ であり，$\mathrm{Ker}(f) \simeq \{1\}$ または C_3．$\mathrm{Ker}(f) \lhd G$ より，仮定から，$\mathrm{Ker}(f) \simeq C_3$ にはなれないから，$\mathrm{Ker}(f) = \{1\}$．よって，$G \simeq f(G) \leq S_4$ かつ $[S_4 : G] = 2$ より，$G \simeq A_4$ (命題 10.29)．

(2) $p \neq 3$ のとき．G が可換ならば C_{4p} または $C_2 \times C_{2p} \simeq C_4 \times C_p$ (定理 9.51)．G が非可換ならばシローの定理 (定理 10.93) から p シロー群 $P_p \simeq C_p \lhd G$ であり，$G \simeq C_p \rtimes H$ (定理 10.95 の証明参照) より，準同型 $\varphi : H \to \mathrm{Aut}(C_p) \simeq C_{p-1}$ を得る (定理 10.72)．$H \simeq C_2 \times C_2$ のとき，$\varphi(H) \simeq C_2$ となるしかなく，$G \simeq C_{2p} \rtimes C_2 \simeq D_{2p}$．$H \simeq C_4$ のとき，$4 \nmid p-1$ ならば，$\varphi(H) \simeq C_2$ となるしかなく，$G \simeq Q_{4p}$．$4 \mid p-1$ ならば，$\varphi(H) \simeq C_4$, C_2 に従って，$G \simeq F_{4p}, Q_{4p}$ となる． ∎

例 10.100 (位数が $4p$ の群)　(1) 位数が 12 の群は，C_{12}, $C_2 \times C_6$, D_6, $C_3 \rtimes C_4$, A_4 の 5 個.

(2) 位数が 20 の群は，C_{20}, $C_2 \times C_{10}$, D_{10}, Q_{20}, F_{20} の 5 個.

(3) 位数が 28 の群は，C_{28}, $C_2 \times C_{14}$, D_{14}, Q_{28} の 4 個.

(4) 位数が 44 の群は，C_{44}, $C_2 \times C_{22}$, D_{22}, Q_{44} の 4 個.

(5) 位数が 52 の群は，C_{52}, $C_2 \times C_{26}$, D_{26}, Q_{52}, F_{52} の 5 個.

定理 10.101 (位数が $2p^2$ の群)　$|G| = 2p^2$ (p：奇素数) なる群 (の同型類) は，C_{2p^2}, $C_p \times C_{2p}$, D_{p^2}, $C_p \times D_p$, $(C_p \times C_p) \rtimes_\varphi C_2$ の 5 個.

証明　G が可換ならば C_{2p^2} または $C_p \times C_{2p}$ (定理 9.51)．G が非可換ならばシローの定理 (定理 10.93) から p シロー群 $P_p \lhd G$ で，$G \simeq P_p \rtimes C_2$．$|P_p| = p^2$ より，$P_p \simeq C_{p^2}$ または $C_p \times C_p$ となる．〔← 証明を考えてほしい．または命題 12.35 (6)〕 $P_p \simeq C_{p^2}$ ならば準同型 $\varphi : C_2 \to \mathrm{Aut}(C_{p^2}) \simeq (\mathbb{Z}/p^2\mathbb{Z})^\times \simeq C_{p(p-1)}$ (定理 10.72) から，$\varphi(C_2) \leq C_{p(p-1)}$ はただ 1 つの位数 2 の部分群で，$G \simeq D_{p^2}$．

$P_p \simeq C_p \times C_p$ ならば準同型 $\varphi : C_2 \to \mathrm{Aut}(C_p \times C_p)$ を得るが，$C_p \times C_p$ を体 $\mathbb{F}_p$ 上の 2 次元線形空間 V とみれば，$\mathrm{Aut}(V) \simeq GL_2(\mathbb{F}_p)$ で，位数 2 の元は $\begin{pmatrix} 1 & 0 \\ 0 & -1 \end{pmatrix}$ または $\begin{pmatrix} -1 & 0 \\ 0 & -1 \end{pmatrix}$ と共役になる．〔← 共役は基底変換に対応〕 前者は $G \simeq C_p \times D_p$，後者は $(C_p \times C_p) \rtimes_\varphi C_2 \simeq \langle x, y, z \mid x^p = y^p = z^2 = 1,\ x^y = x,\ x^z = x^{-1},\ y^z = y^{-1} \rangle$ となる． ∎

例 10.102 (位数が $2p^2$ の群) (1) 位数が 18 の群は，$C_{18}, C_3 \times C_6, D_9, C_3 \times D_3, (C_3 \times C_3) \rtimes_\varphi C_2$ の 5 個.

(2) 位数が 50 の群は，C_{50}, $C_5 \times C_{10}$, D_{25}, $C_5 \times D_5$, $(C_5 \times C_5) \rtimes_\varphi C_2$ の 5 個.

(3) 位数が 98 の群は，C_{98}, $C_7 \times C_{14}$, D_{49}, $C_7 \times D_7$, $(C_7 \times C_7) \rtimes_\varphi C_2$ の 5 個.

研究課題 (位数の小さな群の同型類) 位数が 30 以下の群の同型類を分類せよ．すなわち，位数が 30 以下の群の同型類は，以下のようになることを示せ：〔← ヒント：本節で学んだことを参考にする．また，p 群については，12.3 節にて学ぶ．ちなみに，実は，位数 32 の群の同型類は 51 個もある (!)〕

1	2	3	4	5	6	7	8
$\{1\}$	C_2	C_3	C_4, V_4	C_5	S_3, C_6	C_7	$C_8, C_4 \times C_2, D_4, Q_8, (C_2)^3$

9	10	11	12	13	14
$C_9, C_3 \times C_3$	D_5, C_{10}	C_{11}	$C_3 \rtimes C_4, C_{12}, A_4, D_6, C_6 \times C_2$	C_{13}	D_7

14	15	16
C_{14}	C_{15}	$C_{16}, (C_4)^2, (C_4 \times C_2) \rtimes C_2,\ C_4 \rtimes C_4, C_8 \times C_2, M_{16}, D_8, QD_8$

16	17	18
$Q_{16}, C_4 \times V_4, C_2 \times D_4, C_2 \times Q_8, (C_4 \times C_2) \rtimes C_2, (C_2)^4$	C_{17}	$D_9,\ C_{18}$

18	19	20
$C_3 \times S_3,\ (C_3)^2 \rtimes C_2,\ C_6 \times C_3$	C_{19}	$C_5 \rtimes C_4,\ C_{20},\ F_{20},\ D_{10},\ C_{10} \times C_2$

21	22	23	24
F_{21}, C_{21}	D_{11}, C_{22}	C_{23}	$C_3 \rtimes C_8, C_{24}, SL_2(\mathbb{F}_3), C_3 \rtimes Q_8, C_4 \times S_3, D_{12}$

24
$C_2\times(C_3 \rtimes C_4), (C_6\times C_2)\rtimes C_2, C_{12}\times C_2, C_3\times D_4, C_3\times Q_8, S_4, C_2\times A_4, V_4\times S_3$

24	25	26	27
$C_6\times V_4$	$C_{25}, (C_5)^2$	D_{13}, C_{26}	$C_{27},\ C_9\times C_3, H_{27}\simeq (C_3)^2\rtimes C_3,\ C_9\rtimes C_3$

27	28	29	30
$(C_3)^3$	$C_7\rtimes C_4,\ C_{28},\ D_{14},\ C_{14}\times C_2$	C_{29}	$C_5\times S_3,\ C_3\times D_5,\ D_{15},\ C_{30}$

10.10.2　与えられた共役類数をもつ有限群

[バーンサイド, ノート A, 486 ページ] に従い，シローの定理を応用して，固定した $r \in \mathbb{N}$ に対して，共役類数 $h(G)$ が r となる有限群 G を考察する*1．有限群 G の類等式

$$|G| = h_1 + \cdots + h_r \qquad (h_i = |C(x_i)| = |\mathrm{Orb}_G(x_i)|,\ \ 1 = h_1 \leq \cdots \leq h_r)$$

に対して，1 の分数和表示

$$1 = \frac{1}{m_1} + \cdots + \frac{1}{m_r} \qquad (m_i = |Z_G(x_i)|,\ \ |G| = h_i m_i,\ \ |G| = m_1 \geq \cdots \geq m_r)$$

を得ていた (10.2 節, 例 10.25, 例 10.27).

まず，シローの定理 (定理 10.93) を用いて，いくつかの与えられた等式が，有限群 G の類等式にはならないことを示す．本小節の目的は，これを用いて，共役類数が 5 以下の有限群を分類 (すべて決定) することである．

例 10.103 (**群の類等式にならない等式**)　以下の 6 つの等式が有限群 G の類等式 $|G| = |C(x_1)| + \cdots + |C(x_5)|$ にはならないことを示す．まず，$\langle x_i \rangle \leq Z_G(x_i)$ から，x_i の位数は m_i の約数であることを注意しておく．

*1　本小節の一部は，早稲田大学の研究室の後輩である森伸吾さんとの議論に基づいており，彼の卒業論文『与えられた共役類数を持つ有限群とその類等式について』(2006) を参考にして書かれた．

(1) 等式 $12 = 1+2+3+3+3$ は群の類等式ではない．

実際，群 G が存在したとすると，対応する 1 の分数和表示 $1 = \frac{1}{12} + \frac{1}{6} + \frac{1}{4} + \frac{1}{4} + \frac{1}{4}$ から，$C(x_2)$ は位数 3 の元，$C(x_3), C(x_4), C(x_5)$ は位数 2 または 4 の元からなる．〔← $\langle x_i \rangle \leq Z_G(x_i)$ とシローの定理から G に位数 3 の元が存在することより〕 シローの定理から 3 シロー群 $P_3 \simeq C_3$ が存在し，$P_3 = \{1\} \cup C(x_2) = \{1, x_2, x_2^2\} \lhd G$ となる．$|Z_G(x_2)| = m_2 = 6$ より，x_2 と可換な G の元が 6 つあり，$1, x_2, x_2^2$ 以外に 3 つあることになるが，$|Z_G(x_i)| = 4$ $(i = 3, 4, 5)$ から，x_i たちと可換な元は位数が $1, 2, 4$ に限られるため，矛盾である．

(2) 等式 $15 = 1+3+3+3+5$ は群の類等式ではない．

実際，群 G が存在したとすると，対応する 1 の分数和表示 $1 = \frac{1}{15} + \frac{1}{5} + \frac{1}{5} + \frac{1}{5} + \frac{1}{3}$ から，$C(x_2), C(x_3), C(x_4)$ はそれぞれ位数 5 の元 3 個，$C(x_5)$ は位数 3 の元 5 個からなる．しかし，シローの定理から 3 シロー群 $P_3 \simeq C_3 \lhd G$ は 1 つであり，矛盾である．

(3) 等式 $48 = 1+3+12+16+16$ は群の類等式ではない．

実際，群 G が存在したとすると，対応する 1 の分数和表示 $1 = \frac{1}{48} + \frac{1}{16} + \frac{1}{4} + \frac{1}{3} + \frac{1}{3}$ から，$C(x_2)$ と $C(x_3)$ は位数が 2 巾の元，$C(x_4)$ と $C(x_5)$ は位数 3 の元からなる $(48 = 2^4 \cdot 3)$．シローの定理から $|P_2| = 16$ なる 2 シロー群 P_2 が存在し，$P_2 = \{1\} \cup C(x_2) \cup C(x_3) \lhd G$ となる (1 個)．また，$|Z_G(x_2)| = 16$ より，$Z_G(x_2) = P_2$ であるから，$C(x_2)$ の 3 つの元は，P_2 の元と可換である．しかし，$x_3 \in C(x_3) \subset P_2$ をとれば，$Z_G(x_3)$ には 1, x_3 自身と $C(x_2)$ の 3 つの元，少なくとも 5 つの元が入っているが，これは $|Z_G(x_3)| = 4$ に矛盾する．

(4) 等式 $84 = 1+6+21+28+28$ は群の類等式ではない．

実際，群 G が存在したとすると，対応する 1 の分数和表示 $1 = \frac{1}{84} + \frac{1}{14} + \frac{1}{4} + \frac{1}{3} + \frac{1}{3}$ から，$C(x_2)$ は位数 7 の元，$C(x_3)$ は位数 2 の元，$C(x_4)$ と $C(x_5)$ は位数 3 の元からなる $(84 = 2^2 \cdot 3 \cdot 7)$．(1) と同様に，7 シロー群 $P_7 = \{1\} \cup C(x_2) \lhd G$ であるが，$|Z_G(x_2)| = m_2 = 14$ より，x_2 と可換な G の元が 14 個あり，P_7 の元以外に 7 つあることになる．しかし，$|Z_G(x_3)| = 4$, $|Z_G(x_i)| = 3$ $(i = 4, 5)$ から，これら x_i たちと可換な元は位数が $1, 2, 3, 4$ に限られるため矛盾である．

(5) 等式 $120 = 1 + 15 + 24 + 40 + 40$ は群の類等式ではない．

実際，群 G が存在したとすると，対応する 1 の分数和表示 $1 = \frac{1}{120} + \frac{1}{8} + \frac{1}{5} + \frac{1}{3} + \frac{1}{3}$ から，$C(x_2)$ は位数 2 の元，$C(x_3)$ は位数 5 の元，$C(x_4)$ と $C(x_5)$ は位数 3 の元からなる $(120 = 2^3 \cdot 3 \cdot 5)$．5 シロー群 $P_5 \simeq C_5$ は 6 個あり (単位元のみ共有)，特に，位数 5 の元はすべて共役である．よって，$\mathrm{Aut}(P_5) \simeq \langle \tau \rangle \simeq C_4$ (定理 10.39) に対して，$\tau \in \mathrm{Inn}(P_5)$ (定義 10.40) となるから，$\tau = \sigma_y : P_5 \to P_5,\ x \mapsto x^y = y^{-1}xy$ なる $y \in G$ が存在する．しかし，$d = \mathrm{ord}(y)$ は $\tau^d(x) = y^{-d}xy^d = x$ をみたすから，$4 \mid d$ となり矛盾である．〔← 特に，G は位数 4 の元 $y^{\frac{d}{4}}$ をもつことになる〕

(6) 等式 $156 = 1 + 12 + 39 + 52 + 52$ は群の類等式ではない．

実際，群 G が存在したとすると，対応する 1 の分数和表示 $1 = \frac{1}{156} + \frac{1}{13} + \frac{1}{4} + \frac{1}{3} + \frac{1}{3}$ から，$C(x_2)$ は位数 13 の元，$C(x_3)$ は位数 2 の元，$C(x_4)$ と $C(x_5)$ は位数 3 の元からなる $(156 = 2^2 \cdot 3 \cdot 13)$．13 シロー群 $P_{13} = \{1\} \cup C(x_2) \simeq C_{13} \lhd G$ であり，特に，位数 13 の元はすべて共役である．よって，(5) と同様に，$\mathrm{Aut}(P_{13}) \simeq \langle \tau \rangle \simeq C_{12}$ をとれば，$\tau \in \mathrm{Inn}(P_{13})$ となり，$\tau = \sigma_y : P_{13} \to P_{13},\ x \mapsto x^y = y^{-1}xy$ なる $y \in G$ が存在するが，$d = \mathrm{ord}(y)$ は $\tau^d(x) = y^{-d}xy^d = x$ をみたすから，$12 \mid d$ となり矛盾である．〔← 同様に，$m_i = p$ なる i がただ 1 つ存在するとき，$P_p \simeq C_p$ の位数 p の元はすべて共役で，G は位数 $p-1$ の元 $y^{\frac{d}{p-1}}$ をもつことになる〕

1 の分数和表示を，不定方程式とみなせば，その解は有限個であることが分かる．すなわち，$r = h(G)$ となる有限群 G は有限個しかない：

定理 10.104 (E. Landau, 1903, Math. Ann.) 固定した $r \in \mathbb{N}$ に対して，共役類数 $h(G)$ が r となる有限群 G (の同型類) は有限個しかない．

証明　1 の分数和表示を $m_1, \cdots, m_r$ に関する不定方程式と見なせば，

$$1 = \frac{1}{m_1} + \cdots + \frac{1}{m_r} \leq \frac{r}{m_r} \quad \text{より，} \quad 2 \leq m_r \leq r, \qquad (\leftarrow G \neq \{1\} \text{ とした})$$

$$1 - \frac{1}{m_r} = \frac{1}{m_1} + \cdots + \frac{1}{m_{r-1}} \leq \frac{r-1}{m_{r-1}} \quad \text{より，} \quad m_r \leq m_{r-1} \leq \frac{r-1}{1 - \frac{1}{m_r}}.$$

同様に,

$$1-\frac{1}{m_r}-\frac{1}{m_{r-1}} \leq \frac{r-2}{m_{r-2}} \quad \text{より,} \quad m_{r-1} \leq m_{r-2} \leq \frac{r-2}{1-\dfrac{1}{m_r}-\dfrac{1}{m_{r-1}}}$$

が得られる. これを続けていけば, 各 m_i $(1 \leq i \leq r-1)$ に対する上限

$$m_{i+1} \leq m_i \leq \frac{i}{1-\dfrac{1}{m_r}-\dfrac{1}{m_{r-1}}\cdots-\dfrac{1}{m_{i-1}}}$$

を得る. 特に, 不定方程式の解 $m_1, \cdots, m_r \in \mathbb{Z}$ は有限個であり, $|G| = m_1$ の上限が得られる. 固定した $n \in \mathbb{N}$ に対して, $|G| = n$ なる群 (の同型類) の個数は有限個だから, 〔← そもそも演算表は有限通りしか作れない〕主張が従う. ∎

例 10.105 有限群 G の共役類数を $r = h(G)$ とする.

(1) $r = 2$ ならば $m_2 = 2$ であり, $m_1 = |G| = 2$.

(2) $r = 3$ ならば $|G| \leq 6$. 実際,

$$2 \leq m_3 \leq 3, \qquad m_3 \leq m_2 \leq \frac{2}{1-\dfrac{1}{m_3}} \leq 4, \quad 〔\leftarrow 2 \leq m_3 \text{ より}〕$$

$$m_2 \leq m_1 = |G| \leq \frac{1}{1-\dfrac{1}{m_3}-\dfrac{1}{m_2}} \leq 6. \quad 〔\leftarrow 2 \leq m_3,\ 3 \leq m_2 \text{ より}〕$$

(3) $r = 4$ ならば $|G| \leq 42$. 実際,

$$2 \leq m_4 \leq 4, \qquad m_4 \leq m_3 \leq \frac{3}{1-\dfrac{1}{m_4}} \leq 6. \quad 〔\leftarrow 2 \leq m_4 \text{ より}〕$$

$$m_3 \leq m_2 \leq \frac{2}{1-\dfrac{1}{m_4}-\dfrac{1}{m_3}} \leq 12. \quad 〔\leftarrow 2 \leq m_4,\ 3 \leq m_3 \text{ より}〕$$

$$m_2 \leq m_1 = |G| \leq \frac{1}{1-\dfrac{1}{m_4}-\dfrac{1}{m_3}-\dfrac{1}{m_2}} \leq 42.$$

〔← $2 \leq m_4$, $3 \leq m_3$, $7 \leq m_2$ より〕

(4) 同様に続けていけば, 次が得られる：

$r = 5$ ならば $|G| \leq 1806 = 42^2 + 42$;

$r=6$ ならば $|G| \leq 3263442 = 1806^2 + 1806$;
$r=7$ ならば $|G| \leq 10650056950806 = 3263442^2 + 3263442$;
$r=8$ ならば $|G| \leq 113423713055421844361000442$
$= 10650056950806^2 + 10650056950806$ [*2].

以上で，有限群 G の共役類数 $r = h(G)$ を固定したとき，$|G|$ の上限が具体的に得られることが分かった (例 10.105)．しかし，$r = h(G)$ となる群 G をすべて得るには，この $|G|$ の上限はあまりにも大きすぎる．ここでは，次の有用な定理を用いることにする：〔← 読者自ら証明を考えてほしい〕

定理* 10.106 (Burnside [バーンサイド, ノート A, 486 ページ])
(1) $m_r = r$ ならば $m_1 = \cdots = m_r = r$ で G は位数 r のアーベル群.
(2) $m_i = p$ (素数) ならば (i) $p^2 \nmid |G|$ かつ (ii) $p \mid m_j$ $(j \neq 1, i)$ ならば $m_j = p$.
(3) $m_r = 2$ ならば $|G| = 2(2r-3)$, $m_1 = |G|$, $m_2 = \cdots = m_{r-1} = 2r-3$ であり，$G = A \rtimes C_2$．ただし，A は位数 $2r-3$ のアーベル群.

定理 10.106 と例 10.103 を用いて，共役類数 $h(G) = r$ が 5 以下の有限群 G (の同型類) を決定したい.

例 10.107 (1) $h(G) = r = 2$ なる有限群は $G = C_2$ のみ．これは，例 10.105 より従う．類等式と 1 の分数和表示は以下となる：

$$C_2 \quad 2 = 1 + 1 \quad 1 = \frac{1}{2} + \frac{1}{2}.$$

(2) $h(G) = r = 3$ なる有限群は $G = S_3$ または C_3．これも，例 10.105 から従う．それぞれの類等式と 1 の分数和表示は以下となる：

$$S_3 \quad 6 = 1 + 2 + 3 \quad 1 = \frac{1}{6} + \frac{1}{3} + \frac{1}{2},$$
$$C_3 \quad 3 = 1 + 1 + 1 \quad 1 = \frac{1}{3} + \frac{1}{3} + \frac{1}{3}.$$

(3) $h(G) = r = 4$ なる有限群は $G = C_4$, V_4, D_5, A_4 の 4 個.

---

*2 興味のある読者は，次の論文も参照のこと：G. A. Miller, Groups possessing a small number of sets of conjugate operators, Trans. Amer. Math. Soc. **20** (1919) 260–270.

実際，定理 10.106 (1), (3) から $m_4 = 2$ ならば $G \simeq D_5$，$m_4 = 4$ ならば $G \simeq C_4$, V_4 を得る．$m_4 = 3$ に対して，例 10.105 と同じ議論をすれば，$m_4 \leq m_3 \leq 4$, $m_3 \leq m_2 \leq 6$, $m_2 \leq m_1 = |G| \leq 12$ となり，$1 = \dfrac{1}{m_1} + \cdots + \dfrac{1}{m_4}$ から，

$$m_1 = \frac{m_2 m_3 m_4}{-m_2 m_3 - m_2 m_4 - m_3 m_4 + m_2 m_3 m_4} \in \mathbb{N}$$

なる $m_2, m_3, m_4 \in \mathbb{N}$ のうち，$|G|$ の約数となるものを求めると，2 つの解 $(m_1, m_2, m_3, m_4) = (12, 4, 3, 3), (6, 6, 3, 3)$ が得られる (付録の例 28 参照)．1 つめの解は等式 $12 = 1 + 3 + 4 + 4$ に対応し，$G \simeq A_4$ となる．2 つめの解は等式 $6 = 1 + 1 + 2 + 2$ に対応し，実際にこれをみたす G は存在しない (系 10.97)．以上によって，得られた 4 つの群の類等式と 1 の分数和表示は以下となる：

$$\begin{array}{lrl}
D_5 & 10 = 1 + 2 + 2 + 5 & 1 = \dfrac{1}{10} + \dfrac{1}{5} + \dfrac{1}{5} + \dfrac{1}{2}, \\
A_4 & 12 = 1 + 3 + 4 + 4 & 1 = \dfrac{1}{12} + \dfrac{1}{4} + \dfrac{1}{3} + \dfrac{1}{3}, \\
C_4 & 4 = 1 + 1 + 1 + 1 & 1 = \dfrac{1}{4} + \dfrac{1}{4} + \dfrac{1}{4} + \dfrac{1}{4}, \\
V_4 & 4 = 1 + 1 + 1 + 1 & 1 = \dfrac{1}{4} + \dfrac{1}{4} + \dfrac{1}{4} + \dfrac{1}{4}.
\end{array}$$

(4) $h(G) = r = 5$ なる有限群は $G = C_5$, D_7, F_{21}, S_4, A_5, D_4, Q_8, F_{20} の 8 個.

実際，定理 10.106 (1), (3) から $m_5 = 2$ ならば $G \simeq D_5$，$m_5 = 5$ ならば $G \simeq C_5$ を得る．以下，$3 \leq m_5 \leq 4$ とする．例 10.105 と同じ議論をすれば，$m_5 \leq m_4 \leq 6$, $m_4 \leq m_3 \leq 9$, $m_3 \leq m_2 \leq 24$, $m_2 \leq m_1 = g \leq 156$ となり，$1 = \dfrac{1}{m_1} + \cdots + \dfrac{1}{m_5}$ から，

$$m_1 = \frac{m_2 m_3 m_4 m_5}{-m_2 m_3 m_4 - m_2 m_3 m_5 - m_2 m_4 m_5 - m_3 m_4 m_5 + m_2 m_3 m_4 m_5} \in \mathbb{N}$$

なる $m_2, m_3, m_4, m_5 \in \mathbb{N}$ うち，$|G|$ の約数となるものを求めると，25 個の解 $(m_1, m_2, m_3, m_4, m_5)$ が得られる (付録の例 29 参照)．定理 10.106 (2) を用いることで，25 個の解のうち，次の 14 個は群の類等式には対応しないことが分かる：

$(60, 15, 4, 3, 3), (45, 9, 5, 3, 3), (42, 7, 6, 3, 3), (36, 18, 4, 3, 3),$

$(30, 10, 5, 3, 3), (24, 24, 4, 3, 3), (24, 8, 6, 3, 3), (18, 9, 6, 3, 3), (15, 15, 5, 3, 3),$

$$(12,12,6,3,3),(12,12,4,4,3),(12,6,6,4,3),(9,9,9,3,3),(6,6,6,6,3).$$

これより，類等式と対応しうる解は，残りの 11 個にしぼられる：

$$(156,13,4,3,3),(84,14,4,3,3),(48,16,4,3,3),(120,8,5,3,3),$$
$$(21,7,7,3,3),(24,8,4,4,3),(60,5,5,4,3),(15,5,5,5,3),$$
$$(20,5,4,4,4),(12,6,4,4,4),(8,8,4,4,4).$$

ここで，シローの定理を用いて本小節のはじめに示したように (例 10.103)，$m_1 = 156, 84, 48, 120, 15, 12$ の 6 個の解については，対応する等式

$$156 = 1+12+39+52+52, \qquad 84 = 1+6+21+28+28,$$
$$48 = 1+3+12+16+16, \qquad 120 = 1+15+24+40+40,$$
$$15 = 1+3+3+3+5, \qquad 12 = 1+2+3+3+3$$

は群の類等式とはならない．よって，残った 5 つに対応する等式が群の類等式となりうる等式である．実際，それぞれの位数の群を調べることで (前小節を参照)，$m_5 = 2, 5$ の場合の 2 つを加えた，以下の 8 つの群 G が共役類数 $h(G) = 5$ であることが分かる：〔← 研究課題 (1) とする〕

$$\begin{array}{lll}
D_7 & 14 = 1+2+2+2+7 & 1 = \frac{1}{14}+\frac{1}{7}+\frac{1}{7}+\frac{1}{7}+\frac{1}{2}, \\
F_{21} & 21 = 1+3+3+7+7 & 1 = \frac{1}{21}+\frac{1}{7}+\frac{1}{7}+\frac{1}{3}+\frac{1}{3}, \\
S_4 & 24 = 1+3+6+6+8 & 1 = \frac{1}{24}+\frac{1}{8}+\frac{1}{4}+\frac{1}{4}+\frac{1}{3}, \\
A_5 & 60 = 1+12+12+15+20 & 1 = \frac{1}{60}+\frac{1}{5}+\frac{1}{5}+\frac{1}{4}+\frac{1}{3}, \\
F_{20} & 20 = 1+4+5+5+5 & 1 = \frac{1}{20}+\frac{1}{5}+\frac{1}{4}+\frac{1}{4}+\frac{1}{4}, \\
D_4 & 8 = 1+1+2+2+2 & 1 = \frac{1}{8}+\frac{1}{8}+\frac{1}{4}+\frac{1}{4}+\frac{1}{4}, \\
Q_8 & 8 = 1+1+2+2+2 & 1 = \frac{1}{8}+\frac{1}{8}+\frac{1}{4}+\frac{1}{4}+\frac{1}{4}, \\
C_5 & 5 = 1+1+1+1+1 & 1 = \frac{1}{5}+\frac{1}{5}+\frac{1}{5}+\frac{1}{5}+\frac{1}{5}.
\end{array}$$

注意　群の表現論を学ぶと，有限群 G の共役類数は，G の既約表現の個数と一致することが分かる．すなわち，共役類数 $h(G) = r$ なる有限群 G を分類することは，既約表現を r 個もつ群 G を分類することに他ならない．

研究課題 (共役類数の小さな群の同型類) (1) 上の例 10.107 (4) の最後の部分，すなわち，得られた 7 つの等式をみたす群は，D_7, F_{21}, S_4, A_5, F_{20}, D_4, Q_8, C_5 の 8 個のみであることを示せ．

(2) $h(G) = r = 6$ となる有限群 G は次の 8 個であることを示せ：

$$
\begin{array}{ll}
(C_3)^2 \rtimes C_2 & 1 = \dfrac{1}{18} + \dfrac{1}{9} + \dfrac{1}{9} + \dfrac{1}{9} + \dfrac{1}{9} + \dfrac{1}{2}, \\
D_9 & 1 = \dfrac{1}{18} + \dfrac{1}{9} + \dfrac{1}{9} + \dfrac{1}{9} + \dfrac{1}{9} + \dfrac{1}{2}, \\
PSL_2(\mathbb{F}_7) & 1 = \dfrac{1}{168} + \dfrac{1}{8} + \dfrac{1}{7} + \dfrac{1}{7} + \dfrac{1}{4} + \dfrac{1}{3}, \\
(C_3)^2 \rtimes Q_8 & 1 = \dfrac{1}{72} + \dfrac{1}{9} + \dfrac{1}{8} + \dfrac{1}{4} + \dfrac{1}{4} + \dfrac{1}{4}, \\
(C_3)^2 \rtimes C_4 & 1 = \dfrac{1}{36} + \dfrac{1}{9} + \dfrac{1}{9} + \dfrac{1}{4} + \dfrac{1}{4} + \dfrac{1}{4}, \\
D_6 & 1 = \dfrac{1}{12} + \dfrac{1}{12} + \dfrac{1}{6} + \dfrac{1}{6} + \dfrac{1}{4} + \dfrac{1}{4}, \\
Q_{12} & 1 = \dfrac{1}{12} + \dfrac{1}{12} + \dfrac{1}{6} + \dfrac{1}{6} + \dfrac{1}{4} + \dfrac{1}{4}, \\
C_6 & 1 = \dfrac{1}{6} + \dfrac{1}{6} + \dfrac{1}{6} + \dfrac{1}{6} + \dfrac{1}{6} + \dfrac{1}{6}.
\end{array}
$$

ヒント：例 10.107 と同様にやってみる．次を使うとさらに楽になるであろう：

(i) $h(G) = r \implies |G| = 1^2 + n_2^2 + \cdots + n_r^2$ となる $n_i \in \mathbb{N}$ が存在する．〔← n_i は既約表現の次数を表している．興味のある読者は群の表現論を学んでほしい〕

(ii) (Miller, 1944) $m_i = p$ (素数) なる i がちょうど b 個あるならば G は位数 $\dfrac{p-1}{b}$ の元をもつ．特に，$m_i = p$ なる i がただ 1 つのとき，G は位数 $p-1$ の元をもつ．〔← 例 10.103 (5), (6) の議論を一般化したものになっている〕[*3]

(3) $h(G) = r = 7$ となる有限群 G は次の 12 個であることを示せ：

$$
\begin{array}{ll}
D_{11} & 1 = \dfrac{1}{22} + \dfrac{1}{11} + \dfrac{1}{11} + \dfrac{1}{11} + \dfrac{1}{11} + \dfrac{1}{11} + \dfrac{1}{2}, \\
F_{39} & 1 = \dfrac{1}{39} + \dfrac{1}{13} + \dfrac{1}{13} + \dfrac{1}{13} + \dfrac{1}{13} + \dfrac{1}{3} + \dfrac{1}{3}, \\
F_{52} & 1 = \dfrac{1}{52} + \dfrac{1}{13} + \dfrac{1}{13} + \dfrac{1}{13} + \dfrac{1}{4} + \dfrac{1}{4} + \dfrac{1}{4},
\end{array}
$$

---

*3 さらに興味のある読者は，以下の論文が参考になるであろう：J. Poland, On the group class equation, Ph.D. thesis, McGill University, 1966. J. Poland, Finite groups with a given number of conjugate classes, Canad. J. Math. **20** (1968) 456–464.

$$
\begin{array}{ll}
D_8 & 1=\dfrac{1}{16}+\dfrac{1}{16}+\dfrac{1}{8}+\dfrac{1}{8}+\dfrac{1}{8}+\dfrac{1}{4}+\dfrac{1}{4}, \\
QD_8 & 1=\dfrac{1}{16}+\dfrac{1}{16}+\dfrac{1}{8}+\dfrac{1}{8}+\dfrac{1}{8}+\dfrac{1}{4}+\dfrac{1}{4}, \\
Q_{16} & 1=\dfrac{1}{16}+\dfrac{1}{16}+\dfrac{1}{8}+\dfrac{1}{8}+\dfrac{1}{8}+\dfrac{1}{4}+\dfrac{1}{4}, \\
A_6 & 1=\dfrac{1}{360}+\dfrac{1}{9}+\dfrac{1}{9}+\dfrac{1}{8}+\dfrac{1}{5}+\dfrac{1}{5}+\dfrac{1}{4}, \\
S_5 & 1=\dfrac{1}{120}+\dfrac{1}{12}+\dfrac{1}{8}+\dfrac{1}{6}+\dfrac{1}{6}+\dfrac{1}{5}+\dfrac{1}{4}, \\
SL_2(\mathbb{F}_3) & 1=\dfrac{1}{24}+\dfrac{1}{24}+\dfrac{1}{6}+\dfrac{1}{6}+\dfrac{1}{6}+\dfrac{1}{6}+\dfrac{1}{4}, \\
F_{55} & 1=\dfrac{1}{55}+\dfrac{1}{11}+\dfrac{1}{11}+\dfrac{1}{5}+\dfrac{1}{5}+\dfrac{1}{5}+\dfrac{1}{5}, \\
F_{42} & 1=\dfrac{1}{42}+\dfrac{1}{7}+\dfrac{1}{6}+\dfrac{1}{6}+\dfrac{1}{6}+\dfrac{1}{6}+\dfrac{1}{6}, \\
C_7 & 1=\dfrac{1}{7}+\dfrac{1}{7}+\dfrac{1}{7}+\dfrac{1}{7}+\dfrac{1}{7}+\dfrac{1}{7}+\dfrac{1}{7}.
\end{array}
$$

(4) A. G. Aleksandrov, E. A. Komissarchik (1978) は $8 \leq r = h(G) \leq 10$ なる非可換単純群 G は以下に限ることを示した．これを検証せよ．

$$
\begin{array}{lll}
r=8 & PSL_2(\mathbb{F}_{11}) & 1=\dfrac{1}{660}+\dfrac{1}{12}+\dfrac{1}{11}+\dfrac{1}{11}+\dfrac{1}{6}+\dfrac{1}{6}+\dfrac{1}{5}+\dfrac{1}{5}, \\
r=9 & A_7 & 1=\dfrac{1}{2520}+\dfrac{1}{36}+\dfrac{1}{24}+\dfrac{1}{12}+\dfrac{1}{9}+\dfrac{1}{7}+\dfrac{1}{7}+\dfrac{1}{5}+\dfrac{1}{4}, \\
r=9 & PSL_2(\mathbb{F}_{13}) & 1=\dfrac{1}{1092}+\dfrac{1}{13}+\dfrac{1}{13}+\dfrac{1}{12}+\dfrac{1}{7}+\dfrac{1}{7}+\dfrac{1}{7}+\dfrac{1}{6}+\dfrac{1}{6}, \\
r=9 & PSL_2(\mathbb{F}_8) & 1=\dfrac{1}{504}+\dfrac{1}{9}+\dfrac{1}{9}+\dfrac{1}{9}+\dfrac{1}{9}+\dfrac{1}{8}+\dfrac{1}{7}+\dfrac{1}{7}+\dfrac{1}{7}, \\
r=10 & PSL_3(\mathbb{F}_4) & 1=\dfrac{1}{20160}+\dfrac{1}{64}+\dfrac{1}{16}+\dfrac{1}{16}+\dfrac{1}{16}+\dfrac{1}{9}+\dfrac{1}{7}+\dfrac{1}{7}+\dfrac{1}{5}+\dfrac{1}{5}, \\
r=10 & M_{11} & 1=\dfrac{1}{7920}+\dfrac{1}{48}+\dfrac{1}{18}+\dfrac{1}{11}+\dfrac{1}{11}+\dfrac{1}{8}+\dfrac{1}{8}+\dfrac{1}{8}+\dfrac{1}{6}+\dfrac{1}{5}.
\end{array}
$$

(5) S_3 **予想** (S_3-conjecture). 類等式 $|G| = h_1 + \cdots + h_r$ が真の増大列 $1 = h_1 \lneq h_2 \lneq \cdots \lneq h_r$ となる有限群 G は S_3 に限る．S_3 予想は，G が可解群 (定義 12.1) のときには，J. Zhang (1994) と R. Knörr, W. Lempken, B. Thielcke (1995) によって独立に正しいことが示されている．

第11章 クルル-シュミットの定理

11.1　作用域をもつ群

まず，群 G を作用域 Ω をもつ群 (Ω 群) に一般化することで，一気に応用の範囲が広がることをみる．〔← Ω 群は G 群 (定義 10.35) を拡張したものであるが，集合 Ω は環でも体でもよいし，そもそも群などの代数構造をもつ必要もない〕

定義 11.1 (**作用域 Ω をもつ群，Ω 群**)　群 G と集合 Ω に対して，

$$G \times \Omega \ni (x, \sigma) \mapsto x^{\sigma} \in G$$

が定義されていて，

$$(xy)^{\sigma} = x^{\sigma} y^{\sigma} \qquad (\forall \sigma \in \Omega,\ \forall x, y \in G)$$

が成り立つとき，**集合 Ω は G に作用する**，集合 Ω を**作用域** (operator domain), G を**作用域 Ω をもつ群** (group with operators) または **Ω 群** (Ω-group) という．G が加群の場合，Ω **加群** (Ω-module) という．

注意　(1)　通常の群 G は，$\Omega = \varnothing$ と考えれば，Ω 群である．

(2)　Ω 群とは，$\Omega \ni \sigma \mapsto \varphi_{\sigma} \in \mathrm{End}(G)$, $\varphi_{\sigma} : G \to G$, $x \mapsto x^{\sigma}$ が定まっている群のことである．〔← 定理 10.5 の証明 (後半) と定理 10.38 の証明をみる〕

定義 11.2 (Ω **部分群，Ω 正規部分群，Ω 単純**)　G を Ω 群とする．

(1)　$H \leq G$ が Ω **部分群** (Ω-subgroup) であるとは，

$$H^{\sigma} \leq H \qquad (\forall \sigma \in \Omega)$$

をみたすこと．さらに，$H \lhd G$ のとき，H を Ω **正規部分群**という．

(2) G の Ω 正規部分群が自明な Ω 正規部分群 ($\{1\}$ と G) のみのとき，G を Ω **単純群**という．

例 11.3 (Ω **部分群**)　G の Ω 部分群は，$\Omega = \mathrm{Inn}(G)$ のとき正規部分群 (定義 7.28)，$\Omega = \mathrm{Aut}(G)$ のとき特性部分群 (定義 10.45) のことである．

定義 11.4 (Ω **準同型**)　2 つの Ω 群 G, G' に対して，準同型 $f : G \to G'$ が

$$f(x^\sigma) = f(x)^\sigma \qquad (\forall\sigma \in \Omega,\ \forall x \in G)$$

をみたすとき，Ω 準同型 (Ω-homomorphism) という．さらに，f が単射 (全射，全単射) のとき，f を Ω **単射準同型** (Ω **全射準同型**，Ω **同型**) という．

注意　Ω 群の Ω 同型 $f : G \simeq G'$ とは，次の図式が可換であること：

$$\begin{array}{ccc} G & \xrightarrow{\ f\ } & G' \\ {\scriptstyle\sigma}\downarrow & \circlearrowleft & \downarrow{\scriptstyle\sigma} \\ G & \xrightarrow{\ f\ } & G'. \end{array}$$

すなわち，Ω 同型は群として同型なだけでなく，Ω の作用込みで同型になっている必要がある．例えば，11.5 節の G 格子 $M \simeq \mathbb{Z}^n$ (定義 11.53) は，n が一致していれば群としてはすべて同型であるから，Ω の M への作用をみて，はじめて Ω 同型かどうかが分かる．〔← 定義 11.63 も参照〕

9 章における準同型定理，第 1，第 2，第 3 同型定理は，Ω 群 G に対しても，現れる部分群を Ω 部分群，準同型を Ω 準同型に置き換えることによってそのまま成り立つ．〔← 部分群を Ω 部分群，準同型を Ω 準同型に制限すればよい〕 ここに明記することはしないが，今後自由に使うことにする．

Ω 加群 M の例として，$\Omega = G$ が群のときの G 加群 (定義 10.35)，$\Omega = R$ が環のときの R 加群 (以下の定義 11.5) がある．以下で述べるように，Ω 加群は環のイデアル，体上の線形空間，環上の多元環 (代数) などの概念を含んでおり，作用域 Ω を考えることで，一気に応用範囲が広がる．

定義 11.5 (R **加群**)　G を加群，R を環とする．

写像 $\varphi : R \times G \to G,\ (r, a) \mapsto ra$ が定義されていて，次の 4 つの条件

(1) $r(sa) = (rs)a$ $(\forall r, s \in R,\ \forall a \in G)$;

(2) $1a = a$ ($\forall a \in G$, 1 は R の乗法の単位元);

(3) $r(a+b) = ra + rb$ ($\forall r \in R$, $\forall a, b \in G$);

(4) $(r+s)a = ra + sa$ ($\forall r, s \in R$, $\forall a \in G$)

をみたすとき，G を**左 R 加群** (left R-module) という．右 R 加群 (right R-module) も同様に定義される．特に，R が可換環のとき，左右の区別は必要ないから，単に R **加群** (R-module) という．写像 φ は**スカラー積** (scalar multiplication) と呼ばれる．

例 11.6 (R **加群，ベクトル空間，多元環**) (1) 加群 G は，$\varphi : \mathbb{Z} \times G \ni (n, a) \mapsto na = a + \cdots + a \in G$ によって，自然と $\mathbb{Z}$ 加群とみなせる．$\mathbb{Z}$ 加群はもちろん加群であるから，結局，以下の概念は同じものである： アーベル群 $=$ 可換群 $=$ 加法群 $=$ 加群 $=$ $\mathbb{Z}$ 加群.

(2) 環 R は R の乗法でスカラー積を定義すれば，左 R 加群とみなせる．このとき，R の部分加群 I を R の**左イデアル** (left ideal) という．**右イデアル** (right ideal) も同様に定義される．環 R のイデアル I は，群 G の正規部分群 N に対応する重要な概念である．〔← 適当な代数の本を見てほしい〕

(3) $R = K$ が体のとき，R 加群 G は体 K 上の**ベクトル空間** (vector space) または**線形空間** (linear space) と呼ばれる．〔← 線形代数で学んだ通りである〕

(4) 可換環 R に対する R 加群 A が環の構造をもち，

$$r(ab) = (ra)b = a(rb) \qquad (\forall r \in R,\ \forall a, b \in A)$$

をみたすとき，A を環 R 上の**多元環** (algebra) または**代数** (algebra) という． 例えば，体 K 上の多項式環 $K[X]$ や行列環 $M_n(K)$ は K 上の多元環，$\mathbb{R}$, $\mathbb{C}$, $\mathbb{H}$ は $\mathbb{R}$ 上の代数である．〔← $M_n(K)$ は定義 4.14，$\mathbb{H}$ は定義 4.12〕

定義 11.7 (R **上の群環**) G を有限群，R を可換環とする．R 係数の形式和全体

$$R[G] := \left\{ \sum_{a \in G} r_a\, a \;\middle|\; r_a \in R \right\}$$

は和と積

$$\sum_{a \in G} r_a\, a + \sum_{a \in G} s_a\, a = \sum_{a \in G} (r_a + s_a)\, a,$$

$$\left(\sum_{a \in G} r_a\, a\right)\left(\sum_{b \in G} s_b\, b\right) = \sum_{c \in G} t_c\, c \qquad \left(t_c = \sum_{ab=c} r_a s_b\right)$$

によって R 上の代数〔← 例 11.6 (4)〕となり，G の R 上の**群環** (group ring) という．特に，$R = \mathbb{Z}$ のとき，$\mathbb{Z}[G]$ を G の**整群環** (integral group ring) という．

例 11.8 (G **加群と** $\mathbb{Z}[G]$ **加群**) $\Omega = G$ が群で，$g(x+y) = gx + gy$ ($\forall g \in G$, $\forall x, y \in M$) をみたすとき，すなわち，準同型 $\varphi : G \to \mathrm{Aut}(M)$, $g \mapsto [\varphi_g : M \ni x \mapsto g(x) \in M]$ が与えられたとき，Ω 加群 M を G **加群** (G-module) といった (定義 10.35)．M は加群であり $\mathbb{Z}$ 加群の構造が入るから (例 11.6 (1))，自然に整群環 $\mathbb{Z}[G]$ 上の加群 ($\mathbb{Z}[G]$ 加群) とみなせる．また，(環) 準同型 $\mathbb{Z}[G] \to \mathrm{End}(M)$ が定まっている加群 M といっても同じことである．〔← 定義 11.1 の後の注意 (2) 参照〕

本書では群の表現論を扱うことができなかったが，以下，群 G の線形表現の定義を与える：〔← 巻末に挙げた参考文献などで引き続き学んでほしい〕

定義 11.9 (**群** G **の線形表現，忠実表現，表現の同型**) (1) 群 G と体 K 上の n 次元ベクトル空間 V に対して，準同型写像 $\rho : G \to GL(V) = \{f : V \to V$ は同型 $\}$ または (ρ, V) の組を G の K 上の n 次**線型表現** (linear representation) という．〔← V を群環 $K[G]$ 上の加群とみなすことに他ならない．例 11.8 参照〕V の基底 $(e_i)_{1 \leq i \leq n}$ を固定すれば，$GL(V) \simeq GL_n(K)$ であり，$\rho(\sigma) \in GL(V)$ の行列表示 $R_\sigma \in GL_n(K)$, $\rho(\sigma)(e_1, \cdots, e_n) = (e_1, \cdots, e_n)R_\sigma$, に対して，$R_{\sigma\tau} = R_\sigma R_\tau$ ($\sigma, \tau \in G$) となる．

(2) ρ が単射のとき，線形表現 (ρ, V) は**忠実** (faithful) であるという．

(3) 2 つの線型表現 (ρ, V) と (ρ', V') が**同型** (isomorphic), $(\rho, V) \simeq (\rho', V')$, であるとは，$V$ と V' が $K[G]$ 加群として同型 ($\exists \varphi : V \simeq V'$) であること，すなわち，次の図式が可換であること ($\varphi \circ \rho(\sigma) = \rho'(\sigma) \circ \varphi$ ($\forall \sigma \in G$)):

$$\begin{array}{ccc} V & \xrightarrow{\varphi} & V' \\ {\scriptstyle \rho(\sigma)}\downarrow & \circlearrowleft & \downarrow{\scriptstyle \rho'(\sigma)} \\ V & \xrightarrow{\varphi} & V'. \end{array}$$

このとき，$\rho(\sigma), \rho'(\sigma)$ の V, V' の基底 (e_i), (e'_i) に対する行列表示を R_σ, $R'_\sigma \in GL_n(K)$ とすれば，$R_\sigma = P^{-1}R'_\sigma P$ ($\exists P \in GL_n(K)$) である．

注意 群 G の情報を最もよく反映しているのが忠実表現であるが，忠実ではない表現も一緒に考えることで，G の本来の姿が浮かび上がり，表現論の美しい世界が見えてくる．ぜひ，群の表現論の本を手にとってそれを実感してほしい．

11.2 正規列と組成列

以下では，群 G だけではなく，一般の Ω 群 G の場合を考える．初めて読む場合には，(Ω) 群と表記がある部分の括弧 (Ω) を無視し，単に群と読み替えてもらっても差し支えない．〔← $\Omega = \varnothing$ とすれば，Ω 群とは単に群のことであった〕

定義 11.10 ((Ω) **正規列，**(Ω) **正規列の長さ**) (Ω) 群 G の (Ω) 正規部分群の列

$$G = G_0 \rhd G_1 \rhd \cdots \rhd G_{n-1} \rhd G_n = 1$$

を G の (Ω) **正規列** (normal series)，n を (Ω) 正規列の**長さ** (length) という．

注意 一般に，$G_{i-1} \rhd G_i \rhd G_{i+1}$ であっても $G_{i-1} \rhd G_{i+1}$ とは限らない，よって，$G \rhd G_i$ $(i \geq 2)$ とは限らないことに注意する．一般には G_{i-1} と G_i に重複があってもよいが，必要ならとり除けばよい．

例 11.11 (**正規列，正規列の長さ**) $G \rhd 1$ は長さ 1 の正規列，$G \rhd N$ に対して，$G \rhd N \rhd 1$ は長さ 2 の正規列となる．

定義 11.12 ((Ω) **正規列の細分と同型**) (1) 群 G の (Ω) 正規列

$$G = G_0 \rhd G_1 \rhd \cdots \rhd G_{n-1} \rhd G_n = 1$$

に対して，G_{i-1} と G_i の間にさらに G_{i-1} の (Ω) 正規部分群 $G_{i-1} \rhd G'_{i-1} \rhd G_i$ を入れ，新しい G の (Ω) 正規列を作ることを (Ω) 正規列を**細分** (refinement) するという．

(2) 群 G の 2 つの (Ω) 正規列

$$G = G_0 \rhd G_1 \rhd \cdots \rhd G_{m-1} \rhd G_m = 1,$$

$$G = H_0 \rhd H_1 \rhd \cdots \rhd H_{n-1} \rhd H_n = 1$$

は，$m = n$ であり，剰余群の列

$$G/G_1 = G_0/G_1,\ G_1/G_2,\ \cdots,\ G_{m-1}/G_m,$$

$$G/H_1 = H_0/H_1,\ H_1/H_2,\ \cdots,\ H_{n-1}/H_n$$

が適当に順序を入れ替え，1 つずつ (Ω) 同型にできるとき，**同型** (isomorphic) であるという.

例 11.13 (正規列の細分と同型)　群 $G = \langle\sigma\rangle \simeq C_8$ の長さ 2 の 2 つの正規列

$$G \rhd G_1 = \langle\sigma^2\rangle \simeq C_4 \rhd 1, \qquad G/G_1 \simeq C_2,$$

$$G \rhd H_1 = \langle\sigma^4\rangle \simeq C_2 \rhd 1, \qquad G/H_1 \simeq C_4$$

は同型である．また，どちらも細分して長さ 3 の正規列にできる：

$$G \rhd G_1 \simeq C_4 \rhd H_1 \simeq C_2 \rhd 1.$$

ザッセンハウスの補題 (定理 11.15) を示すために，以下を準備する：

命題 11.14 (デデキントの法則, Dedekind modular law)　$X, A \subset G$, $B \leq G$ とする．$X \subset B$ ならば $X(A \cap B) = (XA) \cap B$.

証明　$(\subset)$ $xy \in X(A \cap B)$ $(x \in X,\ y \in A \cap B)$ とすれば，$xy \in XA$ であり，$X \subset B$ より $xy \in B$. よって，$xy \in (XA) \cap B$.

$(\supset)$ $b \in (XA) \cap B$ ならば $b \in B$ かつ $b = xa$ $(x \in X,\ a \in A)$ とかけて，$X \subset B \leq G$ より $x^{-1}b = a \in A \cap B$. よって，$b = x(x^{-1}b) \in X(A \cap B)$. ∎

定理 11.15 (ザッセンハウスの補題, Zassenhaus lemma)　(Ω) 群 G に対して，$G \geq U_1 \rhd U_2$, $G \geq V_1 \rhd V_2$ ならば

$$U_2(U_1 \cap V_1) \rhd U_2(U_1 \cap V_2), \qquad V_2(V_1 \cap U_1) \rhd V_2(V_1 \cap U_2)$$

であり，

$$\frac{U_2(U_1 \cap V_1)}{U_2(U_1 \cap V_2)} \simeq \frac{U_1 \cap V_1}{(U_1 \cap V_2)(U_2 \cap V_1)} \simeq \frac{V_2(V_1 \cap U_1)}{V_2(V_1 \cap U_2)}.$$

〔← 表記を分かりやすくするため，剰余群 G/H を $\dfrac{G}{H}$ とかいた〕

証明　$U_1 \rhd U_2$ より，$U_1 \geq U_2(U_1 \cap V_1)$ (補題 9.23 (2)) であり，$U_2(U_1 \cap V_1) \rhd U_2$. また，$V_1 \rhd V_2$ より，$U_1 \cap V_1 \rhd (U_1 \cap V_1) \cap V_2 = U_1 \cap V_2$ だから

$$U_2(U_1 \cap V_1) \rhd U_2(U_1 \cap V_2).$$

そこで，第 2 同型定理 (定理 9.24 の Ω 群版) を，$H = U_1 \cap V_1$, $N = U_2(U_1 \cap V_2)$ に適用すれば，補題 9.23 とデデキントの法則 (命題 11.14) により，

$$HN = NH = U_2(U_1 \cap V_1),$$

$$
\begin{aligned}
H \cap N = N \cap H &= U_2(U_1 \cap V_2) \cap (U_1 \cap V_1) \\
&= (U_1 \cap V_2)U_2 \cap (U_1 \cap V_1) = (U_1 \cap V_2)(U_2 \cap V_1)
\end{aligned}
$$

であるから,

$$
\frac{HN}{N} = \frac{U_2(U_1 \cap V_1)}{U_2(U_1 \cap V_2)} \simeq \frac{U_1 \cap V_1}{(U_1 \cap V_2)(U_2 \cap V_1)} = \frac{H}{H \cap N}.
$$

右辺は U と V に関して対称だから, U と V の役割を入れ替えて主張を得る. ∎

注意 定理 11.15 は第 2 同型定理 (定理 9.24) の一般化になっている. 実際, $G = U_1 \geq V_1$ かつ $V_2 = 1$ とすれば, $U_2V_1/U_2 \simeq V_1/V_1 \cap U_2$ を得る.

注意 ザッセンハウスの補題 (定理 11.15) は, 登場する部分群のハッセ図の形から**蝶の補題** (butterfly lemma) と呼ばれることもある:

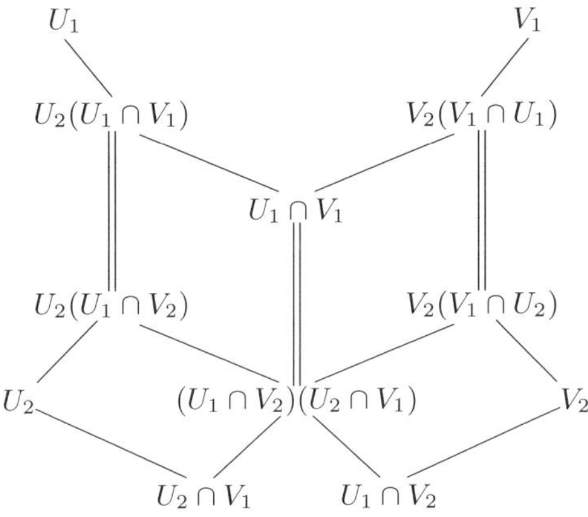

定理 11.16 (シュライヤーの細分定理, **Schreier refinement theorem**) (Ω) 群 G の 2 つの (Ω) 正規列

$$
G = G_0 \rhd G_1 \rhd \cdots \rhd G_{n-1} \rhd G_m = 1,
$$

$$
G = H_0 \rhd H_1 \rhd \cdots \rhd H_{n-1} \rhd H_n = 1
$$

はそれぞれを細分して同型な (Ω) 正規列にできる.

証明 $G_{i-1} \rhd G_i$, $H_{j-1} \rhd H_j$ に対して,

$$
G \geq G_{ij} = G_i(G_{i-1} \cap H_j) \qquad (j = 0, \cdots, n),
$$

$$G \geq H_{ij} = H_j(H_{j-1} \cap G_i) \qquad (i = 0, \cdots, m)$$

をとれば，$G_{i-1} \cap H_j \triangleright G_{i-1} \cap H_{j+1}$，$H_{j-1} \cap G_i \triangleright H_{j-1} \cap G_{i+1}$ から

$$G_{ij} = G_i(G_{i-1} \cap H_j) \triangleright G_i(G_{i-1} \cap H_{j+1}) = G_{i,j+1},$$

$$H_{ij} = H_j(H_{j-1} \cap G_i) \triangleright H_j(H_{j-1} \cap G_{i+1}) = H_{i+1,j}$$

を得る．これを用いて，G_{i-1} と G_i，H_{j-1} と H_j の間にそれぞれ $n-1, m-1$ 個の (Ω) 部分群を入れて

$$G_{i-1} = G_{i0} \triangleright G_{i1} \triangleright \cdots \triangleright G_{in} = G_i,$$

$$H_{j-1} = H_{0j} \triangleright H_{1j} \triangleright \cdots \triangleright H_{mj} = H_j$$

のようにして与えられた 2 つの (Ω) 正規列を細分すれば，それぞれ長さ mn の (Ω) 正規列を得る．ここで，ザッセンハウスの補題 (定理 11.15) より，

$$\begin{aligned} G_{i,j-1}/G_{ij} &= G_i(G_{i-1} \cap H_{j-1})/G_i(G_{i-1} \cap H_j) \\ &\simeq H_j(G_{i-1} \cap H_{j-1})/H_j(G_i \cap H_{j-1}) = H_{i-1,j}/H_{ij}. \end{aligned}$$

よって，細分して得られた長さ mn の 2 つの (Ω) 正規列は同型である．∎

定義 11.17 (**(Ω) 組成列**)　(Ω) 群 G の重複のない (Ω) 正規列

$$G = G_0 \gneq G_1 \gneq \cdots \gneq G_{n-1} \gneq G_n = 1$$

において，G_{i-1} と G_i の間に G_{i-1} の (Ω) 正規部分群が存在しないとき，すなわち，$G_{i-1} \gneq G_i$ が極大 (Ω) 正規部分群のとき，〔← これは G_{i-1}/G_i が (Ω) 単純群であることと等しい〕この (Ω) 正規列を (G の) **(Ω) 組成列** (composition series) といい，n を (Ω) 組成列の**長さ** (length) という．

例 11.18 (組成列)　(1)　$S_3 \gneq C_3 \gneq 1$ は $S_3/C_3 \simeq C_2$ なる長さ 2 の組成列.

(2)　$S_4 \gneq A_4 \gneq V_4 \gneq C_2 \gneq 1$ は $S_4/A_4 \simeq C_2$，$A_4/V_4 \simeq C_3$，$V_4/C_2 \simeq C_2$ なる長さ 4 の組成列.

(3)　$S_n \gneq A_n \gneq 1$ $(n \geq 5)$ は $S_n/A_n \simeq C_2$ なる長さ 2 の組成列.〔← A_n が単純群であることによる，定理 10.32〕

定義 11.19 (**主組成列，特性組成列**)　G を Ω 群とする．$\Omega = \mathrm{Inn}(G)$ のとき，Ω 組成列を**主組成列** (principle series)，$\Omega = \mathrm{Aut}(G)$ のとき，Ω 組成列を**特性組成列** (characteristic series) という．〔← Ω 部分群は，$\Omega = \mathrm{Inn}(G)$ のとき正規部

分群，$\Omega = \mathrm{Aut}(G)$ のとき特性部分群のことであった (例 11.3)〕

命題 11.20 有限群 G は組成列をもつ.

証明 $G \triangleright G_1$ を極大正規部分群，$G_1 \triangleright G_2$ を G_1 の極大正規部分群と繰り返していけば，有限回で組成列 $G = G_0 \mathrel{\underset{\neq}{\trianglerighteq}} G_1 \mathrel{\underset{\neq}{\trianglerighteq}} G_2 \mathrel{\underset{\neq}{\trianglerighteq}} \cdots \mathrel{\underset{\neq}{\trianglerighteq}} G_n = 1$ を得る. ∎

命題 11.21 G をアーベル群とする. G が組成列をもつ $\iff$ G は有限群.

証明 ($\Leftarrow$) 命題 11.20 による.

($\Rightarrow$) G が組成列

$$G = G_0 \mathrel{\underset{\neq}{\trianglerighteq}} G_1 \mathrel{\underset{\neq}{\trianglerighteq}} \cdots \mathrel{\underset{\neq}{\trianglerighteq}} G_{n-1} \mathrel{\underset{\neq}{\trianglerighteq}} G_n = 1$$

をもてば，剰余群 G_{i-1}/G_i は可換な単純群で，命題 7.41 より，$G_{i-1}/G_i \simeq C_{p_i}$ (p_i : 素数). よって，$|G| = |G/G_1| \cdots |G_{n-1}/G_n| = p_1 \cdots p_n < \infty$. ∎

注意 群 G によっては，組成列をもたない場合もある. 例えば，命題 11.21 より，加群 $\mathbb{Z}$ は組成列をもたない.

定理 11.22 (ジョルダン-ヘルダーの定理, **Jordan-Hölder theorem**) 群 G は (Ω) 組成列をもつと仮定する. G の重複のない (Ω) 正規列

$$G = G_0 \mathrel{\underset{\neq}{\trianglerighteq}} G_1 \mathrel{\underset{\neq}{\trianglerighteq}} \cdots \mathrel{\underset{\neq}{\trianglerighteq}} G_{n-1} \mathrel{\underset{\neq}{\trianglerighteq}} G_n = 1$$

を細分して (Ω) 組成列にすることができる. また，G の 2 つの (Ω) 組成列は同型である. 〔← 組成列 (正規列) の同型は定義 11.12〕

証明 シュライヤーの細分定理 (定理 11.16) で重複のない (Ω) 正規列と (Ω) 組成列をとれば，この 2 つの (Ω) 正規列を細分すれば同型になるが，(Ω) 組成列はそれ以上細分できないので，結局重複のない (Ω) 正規列を細分して (Ω) 組成列を得ることになる. 特に，2 つとも (Ω) 組成列の場合には，最初から同型でなくてはならない. ∎

ジョルダン-ヘルダーの定理 (定理 11.22) から，S_n $(n \neq 4)$ の非自明な正規部分群 N は A_n のみであることが分かる：〔← S_n の非可換性の強さを表している〕

命題 11.23 (1) $1 \neq N \mathrel{\underset{\neq}{\trianglelefteq}} S_4$ ならば $N = V_4$ または A_4.

(2) $1 \neq N \mathrel{\underset{\neq}{\trianglelefteq}} S_n$ $(n \neq 4)$ ならば $N = A_n$.

証明　(1)　命題 10.29 による．

(2)　$n \neq 4$ のとき，S_n の組成列 $S_n \gneqq A_n \gneqq 1$ (例 11.18) を考えれば，ジョルダン-ヘルダーの定理 (定理 11.22) から，$1 \neq N \trianglelefteq S_n \implies N \simeq A_n, C_2$ となる．しかし，S_n には位数 2 の正規部分群はない (定理 8.6) から，$N \simeq A_n$ を得る．$A_n \simeq N \lhd S_n$ なる $N \neq A_n$ がもしあれば，$N \cap A_n \lhd A_n$ より，$N \cap A_n = 1$ となるが，これは不可能である． ∎

定義 11.24 (G の長さ)　ジョルダン-ヘルダーの定理 (定理 11.22) から群 G の組成列の長さは G のみによってきまる．このとき，組成列の長さを群 G の**長さ** (length) といい，$l(G)$ とかく．G の組成列が存在しない場合には，$l(G) = \infty$ と定義する．

例 11.25 (G の長さ)　例 11.18，命題 11.21 より，

$$l(C_p) = 1, \quad l(S_3) = 2, \quad l(S_4) = 4, \quad l(S_n) = 2\ (n \geq 5), \quad l(\mathbb{Z}) = \infty.$$

注意　群 G の長さ $l(G)$ は，G の同型類に対する不変量 (定義 8.1) を与える．

定義 11.26 (極大条件，極小条件)　G を (Ω) 群，X を G の (Ω) 部分群からなる集合とする．

(1)　(Ω) 部分群 $H \in X$ が X の**極大 (Ω) 部分群**であるとは，

$$H \leq H'\ (H' \in X) \quad ならば \quad H = H'$$

をみたすことであり，**極小 (Ω) 部分群**であるとは，

$$H' \leq H\ (H' \in X) \quad ならば \quad H = H'$$

をみたすこと．〔← X の包含関係に関する順序における極大元，極小元のことである，定義 2.25〕

(2)　(Ω) 群 G が **(Ω) 部分群について極大条件 (極小条件)** (maximal condition, minimal condition) **をみたす**とは，G の任意の (Ω) 部分群からなる (空でない) 集合 X に極大 (極小)(Ω) 部分群が存在すること．

(Ω) 部分群を (Ω) 正規部分群，(Ω) 正規列に現れる (Ω) 部分群，に制限した場合にも同様に定義して，それぞれ **(Ω) 正規部分群，(Ω) 正規列に現れる (Ω) 部分群，について極大条件 (極小条件) をみたす**という．

例 11.27 (極大条件，極小条件)　(1)　有限群 G は部分群について極大条件，

極小条件をみたす.

(2) 加群 $\mathbb{Z}$ は部分群について極大条件をみたすが，極小条件はみたさない.〔← 少し考えてみる〕

(3) 加群 $\mathbb{Q}$ は部分群について極大条件も極小条件もみたさない.〔← (2) を参考に，考えてみる〕

定義 11.28 (**昇鎖条件，降鎖条件**) (1) (Ω) 群 G が (Ω) **昇鎖条件** (ascending chain condition, ACC) **をみたす**とは，任意の (Ω) 部分群の増加列

$$H_1 \leq H_2 \leq \cdots \leq H_n \leq \cdots$$

に対して，ある n が存在して $H_n = H_{n+i}$ $(\forall i \in \mathbb{N})$ となること.

(2) (Ω) 群 G が (Ω) **降鎖条件** (descending chain condition, DCC) **をみたす**とは，任意の (Ω) 部分群の減少列

$$\cdots \leq H_n \leq \cdots \leq H_2 \leq H_1$$

に対して，ある n が存在して $H_n = H_{n+i}$ $(\forall i \in \mathbb{N})$ となることである.

注意　Ω 群の場合には，昇鎖条件，降鎖条件は作用域 Ω に依存する．例えば，$G = \mathbb{R}^n$ に対して，$\Omega = \varnothing$ として，通常の加法群とみれば，$\mathbb{R}^n \supset \mathbb{R} \supset \mathbb{Z} \supset 2\mathbb{Z} \supset 2^2\mathbb{Z} \supset \cdots$ となって，Ω 降鎖条件をみたさないが，$\Omega = \mathbb{R}$ とすれば，Ω 部分群とは，$\mathbb{R}$ ベクトル空間としての部分空間のことであり，$\mathbb{R}^n \supset \mathbb{R}^{n-1} \supset \cdots \supset \mathbb{R} \supset \{0\}$ となって Ω 降鎖条件をみたす．特に，ジョルダン-ヘルダーの定理 (定理 11.22) から，有限生成ベクトル空間の次元の一意性が得られる.

命題 11.29　(Ω) 群 G に対して，以下は同値：

(1) G が (Ω) 部分群について極大条件 (極小条件) をみたす；

(2) G が (Ω) 昇鎖条件 (降鎖条件) をみたす.

証明　極大条件，昇鎖条件について示す.〔← 極小条件，降鎖条件も同様である〕

(1) ⇒ (2)　対偶を示す．$X = \{H_i\}$ が (Ω) 昇鎖条件をみたさないとき，X は極大元をもたない.

(2) ⇒ (1)　対偶を示す．X に極大 (Ω) 部分群が存在しないとする．このとき，$H_1 \in X$ に対して，$H_1 \lneq H_2$ なる $H_2 \in X$ がとれるが，これを繰り返していけば無限増加列 $H_1 \lneq H_2 \lneq \cdots$ を得るので，X は (Ω) 昇鎖条件をみたさない.　∎

定義 11.30 (**ネーター群 (環)，アルティン群 (環)**)　部分群について昇鎖条件をみたす群を**ネーター群** (Noetherian group)，降鎖条件をみたす群を**アルティン群** (Artinian group) という．群 G が R 加群の場合には，**ネーター加群**，**アルティン加群** (Noetherian module, Artinian module) という．また，左 (右) イデアルについて昇鎖 (降鎖) 条件をみたす環を**左 (右) ネーター環 (アルティン環)** (Noetherian ring (Artinian ring)) という．〔← 実は，環の世界では，アルティン環はネーター環になることが知られている！ (秋月-Hopkins-Levitzki の定理)〕

次の定理は非常に重要である：

定理 11.31　(Ω) 群 G に対して，以下は同値：

(1)　G は (Ω) 部分群について極大条件をみたす；

(2)　G のすべての (Ω) 部分群は有限生成.

証明　(1) $\Rightarrow$ (2)　$H \leq G$ とする．仮定より，$X = \{K \leq H \mid K$ は有限生成$\}$ には極大 (Ω) 部分群 K' が存在する．ここで，仮に $K' \lneq H$ と仮定すると，$x \in H \setminus K'$ がとれて，$H' := \langle K', x \rangle$ は有限生成であるから $H' \in X$．しかし，$K' \lneq H'$ であるから，K' が極大 (Ω) 部分群であることに矛盾する．よって，$K' = H$.

(2) $\Rightarrow$ (1)　ツォルンの補題 (公理 2.26) を用いる．任意の G の (Ω) 部分群からなる集合 $X \neq \varnothing$ が極大元をもつことを示す．X を包含関係に関する順序集合とみなし，X の全順序部分集合 $Y = \{H_\lambda \mid \lambda \in \Lambda\}$ をとる．$H = \bigcup_{\lambda \in \Lambda} H_\lambda$ は G の部分群で，仮定から $H = \langle h_1, \cdots, h_n \rangle$ とかける．いま，$h_i \in H_{\lambda_i}$ なる $\lambda_i \in \Lambda$ があり，Y が全順序集合であることから，$H_{\lambda_j} \subset H_{\lambda_s}$ $(1 \leq \forall j \leq n)$ なる s が存在するが，$H = \langle h_1, \cdots, h_n \rangle \subset H_{\lambda_s}$ かつ $H_{\lambda_s} \subset H$ となり，$H = H_{\lambda_s} \in X$．すなわち，Y は X に上界をもち，ツォルンの補題から，X は極大元をもつ．∎

定理 11.32　(Ω) 群 G は (Ω) 組成列をもつ $\Longleftrightarrow$ G は (Ω) 正規列に現れる (Ω) 部分群について極大条件，極小条件をみたす．特に，(Ω) 群 G が (Ω) 部分群について極大条件，極小条件をみたせば，G は (Ω) 組成列をもつ.

証明　$(\Rightarrow)$　任意の G の (Ω) 正規列に現れる (Ω) 部分群からなる集合 X に極大 (極小) 元が存在することを示せばよい．X の元の有限列 $H_1 \gneq H_2 \gneq \cdots \gneq H_r$ $(H_i \in X)$ はジョルダン-ヘルダーの定理から G の (Ω) 組成列の中に含めることができる．したがって，このような有限列の中に長さが最大のものが存在し，そのときの H_1 が X の極大元，H_r が X の極小元となる．

($\Leftarrow$) 次の

$$Y=\{H \lneq G \mid G=G_0 \gneq\!\!\!\!\!\!\rhd \cdots \gneq\!\!\!\!\!\!\rhd G_r=H,\ G_{i-1}/G_i \text{ は単純 }\}$$

を考える．極大条件から，$Y'=\{H \mid G \gneq\!\!\!\!\!\!\rhd H\}$ には極大元が存在し，$Y \supset Y' \neq \varnothing$ より，$Y \neq \varnothing$．よって，極小条件から，Y には極小元 H' が存在する．あとは $H'=1$ を示せばよい．仮に，$H' \neq 1$ とすれば，

$$\varnothing \neq Z=\{H \mid H' \gneq\!\!\!\!\!\!\rhd H\} \ni 1$$

は極大元 H'' をもち，H'/H'' は単純より $H'' \in Y$．しかし，これは H' の極小性に反する．よって，$H'=1$ であり，G は (Ω) 組成列をもつ． ∎

系 11.33 群 G は主組成列をもつ $\Longleftrightarrow$ G は正規部分群について極大条件，極小条件をみたす．

例 11.34 R 加群 M は組成列をもつ $\Longleftrightarrow$ M はネーターかつアルティン加群．

11.3 クルル-シュミットの定理

定義 11.35 (直既約，直既約分解) (1) (Ω) 群 G の (Ω) 部分群への直積分解が $G=G\times 1=1\times G$ に限るとき，G を (Ω) **直既約** (indecomposable) という．G が (Ω) 直既約でないとき，(Ω) **直可約** (decomposable) という．

(2) (Ω) 群 G の (Ω) 直既約な (Ω) 部分群 $G_i \neq 1$ による直積分解

$$G=G_1\times\cdots\times G_n$$

を G の**直既約分解** (indecomposable decomposition) という．

注意 G が加群の場合には，直既約分解は $G=G_1\oplus\cdots\oplus G_n$ とかける．

例 11.36 (直既約) (1) G の直積分解 $G=G_1\times\cdots\times G_n$ が与えられると，$G \rhd G_i$ であるから，G が単純群ならば直既約である．しかし，この逆は成り立たない．〔← 次の命題 11.37 (2) を見る〕

(2) S_n は直既約 (命題 11.23 による)．

命題 11.37 (巡回群の直既約分解)　G を巡回群とする.

(1) $|G| = \infty$ $(G \simeq \mathbb{Z})$ ならば G は直既約.

(2) $|G| = p^r$ $(G \simeq C_{p^r})$ $(p$: 素数$)$ ならば G は直既約.

(3) $|G| = p_1^{r_1} \cdots p_n^{r_n}$ $(p_i$: 素数$)$ ならば G は直既約分解 $G = H_1 \times \cdots \times H_n \simeq C_{p_1^{r_1}} \times \cdots \times C_{p_n^{r_n}}$ $(\mathrm{Syl}_{p_i}(G) \ni H_i \simeq C_{p_i^{r_i}})$ をもつ.

証明　(1) $G = \langle a \rangle \simeq \mathbb{Z}$ が $G = H \times K$ と直既約分解したとすると, $H = \langle a^i \rangle$, $K = \langle a^j \rangle$ とかけて, $\mathrm{ord}(a) = \infty$ より, $a^{ij} \in H \cap K = 1 \implies ij = 0 \implies i = 0$ または $j = 0 \implies K = 1$ または $H = 1$. よって, G は直既約.

(2) $G = \langle a \rangle \simeq C_{p^r}$ が $G = H \times K$ $(|H| \leq |K|)$ と直既約分解したとすると, $1 \leq H \leq K \leq G$ となる (定理 5.25). よって, $H = H \cap K = 1$ より, G は直既約.

(3) シローの定理 (定理 10.93) より, 位数が $p_i^{r_i}$ なる部分群 $H_i \in \mathrm{Syl}_{p_i}(G)$ が存在して, アーベル群の部分群は正規部分群だから, $H_i \lhd G$. また, 元の位数を考えれば, $(H_1 \cdots H_{i-1}) \cap H_i = \{1\}$ $(2 \leq \forall i \leq n)$ であるから, $G = H_1 \times \cdots \times H_n$ (定理 9.33). 各 H_i が直既約であることは, (2) による. ∎

例 11.38　$\mathbb{Z}$ は直既約. $C_6 = C_2 \times C_3$, $C_{12} = C_4 \times C_3$ は直既約分解を与える. 同じことだが, 加群の場合, $\mathbb{Z}/6\mathbb{Z} = \mathbb{Z}/2\mathbb{Z} \oplus \mathbb{Z}/3\mathbb{Z}$, $\mathbb{Z}/12\mathbb{Z} = \mathbb{Z}/4\mathbb{Z} \oplus \mathbb{Z}/3\mathbb{Z}$ は直既約分解を与える.

定義 11.39 (半単純)　(Ω) 群 G が (Ω) 単純群の直積に直積分解できるとき, (Ω) **半単純** (semisimple) または (Ω) **完全可約** (completely reducible) という.

注意　(Ω) 群 G が直積分解できたとすると, 直積因子は (Ω) 正規部分群となるため, (Ω) 単純群は直既約である. 一方, 命題 11.37 の $G = C_{p^r}$ のように, 直既約でも単純群とは限らない. 〔← すなわち, $G = C_{p^r}$ は完全可約 (半単純) でない例を与えている〕

定義 11.40 (正規自己準同型)　自己準同型 $\sigma \in \mathrm{End}(G)$ (定義 10.48) が

$$(y^{-1}xy)^\sigma = y^{-1}x^\sigma y \qquad (\forall x, y \in G)$$

をみたすとき, σ を**正規** (normal) という.

注意　(1) $\sigma \in \mathrm{End}(G) : x \mapsto x^\sigma$ が正規であるとは, 任意の $y \in \mathrm{Inn(G)}$:

$x \mapsto x^y = y^{-1}xy$ と可換，すなわち，次の図式が可換であること：

$$\begin{array}{ccc} G & \xrightarrow{\sigma} & G \\ {\scriptstyle y}\downarrow & \circlearrowleft & \downarrow{\scriptstyle y} \\ G & \xrightarrow{\sigma} & G. \end{array}$$

(2) 定義から，$\sigma \in \mathrm{End}(G)$ が正規ならば $\mathrm{Im}(\sigma) \lhd G$ となる．

例 11.41 (**正規自己準同型**) $0, 1 \in \mathrm{End}(G)$ は正規である．〔← $0, 1 \in \mathrm{End}(G)$ の定義は，それぞれ定義 10.48, 定義 10.51〕

命題 11.42 (**直積分解の射影**) (Ω) 群 G が $G \simeq G_1 \times \cdots \times G_n$ と直積分解されたとき，射影 $\varepsilon_i : G \ni x = x_1 \cdots x_n \mapsto x_i \in G_i \leq G$ は G の正規な自己 (Ω) 準同型であり，$\varepsilon_1, \cdots, \varepsilon_n$ はどの 2 つも加法可能で，以下をみたす：

$$1 = \varepsilon_1 + \cdots + \varepsilon_n, \qquad \varepsilon_i^2 = \varepsilon_i, \qquad \varepsilon_i \varepsilon_j = \varepsilon_j \varepsilon_i = 0 \ (i \neq j).$$

証明 $\varepsilon_i(G) = G_i$ より，ε_i と ε_j は可換 (定理 9.33 (3) (ii)) で加法可能 (例 10.50)．$x^{\varepsilon_1 + \cdots + \varepsilon_n} = x^{\varepsilon_1} \cdots x^{\varepsilon_n} = x_1 \cdots x_n = x$ ($\forall x \in G$) より，$1 = \varepsilon_1 + \cdots + \varepsilon_n$．また，$x^{\varepsilon_i^2} = (x^{\varepsilon_i})^{\varepsilon_i} = x_i^{\varepsilon_i} = x_i$, $(x^{\varepsilon_i \varepsilon_j}) = (x^{\varepsilon_i})^{\varepsilon_j} = x_i^{\varepsilon_j} = 1$ $(i \neq j)$ である． ∎

定理 11.43 (**フィッティングの補題，Fitting lemma**) (Ω) 群 G は (Ω) 正規部分群について極大条件，極小条件をみたすとする．G の自己 (Ω) 準同型 σ が正規ならば，ある $N \in \mathbb{N}$ が存在して，以下をみたす：

$$G = \mathrm{Im}(\sigma^n) \times \mathrm{Ker}(\sigma^n) \qquad (\forall n \geq N).$$

特に，G が直既約ならば σ は巾零 ($\sigma^m = 0$ ($\exists m \in \mathbb{N}$)) または自己 (Ω) 同型．

証明 $G^{\sigma^k} := \mathrm{Im}(\sigma^k)$, $G_{\sigma^k} := \mathrm{Ker}(\sigma^k)$ とおく．σ が正規から，$G \rhd G^{\sigma^i}$ となる．(Ω) 正規部分群の極小条件と $G \geq G^\sigma \geq G^{\sigma^2} \geq \cdots$ から，ある $k \in \mathbb{N}$ が存在して，$G^{\sigma^k} = G^{\sigma^{k+i}}$ ($\forall i \in \mathbb{N}$)．極大条件と $1 \leq G_\sigma \leq G_{\sigma^2} \leq \cdots$ から，ある $l \in \mathbb{N}$ が存在して，$G_{\sigma^l} = G_{\sigma^{l+i}}$ ($\forall i \in \mathbb{N}$)．そこで，$N := \max(k, l)$ として，$n \geq N \implies G = G^{\sigma^n} \times G_{\sigma_n}$ を示す．$G^{\sigma^k} = G^{\sigma^{k+i}}$ ($\forall i \in \mathbb{N}$) $\implies x^{\sigma^k} \in G^{\sigma^k} = G^{\sigma^{2k}}$ ($\forall x \in G$) $\implies x^{\sigma^k} = y^{\sigma^{2k}}$ ($\exists y \in G$)．ここで $x = (xy^{-\sigma^k})y^{\sigma^k}$ と書くと，$y^{\sigma^k} \in G^{\sigma^k}$ であり，さらに，$(xy^{-\sigma^k})^{\sigma^k} = 1$ より，$xy^{-\sigma^k} \in G_{\sigma^k}$ であり，$G = G_{\sigma_k} G^{\sigma^k} = G^{\sigma^k} G_{\sigma_k}$．また，$x \in G^{\sigma^l} \cap G_{\sigma_l} \implies x = y^{\sigma^l} (y \in G) \implies$

$x^{\sigma^l} = y^{\sigma^{2l}} = 1 \implies y \in G_{\sigma^{2l}} = G_{\sigma^l}$. よって，$x = y^{\sigma^l} = 1$. これより，$n \geq N \implies G = G^{\sigma^n} \times G_{\sigma_n}$. 特に，$G$ が直既約ならば $G^{\sigma^n} = 1$ または $G_{\sigma^n} = 1$ となる．前者は $\sigma^n = 0$ を表しており，後者は $G \geq G^\sigma \geq G^{\sigma^n} = G$ より $G = G^\sigma$, $G_\sigma = 1$, すなわち，$\sigma \in \mathrm{Aut}(G)$. ∎

系 11.44 (Ω) 群 G は (Ω) 正規部分群について極大条件，極小条件をみたすとする．G の正規な自己 (Ω) 準同型 σ に対して，σ は全射 $\iff$ σ は単射.

証明 $(\Rightarrow)$ σ が全射ならば，$G = \mathrm{Im}(\sigma) = \mathrm{Im}(\sigma^k)$ $(\forall k \in \mathbb{N})$ で，フィッティングの補題 (定理 11.43) より，十分大きな n に対して，$\mathrm{Ker}(\sigma) \leq \mathrm{Ker}(\sigma^n) = 1$ だから，σ は単射.

$(\Leftarrow)$ σ が単射ならば，$1 = \mathrm{Ker}(\sigma) = \mathrm{Ker}(\sigma^k)$ $(\forall k \in \mathbb{N})$ で，十分大きな n に対して，$G \geq \mathrm{Im}(\sigma) \geq \mathrm{Im}(\sigma^n) = G$ となり，σ は全射. ∎

定理 11.45 (Ω) 群 $G \neq 1$ は (Ω) 正規部分群について極大条件，極小条件をみたし，直既約とする．G の自己 (Ω) 準同型 σ, τ は正規で加法可能とする．このとき，$\sigma + \tau$ が自己 (Ω) 同型ならば σ, τ の少なくとも一方は自己 (Ω) 同型である.

証明 $\sigma + \tau =: \alpha$ は自己 (Ω) 同型より，α^{-1} が存在し，$\sigma' = \alpha^{-1}\sigma$, $\tau' = \alpha^{-1}\tau$ とおけば，自己 (Ω) 準同型 σ', τ' は $\sigma' + \tau' = 1$ をみたす．さらに，$\sigma'(\sigma' + \tau') = (\sigma' + \tau')\sigma'$ より，σ' と τ' は可換である．いま，仮に σ, τ がどちらも自己 (Ω) 同型でないとすると，σ', τ' のどちらも自己 (Ω) 同型でなく，フィッティングの補題 (定理 11.43) より，十分大きい n に対して，${\sigma'}^n = {\tau'}^n = 0$ となる．σ' と τ' は可換であったから，二項定理より，

$$1 = (\sigma' + \tau')^{2n} = \sum_{k=0}^{2n} \binom{2n}{k} {\sigma'}^{2n-k} {\tau'}^k = 0.$$

これは，$G = 1$ を意味するから，矛盾である. ∎

定理 11.46 (Ω) 群 G は (Ω) 正規部分群について極大条件をみたすとする．このとき，G は直既約分解をもつ.

証明 G が直既約のときには何も示すことがないから，G は直可約として，G の自明でない直積因子全体の集合

$$X = \{1 \lneq G_1 \lneq G \mid G = G_1 \times G_2 \ (1 \lneq \exists G_2 \lneq G)\} \neq \varnothing$$

をとる．極大条件から，X は極大元 G_1' をもち，$G = G_1' \times G_2'$ とすれば，G_1' の極大性より $G_2' \neq 1$ は直既約となる．これより，G の自明でない直積因子のうち直既約分解をもつもの全体の集合

$$\begin{aligned} Y = \{1 \lneq G_1 \lneq G \mid G = G_1 \times G_2\ (1 \lneq \exists G_2 \lneq G)\ \text{かつ} \\ G_1 = H_1 \times \cdots \times H_n \text{で}\ H_i \text{は直既約}\ \} \neq \varnothing \end{aligned}$$

〔← $G_2' \in Y$ より $Y \neq \varnothing$〕をとる．Y の極大元 G_1'' をとり，$G = G_1'' \times G_2''$ とすれば，G_2'' は直既約となる．なぜなら，仮に G_2'' は直可約と仮定し，

$$Z = \{1 \lneq H_1' \lneq G_2'' \mid G_2'' = H_1' \times H_2'\ (1 \lneq \exists H_2' \lneq G_2'')\} \neq \varnothing$$

の極大元 H_1'' をとり，$G_2'' = H_1'' \times H_2''$ とすれば，H_1'' の極大性から，H_2'' は直既約となる．しかし，$G_1'' \times H_2'' \in Y$ となり G_1'' の極大性に反する．したがって，G_2'' は直既約であり，G は直既約分解をもつ． ∎

例 11.47 R 加群 G がネーター加群ならば直既約分解をもつ．

次が本節の目標であるクルル-シュミットの定理 (直既約分解の一意性) である：

定理 11.48 (**クルル-シュミットの定理, Krull-Schmidt theorem**)
(Ω) 群 G は (Ω) 正規部分群について極大条件，極小条件をみたすとする．

(1) G は直既約分解をもつ．

(2) G の 2 つの直既約分解を

$$G = G_1 \times \cdots \times G_r = H_1 \times \cdots \times H_s$$

とすれば，$r = s$ で，H_i を適当に並べ替えることで

$$G = H_1 \times \cdots \times H_{i-1} \times G_i \times \cdots \times G_r \qquad (1 \leq \forall i \leq r)$$

とできて，G の正規な自己 (Ω) 同型 σ が存在して，$G_i^\sigma = H_i$ となる．

証明 (1) 定理 11.46 より従う．

(2) 次を示せばよい：G_1 と各 H_i は直既約とし，

$$G = G_1 \times G_2 = H_1 \times \cdots \times H_s \tag{$*$}$$

ならば G の正規な自己 (Ω) 同型 σ が存在して，$G_1^\sigma = H_t\ (1 \leq \exists t \leq s)$ かつ σ の G_2 への制限は恒等写像：$\sigma|_{G_2} = \mathrm{id}_{G_2}$．実際，$(*)$ が示されれば，i に関する帰納法によって，$i-1$ まで定理を仮定して対応する σ_{i-1} をとり $G_1 = G_i$ に $(*)$ を適用して，$\sigma_i = \sigma_{i-1}\sigma$ とすることで (2) の主張が得られる．以下，$(*)$ を示す．

いま，$\delta_1, \delta_2, \varepsilon_1, \cdots, \varepsilon_s$ を G から $G_1, G_2, H_1, \cdots, H_s$ への射影とすれば，命題 11.42 より，G の正規な自己 (Ω) 準同型となり，δ_1 と δ_2，$\varepsilon_1, \cdots, \varepsilon_n$ はどの 2 つも加法可能で以下をみたす：

$$1 = \delta_1 + \delta_2 = \varepsilon_1 + \cdots + \varepsilon_n,$$

$$\delta_i^2 = \delta_i, \quad \varepsilon_i^2 = \varepsilon_i, \quad \delta_1\delta_2 = \delta_2\delta_1 = \varepsilon_i\varepsilon_j = \varepsilon_j\varepsilon_i = 0 \ (i \neq j).$$

ここで，$\delta_1|_{G_1} = \mathrm{id}_{G_1}$，すなわち，$\delta_1$ の G_1 への制限は G_1 の恒等写像，より

$$\delta_1 = \varepsilon_1\delta_1 + \cdots + \varepsilon_n\delta_1$$

に定理 11.45 を適用して，ある $\varepsilon_t\delta_1$ は G_1 の自己 (Ω) 同型となる．このとき，$G_1 = G_1^{\varepsilon_t\delta_1} \leq H_t^{\delta_1} \leq G_1$ であるから，$G_1 = G_1^{\varepsilon_t\delta_1} = H_t^{\delta_1}$ となる．ここで，$H_t^{(\delta_1\varepsilon_t)^2} = (H_t^{\delta_1})^{\varepsilon_t\delta_1\varepsilon_t} = G_1^{\varepsilon_t\delta_1\varepsilon_t} = H_t^{\delta_1\varepsilon_t} = G_1^{\varepsilon_t} \neq 1$ より，フィッティングの補題 (定理 11.43) から $\delta_1\varepsilon_t$ は H_t の自己 (Ω) 同型となり，

$$H_t = H_t^{\delta_1\varepsilon_t} = G_1^{\varepsilon_t}$$

を得る．$\delta_1\varepsilon_t$ と $\delta_2\varepsilon_j$ は加法可能であるから $\delta_1\varepsilon_t$ と $\delta_2 = \delta_2\varepsilon_1 + \cdots + \delta_2\varepsilon_n$ も加法可能であり $\sigma = \delta_1\varepsilon_t + \delta_2$ とおけば，σ は G の正規な自己 (Ω) 準同型であり

$$G_1^\sigma = G_1^{\delta_1\varepsilon_t+\delta_2} = G_1^{\varepsilon_t} = H_t, \qquad x^\sigma = x^{\delta_1\varepsilon_t+\delta_2} = x^{\delta_2} = x \ (\forall x \in G_2)$$

みたす．σ が単射であることは，

$$x^\sigma = 1 \ (x \in G) \implies 1 = (x^\sigma)^{\delta_1} = x^{\delta_1\varepsilon_t\delta_1+\delta_2\delta_1} = (x^{\delta_1})^{\varepsilon_t\delta_1} = x^{\delta_1}$$

$$\implies 1 = x^\sigma = (x^{\delta_1})^{\varepsilon_t}x^{\delta_2} = 1^{\varepsilon_t}x^{\delta_2} = x^{\delta_2} \implies x = x^{\delta_1+\delta_2} = x^{\delta_1}x^{\delta_2} = 1$$

から従い，系 11.44 より，σ は同型となる．∎

例 11.49　R 加群がネーターかつアルティン加群 (組成列をもてば，例 11.34) ならばクルル-シュミットの定理 (定理 11.48) が成り立つ．

注意　クルル-シュミットの定理は，まず有限群について，J. H. M. Wedderburn (1909) によって述べられ，R. Remak (1911) によって示された．その後，W. Krull (1925) によって可換 Ω 群，O. Schmidt (1928) によって一般の Ω 群，また東屋五郎 (1951) によって直和因子の個数が無限の場合 (既約因子の自己準同型環が局所環の場合) に拡張された経緯から，Wedderburn-Remak-Krull-Schmidt の定理，Krull-Remak-Schmidt の定理，Krull-Remak-Schmidt-Azumaya の定理，Krull-Schmidt-Azumaya の定理などとも呼ばれている．

11.4 R 加群の場合

M が R 加群の場合を考える．次の命題は，環論の本を参照のこと．〔← 例えば，[松村 1, 定理 25.1]〕

命題* 11.50 環 R に対して，以下は同値：

(1) $a, b \in R$ が非単元 (非可逆元) ならば $a + b$ も非単元；

(2) R の非単元全体はイデアルをなす；

(3) R はただ 1 つの極大左イデアルをもつ；

(4) R はただ 1 つの極大右イデアルをもつ．

定義 11.51 (局所環) 環 R が命題 11.50 の同値な 4 つの条件 (のいずれか) をみたすとき，R を**局所環** (local ring) という．

M が組成列をもつ R 加群の場合，直既約性は，以下のように表現できる．

定理 11.52 M を R 加群とする．

(1) $\mathrm{End}_R(M)$ が局所環ならば M は直既約．

(2) M が組成列をもつとき，M が直既約ならば $\mathrm{End}_R(M)$ は局所環．すなわち，M が組成列をもつとき，M は直既約 $\iff$ $\mathrm{End}_R(M)$ は局所環．

証明 まず，$f \in \mathrm{End}_R(M)$ が単元 $\iff$ $f \in \mathrm{Aut}_R(M)$ に注意する．

(1) M が直既約でないとすると，直和分解 $M = M_1 \oplus M_2$ に対して，命題 11.42 より，射影 $\varepsilon_1, \varepsilon_2 \in \mathrm{End}_R(M)$ は非単元であり，$1 = \varepsilon_1 + \varepsilon_2$ をみたすから，$\mathrm{End}_R(M)$ は局所環でない．

(2) 定理 11.45 (の対偶) より，f, g が非単元ならば $f + g$ は非単元である．よって，$\mathrm{End}_R(M)$ は局所環. ∎

注意 定理 11.52 の (2) は M が組成列をもたないときには成立しない．例えば，$\mathbb{Z}$ は直既約 $\mathbb{Z}$ 加群であるが，$\mathrm{End}_{\mathbb{Z}}(\mathbb{Z}) \simeq \mathbb{Z}$ は局所環でない．

11.5 クルル-シュミット定理の反例

本節では，クルル-シュミットの定理 (直既約分解の一意性) が成り立たない R 加群 M の例を与える．〔← M は組成列をもたない (例 11.34, 例 11.49)〕

定義 11.53 (G **格子**)　有限生成 $\mathbb{Z}[G]$ 加群 M が自由アーベル群であるとき，$\mathbb{Z}[G]$ **格子** ($\mathbb{Z}[G]$-lattice) または G **格子** (G-lattice) という．また，M の自由アーベル群としての階数を G 格子 M の**階数** (rank) といい，$\mathrm{rank}_{\mathbb{Z}}(M)$ とかく．

定義 11.54　G を有限群とする．

(1) すべての G 格子 M に対して，M の 2 つの直既約分解を $M = M_1 \oplus \cdots \oplus M_r = N_1 \oplus \cdots \oplus N_s$ とすれば，$r = s$ で N_i を適当に並べ替えることで $M_i \simeq N_i$ $(1 \leq i \leq r)$ とできるとき，G **格子に対してクルル-シュミット定理が成り立つ** (Krull-Schmidt theorem holds for G-lattices) という．

(2) すべての G 格子 M_1, M_2, N に対して，$M_1 \oplus N \simeq M_2 \oplus N$ ならば $M_1 \simeq M_2$ が成り立つとき，G **格子に対して消去律が成り立つ** (cancellation law holds for G-lattices) という．

注意　(1) G 格子に対して，以下が成り立つ：

$$\text{クルル-シュミット定理が成り立つ} \Longrightarrow \text{消去律が成り立つ.}$$

(2) 素数 p に対する $\mathbb{Z}_p[G]$ 格子や奇素数 p と p 群 G に対する $\mathbb{Z}_{(p)}[G]$ 格子に対しては，クルル-シュミット定理が成り立つことが知られている ([Curtis-Reiner I, Theorem 6.12, Theorem 36.1])．ただし，$\mathbb{Z}_p$ は p 進整数環，$\mathbb{Z}_{(p)}$ は $\mathbb{Z}$ の素イデアル (p) による局所化を表している．しかし，一般に G 格子 ($\mathbb{Z}[G]$ 格子) に対しては，クルル-シュミット定理は成り立たない．以下では，その反例を与えよう．

遠藤静男氏と広中由美子氏によって，次の定理が与えられている：

定理* 11.55 (遠藤-広中, 1979)　G を有限群とする．G 格子に対して消去律が成り立つならば G はアーベル群，D_n, A_4, S_4 または A_5.

注意　この定理によって，アーベル群，二面体群 D_n，A_4, S_4, A_5 以外の有限群 G に対しては，G 格子に対するクルル-シュミット定理は成り立たないことが分かる ([Curtis-Reiner II, Theorem 50.29] も参照)．

さらに，現在では，$G \neq D_8$ について，いつ G 格子に対するクルル-シュミット定理が成り立つかが，次のように知られている：

定理* 11.56 (Hindman-Klingler-Odenthal, 1998)　$G \neq D_8$ を有限群とする．G 格子に対してクルル-シュミット定理が成り立つ $\Longleftrightarrow$ (1)　$G = C_p$ ($p \leq$

19); (2) $G = C_n$ $(n = 1, 4, 8, 9)$; (3) $G = C_2 \times C_2$; または (4) $G = D_4$.

以下では，反例を具体的に作りたい．まず，直既約な G 格子を準備する．

定義 11.57 (直既約な G 格子 $\mathbb{Z}[G/H]$) 群 G と $H \leq G$ に対して，各左剰余類 gH を $\mathbb{Z}$ 基底とした階数 $[G:H]$ の自由 $\mathbb{Z}$ 加群

$$\mathbb{Z}[G/H] = \bigoplus_{gH \in G/H} \mathbb{Z}\, gH$$

(の基底) に G の (したがって $\mathbb{Z}[G]$ の) 左作用を

$$g'(gH) = (g'g)H \qquad (\forall g, g' \in G)$$

によって定めた G 格子を同じ記号で $\mathbb{Z}[G/H]$ とかく．〔← すなわち，G は左正則作用 (定義 10.6) によって，基底 gH たちの置換として作用する〕

定理* 11.58 ([Curtis-Reiner I, Theorem 32.14]) G 格子 $\mathbb{Z}[G/H]$ は直既約.

定義 11.59 ((安定) 置換 G 格子，可逆, (co)flabby) M を G 格子とする.

(1) M が**置換 G 格子** (permutation G-lattice) であるとは，$\mathbb{Z}[G/H_i]$ たちの有限個の直和となること：$M \simeq \bigoplus_{1 \leq i \leq m} \mathbb{Z}[G/H_i]$ $(\exists H_1, \cdots, H_m \leq G)$.〔← このとき G の M への作用は M の $\mathbb{Z}$ 基底を置換している〕

(2) M が**安定置換 G 格子** (stably permutation G-lattice) であるとは，置換 G 格子と直和して置換 G 格子となること：$M \oplus P \simeq P'$ ($\exists P, P'$：置換 G 格子).

(3) M が**可逆** (invertible) であるとは，置換 G 格子の直和因子となること：$P \simeq M \oplus M'$ ($\exists M'$：G 格子，$\exists P$：置換 G 格子).

(4) M が **coflabby** であるとは，$H^1(H, M) = 0$ $(\forall H \leq G)$ をみたすこと.

(5) M が **flabby** であるとは，$H^1(H, M^\circ) = 0$ $(\forall H \leq G)$ をみたすこと．ただし，$M^\circ = \mathrm{Hom}(M, \mathbb{Z})$.〔← M° は M の双対格子 (dual lattice) と呼ばれる〕

注意 (1) $H^1(H, M^\circ) \simeq \widehat{H}^{-1}(H, M)$ より，(5) は $\widehat{H}^{-1}(H, M) = 0$ $(\forall H \leq G)$ と同値．ただし，$\widehat{H}^{-1}(H, M)$ はテイトコホモロジー ([Cartan-Eilenberg, XII 章]).

(2) G 格子 M に対しては，以下のような関係がある ([Lorenz, 2 章])[*1]：

---

*1 これらの概念は，代数的トーラス (代数群) の有理性問題と密接な関わりがある ([Lorenz, 9 章], [Hoshi-Yamasaki, 1 章]).

$$\text{置換} \implies \text{安定置換} \implies \text{可逆} \implies \text{coflabby かつ flabby}.$$

すなわち，コホモロジー群 $H^1(H, M)$, $H^1(H, M^\circ)$ $(H \leq G)$ は可逆 (置換，安定置換) G 格子 M に対する不変量をなす．〔← ある $H \leq G$ に対して，$H^1(H, M) \neq 0$ または $H^1(H, M^\circ) \neq 0$ となれば，M は可逆 (安定置換，置換) でないことが分かる〕

例 11.60 R. Swan (1960, Ann. Math.) は $G = Q_8$ に対して，$M \oplus \mathbb{Z} \simeq \mathbb{Z}[Q_8] \oplus \mathbb{Z}$ なる $\mathrm{rank}_{\mathbb{Z}}(M) = 8$ の置換でない安定置換 G 格子 M の例を与えた．これは同時に消去律が成り立たない例にもなっている．J.-L. Colliot-Thélène と J.-J. Sansuc (1977) は $M \oplus \mathbb{Z} \simeq \mathbb{Z}[S_3/C_3] \oplus \mathbb{Z}[S_3/C_2]$ なる $\mathrm{rank}_{\mathbb{Z}}(M) = 4$ の置換でない安定置換 G 格子 M の例を与えている (134 ページの例も参照).

定理* 11.61 (**Dress, 1973**) G を有限群，$O_p(G)$ を G の最大正規 p 部分群とする．置換 G 格子に対するクルル-シュミット定理が成り立つ $\iff$ ある p に対して，$G/O_p(G)$ は巡回群.

例 11.62 Dress の定理 (定理 11.61) から，置換 G 格子に対するクルル-シュミットの定理が成り立たなくなる有限群 G は，すべての p に対して，$G/O_p(G)$ が巡回群とならない群であり，これをみたす位数最小の群は D_6 である．〔← $D_6/O_2(D_6) \simeq S_3, D_6/O_3(D_6) \simeq C_2 \times C_2$〕 [Hoshi-Yamasaki, Proposition 6.7] には，$G = D_6$ のとき，次のような具体的な同型が与えられている．〔← 各 $\mathbb{Z}[G/H]$ は直既約に注意〕 $\{1\}$, $C_2^{(1)}$, $C_2^{(2)}$, $C_2^{(3)}$, C_3, V_4, C_6, $S_3^{(1)}$, $S_3^{(2)}$, D_6 を G の共役部分群 (部分群を共役で同一視したもの) とすると，〔← C_2 は 3 個，S_3 は 2 個の共役類がある〕

$$\begin{aligned}
&\mathbb{Z}[D_6] \oplus \mathbb{Z}[D_6/V_4]^{\oplus 2} \oplus \mathbb{Z}[D_6/C_6] \oplus \mathbb{Z}[D_6/S_3^{(1)}] \oplus \mathbb{Z}[D_6/S_3^{(2)}] \\
&\quad \simeq \mathbb{Z}[D_6/C_2^{(1)}] \oplus \mathbb{Z}[D_6/C_2^{(2)}] \oplus \mathbb{Z}[D_6/C_2^{(3)}] \oplus \mathbb{Z}[D_6/C_3] \oplus \mathbb{Z}^{\oplus 2}.
\end{aligned}$$

さらに具体的な例を説明するために，以下の G 格子 M_G を定義しておく．

定義 11.63 (G **格子** M_G) 有限部分群 $G \leq GL_n(\mathbb{Z})$ に対して，$\mathbb{Z}$ 上の基底 $\{u_1, \cdots, u_n\}$ に G の作用を $\sigma(u_i) = \sum_{j=1}^{n} a_{i,j} u_j$ $(\forall \sigma = [a_{i,j}] \in G)$ として定めた，階数 n の G 格子を M_G とかく．

G 格子 M_G の同型類は $M_G \simeq M_{G'} \iff G' = P^{-1}GP$ ($\exists P \in GL_n(\mathbb{Z})$)〔← 基底変換に対応〕より $GL_n(\mathbb{Z})$ の $GL_n(\mathbb{Z})$ 共役な部分群できまる．実は，このような $GL_n(\mathbb{Z})$ の部分群の共役類は，有限個であることが知られている：

定理* 11.64 (Jordan, 1880) $GL_n(\mathbb{Z})$ の部分群の $GL_n(\mathbb{Z})$ 共役類の個数は有限個.

例 11.65 ($GL_n(\mathbb{Z})$ **の** $GL_n(\mathbb{Z})$ **共役な部分群**) $n \leq 6$ に対して，Plesken-Schulz (2000) によって，以下が与えられている：*2

n	1	2	3	4	5	6
$GL_n(\mathbb{Z})$ の部分群の $GL_n(\mathbb{Q})$ 共役類数	2	10	32	227	955	7103
$GL_n(\mathbb{Z})$ の部分群の $GL_n(\mathbb{Z})$ 共役類数	2	13	73	710	6079	85308

例 11.66 (**2 つの直既約分解** $M_G = M_4 \oplus M_1 = M_3 \oplus M_2$ ($\mathrm{rank}_{\mathbb{Z}}(M_i) = i$)) [Hoshi-Yamasaki, Example 4.10] には，以下のように，$G \leq GL_5(\mathbb{Z})$ に対する 2 つの直既約分解 $M_G = M_4 \oplus M_1 = M_3 \oplus M_2$ ($\mathrm{rank}_{\mathbb{Z}}(M_i) = i$) が与えられている．$I$ を 5×5 の単位行列,

$$X = \left(\begin{array}{cccc|c} 0 & 1 & 0 & 1 & 0 \\ 1 & 0 & 0 & 1 & 0 \\ 0 & 0 & 0 & 1 & 0 \\ 0 & 0 & -1 & -1 & 0 \\ \hline 0 & 0 & 0 & 0 & 1 \end{array}\right), \quad Y = \left(\begin{array}{cccc|c} 1 & 0 & 0 & 0 & 0 \\ 0 & 1 & 0 & 0 & 0 \\ 0 & 0 & 0 & -1 & 0 \\ 0 & 0 & -1 & 0 & 0 \\ \hline 0 & 0 & 0 & 0 & 1 \end{array}\right)$$

とする．次の $GL_5(\mathbb{Z})$ 共役ではない 11 個の群 $G \leq GL_5(\mathbb{Z})$ の直既約分解は $M_G = M_4 \oplus M_1$ ($\mathrm{rank}_{\mathbb{Z}}(M_i) = i$) となる：

$$\langle X^2, XY, -I\rangle \simeq S_3 \times C_2 \simeq D_6,\ \langle X, -I\rangle \simeq C_6 \times C_2,\ \langle -X, Y\rangle \simeq D_6,$$

$$\langle -X, XY\rangle \simeq D_6,\ \langle X, Y\rangle \simeq C_6,\ \langle X, -Y\rangle \simeq D_6,\ \langle X, Y, -I\rangle \simeq C_6 \times C_2,$$

$$\langle X^2, XY\rangle \simeq S_3,\ \langle X^2, -XY\rangle \simeq S_3,\ \langle X\rangle \simeq C_6,\ \langle -X\rangle \simeq C_6.$$

一方,

*2 原論文には重複カウントがあったが，山崎愛一さん (京都大学) の指摘によって正しく修正された．例えば，`https://wwwb.math.rwth-aachen.de/carat/` では正しく修正されている.

$$P=\begin{pmatrix}0&0&1&0&1\\0&0&1&1&0\\0&-1&1&0&0\\1&0&-1&0&0\\1&1&1&1&1\end{pmatrix}\in GL_5(\mathbb{Z})$$

とすれば，この 11 個の群 $G\leq GL_5(\mathbb{Z})$ は基底変換〔← 共役に対応〕によって，もう 1 つの直既約分解 $M_G=M_3\oplus M_2$ $(\mathrm{rank}_{\mathbb{Z}}(M_i)=i)$ をもつ：

$$P^{-1}XP=\left(\begin{array}{ccc|cc}0&1&0&0&0\\0&0&1&0&0\\1&0&0&0&0\\\hline 0&0&0&0&1\\0&0&0&1&0\end{array}\right),\quad P^{-1}YP=\left(\begin{array}{ccc|cc}0&1&0&0&0\\1&0&0&0&0\\0&0&1&0&0\\\hline 0&0&0&1&0\\0&0&0&0&1\end{array}\right).$$

すなわち，2 つの異なる直既約分解 $M_G=M_4\oplus M_1=M_3\oplus M_2$ (クルル-シュミット定理の反例) が得られた．さらに，[Hoshi-Yamasaki, Theorem 4.6] には，$G\leq GL_n(\mathbb{Z})$ に対して，$n\leq 4$ ではこのようなことが起こらないこと，$n=5$ では上の 11 個に限りこのようなことが起こること，および，$n=6$ に対して，クルル-シュミット定理が成り立たない G の必要十分条件 (149 個) が与えられている．

異なる群 G_1, G_2 に対して $\mathbb{Z}[G_1]\simeq\mathbb{Z}[G_2]$ となるか？

2 つの有限群 G_1 と G_2 に対して，$\mathbb{Z}$ 上の群環 $\mathbb{Z}[G_1]$ と $\mathbb{Z}[G_2]$ を考える．$G_1\simeq G_2\implies\mathbb{Z}[G_1]\simeq\mathbb{Z}[G_2]$ (環の同型) であることはよいだろう．しかし，この逆は成り立つだろうか？ $|G_1|\neq|G_2|$ ならば $\mathbb{Z}[G_1]$ と $\mathbb{Z}[G_2]$ は $\mathbb{Z}$ 上の階数が異なるので同型でない．つまり，$\mathbb{Z}[G_1]\simeq\mathbb{Z}[G_2]\implies|G_1|=|G_2|$ はすぐに分かる．しかし，本当に $\mathbb{Z}[G_1]\simeq\mathbb{Z}[G_2]\implies G_1\simeq G_2$ は導かれるだろうか？

例えば，有限群 G_1 が巾零群，〔← 定義は次章参照〕より一般にアーベル群 $N_1\lhd G_1$ が存在して，G_1/N_1 が巾零群の場合には，$\mathbb{Z}[G_1]\simeq\mathbb{Z}[G_2]\implies G_1\simeq G_2$ であることが，Roggenkamp-Scott (1987, Ann. Math.) によって示された．

しかし，M. Hertweck (2001, Ann. Math.) は，次のことを示した (!)：位数が $2^{25}\cdot 97^2$ の群 G_1, G_2 が存在して，$\mathbb{Z}[G_1]\simeq\mathbb{Z}[G_2]$ かつ $G_1\not\simeq G_2$.

第 12 章
種々の可解群

12.1 可解群

定義 12.1 (アーベル正規列，可解群) (1) 群 G の正規列

$$G = G_0 \rhd G_1 \rhd \cdots \rhd G_{n-1} \rhd G_n = 1$$

は，すべての剰余群 G_{i-1}/G_i がアーベル群のとき，**アーベル正規列** (abelian normal series) という．

(2) アーベル正規列をもつ群 G を**可解群** (solvable group) という．

例 12.2 (アーベル正規列，可解群) (1) アーベル正規列 $C_n \rhd 1$, $D_n \rhd C_n \rhd 1$, $S_3 \rhd C_3 \rhd 1$, $S_4 \rhd A_4 \rhd V_4 \rhd 1$ より，C_n, D_n, S_3, A_4, S_4 は可解群．

(2) 素数 $p < q$ に対して，$|G| = pq$ なる群 G は可解群 (定理 10.95)．

(3) 非可換単純群は可解群ではない．特に，A_n $(n \geq 5)$ は可解群ではない．

(4) S_n $(n \geq 5)$ は可解群ではない (命題 11.23)．

命題 12.3 (1) 可解群 G の部分群 H は可解群．

(2) 可解群 G と $N \lhd G$ に対して，剰余群 G/N は可解群．

(3) $N \lhd G$ に対して，G が可解群 $\iff$ N と G/N が可解群．

証明 (1) G のアーベル正規列に対して，$H_i := H \cap G_i$ とすれば H の正規列

$$H = H_0 \rhd H_1 \rhd \cdots \rhd H_{n-1} \rhd H_n = 1$$

が得られる．このとき，H_{i-1}/H_i は，第 2 同型定理 (定理 9.24) から

$$H_{i-1}/H_i \simeq H \cap G_{i-1}/(H \cap G_{i-1}) \cap G_i \simeq (H \cap G_{i-1})G_i/G_i$$

で，最後の群はアーベル群 G_{i-1}/G_i の部分群だから，H_{i-1}/H_i もアーベル群で，上の正規列は H のアーベル正規列となる．

(2) G から $\overline{G} = G/N$ への標準全射による G_i の像を $\overline{G_i}$ とすれば，$\overline{G}$ の正規列

$$\overline{G} = \overline{G_0} \triangleright \overline{G_1} \triangleright \cdots \triangleright \overline{G_{n-1}} \triangleright \overline{G_n} = \overline{1}$$

が得られる．標準全射は G_{i-1}/G_i から $\overline{G_{i-1}}/\overline{G_i}$ への準同型を引き起こすから，$\overline{G_{i-1}}/\overline{G_i}$ はアーベル群で，上の正規列は $\overline{G}$ のアーベル正規列となる．

(3) ($\Rightarrow$) (1), (2) よりよい．($\Leftarrow$) G/N が可解であることから，アーベル正規列

$$G/N = G_0/N \triangleright G_1/N \triangleright \cdots \triangleright G_n/N = N/N = 1$$

がとれ，第 3 同型定理 (定理 9.26) から

$$(G_{i-1}/N)/(G_i/N) \simeq G_{i-1}/G_i$$

であるから，アーベル正規列

$$G = G_0 \triangleright G_1 \triangleright \cdots \triangleright G_n = N$$

を得る．N は可解群で，N もアーベル正規列をもつから，それらをつなげれば G のアーベル正規列が得られる． ∎

可解群の理解を深めるため，交換子群 $D(G)$ (定義 4.61) を思い出しておこう．G の交換子群 $D(G) = \langle \{[x, y] \mid x, y \in G\} \rangle$ は交換子 $[x, y] = x^{-1}y^{-1}xy \in G$ 全体が生成する群で，$D(G)$ char G (特性部分群)，特に，$D(G) \triangleleft G$ であった (命題 10.46 (2))．また，G/N がアーベル群 $\iff D(G) \leq N$，特に，$G^{ab} = G/D(G)$ はアーベル群で，G がアーベル群 $\iff D(G) = 1$ であった (定理 7.34)．

定義 12.4 (**導来列，交換子群列**)　群 G に対して，

$$D_0(G) := G, \qquad D_1(G) := D(G), \qquad D_2(G) := D(D_1(G)), \qquad \cdots$$

として帰納的に $D_i(G) := D(D_{i-1}(G))$ を定義し，得られる正規部分群の列

$$G = D_0(G) \triangleright D(G) = D_1(G) \triangleright \cdots \triangleright D_i(G) \triangleright \cdots$$

を G の**導来列** (derived series) または**交換子群列** (commutator subgroup series) という．〔← $D_i(G) = 1$ となればアーベル正規列となる〕

定理 12.5 G が可解群 $\iff D_n(G) = 1$ $(\exists n \in \mathbb{N})$.

証明 $(\Rightarrow)$ G のアーベル正規列に対して，$G_{i-1} \triangleright G_i$ であり G_{i-1}/G_i はアーベル群だから，$G_i \geq D(G_{i-1})$ (定理 7.34)．このとき，$G_i \geq D_i(G)$ を帰納法で示す．$i = 0$ のときはよい．$G_{i-1} \geq D_{i-1}(G)$ を仮定すると，$G_i \geq D(G_{i-1}) \geq D(D_{i-1}(G)) = D_i(G)$．よって，$G_i \geq D_i(G)$ であり，$G_n = 1$ より $D_n(G) = 1$.
$(\Leftarrow)$ $D_n(G) = 1$ ならば G の導来列はアーベル正規列となる． ∎

注意 定理 12.5 を用いれば，可解群 G と $H \leq G$, $N \triangleleft G$ に対して，$D_i(G) = 1 \implies D_i(H) \leq D_i(G) = 1$, $D_i(G/N) = D_i(G)N/N = \overline{1}$ であるから，H, G/N は可解群であることが分かる．〔← 命題 12.3 (1), (2) の別証明〕

命題 12.6 可解群の直積は可解群である．

証明 $G = G_1 \times \cdots \times G_r$ とすると，命題 9.37 より，$D_i(G) = D_i(G_1) \times \cdots \times D_i(G_r)$ であるから，定理 12.5 より従う． ∎

命題 12.7 (1) 可解群 $G \neq 1$ が単純群ならば G は素数位数の巡回群 $(G \simeq C_p)$.
(2) 有限群 G が可解群 $\iff$ G の組成列 $G = G_0 \gneqq G_1 \gneqq \cdots \gneqq G_n = 1$ で G_{i-1}/G_i は素数位数の巡回群 $(G_{i-1}/G_i \simeq C_{p_i})$.

証明 (1) G の導来列は $G \gneqq G_1 = D(G) = 1$ となるしかなく，$G \simeq G/D(G)$ はアーベル群であるから，命題 7.41 より $G \simeq C_p$.
(2) $(\Leftarrow)$ 巡回群はアーベル群であるからよい．$(\Rightarrow)$ ジョルダン-ヘルダーの定理 (定理 11.22) より，G のアーベル正規列を細分して組成列をつくれば，G_{i-1}/G_i は単純群かつ可解群 (命題 12.3) であり，(1) より，$G_{i-1}/G_i \simeq C_{p_i}$ $(p_i : 素数)$. ∎

注意 (2) の $(\Rightarrow)$ は無限群では成り立たない．〔← 例えば，$\mathbb{Z}$ を考えよ〕

定義* 12.8 (**ポリ巡回群，pc 表示**) 群 G はすべての剰余群 G_{i-1}/G_i が巡回群となるアーベル正規列をもつとき，**ポリ巡回群** (polycyclic group) という．ポリ巡回群 G に対して，$G_{i-1} = \langle g_i, G_i \rangle$ $(i = n, \cdots, 1)$ なる $(g_n, \cdots, g_1)$ を選ぶ．〔← $G_0 = G$, $G_n = 1$ に注意〕 $r_i := [G_{i-1} : G_i] < \infty$ ならば任意の $x \in G$ は $x = g_1^{e_1} \cdots g_n^{e_n}$ $(0 \leq e_i < r_i)$ と一意的にかけて，〔← なぜ？〕ポリ巡回群 $G =$

$\langle g_1, \cdots, g_n \rangle$ は 次の **pc 表示** (power-conjugate presentation) をもつ：

$$g_j^{g_i} = g_i^{-1} g_j g_i = g_{i+1}^{e(i,j,i+1)} \cdots g_n^{e(i,j,n)} \qquad (1 \le i < j \le n),$$

$$g_j^{g_i^{-1}} = g_i g_j g_i^{-1} = g_{i+1}^{f(i,j,i+1)} \cdots g_n^{f(i,j,n)} \qquad (1 \le i < j \le n),$$

$$g_i^{r_i} = g_{i+1}^{l(i,i+1)} \cdots g_n^{l(i,n)} \qquad (1 \le i \le n).$$

〔← G の基本関係をなすことが分かる．また，G が有限群の場合には，真ん中 (2 つめ) の式は不要となる〕

命題 12.9 (1) アーベル群 G に対して，G はポリ巡回群 $\Longleftrightarrow$ G は有限生成.
(2) G はポリ巡回群 $\Longleftrightarrow$ G は可解群かつネーター群.

証明 (1) ($\Rightarrow$) はよい．($\Leftarrow$) $G = \langle g_1, \cdots, g_n \rangle$ に対して，正規列 $G = G_0 \rhd \langle g_1, \cdots, g_{n-1} \rangle \rhd \cdots \rhd \langle g_1 \rangle \rhd 1$ をとれば，$G_{i-1}/G_i = \langle g_i \rangle$ は巡回群.

(2) ($\Rightarrow$) はよい．($\Leftarrow$) G はアーベル正規列をもち，すべての部分群が有限生成 (定理 11.31) である．よって，(1) より従う． ∎

例 12.10 (ポリ巡回群ではない可解群) G が有限群の場合には，ポリ巡回群と可解群は同じ概念である．しかし，無限群 (特に，無限生成な部分群をもつ群) についてはそうはいかない．〔← 無限群の世界は広大である！〕 例えば，無限巡回群 $\langle a_i \rangle \simeq \mathbb{Z}$ の (可算) 無限個の直積 $N = \prod_{i=-\infty}^{\infty} \langle a_i \rangle \simeq \mathbb{Z}^\infty$ は有限生成でないが，$G = \mathbb{Z} \wr \mathbb{Z} = N \rtimes \mathbb{Z}$，ただし $\mathbb{Z} = \langle x \rangle$ は N にシフト $a_i^x = a_{i+1}$ として作用，を考えると $G = \langle a_0, x \rangle$ は 2 元生成で，$G \rhd N \rhd 1$，$G/N = \mathbb{Z}$ より可解群である (命題 12.3) が，ポリ巡回群ではない (命題 12.9 (2))．〔← この例は，同時に，有限生成な群の有限生成でない部分群の例を与えている．このようなことは，自由群などの大きな群では普通に起こることである (133 ページも参照)〕

次の定理は，有限群の表現論の応用として，群指標を用いて得られる ([宮田, 8 章, 定理 5], [近藤, 定理 8.16], [浅野-永尾, 定理 9.2] などを参照)．本書では有限群の表現論を解説できなかったが，群を学ぶ上で非常に重要であるので，本書を読み終わった後に巻末に挙げてある参考文献などで学ぶことを強くすすめる．

定理* 12.11 (**Burnside $p^a q^b$-Theorem**) G を有限群，p, q を相異なる素数とする．$|G| = p^a q^b$ ならば G は可解群.

12.2 巾零群

巾零群を導入するため，交換子群の定義を拡張しておく：

定義 12.12 (**交換子群** $[H,K]$) 部分集合 $H,K\subset G$ に対して，

$$[H,K]=\langle [h,k]\mid h\in H,\ k\in K\rangle \le G$$

を H と K の**交換子群** (commutator subgroup, derived subgroup) という．

注意 定義から，$G=H=K$ のとき，$[H,K]=D(G)$ (定義 4.61) である．

補題 12.13 $x,y\in G$ に対して，$x^y=y^{-1}xy$ とする．〔← $(xy)^z=x^zy^z$, $[x,y]=x^{-1}x^y$ となることに注意〕 $x,y,z\in G$ に対して，以下が成り立つ：

(1) $[x,y]=1 \iff xy=yx$;

(2) $xy=yx[x,y]$;〔← x と y を入れ替えたおつりが交換子 $[x,y]$〕

(3) $[x,y]^{-1}=[y,x]$;

(4) $[x,y]^z=[x^z,y^z]$;

(5) $[xy,z]=[x,z]^y[y,z]$, $[x,yz]=[x,z][x,y]^z$.

証明 定義から両辺を直接計算すればよい． ∎

命題 12.14 $H,K\le G$ (部分群) とする．

(1) $[H,K]=[K,H]\lhd\langle H,K\rangle\le G$. ただし，$\langle H,K\rangle=\langle h,k\mid h\in H,\ k\in K\rangle$.

(2) $H\le N_G(K) \iff [H,K]\le K$.

(3) $H,K\lhd G$ ならば $[H,K]\le H\cap K$ かつ $[H,K]\lhd G$.

(4) $K\le H$ かつ $L=\{x\in G\mid [x,H]\le K\}$ ならば $L\le N_G(H)\cap N_G(K)\le G$.

証明 以下，$h,h'\in H$, $k,k'\in K$, $x\in G$ とする．

(1) 補題 12.13 (3) より $[k,h]=[h,k]^{-1}\in[H,K]$, $[h,k]=[k,h]^{-1}\in[K,H]$ で，$[H,K]=[K,H]$. 補題 12.13 (5) より $[h,k]^{h'}=[hh',k][h',k]^{-1}\in[H,K]$, $[k,h]^{k'}=[kk',h][k',h]^{-1}\in[K,H]=[H,K]$ で，$[H,K]\lhd\langle H,K\rangle$.

(2) ($\Rightarrow$) $H\le N_G(K)=\{x\in G\mid x^{-1}Kx=K\}$ ならば $h^{-1}k^{-1}h\in h^{-1}Kh=K$ となり，$[h,k]=(h^{-1}k^{-1}h)k\in K$. ($\Leftarrow$) $h^{-1}k^{-1}h=[h,k]k^{-1}\in K$ より

$h^{-1}Kh = K$ で，$H \leq N_G(K)$.

(3) $K \lhd G$ より $H \leq G = N_G(K)$ だから，(2) より $[H,K] \leq K$．同様に，$H \lhd G$ より $[H,K] \leq H$ で，$[H,K] \leq H \cap K$．補題 12.13 (4) より $[h,k]^x = [h^x, k^x] \in [H,K]$ だから $[H,K] \lhd G$.

(4) $(L \subset N_G(H))$ $x \in L \implies x^{-1}h^{-1}x = [x,h]h^{-1} \in H \implies x \in N_G(H)$. $(L \subset H_G(K))$ $x \in L \implies x^{-1}k^{-1}x = [x,k]k^{-1} \in K \implies x \in N_G(K)$. $(L \leq G)$ 補題 12.13 (5) より $x, y \in L \implies [xy,h] = [x,h]^y[y,h] \in K^y = K$, $[x^{-1},h] \in K$ で，$xy, x^{-1} \in L$ から $L \leq G$ (定理 4.28). ∎

定義 12.15 (**中心列, 巾零群**)　群 G の正規列

$$G = G_0 \rhd G_1 \rhd \cdots \rhd G_{n-1} \rhd G_n = 1$$

は，すべての i で $[G, G_{i-1}] \leq G_i$ となるとき，G の**中心列** (central series) という．このとき，$G_i \lhd G$ であり，条件は $G_{i-1}/G_i \subset Z(G/G_i)$ と同値となる．〔← 下の注意 (2) 参照〕 中心列をもつ群 G を**巾零群** (nilpotent group) という．

注意　(1) G の中心列において，$[G_i, G] = [G, G_i] \leq G_{i+1} \leq G_i$ であるから，$x \in G$, $x_i \in G_i$ に対して，$x_i^x = x^{-1}x_ix = x_i[x_i, x] \in G_i$ となり，$G_i \lhd G$.

(2) $x_{i-1} \in G_{i-1}$ に対して，

$$\begin{aligned} x_{i-1}G_i \in Z(G/G_i) &\iff [xG_i, x_{i-1}G_i] = G_i \ (\forall x \in G) \\ &\iff [x, x_{i-1}]G_i = G_i \ (\forall x \in G) \\ &\iff [x, x_{i-1}] \in G_i \ (\forall x \in G) \end{aligned}$$

より，$G_{i-1}/G_i \subset Z(G/G_i) \iff [G, G_{i-1}] \leq G_i$.

例 12.16 (**中心列, 巾零群**)　G をアーベル群とすれば，

$$G = G_0 \rhd G_1 = Z(G) = 1$$

は，$G_0/G_1 = G = Z(G_0/G_1)$ だから G の中心列であり，G は巾零群.

命題 12.17　G の中心列はアーベル正規列である．特に，巾零群は可解群である．

証明　G の中心列にて，$G_{i-1}/G_i \subset Z(G/G_i)$ より，G_{i-1}/G_i はアーベル群. ∎

注意 標語的にかけば，以下のようになる：

$$\text{アーベル群} \implies \text{巾零群} \implies \text{可解群}.$$

定義 12.18 (**降中心列，昇中心列**) (1) 群 G に対して，

$$\Gamma_0(G) := G, \quad \Gamma_1(G) := [G, G], \quad \Gamma_2(G) := [G, \Gamma_1(G)], \quad \cdots$$

として帰納的に $\Gamma_i(G) := [G, \Gamma_{i-1}(G)] \lhd G$〔← 命題 12.14 (3)〕を定義し，得られる正規部分群の列

$$G = \Gamma_0(G) \rhd \Gamma_1(G) = D(G) \rhd \cdots \rhd \Gamma_i(G) \rhd \cdots$$

を G の**降中心列** (lower central series) という．〔← $\Gamma_i(G) = 1$ となれば中心列〕

(2) 群 G に対して，

$$Z_0(G) := 1,\ Z_1(G) := Z(G),\ Z_2(G) := \{x \in G \mid [x, G] \leq Z_1(G)\},\ \cdots$$

として帰納的に $Z_i(G) := \{x \in G \mid [x, G] \leq Z_{i-1}(G)\}$ を定義すれば，$Z_i(G) \lhd G$〔← 命題 12.14 (4), $Z_i(G)$ char G でもある〕かつ $Z_i(G)/Z_{i-1}(G) = Z(G/Z_{i-1}(G))$ をみたし，〔← 逆に，この式で $Z_i(G)$ を定義してもよい〕得られる正規部分群の列

$$1 = Z_0(G) \lhd Z_1(G) = Z(G) \lhd \cdots \lhd Z_i(G) \lhd \cdots$$

を G の**昇中心列** (upper central series) という．〔← $Z_i(G) = G$ となれば中心列〕

定理 12.19 巾零群 G の中心列 $G = G_0 \rhd G_1 \rhd \cdots \rhd G_{n-1} \rhd G_n = 1$ に対して，

$$\Gamma_i(G) \leq G_i, \quad G_{n-i} \leq Z_i(G) \quad (0 \leq i \leq n).$$

特に，$\Gamma_n(G) = 1$，$Z_n(G) = G$.

証明 (帰納法) $i = 0$ はよい．定義から G の中心列は $[G, G_{i-1}] \leq G_i$ をみたし，$\Gamma_{i-1}(G) \leq G_{i-1}$ を仮定すれば，$\Gamma_i(G) = [G, \Gamma_{i-1}(G)] \leq [G, G_{i-1}] \leq G_i$ で，$G_{n-i+1} \leq Z_{i-1}(G)$ を仮定すれば，$[G_{n-i}, G] \leq G_{n-i+1} \leq Z_{i-1}(G)$ より，$G_{n-i} \leq Z_i(G)$．最後は，$\Gamma_n(G) \leq G_n = 1$，$G = G_0 \leq Z_n(G)$ よりよい． ∎

定理 12.20 群 G に対して，以下は同値：

(1) G は巾零群；

(2) $\Gamma_n(G) = 1$ $(\exists n \geq 0)$;

(3) $Z_m(G) = G$ $(\exists m \geq 0)$.

さらに，$\Gamma_n(G) = 1 \iff Z_n(G) = G$.

証明　(1) $\Rightarrow$ (2), (3)　定理 12.19 より，$n = m$ に対して成り立つ．

(2), (3) $\Rightarrow$ (1)　$G_i = \Gamma_i(G)$, $G_i = Z_{m-i}(G)$ より，それぞれ G の中心列を得る． ∎

例 12.21　S_4, A_4 は可解群であるが，巾零群ではない．〔← 例 12.2 と $Z(S_4) = Z(A_4) = 1$ (命題 10.23, 系 10.33) による〕

定理 12.22　p 群は巾零群である．

証明　p 群 G に対して，$Z(G) \neq 1$ (命題 10.24) であり，$G/Z(G)$ も p 群であるから，$Z(G/Z(G)) = Z_2(G)/Z(G) \neq 1$．これを $1 \lneq Z_1(G) \lneq Z_2(G) \lneq \cdots$ とつづけていけば，ある n で $Z_n(G) = G$ となり，G は巾零群 (定理 12.20)． ∎

定義 12.23 (**巾零クラス**)　$Z_n(G) = G$ となる最小の n を巾零群 G の**巾零クラス** (nilpotency class) という．〔← $\Gamma_n(G) = 1$ となる最小の n と同じ〕

例 12.24 (**巾零クラス**)　(1)　巾零群 G は巾零クラス 0 $\iff$ $G = 1$.

(2)　巾零群 G は巾零クラス 1 $\iff$ $G \neq 1$ は可換群.

(3)　巾零群 G は巾零クラス 2 $\iff$ G は $D(G) \leq Z(G)$ なる非可換群，すなわち，G は $G/Z(G) \neq 1$ が可換群となる群．〔← 定理 12.19 による．定理 7.34 も参照〕

命題 12.25　G を巾零クラスが高々 2 の巾零群とする．

(1)　$[xy, z] = [x, z][y, z]$, $[x, yz] = [x, y][x, z]$．特に，$[x^m, y^n] = [x, y]^{mn}$.

(2)　$(xy)^n = x^n y^n [y, x]^{n(n-1)/2}$.

証明　まず，$D(G) \leq Z(G)$ (交換子 $[x, y]$ は G の元と可換) に注意する (例 12.24 (3))．

(1)　補題 12.13 (5) より，$[xy, z] = [x, z]^y [y, z] = [x, z][y, z]$, $[x, yz] = [x, z][x, y]^z = [x, y][x, z]$ であり，最後の主張もよい．

(2)　補題 12.13 (2) より，$yx = xy[y, x]$ を繰り返し使って，$(xy)^n = x^n y^n [y, x]^{(n-1)+(n-2)+\cdots+1} = x^n y^n [y, x]^{n(n-1)/2}$. ∎

命題 12.26　G を巾零群とする．

(1)　部分群 $H \leq G$ は巾零群.

(2)　準同型 $f : G \to H$ の像 $f(G) \leq H$ は巾零群．特に，$N \lhd G$ に対して，剰

余群 G/N は巾零群.

(3) 巾零群の有限個の直積は巾零群.

証明 (1) $\Gamma_i(H) \le \Gamma_i(G)$ から $\Gamma_n(G)=1 \implies \Gamma_n(H)=1$ であるから，定理 12.20 から従う.

(2) G の降中心列に準同型 f を作用させれば，$\Gamma_n(G)=1 \implies \Gamma_n(f(G)) = f(\Gamma_n(G)) = f(1) = 1$ を得る.

(3) $G = G_1 \times \cdots \times G_r$ に対して，$\Gamma_i(G) \simeq \Gamma_i(G_1) \times \cdots \times \Gamma_i(G_r)$ を示せば，定理 12.20 より従う．$r=2$ について示せばよい (定義 9.28 の後の注意参照). $i=1$ のとき，$\Gamma_1(G) = D(G)$ であるから，命題 9.37 (2) よりよい. $i-1$ のとき，$\Gamma_{i-1}(G_1 \times G_2) = \Gamma_{i-1}(G_1) \times \Gamma_{i-1}(G_2)$ が正しいと仮定すると，$\Gamma_i(G_1 \times G_2) = [G_1 \times G_2, \Gamma_{i-1}(G_1 \times G_2)] = [G_1 \times G_2, \Gamma_{i-1}(G_1) \times \Gamma_{i-1}(G_2)] = \Gamma_i(G_1) \times \Gamma_i(G_2)$.〔← $[(g_1,g_2),(h_1,h_2)] = ([g_1,h_1],[g_2,h_2])$ より〕 ∎

注意 可解群の場合 (命題 12.3) とは異なり，$N \lhd G$ に対して，N と G/N が巾零群であっても，G が巾零群とは限らない．例えば，$G = S_3 \rhd N = C_3$ に対して，N と $G/N \simeq C_2$ は巡回群であるから巾零群 (例 12.24) であるが，$Z(G)=1$ であり，G は巾零群ではない (定理 12.20).

定理 12.27 G を巾零群とする．$H \lneq G$ ならば $H \lneq N_G(H)$.〔← 正規化群 $N_G(H)$ の定義 (定義 7.37) から $H \le N_G(H)$ はよい〕

証明 $H \lneq G$ より，G の昇中心列 $1 = Z_0(G) \lhd Z_1(G) = Z(G) \lhd \cdots \lhd Z_n(G) = G$ に対して，$Z_i(G) \le H$ なる最大の i をとれば，$Z_{i+1}(G) \not\le H$ であり，$[H, Z_{i+1}(G)] \le [G, Z_{i+1}(G)] \le Z_i(G) \le H$ となるから，命題 12.14 (2) より，$Z_{i+1}(G) \le N_G(H)$ を得る．よって，$Z_{i+1}(G) \lneq H$ より，$H \lneq N_G(H)$. ∎

定義 12.28 (極大部分群) 部分群 $H \le G$ は $H \lneq H' \lneq G$ なる G の部分群 H' が存在しないとき，G の**極大部分群** (maximal subgroup) という.

注意 G の極大部分群 H が $H \lhd G$ のときには，G/H は非自明な部分群をもたないから，$G/H \simeq C_p$ (p は素数) となる (命題 4.48).

系 12.29 巾零群 G の極大部分群を H とすれば，$H \lhd G$ かつ G/H は素数位数の巡回群：$G/H \simeq C_p$ (p は素数).

証明　定理 12.27 より，$H \lneq N_G(H)$ であるから H の極大性より $N_G(H) = G$ となり，$H \lhd G$. よって，上の注意から $G/H \simeq C_p$. ∎

定義 12.30 (フラッティーニ部分群)　群 G のすべての極大部分群の共通部分を G の**フラッティーニ部分群** (Frattini subgroup) といい，$\Phi(G)$ とかく.

注意　G の極大部分群は G の自己同型で極大部分群に移るから，$\Phi(G)$ は G の特性部分群：$\Phi(G)$ char G. 特に，$\Phi(G) \lhd G$ である (150 ページの注意 (1)).

次の命題は便利である：〔← 命題 12.35 (4) や定理 12.37 の証明で用いる〕

命題 12.31　有限群 G の部分集合 S に対して，$G = \langle S, \Phi(G) \rangle$ ならば $G = \langle S \rangle$.

特に，G が巡回群でないならば $G/\Phi(G)$ は巡回群でない.

証明　$\langle S \rangle \lneq G \implies \langle S \rangle \leq M \lneq G$ なる極大部分群 M があり，$\langle S, \Phi(G) \rangle \leq M \lneq G$ で，$\langle S, \Phi(G) \rangle \lneq G$. 特に，$G/\Phi(G) = \langle \overline{x} \rangle \implies G = \langle x, \Phi(G) \rangle \implies G = \langle x \rangle$. ∎

本節の目標である，巾零群の特徴付け (定理 12.33) を与えるため，p シロー群に対する次の命題を準備しよう.

命題 12.32　$N \lhd G$ とする.

(1)　$P \in \mathrm{Syl}_p(G)$ ならば (i) $P \cap N \in \mathrm{Syl}_p(N)$ かつ (ii) $PN/N \in \mathrm{Syl}_p(G/N)$.

(2)　$Q \in \mathrm{Syl}_p(N)$ ならば $G = N_G(Q)N$.

(3)　$P \in \mathrm{Syl}_p(G)$ かつ $N_G(P) \leq H \leq G$ ならば $N_G(H) = H$.

証明　(1) (i) $N \lhd G$ より，$PN \leq G$ (補題 9.23 (2)). $p \nmid [G:P] = [G:PN][PN:P]$ と第 2 同型定理 (定理 9.24) から，$p \nmid [PN:P] = [N:P \cap N]$. よって $P \cap N$ は N の p 部分群で，$P \cap N \in \mathrm{Syl}_p(N)$.

(ii) $p \nmid [G:PN] = [G/N : PN/N]$ で PN/N は G/N の p 部分群で，$PN/N \in \mathrm{Syl}_p(G/N)$.

(2) $N \lhd G$ より，$g \in G$ に対して $Q^g = g^{-1}Qg \leq N$ で，$Q^g \in \mathrm{Syl}_p(N)$ より，シローの定理 (定理 10.93 (3)) から，$Q^g = Q^x$ ($\exists x \in N$). よって，$Q^{gx^{-1}} = Q$ であり，$gx^{-1} \in N_G(Q)$ から $g \in N_G(Q)x \leq N_G(Q)N$. つまり，$G = N_G(Q)N$.

(3) $K = N_G(H)$ とおく．$H \lhd K$ かつ $P \in \mathrm{Syl}_p(H)$ より，(2) を適用すれば，$K = N_K(P)H \leq N_G(P)H = H$ となるから，$K = H$. ∎

次の定理により，有限巾零群の問題 (構造) は p 群の問題 (構造) に帰着される．

定理 12.33 (**巾零群の特徴付け**) 有限群 G に対して，次の 5 条件は同値：

(1) G は巾零群；

(2) G の任意の極大部分群は正規部分群；

(3) $D(G) \leq \Phi(G)$；

(4) G のすべての p シロー群は正規部分群；

(5) G は G の p シロー群の直積．

証明 (1) ⇒ (2) 系 12.29 よりよい．

(2) ⇒ (3) 極大部分群 $N \lhd G$ とすれば，G/N は非自明な部分群をもたないから，命題 4.48 より，$G/N \simeq C_p$．特に，G/N はアーベル群であるから，$D(G) \leq N$ (定理 7.34) より，$D(G) \leq \Phi(G)$.

(3) ⇒ (4) G のある p シロー群 P が正規部分群でないとすると，$N_G(P) \lneq G$ であるから，$N_G(P) \leq H \lneq G$ なる極大部分群 H がある．仮定より $D(G) \leq H$ となり，$H \lhd G$ (定理 7.34) から，$N_G(H) = G$．しかし，これは命題 12.32 (3) に反する．

(4) ⇒ (5) $|G| = p_1^{e_1} \cdots p_n^{e_n}$ と素因数分解し，$P_i \in \mathrm{Syl}_{p_i}(G)$ とすれば，仮定より $P_i \lhd G$ であり，$(P_1 \cdots P_{i-1}) \cap P_i = 1$ $(2 \leq \forall i \leq n)$ より $G = P_1 \times \cdots \times P_n$ (内部直積) (定理 9.33).

(5) ⇒ (1) p 群は巾零群 (定理 12.22) で，その直積も巾零群 (命題 12.26 (3)). ∎

12.3 p 群

本節では，p 群について学ぶ．前節の結果 (定理 12.17, 定理 12.33) から，

$$p\text{ 群} \implies \text{巾零群} \implies \text{可解群}$$

であり，巾零群 G は p 群 (G の p シロー群) の直積であった．

命題 12.34 p 群 G は組成列 $G \gneq G_1 \gneq \cdots \gneq G_n = 1$, $G_{i-1}/G_i \simeq C_p$ をもつ．

証明 p 群は可解群であるから，可解群に対する命題 12.7 (2) を適用すればよい．また，p 群は巾零群であるから，系 12.29 を繰り返し使ってもよい． ∎

すでに分かっているものも含め，p 群の基本的な性質をまとめておく：

命題 12.35 G を p 群とする．

(1) $Z(G) \neq 1$.〔← G の中心 $Z(G)$ は非自明〕

(2) $H \leq G$ が極大ならば $H \lhd G$ かつ $[G:H] = p$.

(3) $D(G) \leq \Phi(G)$.

(4) $G/\Phi(G) \simeq (C_p)^d$ は基本アーベル群で，G が巡回群 $\iff d = 1$.

(5) G が非可換群ならば $[G:Z(G)] \geq p^2$.

(6) $|G| = p^2$ ならば $G \simeq C_{p^2}$ または $C_p \times C_p$. 特に位数 p^2 の群は可換群.

(7) $|G| \geq p^2$ ならば $[G:D(G)] \geq p^2$.

証明 (1) 命題 10.24 による．

(2) 系 12.29 による．

(3) 定理 12.33 による．

(4) (3) より $D(G) \leq \Phi(G)$ だから，$G/\Phi(G)$ は有限アーベル群 (定理 7.34) で，(2) よりすべての元が位数 p 以下だから基本アーベル群 (定理 9.51)．最後の主張，G が巡回群 $\iff d = 1$，は命題 12.31 より従う．

(5) G が非可換より，$[G:Z(G)] \geq p$. 仮に，$[G:Z(G)] = p$，すなわち，$N = Z(G)$ かつ $G/N = H = \langle \overline{a} \rangle \simeq C_p$，とすると，任意の $x \in G$ は，$x = na^i$ $(n \in N)$ とかけ，$h: G \to N$，$na^i \mapsto n$ は，n と a^i の可換性から準同型 $h(xy) = h(x)h(y)$ となり，定理 10.63 より $G = N \times H$ となり矛盾．〔← 完全列 $1 \to N \to G \to H \to 1$ は分裂して，$G = N \rtimes H = N \times H$〕

(6) (1) と (5) による．

(7) G が可換のときはよい．G を非可換とすれば，$[G:D(G)] = 1$ はない．(3) より，$G/D(G) \simeq C_p \implies G/\Phi(G) \simeq C_p \implies$ (4) に矛盾し，$[G:D(G)] \geq p^2$. ∎

注意 (4) より，$G/\Phi(G) \simeq (C_p)^d \simeq (\mathbb{Z}/p\mathbb{Z})^d \simeq (\mathbb{F}_p)^d$ であるから，$G/\Phi(G)$ は $\mathbb{F}_p$ 上の線形空間とみなせる．〔← 線形代数を用いて解析できる〕

位数 p^n の可換群 (の同型類) の個数は分割数 $p(n)$ で与えられる (命題 9.55) こ

とがわかっているから，以下では，位数 p^n の非可換群を考察しよう．次の定理は，位数 p^n の群の分類において基本的かつ非常に有益である．

定理 12.36 ([鈴木 1 (下), 4 章, 定理 4.1], [Gorenstein, Theorem 5.4.4])
位数 p^n の非可換群 G の極大部分群の 1 つが巡回群ならば $n \geq 3$ であり，

(1) p が奇素数ならば $G \simeq M_{p^n}$;〔← M_{p^n} は定義 4.68〕

(2) $p=2$ ならば $G \simeq D_{2^{n-1}}, Q_{2^n}, QD_{2^{n-1}}, M_{2^n}$.〔← $D_{2^{n-1}}, Q_{2^n}, QD_{2^{n-1}}$, M_{2^n} はそれぞれ定義 4.53, 定義 4.66, 定義 4.68〕

証明 命題 12.35 (6) より，$n \geq 3$ はよい．G の極大部分群の 1 つ $M = \langle x \rangle$ は，$M \lhd G$ (命題 12.35) かつ $x^{p^{n-1}} = 1$ で，$G = \langle M, y \rangle$ なる $y \in G \setminus M$ をとれば，$y^{-1}xy = x^r$ $(1 < \exists r < p^{n-1})$ かつ $y^p \in M$ となる．また，G は非可換より，$r \not\equiv 1 \pmod{p^{n-1}}$ かつ $\langle y^p \rangle \lneq M$ を得る．よって，$y^p = x^{sp}$ $(\exists s \in \mathbb{N})$ であり，$x = x^{-sp}xx^{sp} = y^{-p}xy^p = x^{r^p}$ より，$r^p \equiv 1 \pmod{p^{n-1}}$ となる．

(1) p が奇素数のとき．フェルマーの小定理 (定理 6.35) から，$r \equiv r^p \equiv 1 \pmod{p}$ で，$r = 1 + kp^\lambda$, $\gcd(k,p) = 1$ $(1 \leq \exists\lambda \leq n-2)$ となる．二項定理より，$r^p \equiv 1 + kp^{\lambda+1} \pmod{p^{\lambda+2}}$ となるが，$r^p \equiv 1 \not\equiv r \pmod{p^{n-1}}$ より $\lambda = n-2$ となるしかなく，$r = 1 + kp^{n-2}$．ここで，$ik \equiv 1 \pmod{p}$ なる i をとり，y の代わりに y^i をとれば，$y^{-i}xy^i = x^{r^i}$ から r の代わりに r^i となり，$r^i = (1 + kp^{n-2})^i \equiv 1 + ikp^{n-2} \equiv 1 + p^{n-2} \pmod{p^{n-1}}$，すなわち，$k=1$ とできる．いま，$[x,y] = x^{-1}y^{-1}xy = x^{p^{n-2}} = x^{r-1} \in Z(G)$ より，〔← $x^{r-1}y = yx^{r(r-1)} = yx^{r-1}$〕 G は巾零クラス 2 (例 12.24 (3)) で，補題 12.13 (3) と命題 12.25 より，$(x^{-s}y)^p = (x^{-sp}y^p)[y, x^{-s}]^{p(p-1)/2} = 1 \cdot [x^{-s}, y]^{-p(p-1)/2} = x^{sp^{n-1}(p-1)/2} = 1$. よって，$y$ の代わりに $x^{-s}y$ をとれば，その位数は p となり，$G \simeq M_{p^n}$.

(2) $p=2$ のとき．$|G| = 2^n = 2m$, $m = 2^{n-1}$ とする．

(i) $G \setminus M$ に位数 2 の元 y があれば，$G = \langle M, y \rangle = M \rtimes \langle y \rangle$ となり，$\mathrm{Aut}(M) \simeq \mathrm{Aut}(\mathbb{Z}/2^{n-1}\mathbb{Z}) \simeq (\mathbb{Z}/2^{n-1}\mathbb{Z})^\times \simeq \langle \overline{-1} \rangle \times \langle \overline{5} \rangle \simeq C_2 \times C_{2^{n-3}}$ (定理 9.43 (2)，定理 10.39) から，$(\mathbb{Z}/2^{n-1}\mathbb{Z})^\times$ の位数 2 の 3 つの元 -1, $2^{n-2}-1$, $2^{n-2}+1$ に対応して，それぞれ $D_{2^{n-1}}$, $QD_{2^{n-1}}$, M_{2^n} となる (例 10.73).〔← $n=3$ のときは，位数 2 の元は -1 のみで，$G = D_4$ となる〕

(ii) $G \setminus M$ に位数 2 の元がないと仮定し，$G \simeq Q_{2m} = Q_{2^n}$ を示す．$x^{2s} = y^2 = y^{-1}x^{2s}y = x^{2rs}$ より，$m \mid 2(r-1)s$. 仮定から，$x^\lambda y \in G \setminus M$ に対して，

$(x^\lambda y)^2 = x^\lambda y^2 y^{-1} x^\lambda y = x^{(r+1)\lambda+2s} \neq 1$ で $m \nmid (r+1)\lambda + 2s$．いま，$r+1 = 2^e r'$, $2s = 2^f s'$ (r', s'：奇数) とすれば $f \geq 1$．$\gcd(r', m) = 1$ より，$m \mid r'\lambda' + s'$ なる λ' があり，$e \leq f$ ならば $\lambda = 2^{f-e}\lambda'$ が $m \mid (r+1)\lambda + 2s = 2^f(r'\lambda' + s')$ となって矛盾するから，$e > f \geq 1$．ここから，$4 \mid r+1$, $4 \nmid r-1$ で $(r-1)s$ はちょうど 2^f で割り切れて，$m = 2^{n-1} \mid 2(r-1)s$ から，$f \geq n-2$．仮定から，$y^2 = x^{2s} \neq 1$ でもあり，$m = 2^{n-1} \nmid 2s = 2^f s'$ より，$f = n-2$．これより，$y^2 = x^{2s} = x^{2^{n-2}s'} = x^{2^{n-2}(2t+1)} = x^{2^{n-2}}$ かつ $r+1 = 2^e r' \equiv 0 \pmod m$ ($e > f = n-2$) となり，$r = -1$ とできる．すなわち，$G \simeq Q_{2m} = Q_{2^n}$．■

定理 12.36 を用いて，位数 p^3 の群を分類する．

定理 12.37 (位数 p^3 の群)　G を位数 $|G| = p^3$ の非可換 p 群とする．

(1)　p が奇素数ならば $G \simeq M_{p^3}$ または H_{p^3}．ただし，$H_{p^3} = \langle x, y, z\rangle$ は位数 p^3 の**ハイゼンベルグ群** (Heisenberg group) と呼ばれる次の pc 表示をもつ群：

$$x^p = y^p = z^p = 1,$$
$$y^x = yz^2, \qquad z^x = z^y = z \qquad (\Longleftrightarrow\ [y,x] = z^2,\ [z,x] = [z,y] = 1).$$

(2)　$p = 2$ ならば $G \simeq D_4$ または Q_8．

証明　(1)　G が位数 p^2 の元をもてば，定理 12.36 (1) から，$G = M_{p^3}$．よって，$\mathrm{ord}(x) = p$ ($\forall x \in G$) とする．命題 12.35 (5) より $Z(G) \simeq C_p$, $G/Z(G) \simeq C_p \times C_p$ となり，$1 \neq D(G) \leq Z(G)$ (定理 7.34) より，$D(G) = Z(G) \simeq C_p$．また，G の極大部分群 $N \lhd G$ は，$D(G) \simeq C_p \lneq N \lneq G$ (定理 12.22) かつ $G/D(G) \simeq C_p \times C_p$ より，$C_p \times C_p$ の指数 p の部分群に対応して $p+1$ 個ある (命題 9.35)．特に，$\Phi(G) = D(G) = Z(G) = \langle z\rangle \simeq C_p$．命題 12.31 より，$G = \langle x, y, \Phi(G)\rangle$ なる x, y をとれば，$G = \langle x, y, z\rangle = \langle x, y\rangle$, $x^p = y^p = z^p = 1$ で，$[y, x] \in Z(G) = \langle z\rangle$ より，$y^{-1}y^x = [y, x] = z^i$ となり $y^x = yz^i$ ($i = 1, 2$)．$i = 1, 2$ は，$Z(G) = \langle z\rangle = \langle z^{-1}\rangle$ の生成元のとり方の違いなので，同じ群となる．

(2)　任意の $x \in G$ が位数 2 ならば G は可換群 (命題 4.40) だから，G は位数 4 の元 y をもち，$C_4 \simeq \langle y\rangle \lhd G$ より，定理 12.36 (2) から，$G \simeq D_4$ または Q_8．〔← QD_4, M_8 は存在しないことに注意〕■

注意　ハイゼンベルグ群 $H_{p^3} = \langle x, y, z\rangle$ は体 K 上定義された非可換群

$$H(K)=\left\{\begin{pmatrix}1&a&b\\0&1&c\\0&0&1\end{pmatrix}\;\middle|\; a,b,c\in K\right\}\le SL_3(K)$$

に対して，次の対応で同型 $\varphi: H_{p^3} \xrightarrow{\sim} H(\mathbb{F}_p)$ となる：

$$\varphi: x\mapsto\begin{pmatrix}1&1&0\\0&1&0\\0&0&1\end{pmatrix},\quad y\mapsto\begin{pmatrix}1&0&0\\0&1&1\\0&0&1\end{pmatrix},\quad z\mapsto\begin{pmatrix}1&0&1\\0&1&0\\0&0&1\end{pmatrix}.$$

特に，$Z(H(\mathbb{F}_p))=\langle\varphi(z)\rangle\simeq\mathbb{F}_p$ であり，行列群 $H(\mathbb{F}_p)$ は巾零クラス 2 の p 群の例を与えている．さらには，定理 9.18 より，$|GL_3(\mathbb{F}_p)|=p^3(p^3-1)(p^2-1)(p-1)$ であるから，$H(\mathbb{F}_p)$ は $GL_3(\mathbb{F}_p)$ の p シロー群である．

定義 12.38 (**特別な p 群，格別の p 群**) p 群 G は基本アーベル群または $\Phi(G)=Z(G)=D(G)$ かつ $Z(G)$ が基本アーベル群のとき，**特別な p 群** (special p-group) という．さらに，加えて，G は非可換で $Z(G)\simeq C_p$ なるとき，**格別の p 群** (extra-special p-group) という．

例 12.39 (**格別の p 群**) 位数 p^3 の非可換 p 群 M_{p^3}, H_{p^3} $(p\ge 3)$, D_4, Q_8 は格別の p 群である．〔← 定理 12.37 の証明を見る〕

以下の同質 (isoclinic) の概念は，位数が p^n の群の同型類を決定するために，P. Hall (1940) によって導入された ([鈴木 1 (下), 483 ページ] も参照):

定義 12.40 (**同質，同質族**) 2 つの群 G_1 と G_2 が**同質** (isoclinic) であるとは，同型 θ: $G_1/Z(G_1)\to G_2/Z(G_2)$ と ϕ: $[G_1,G_1]\to[G_2,G_2]$ が存在して，$\phi([g,h])=[g',h']$ $(g,h\in G_1)$，ただし，$g'\in\theta(gZ(G_1))$，$h'\in\theta(hZ(G_1))$，が成り立つこと．すなわち，次の図式が可換となること：

$$\begin{array}{ccc}
G_1/Z_1\times G_1/Z_1 & \xrightarrow{(\theta,\theta)} & G_2/Z_2\times G_2/Z_2\\
\Big\downarrow{\scriptstyle[\cdot,\cdot]} & \circlearrowleft & \Big\downarrow{\scriptstyle[\cdot,\cdot]}\\
[G_1,G_1] & \xrightarrow{\quad\phi\quad} & [G_2,G_2].
\end{array}$$

同質は群全体に対する同値関係を与え，この同値関係による同値類を**同質族** (isoclinism family) といい，i 番目の同質族を Φ_i とかく．特に，アーベル群はすべて同質であり，この族を Φ_1 とする．

位数 p^4 の群の分類は [バーンサイド, 8 章] にも与えられている．現在までに，位数 p^n $(n \leq 7)$ の群の同型類の個数は，次のように分かっている：〔← 括弧の中身はいくつの同質族に分かれるかを表している〕

定理* 12.41　位数 p^n の群 (の同型類) の個数を $N(p^n)$ とする．

(1)　$N(p) = 1$ $(\varPhi_1)$．〔← $G = C_p$〕

(2)　$N(p^2) = 2$ $(\varPhi_1)$．〔← $G = C_p^2, C_p \times C_p$〕

(3)　$N(p^3) = 5$ $(\varPhi_1, \varPhi_2)$．〔← $G = C_{p^3}, C_{p^2} \times C_p, (C_p)^3, M_{p^3}, H_{p^3}(D_4, Q_8)$〕

(4)　$N(2^4) = N(16) = 14,\ N(p^4) = 15$ $(p \geq 3)$ $(\varPhi_1, \varPhi_2, \varPhi_3)$．

(5)　$N(2^5) = N(32) = 51$ $(\varPhi_1, \cdots, \varPhi_8)$．

(6)　(Bagnera, 1898, Bender, 1927, James, 1980)　$N(3^5) = N(243) = 67$, $N(p^5) = 2p + 61 + \gcd(4, p-1) + 2\gcd(3, p-1)$ $(p \geq 5)$ $(\varPhi_1, \cdots, \varPhi_{10})$．

(7)　(Hall-Senior, 1964)　$N(2^6) = N(64) = 267$ $(\varPhi_1, \cdots, \varPhi_{27})$．

(8)　(James, 1980)

$$N(3^6) = N(729) = 504 \qquad (\varPhi_1, \cdots, \varPhi_{36}, \varPhi_{40}, \cdots, \varPhi_{43}),$$

$$N(p^6) = 3p^2 + 39p + 344 + 24\gcd(3, p-1) + 11\gcd(4, p-1) \\ + 2\gcd(5, p-1) \qquad (p \geq 5)\ (\varPhi_1, \cdots, \varPhi_{43}).$$

(9)　(James-Newman-O'Brien, 1990)

$$N(2^7) = N(128) = 2328 \qquad (\varPhi_1, \cdots, \varPhi_{115}).$$

(10)　(O'Brien–Vaughan-Lee, 2005)

$$N(3^7) = N(2187) = 9310,$$

$$N(5^7) = N(78125) = 34297,$$

$$N(p^7) = 3p^5 + 12p^4 + 44p^3 + 170p^2 + 707p + 2455 \\ + (4p^2 + 44p + 291)\gcd(3, p-1) \\ + (p^2 + 19p + 135)\gcd(4, p-1) + (3p + 31)\gcd(5, p-1) \\ + 4\gcd(7, p-1) + 5\gcd(8, p-1) + \gcd(9, p-1) \qquad (p \geq 7).$$

以下で定理 12.41 の位数 16 と p^5 の場合を詳しく述べる．

例* 12.42 (位数 16 の群)　位数 16 の群は 14 個あり，3 つの同質族 $\varPhi_1$, $\varPhi_2$,

Φ_3 に次のように分かれる：

(1) (Φ_1, アーベル群, 5 個) C_{16}, $C_8 \times C_2$, $C_4 \times C_4$, $C_4 \times (C_2)^2$, $(C_2)^4$;

(2) (Φ_2, $G/Z(G) \simeq (C_2)^2, D(G) \simeq C_2$, 巾零クラス 2, 6 個) 直積 (2 個) $D_4 \times C_2$, $Q_8 \times C_2$, 半直積 (4 個) $M_{16} \simeq C_8 \rtimes C_2, C_4 \rtimes C_4, (C_2)^2 \rtimes C_4, Q_8 \rtimes C_2$;

(3) (Φ_3, $G/Z(G) \simeq D_4, D(G) \simeq C_4$, 巾零クラス 3, 3 個) 半直積 (2 個) $D_8 \simeq C_8 \rtimes C_2, QD_8 \simeq C_8 \rtimes C_2$, 半直積でかけない群 (1 個) Q_{16}.

例* 12.43 (**位数 p^5 の群**) 位数 p^5 の群は $p=3$ のとき 67 個，$p \geq 5$ のとき $2p+61+\gcd(4,p-1)+2\gcd(3,p-1)$ 個あり，10 個の同質族 $\Phi_1, \cdots, \Phi_{10}$ に次のように分かれる：

	Φ_1	Φ_2	Φ_3	Φ_4	Φ_5	Φ_6	Φ_7	Φ_8
$p \geq 5$	7	15	13	$p+8$	2	$p+7$	5	1
$p=3$	7	15	13	11	2	7	5	1

	Φ_9	Φ_{10}
$p \geq 5$	$2+\gcd(3,p-1)$	$1+\gcd(4,p-1)+\gcd(3,p-1)$
$p=3$	3	3

ここで，Φ_1 はアーベル群からなる族，Φ_2, Φ_4, Φ_5 は巾零クラス 2，Φ_3, Φ_6, Φ_7, Φ_8 は巾零クラス 3，Φ_9, Φ_{10} は巾零クラス 4 の群からなる族である．特に，格別の p 群は Φ_5 に属する 2 つの群

$$\Phi_5(2111) = \langle g_1, g_2, g_3, g_4, g_5 \rangle, \quad Z(G) = \langle g_5 \rangle, \quad g_1^p = g_5, \ g_i^p = 1 \ (2 \leq i \leq 5),$$

$$\Phi_5(1^5) = \langle g_1, g_2, g_3, g_4, g_5 \rangle, \qquad Z(G) = \langle g_5 \rangle, \quad g_i^p = 1 \ (1 \leq i \leq 5)$$

であり，次の共通した pc 表示をもつ：

$$g_2^{g_1} = g_2 g_5, \qquad g_3^{g_2} = g_3 g_5, \qquad g_4^{g_1} = g_4 g_5$$
$$(\Longleftrightarrow \ [g_2, g_1] = [g_3, g_2] = [g_4, g_1] = g_5)$$

かつ残りの $(i,j) = (1,3),(1,5),(2,4),(2,5),(3,4),(3,5),(4,5)$ に対しては，$g_j^{g_i} = g_j$ ($\Longleftrightarrow$ $[g_j, g_i] = 1$ $\Longleftrightarrow$ $g_i g_j = g_j g_i$). この pc 表示は一意的ではない．例えば，次の共通した pc 表示も同じ群を表す：

$$g_2^{g_1} = g_2 g_5^{-1}, \qquad g_4^{g_3} = g_4 g_5^{-1} \qquad (\Longleftrightarrow \ [g_1, g_2] = [g_3, g_4] = g_5)$$

で残りは $g_j^{g_i} = g_j$ ($\Longleftrightarrow$ $[g_j, g_i] = 1$ $\Longleftrightarrow$ $g_i g_j = g_j g_i$).

有限群の 99% 以上は 2 群？

素数位数の群 (の同型類) は C_p 1 つしかない．一方で，位数 64 の群は 267 個，位数 128 の群は 2328 個あり，突出して数が多い．位数 128 以下の群の総数は 3596 個であることが分かっているから，そのうち約 64.7% が位数 128 の 2 群ということになる．さらに，位数 512 の群については，10494213 個もあることが分かっている．Besche-Eick-O'Brien (2001) はミレニアムの 2000 年に触発されて，位数が 2000 以下の群の個数をすべて調べた．その結果，位数が 2000 以下の群はなんと 49910529484 個あり，そのうち位数 1024 の群が 49487365422 個であった．すなわち，位数が 2000 以下の群のうち，約 99.152156% が位数 $2^{10} = 1024$ の 2 群である (興味のある読者は [原田-Lang] も参照のこと).

12.4　フロベニウス群

本節では，フロベニウス群の定義とそれに関連する定理を紹介する*1．実際には，フロベニウス群の構造を調べるには表現論が必要となり，本節では証明を一切与えることができないが，どのようなことが成り立っているのか群の広大な世界の一端を紹介したい．詳細について，興味のある読者は，[伊藤], [近藤, 7 章], [鈴木 1 (下), 6 章], [Huppert I, V 章, §8] (ドイツ語) などをみていただきたい.

定義* 12.44 (**フロベニウス群**)　次の同値な 3 つの条件 (のいずれか) をみたす群 G を**フロベニウス群** (Frobenius group) という：

(1)　ある $N \lhd G$ が存在して，$n \in N \setminus \{1\}$ ならば $Z_G(n) \leq N$;

(2)　ある $H \leq G$ が存在して，$x \in G \setminus H$ ならば $H \cap x^{-1}Hx = 1$;

(3)　$G = N \rtimes H$ で $n \in N \setminus \{1\}$, $h \in H \setminus \{1\}$ ならば $n^h = h^{-1}nh \neq n$.〔← H は N に**固定点なしに作用する** (fixed-point-free action) という〕

このとき，N を G の**フロベニウス核** (Frobenius kernel), H を G の**フロベニウス補群** (Frobenius complement) という.

注意　条件 (1), (2), (3) の同値性は，[近藤, 175–179 ページ] などを参照.

*1　本節の内容の一部は，著者の共同研究者 Ming-chang Kang 氏に教えていただいた.

例 12.45 (フロベニウス群) すでに導入していた，位数 pl のフロベニウス群 F_{pl} (定義 10.74) や p 次フロベニウス群 (定義 10.88) は，実際に上の定義をみたす．

命題* 12.46 ([近藤, 補題 7.17]) フロベニウス群 G のフロベニウス核 N とフロベニウス補群 H に対して，$\gcd(|N|, |H|) = 1$ であり，$|H|$ が偶数ならば N はアーベル群で H はただ 1 つの位数 2 の元をもつ．

定義 12.47 (Z 群 (鈴木, 1955), GZ 群 (Kang, 2013)) G を有限群とする．

(1) G のすべての p シロー群が巡回群のとき，G を Z 群 (Z-group) という．

(2) G のすべての p シロー群が $p \geq 3$ に対して巡回群かつ 2 シロー群 が巡回群または一般 4 元数群 Q_{2^n} のとき，G を GZ 群 (GZ-group) という．

例 12.48 (GZ 群) $G = SL_2(\mathbb{F}_3)$ ($|G| = 24$) に対して，ある $N \lhd G$ が存在して $N \simeq Q_8$ となる．これは，具体的な同型写像，$\varphi : Q_8 = \{\pm 1, \pm i, \pm j, \pm k\} \xrightarrow{\sim} N$,

$$1 \mapsto \begin{pmatrix} 1 & 0 \\ 0 & 1 \end{pmatrix}, \quad i \mapsto \begin{pmatrix} 1 & 1 \\ 1 & -1 \end{pmatrix}, \quad j \mapsto \begin{pmatrix} -1 & 1 \\ 1 & 1 \end{pmatrix}, \quad k \mapsto \begin{pmatrix} 0 & -1 \\ 1 & 0 \end{pmatrix}$$

から分かる．特に，$SL_2(\mathbb{F}_3)$ は GZ 群である．$N \simeq Q_8$ は可解群で，$G/N \simeq C_3$ であるから，$SL_2(\mathbb{F}_3)$ は可解群でもある (定理 12.3).

定義 12.49 (メタ巡回群) 長さ 2 以下のポリ巡回群 G を**メタ巡回群** (metacyclic group) という．すなわち，$G/C_n \simeq C_m$ $(1 \lhd \exists C_n \lhd G)$.〔← G は巡回群 C_n の巡回群 C_m による拡大 $1 \to C_n \to G \to C_m \to 1$ といっても同じ〕

注意 文献によっては，$D(G)$ と $G^{ab} = G/D(G)$ が巡回群のとき，メタ巡回群と呼んだり，Z 群自身のことをメタ巡回群と呼んだりする流儀があるので，注意が必要である．

Z 群は次のように特徴付けられる ([ホール (上), 定理 9.4.3], [Robinson, Theorem 10.1.10, 290 ページ] 参照)：

定理* 12.50 (**Hölder, Burnside, Zassenhaus**) 有限群 G が Z 群 $\Longleftrightarrow$ $G = \langle x, y \mid x^m = y^n = 1,\ y^{-1}xy = x^r \rangle \simeq C_m \rtimes C_n$，ただし，$m, n \geq 1$, $r^n \equiv 1 \pmod{m}$, $\gcd(m, n(r-1)) = 1$.

特に，Z 群はメタ巡回群であり，可解群である．

例 12.51 (Z **群**) $|G| = p_1 \cdots p_r$ (p_j は相異なる素数) $\Longrightarrow$ $C_p \simeq P \in \mathrm{Syl}_p(G)$ $(\forall p \mid |G|)$ $\Longrightarrow$ G は Z 群 $\Longrightarrow$ G はメタ巡回群 $\Longrightarrow$ G は可解群．

定理* 12.52 (**Burnside** [近藤, 定理 7.10, 例題 7.6], [Huppert I, 506 ページ]) フロベニウス群 G のフロベニウス補群 H は GZ 群である．

特に，$|H|$ が奇数ならば H は Z 群であり，メタ巡回群となり可解群である．

定理* 12.53 (**Artin-Tate, 1952, Swan, 1971**) 有限群 G に対して，以下は同値：

(1) G は GZ 群；

(2) G のすべての可換な部分群は巡回群；

(3) G は周期的コホモロジーをもつ，すなわち，ある $q \neq 0$ と $u \in \widehat{H}^q(G, \mathbb{Z})$ が存在して，カップ積による写像 $u \cup - : \widehat{H}^n(G, \mathbb{Z}) \xrightarrow{\sim} \widehat{H}^{n+q}(G, \mathbb{Z})$ は同型写像となる $(\forall n \in \mathbb{Z})$;

(4) すべての奇数 $q > 0$ に対して，$H^q(G, \mathbb{Z}) = 0$.

注意 (1) $\Leftrightarrow$ (2) $\Leftrightarrow$ (3) は Artin-Tate (1952) によるもので，整数論 (類体論) の研究の中で与えられた ([Cartan-Eilenberg, XII 章], [Lang, 98 ページ] 参照). (3) $\Leftrightarrow$ (4) は R. Swan (1971) による．

注意 可解な GZ 群は Zassenhaus (1936) によって，非可解な GZ 群は鈴木 (1955) によって分類されている．

可解でないフロベニウス補群の構造は次のように分かる：

定理* 12.54 (**Zassenhaus, 1936** [Passman, Theorem 18.6], [Huppert-Blackburn, III, 413 ページ]) フロベニウス群 G のフロベニウス補群 H に対して，H が可解群でないならば，ある $H_0 \lhd H$ が存在して，$[H : H_0] \leq 2$ かつ $H_0 \simeq SL_2(\mathbb{F}_5) \times H_1$ となる．ただし，H_1 は Z 群で $\gcd(|H_1|, 2 \cdot 3 \cdot 5) = 1$ をみたす．特に，$H \neq 1$ が完全群，すなわち，$D(H) = H$，ならば $H \simeq SL_2(\mathbb{F}_5)$.

注意 $SL_2(\mathbb{F}_5)$ は可解群ではない．例えば，完全列 $1 \to C_2 \to SL_2(\mathbb{F}_5) \to PSL_2(\mathbb{F}_5) \to 1$ を得るが，例 10.86 を認めれば，$PSL_2(\mathbb{F}_5) \simeq A_5$ である．

次が有名なトンプソン (J. G. Thompson) のフロベニウス核の巾零性定理である：

定理* 12.55 (Thompson, 1959 [近藤, 定理 7.16]**)** フロベニウス群 G のフロベニウス核 N は巾零群である．

[バーンサイド，ノート M] には位数が 40000 以下で奇数である群はすべて可解であり，奇数位数の単純群は存在しないのではないかという記述があり，バーンサイド予想と呼ばれていた．この予想の解決，すなわち，ファイト-トンプソンの定理を紹介して，本書を締めくくりたい．

ファイト-トンプソンの定理

ファイト (Walter Feit) とトンプソン (1963) は，可解群に対して，次の驚くべき結果を証明した：

定理* (ファイト-トンプソン, Feit-Thompson, 1963, Pacific J. Math.) 奇数位数の有限群は可解群である．

トンプソンは，本節で述べたフロベニウス核の巾零性も証明するなど，群論の発展に大きく寄与した数学者であり，1970 年にフィールズ賞を受賞し，2008 年にはアーベル賞も受賞している．フィールズ賞は，4 年に一度開催される国際数学者会議にて，40 才以下に授与される賞で，数学にはノーベル賞がないことから，数学のノーベル賞と呼ばれることもある．日本は 3 名ものフィールズ賞受賞者，小平邦彦 (1954)，広中平祐 (1970)，森重文 (1990) を輩出している．アーベル賞は，アーベルの生誕 200 年を記念して創設された賞で，毎年ノルウェー科学文学アカデミーから授与されている (賞金約 1 億円)．

付録
GAP を使ってみよう

GAP (Groups, Algorithms and Programming) は群の計算に特化した非常に便利なフリーソフトウェアで，http://www.gap-system.org/ から無料で入手できる．以下のプログラムは GAP4, Version: 4.4.12, 2008 を用いた*2．以下，本書で学んだことがどのようにして GAP の上で確認できるかのデモンストレーションを行うが，まず，最も大切なことを述べておく．

注意 (重要)　本書で学んだことは，以下の計算が正しいことを数学 (群論) によっていかに確認 (証明) するかであり，間違っても，こんなに簡単に GAP が答えを出すのであれば，本書の内容は不要ではないか，という勘違いをしてはいけない．GAP の計算は，当然，本書で学んだような群論を基礎にしている．さらには，コンピュータは間違った答えを返すことがある．実際，著者は GAP を含め数学のソフトウェアが間違った答えを返したところを何度も見てきた．数学を学び，正しい知識を得るということは，たとえコンピュータが間違えても，それはおかしい，と気づけるようになるということでもある．読者が正しい知識を得て，コンピュータに動かされるのではなく，コンピュータを動かすことを期待する．

例 1 (はじめてみよう)　インストール後に

```
gap>
```

が現れたら，入力待ち状態になる．

```
gap> ?group
```

*2　2015 年 11 月の時点では，最新版 GAP4, Version: 4.7.9 が入手可能．

のようにして "?キーワード" でヘルプが見られる．

```
gap> LogTo("log.txt");
```

としてファイル "log.txt"〔← 好きな名前でよい〕にログをとることができる．また，コマンドを途中まで打って，Tab キーを押すと，その続きを予測してくれる機能があって非常に便利である．以下，# より右はコメントを表す．

例 2 (簡単な計算で **GAP** に慣れる)

```
gap> 1+1; # 1+1を計算
2
gap> 2^100; # 2の100乗
1267650600228229401496703205376
gap> Factorial(30); # 30の階乗
265252859812191058636308480000000
gap> 2^10 mod 11; # 2の10乗を11で割った余り
1
gap> 5=5; # 数が等しいか？
true
gap> 5<4; # 左辺は右辺より小さいか？
false
gap> Factors(100); # 100を素因数分解
[ 2, 2, 5, 5 ]
gap> Product([1..10]); # 1から10までをかける
3628800
gap> Sum([1..10]); # 1から10までを足す
55
gap> List([1..25],i->Primes[i]); # 素数を25個リストにする
[ 2, 3, 5, 7, 11, 13, 17, 19, 23, 29, 31, 37, 41,
  43, 47, 53, 59, 61, 67, 71, 73, 79, 83, 89, 97 ]
gap> Filtered([1..100],x->IsPrime(x)=true); # 100までの素数
[ 2, 3, 5, 7, 11, 13, 17, 19, 23, 29, 31, 37, 41,
  43, 47, 53, 59, 61, 67, 71, 73, 79, 83, 89, 97 ]
```

例 3 (巡回置換を定義する)　[1.1 節]　GAP は積を左から先に (右作用で) 計算する．

```
gap> s:=(1,2,3,4,5); # 長さ5の巡回置換sを定義
```

```
(1,2,3,4,5)
gap> s^2; # sの2乗
(1,3,5,2,4)
gap> for i in [1..5] do Print(s^i,"¥n"); od; # s^i (i=1,2,3,4,5)
(1,2,3,4,5)
(1,3,5,2,4)
(1,4,2,5,3)
(1,5,4,3,2)
()
gap> s^-1; # sの逆元
(1,5,4,3,2)
gap> t:=(1,2,3); # 長さ3の巡回置換tを定義
(1,2,3)
gap> s*t; # s*tを計算(右作用で左から先に計算している)
(1,3,4,5,2)
gap> t*s; # t*sを計算(右作用で左から先に計算している)
(1,3,2,4,5)
gap> 2^t; # 2にtを右から作用
3
gap> (2^s)^t; # 2^sにtを右から作用
1
gap> 2^(s*t); # 2にs*tを右から作用
1
```

例 4 (n 次対称群 S_n を定義する) [1.1 節]

```
gap> S3:=SymmetricGroup(3); # S3を定義
Sym( [ 1 .. 3 ] )
gap> Elements(S3); # S3の元
[ (), (2,3), (1,2), (1,2,3), (1,3,2), (1,3) ]
gap> List(Elements(S3),Order); # S3の元の位数
[ 1, 2, 2, 3, 3, 2 ]
gap> Size(S3); # S3の位数
6
gap> GeneratorsOfGroup(S3); # S3の生成元
[ (1,2,3), (1,2) ]
gap> s3:=Group((1,2,3),(1,2)); # S3を明示的に定義
Group([ (1,2,3), (1,2) ])
gap> S3=s3; # 同じかどうか?
```

```
true
gap> S4:=SymmetricGroup(4); # S4を定義
Sym( [ 1 .. 4 ] )
gap> S5:=SymmetricGroup(5);; # S5を定義
# 最後の ; を ;; とすれば出力を抑制できる
gap> S6:=SymmetricGroup(6);; # S6を定義
gap> S7:=SymmetricGroup(7);; # S7を定義
```

例 5 (巡回群 C_n を定義する) [4.4 節]

```
gap> C2:=Group((1,2)); # C2を定義
Group([ (1,2) ])
gap> C3:=Group((1,2,3));; # C3を定義
gap> C4:=Group((1,2,3,4));; # C4を定義
gap> C5:=Group((1,2,3,4,5));; # C5を定義
gap> C6:=Group((1,2,3,4,5,6));; # C6を定義
gap> Elements(C4); # C4の元
[ (), (1,2,3,4), (1,3)(2,4), (1,4,3,2) ]
gap> IsCyclic(C5); # C5は巡回群か？
true
gap> IsAbelian(C5); # C5はアーベル群か？
true
```

例 6 (交代群 A_n を定義する) [4.5 節]

```
gap> A3:=AlternatingGroup(3); # A3を定義
Alt( [ 1 .. 3 ] )
gap> A4:=AlternatingGroup(4);; # A4を定義
gap> A5:=AlternatingGroup(5);; # A5を定義
gap> A6:=AlternatingGroup(6);; # A6を定義
gap> A7:=AlternatingGroup(7);; # A7を定義
```

例 7 (有限群を具体的に見てみる) [4.5 節]

```
gap> Elements(A3); # A3の元
[ (), (1,2,3), (1,3,2) ]
gap> Elements(A4); # A4の元
[ (), (2,3,4), (2,4,3), (1,2)(3,4), (1,2,3), (1,2,4),
  (1,3,2), (1,3,4), (1,3)(2,4), (1,4,2), (1,4,3), (1,4)(2,3) ]
gap> IsSubgroup(S5,S4); # S4はS5の部分群か？
```

```
true
gap> IsSubgroup(A5,S4); # S4はA5の部分群か？
false
gap> Size(A7); # A7の位数=2520
2520
gap> Factorial(7)/2; # 7!/2=2520
2520
gap> Intersection(A5,S4)=A4; # A5かつS4はA4か？
true
```

例 8 (二面体群 D_n を定義する)　[4.5 節]

```
gap> D4:=Group((1,2,3,4),(1,4)(2,3));; # D4を定義
gap> D5:=Group((1,2,3,4,5),(1,4)(2,3));; # D5を定義
gap> D6:=Group((1,2,3,4,5,6),(1,5)(2,4));; # D6を定義
gap> Elements(D5); # D5の元
[ (), (2,5)(3,4), (1,2)(3,5), (1,2,3,4,5),
  (1,3)(4,5), (1,3,5,2,4), (1,4)(2,3),
  (1,4,2,5,3), (1,5,4,3,2), (1,5)(2,4) ]
gap> Size(D5); # D5の位数
10
gap> StructureDescription(D6); # D6の構造(位数12の二面体群)
"D12"
gap> IsSubgroup(S5,D5); # D5はS5の部分群か？
true
gap> IsNormal(S5,D5); # D5はS5の正規部分群か？
false
```

例 9 (クラインの四元群 V_4 を定義する)　[4.5 節]

```
gap> V4:=Group((1,2)(3,4),(1,3)(2,4)); # V4を定義
Group([ (1,2)(3,4), (1,3)(2,4) ])
gap> Size(V4); # V4の位数
4
gap> Elements(V4); # V4の元
[ (), (1,2)(3,4), (1,3)(2,4), (1,4)(2,3) ]
gap> IsCyclic(V4); # V4は巡回群か？
false
gap> IsAbelian(V4); # V4はアーベル群か？
```

```
true
gap> IsNormal(S4,V4); # V4はS4の正規部分群か？
true
gap> StructureDescription(S4/V4); # 剰余群S4/V4はS3と同型となる
"S3"
```

例 10 (**4 元数群 Q_8 を定義する**)　[4.7 節]

```
gap> Q8:=Group((1,2,5,6)(3,8,7,4),(1,3,5,7)(2,4,6,8)); # Q8を定義
Group([ (1,2,5,6)(3,8,7,4), (1,3,5,7)(2,4,6,8) ])
gap> IdGroup(Q8); # Q8は位数8の4番目の群SmallGroup(8,4)と同型
[ 8, 4 ]
gap> IsomorphismGroups(Q8,SmallGroup(8,4)); # 具体的な同型写像
[ (1,2,5,6)(3,8,7,4), (1,3,5,7)(2,4,6,8) ] -> [ f2, f1 ]
gap> Elements(Q8); # Q8の元
[ (), (1,2,5,6)(3,8,7,4), (1,3,5,7)(2,4,6,8),
  (1,4,5,8)(2,7,6,3), (1,5)(2,6)(3,7)(4,8), (1,6,5,2)(3,4,7,8),
  (1,7,5,3)(2,8,6,4), (1,8,5,4)(2,3,6,7) ]
gap> List(Elements(Q8),Order); # Q8の元の位数(位数2は1つ)
[ 1, 4, 4, 4, 2, 4, 4, 4 ]
gap> Z8:=Center(Q8); # Q8の中心Z8(2群の中心は非自明)
Group([ (1,5)(2,6)(3,7)(4,8) ])
gap> StructureDesctiption(Z8); # Q8の中心はC2
"C2"
gap> StructureDescription(Q8/Z8); # 商群Q8/Z8は部分群と同型でない
"C2 x C2"
```

例 11 (**群表を表示する**)　[4.7 節]

```
gap> MultiplicationTable(Q8); # Q8の群表
[ [ 1, 2, 3, 4, 5, 6, 7, 8 ],
  [ 2, 5, 4, 7, 6, 1, 8, 3 ],
  [ 3, 8, 5, 2, 7, 4, 1, 6 ],
  [ 4, 3, 6, 5, 8, 7, 2, 1 ],
  [ 5, 6, 7, 8, 1, 2, 3, 4 ],
  [ 6, 1, 8, 3, 2, 5, 4, 7 ],
  [ 7, 4, 1, 6, 3, 8, 5, 2 ],
  [ 8, 7, 2, 1, 4, 3, 6, 5 ] ]
```

例 12 (生成元と基本関係による群の表示)　[4.7 節]

```
gap> LoadPackage("sonata"); # sonataパッケージを読み込む
true
gap> F2:=FreeGroup("x","y"); # x,yで生成された自由群を定義
<free group on the generators [ x, y ]>
gap> AssignGeneratorVariables(F2); # x,yを変数とする
#I  Assigned the global variables [ x, y ]
gap> d5:=F2/[x^5,y^2,y^-1*x*y*x]; # d5を定義([ ]の中身 = 1)
<fp group on the generators [ x, y ]>
gap> StructureDescription(d5); # d5の構造(位数10の二面体群)
"D10"
gap> D8:=F2/[x^8,y^2,y^-1*x*y*x]; # D8を定義
<fp group on the generators [ x, y ]>
gap> StructureDescription(D8); # D8の構造(位数16の二面体群)
"D16"
gap> Q16:=F2/[x^8,y^4,x^4*y^-2,y^-1*x*y*x]; # Q16を定義
<fp group on the generators [ x, y ]>
gap> StructureDescription(Q16); # Q16の構造(位数16の一般4元数群)
"Q16"
gap> QD8:=F2/[x^8,y^2,y^-1*x*y*x^-3]; # QD8を定義
<fp group on the generators [ x, y ]>
gap> StructureDescription(QD8); # QD8の構造(位数16の準二面体群)
"QD16"
gap> M16:=F2/[x^8,y^2,y^-1*x*y*x^-5]; # M16を定義
<fp group on the generators [ x, y ]>
gap> StructureDescription(M16); # M16の構造(半直積C8:C2)
"C8 : C2"
gap> List(Elements(D8),Order); # D8の元の位数
[ 1, 8, 2, 4, 2, 2, 8, 8, 2, 2, 4, 2, 2, 8, 2, 2 ]
gap> List(Elements(Q16),Order); # Q16の元の位数(位数2は1つ)
[ 1, 8, 4, 4, 2, 4, 8, 8, 4, 4, 4, 4, 4, 8, 4, 4 ]
gap> List(Elements(QD8),Order); # QD8の元の位数
[ 1, 8, 2, 4, 2, 4, 8, 8, 2, 2, 4, 4, 4, 8, 2, 4 ]
gap> List(Elements(M16),Order); # M16の元の位数
[ 1, 8, 2, 4, 2, 8, 8, 8, 4, 2, 4, 8, 8, 8, 4, 8 ]
gap> List(Subgroups(D8),Size); # D8の部分群の位数
[ 1, 2, 2, 2, 2, 2, 2, 2, 2, 2, 4, 4, 4, 4, 4, 8, 8, 8, 16 ]
```

```
gap> List(Subgroups(Q16),Size); # Q16の部分群の位数
[ 1, 2, 4, 4, 4, 4, 4, 8, 8, 8, 16 ]
gap> List(Subgroups(QD8),Size); # QD8の部分群の位数
[ 1, 2, 2, 2, 2, 2, 4, 4, 4, 4, 4, 8, 8, 8, 16 ]
gap> List(Subgroups(M16),Size); # M16の部分群の位数
[ 1, 2, 2, 2, 4, 4, 4, 8, 8, 8, 16 ]
```

例 **13** (G のすべての部分群を得る) [4.8 節]

```
gap> LoadPackage("sonata"); # sonataパッケージを読み込む
true
gap> Subgroups(S3); # S3の部分群
[ Group(()), Group([ (2,3) ]), Group([ (1,2) ]), Group([ (1,3) ]),
  Group([ (1,2,3) ]), Group([ (1,3,2), (1,2) ]) ]
gap> List(last,Size); # S3の部分群の位数
[ 1, 2, 2, 2, 3, 6 ]
gap> Subgroups(A4); # A4の部分群
[ Group(()), Group([ (1,2)(3,4) ]), Group([ (1,3)(2,4) ]),
  Group([ (1,4)(2,3) ]), Group([ (2,4,3) ]),
  Group([ (1,3,4) ]), Group([ (1,4,2) ]), Group([ (1,2,3) ]),
  Group([ (1,3)(2,4), (1,2)(3,4) ]),
  Group([ (1,3)(2,4), (1,4)(2,3), (2,4,3) ]) ]
gap> List(last,Size); # A4に位数6の部分群はない
[ 1, 2, 2, 2, 3, 3, 3, 3, 4, 12 ]
gap> Subgroups(D5); # D5の部分群
[ Group(()), Group([ (2,5)(3,4) ]),
  Group([ (1,4)(2,3) ]), Group([ (1,2)(3,5) ]),
  Group([ (1,5)(2,4) ]), Group([ (1,3)(4,5) ]),
  Group([ (1,2,3,4,5) ]),
  Group([ (1,5,4,3,2), (1,4)(2,3) ]) ]
gap> List(last,Size); # D5の部分群の位数
[ 1, 2, 2, 2, 2, 2, 5, 10 ]
gap> List(Subgroups(D4),Size); # D4の部分群の位数
[ 1, 2, 2, 2, 2, 2, 4, 4, 4, 8 ]
gap> List(Subgroups(S4),Size); # S4の部分群の位数
[ 1, 2, 2, 2, 2, 2, 2, 2, 2, 2, 3, 3, 3, 3, 4,
  4, 4, 4, 4, 4, 4, 6, 6, 6, 6, 8, 8, 8, 12, 24 ]
gap> List(Subgroups(A5),Size); # A5に位数15,20,30の部分群はない
[ 1, 2, 2, 2, 2, 2, 2, 2, 2, 2, 2, 2, 2, 2, 2, 2,
```

```
  3, 3, 3, 3, 3, 3, 3, 3, 3, 3, 4, 4, 4, 4, 4, 5,
  5, 5, 5, 5, 5, 6, 6, 6, 6, 6, 6, 6, 6, 6, 6, 10,
  10, 10, 10, 10, 10, 12, 12, 12, 12, 12, 60 ]
```

例 14 (右剰余類の集合 $H\backslash G$ を求める) [7.1 節]

```
gap> RightCosets(S3,C2); # S3のC2を法とする右剰余類
[ RightCoset(Group( [ (1,2) ] ),()),
  RightCoset(Group( [ (1,2) ] ),(1,3)),
  RightCoset(Group( [ (1,2) ] ),(1,3,2)) ]
gap> List(RightCosets(S3,C2),Representative); # 法C2の完全代表系
[ (), (1,3), (1,3,2) ]
gap> List(RightCosets(S4,V4),Representative); # 法V4の完全代表系
[ (), (3,4), (2,3), (2,3,4), (2,4,3), (2,4) ]
gap> List(RightCosets(S4,C2),Representative); # 法C2の完全代表系
[ (), (2,4), (1,2,4), (1,3), (1,3)(2,4), (1,2,4,3), (1,3,2),
  (1,3,2,4), (2,4,3), (1,3,4), (1,3,4,2), (1,2)(3,4) ]
```

例 15 (剰余群 $H = G/N$) [7.1 節] GAP では剰余群も手軽に扱える.

```
gap> H:=S4/V4; # HをS4/V4として定義
Group([ f1, f2 ])
gap> Size(H); # Hは位数6の群
6
gap> IsomorphismGroups(H,C6); # HとC6は同型でない
fail
gap> IsomorphismGroups(H,s3); # HとS3の同型対応を与える
[ f1, f2 ] -> [ (2,3), (1,2,3) ]
```

例 16 (両側剰余類 $K\backslash G/H$) [7.3 節] GAP は右作用で計算している.

```
gap> DoubleCosets(S3,Group((1,3)),Group((1,2))); # K¥S3/S2
[ DoubleCoset(Group( [ (1,3) ] ),(),Group( [ (1,2) ] )),
  DoubleCoset(Group( [ (1,3) ] ),(1,2,3),Group( [ (1,2) ] )) ]
gap> DoubleCosetRepsAndSizes(S3,Group((1,3)),Group((1,2)));
[ [ (), 4 ], [ (1,2,3), 2 ] ]
gap> DoubleCosetRepsAndSizes(S3,Group((1,2)),Group((1,3)));
[ [ (), 4 ], [ (1,3,2), 2 ] ]
```

例 17 (散在型単純群 M_i ($i = 11, 12, 22, 23, 24$)**: マシュー群**) [7.5 節]

```
gap> M11:=MathieuGroup(11); # マシュー群M11を定義
Group([ (1,2,3,4,5,6,7,8,9,10,11), (3,7,11,8)(4,10,5,6) ])
gap> M12:=MathieuGroup(12); # マシュー群M12を定義
Group([ (1,2,3,4,5,6,7,8,9,10,11), (3,7,11,8)(4,10,5,6),
(1,12)(2,11)(3,6)(4,8)(5,9)(7,10) ])
gap> M22:=MathieuGroup(22);; # マシュー群M22を定義
gap> M23:=MathieuGroup(23);; # マシュー群M23を定義
gap> M24:=MathieuGroup(24);; # マシュー群M24を定義
gap> List([M11,M12,M22,M23,M24],Size); # 各マシュー群の位数
[ 7920, 95040, 443520, 10200960, 244823040 ]
gap> List([M11,M12,M22,M23,M24],IsSimple); # 単純群か？
[ true, true, true, true, true ]
gap> Transitivity(M11,[1..11]); # M11は4重可移
4
gap> Transitivity(M12,[1..12]); # M12は5重可移
5
gap> Transitivity(M22,[1..22]); # M22は3重可移
3
gap> Transitivity(M23,[1..23]); # M23は4重可移
4
gap> Transitivity(M24,[1..24]); # M24は5重可移
5
```

例 18 (散在型単純群 BM**: Baby Monster**) [7.5 節]

```
gap> Size(CharacterTable("BM")); # Baby Monster BMの位数
4154781481226426191177580544000000
gap> FactorsInt(last); # BMの位数を素因数分解
[ 2, 2, 2, 2, 2, 2, 2, 2, 2, 2, 2, 2, 2, 2, 2, 2, 2, 2, 2, 2,
  2, 2, 2, 2, 2, 2, 2, 2, 2, 2, 2, 2, 2, 2, 2, 2, 2, 2, 2, 2,
  2, 3, 3, 3, 3, 3, 3, 3, 3, 3, 3, 3, 3, 3, 5, 5, 5, 5, 5, 5,
  7, 7, 11, 13, 17, 19, 23, 31, 47 ]
gap> CDBM:=CharacterDegrees(CharacterTable("BM"));;
gap> List([1..7],i->CDBM[i]);
# BMの既約表現の次数と重複度を小さい方から7つ表示
[ [ 1, 1 ], [ 4371, 1 ], [ 96255, 1 ], [ 1139374, 1 ],
  [ 9458750, 1 ], [ 9550635, 1 ], [ 63532485, 1 ] ]
```

```
gap> Sum(List(CDBM,x->x[2])); # BMの共役類数
184
```

例 **19** (位数最大の散在型単純群 M: **Monster**) [7.5 節]

```
gap> Size(CharacterTable("M")); # Monster Mの位数
808017424794512875886459904961710757005754368000000000
gap> FactorsInt(last); # Mの位数を素因数分解
[ 2, 2, 2, 2, 2, 2, 2, 2, 2, 2, 2, 2, 2, 2, 2, 2, 2, 2, 2, 2,
  2, 2, 2, 2, 2, 2, 2, 2, 2, 2, 2, 2, 2, 2, 2, 2, 2, 2, 2, 2,
  2, 2, 2, 2, 2, 2, 3, 3, 3, 3, 3, 3, 3, 3, 3, 3, 3, 3, 3, 3,
  3, 3, 3, 3, 3, 3, 5, 5, 5, 5, 5, 5, 5, 5, 5, 7, 7, 7, 7, 7,
  7, 11, 11, 13, 13, 13, 17, 19, 23, 29, 31, 41, 47, 59, 71 ]
gap> CDM:=CharacterDegrees(CharacterTable("M"));;
gap> List([1..7],i->CDM[i]);
# Mの既約表現の次数と重複度を小さい方から7つ表示
[ [ 1, 1 ], [ 196883, 1 ], [ 21296876, 1 ], [ 842609326, 1 ],
  [ 18538750076, 1 ], [ 19360062527, 1 ], [ 293553734298, 1 ] ]
gap> Sum(List(CDM,x->x[2])); # Mの共役類数
194
```

例 **20** (共役類と類等式) [8.2 節]

```
gap> cls3:=ConjugacyClasses(S3); # S3の共役類
[ ()^G, (1,2)^G, (1,2,3)^G ]
gap> cls4:=ConjugacyClasses(S4); # S4の共役類
[ ()^G, (1,2)^G, (1,2)(3,4)^G, (1,2,3)^G, (1,2,3,4)^G ]
gap> List(cls4,Size); # S4の各共役類の位数
[ 1, 6, 3, 8, 6 ]
gap> List(cls4,x->SignPerm(Representative(x))); # 符号
[ 1, -1, 1, 1, -1 ]
gap> List(ConjugacyClasses(A4),Size); # A4の各共役類の位数
[ 1, 3, 4, 4 ]
gap> cls5:=ConjugacyClasses(S5);; # S5の共役類
gap> List(cls5,Size); # S5の各共役類の位数
[ 1, 10, 15, 20, 20, 30, 24 ]
gap> last/Size(S5); # 最後(上)の結果をSize(S5)=120で割る
[ 1/120, 1/12, 1/8, 1/6, 1/6, 1/4, 1/5 ]
gap> List(cls5,x->SignPerm(Representative(x))); # 符号
```

```
[ 1, -1, 1, 1, -1, -1, 1 ]
gap> List(ConjugacyClasses(C5),Size); # C5の各共役類の位数
[ 1, 1, 1, 1, 1 ]
gap> List(ConjugacyClasses(D5),Size); # D5の各共役類の位数
[ 1, 5, 2, 2 ]
gap> List(ConjugacyClasses(A5),Size); # A5の各共役類の位数
[ 1, 15, 20, 12, 12 ]
gap> List(ConjugacyClasses(S6),Size); # S6の各共役類の位数
[ 1, 15, 45, 15, 40, 120, 40, 90, 90, 144, 120 ]
gap> List(ConjugacyClasses(A6),Size); # A6の各共役類の位数
[ 1, 45, 40 40, 90, 72, 72]
gap> List(ConjugacyClasses(S7),Size); # S7の各共役類の位数
[ 1, 21, 105, 105, 70, 420, 210, 280, 210, 630, 420,
  504, 504, 840, 720]
gap> List(ConjugacyClasses(A7),Size); # A7の各共役類の位数
[ 1, 105, 70, 210, 280, 630, 504, 360, 360 ]
```

例 **21** (整数の分割と分割数)　[8.3 節]

```
gap> Partitions(3); # 3の分割
[ [ 1, 1, 1 ], [ 2, 1 ], [ 3 ] ]
gap> Partitions(4); # 4の分割
[ [ 1, 1, 1, 1 ], [ 2, 1, 1 ], [ 2, 2 ], [ 3, 1 ], [ 4 ] ]
gap> Partitions(5); # 5の分割
[ [ 1, 1, 1, 1, 1 ], [ 2, 1, 1, 1 ], [ 2, 2, 1 ], [ 3, 1, 1 ],
  [ 3, 2 ],  [ 4, 1 ], [ 5 ] ]
gap> List([1..32],n->Length(Partitions(n))); # 分割数p(n), n<=32
[ 1, 2, 3, 5, 7, 11, 15, 22, 30, 42, 56, 77, 101, 135, 176,
  231, 297, 385, 490, 627, 792, 1002, 1255, 1575, 1958, 2436,
  3010, 3718, 4565, 5604, 6842, 8349 ]
```

例 **22** (同型ではない群の判定)　[9.1 節]

```
gap> LoadPackage("sonata"); # sonataパッケージを読み込む
true
gap> F2:=FreeGroup("x","y"); # x,yで生成された自由群を定義
<free group on the generators [ x, y ]>
gap> AssignGeneratorVariables(F2); # x,yを変数とする
#I  Assigned the global variables [ x, y ]
```

```
gap> M27:=F2/[x^9,y^3,y^-1*x*y*x^-4]; # M27を定義
<fp group on the generators [ x, y ]>
gap> StructureDescription(M27); # M27の構造(半直積C9:C3)
"C9 : C3"
gap> C9xC3:=F2/[x^9,y^3,y^-1*x*y*x^-1]; # C9xC3を定義
<fp group on the generators [ x, y ]>
gap> StructureDescription(C9xC3); # C9xC3の構造
"C9 x C3"
gap> List(Elements(M27),Order); # M27の元の位数
[ 1, 9, 3, 3, 9, 9, 9, 3, 3, 3, 9, 9, 9, 9,
  9, 3, 3, 9, 9, 9, 9, 9, 3, 9, 9, 9, 9 ]
gap> List(Elements(C9xC3),Order); # C9xC3の元の位数
[ 1, 9, 3, 3, 9, 9, 9, 3, 3, 3, 9, 9, 9, 9,
  9, 3, 3, 9, 9, 9, 9, 9, 3, 9, 9, 9, 9 ]
gap> List(Subgroups(M27),Size); # M27の部分群の位数
[ 1, 3, 3, 3, 3, 9, 9, 9, 9, 27 ]
gap> List(Subgroups(C9xC3),Size); # C9xC3の部分群の位数
[ 1, 3, 3, 3, 3, 9, 9, 9, 9, 27 ]
gap> IsomorphismGroups(M27,C9xC3); # M27とC9xC3は同型でない
fail
```

例 23 ($H^2(C_p, C_p) = C_p$ ($C_p \curvearrowright C_p$：自明作用のとき)) [10.7 節]

```
gap> LoadPackage("HAP"); # HAPパッケージを読み込む
true
gap> GroupCohomology(Group((1,2,3)),2,3); # H^2(C3,C3)=C3
[ 3 ]
gap> GroupCohomology(Group((1,2,3,4,5)),2,5); # H^2(C5,C5)=C5
[ 5 ]
```

例 24 (位数 20 のフロベニウス群 F_{20} を定義する) [10.8 節]

```
gap> F20:=Group((1,2,3,4,5),(1,2,4,3)); # F20を定義
Group([ (1,2,3,4,5), (1,2,4,3) ])
gap> StructureDescription(F20); # F20の構造(半直積C5:C4)
"C5 : C4"
gap> F2:=FreeGroup("x","y"); # x,yで生成された自由群を定義
<free group on the generators [ x, y ]>
gap> AssignGeneratorVariables(F2); # x,yを変数とする
```

```
#I  Assigned the global variables [ x, y ]
gap> f20:=F2/[x^5,y^4,y^-1*x*y*x^-2]; # f20を定義
<fp group on the generators [ x, y ]>
gap> StructureDescription(f20); # f20の構造(半直積C5:C4)
"C5 : C4"
gap> IsomorphismGroups(F20,f20); # F20からf20への同型写像
[ (1,2,3,4,5), (1,2,4,3) ] -> [ x, y*x ]
gap> IsomorphismGroups(f20,F20);  # f20からF20への同型写像
[ x, y ] -> [ (1,2,3,4,5), (2,3,5,4) ]
```

例 25 (n 次可移置換群 $G \leq S_n$)　[10.9 節]

```
gap> all3:=AllTransitiveGroups(NrMovedPoints,3); # 3次可移置換群
[ A3, S3 ]
gap> List(all3,Size); # 各群の位数
[ 3, 6 ]
gap> List(all3,IsPrimitive); # 原始置換群か？
[ true, true ]
gap> all4:=AllTransitiveGroups(NrMovedPoints,4); # 4次可移置換群
[ C(4) = 4, E(4) = 2[x]2, D(4), A4, S4 ]
gap> List(all4,Size); # 各群の位数
[ 4, 4, 8, 12, 24 ]
gap> List(all4,x->Transitivity(x,[1..4])); # t重可移となるt
[ 1, 1, 1, 2, 4 ]
gap> List(all4,IsPrimitive); # 原始置換群か？
[ false, false, false, true, true ]
gap> all5:=AllTransitiveGroups(NrMovedPoints,5); # 5次可移置換群
[ C(5) = 5, D(5) = 5:2, F(5) = 5:4, A5, S5 ]
gap> List(all5,Size); # 各群の位数
[ 5, 10, 20, 60, 120 ]
gap> List(all5,x->Transitivity(x,[1..5])); # t重可移となるt
[ 1, 1, 2, 3, 5 ]
gap> List(all5,IsPrimitive); # 原始置換群か？
[ true, true, true, true, true ]
gap> all6:=AllTransitiveGroups(NrMovedPoints,6); # 6次可移置換群
[ C(6) = 6 = 3[x]2, D_6(6) = [3]2, D(6) = S(3)[x]2,
  A_4(6) = [2^2]3, F_18(6) = [3^2]2 = 3 wr 2,
  2A_4(6) = [2^3]3 = 2 wr 3, S_4(6d) = [2^2]S(3),
  S_4(6c) = 1/2[2^3]S(3), F_18(6):2 = [1/2.S(3)^2]2,
```

```
  F_36(6) = 1/2[S(3)^2]2, 2S_4(6) = [2^3]S(3) = 2 wr S(3),
  L(6) = PSL(2,5) = A_5(6), F_36(6):2 = [S(3)^2]2 = S(3) wr 2,
  L(6):2 = PGL(2,5) = S_5(6), A6, S6 ]
gap> List(all6,Size); # 各群の位数
[ 6, 6, 12, 12, 18, 24, 24, 24, 36, 36, 48, 60, 72, 120, 360,
  720 ]
gap> List(all6,x->Transitivity(x,[1..6])); # t重可移となるt
[ 1, 1, 1, 1, 1, 1, 1, 1, 1, 1, 1, 2, 1, 3, 4, 6 ]
gap> List(all6,IsPrimitive); # 原始置換群か？
[ false, false, false, false, false, false, false, false,
  false, false, false, true, false, true, true, true ]
gap> all7:=AllTransitiveGroups(NrMovedPoints,7); # 7次可移置換群
[ C(7) = 7, D(7) = 7:2, F_21(7) = 7:3, F_42(7) = 7:6,
  L(7) = L(3,2), A7, S7 ]
gap> List(all7,Size); # 各群の位数
[ 7, 14, 21, 42, 168, 2520, 5040 ]
gap> List(all7,x->Transitivity(x,[1..7])); # t重可移となるt
[ 1, 1, 1, 2, 2, 5, 7 ]
gap> List(all7,IsPrimitive); # 原始置換群か？
[ true, true, true, true, true, true, true ]
gap> all11:=AllTransitiveGroups(NrMovedPoints,11); # 11次のとき
[ C(11)=11, D(11)=11:2, F_55(11)=11:5, F_110(11)=11:10,
  L(11)=PSL(2,11)(11), M(11), A11, S11 ]
gap> List(all11,Size); # 各群の位数
[ 11, 22, 55, 110, 660, 7920, 19958400, 39916800 ]
gap> List(all11,x->Transitivity(x,[1..11])); # M11は4重可移
[ 1, 1, 1, 2, 2, 4, 9, 11 ]
gap> List(all11,IsPrimitive); # 原始置換群か？
[ true, true, true, true, true, true, true, true ]
```

例 26 (S_5 の p シロー群 $P_p \in \mathrm{Syl}_p(S_5)$ $(p = 2, 3, 5)$) [10.10 節]

```
gap> P2:=SylowSubgroup(S5,2); # S5の2シロー群(のうち1つ)P2
Group([ (1,2), (3,4), (1,3)(2,4) ])
gap> Elements(P2);
[ (), (3,4), (1,2), (1,2)(3,4), (1,3)(2,4), (1,3,2,4),
  (1,4,2,3), (1,4)(2,3) ]
gap> List(Elements(P2),Order); # P2の元
[ 1, 2, 2, 2, 2, 4, 4, 2 ]
```

```
gap> P2=D4; # P2=D4か？
false
gap> IsomorphismGroups(P2,D4); # P2はD4と同型(具体的な同型写像)
[ (1,2), (3,4), (1,3)(2,4) ]
  -> [ (1,2)(3,4), (1,4)(2,3), (1,3) ]
gap> IsConjugate(S5,P2,D4); # P2とD4はS5共役か？
true
gap> Size(ConjugateSubgroups(S5,P2)); # 2シロー群は15=2*7+1個
15
gap> P3:=SylowSubgroup(S5,3); # S5の3シロー群P3=C3
Group([ (1,2,3) ])
gap> Size(ConjugateSubgroups(S5,P3)); # 3シロー群は10=3*3+1個
10
gap> P5:=SylowSubgroup(S5,5); # S5の5シロー群P5=C5
Group([ (1,2,3,4,5) ])
gap> Size(ConjugateSubgroups(S5,P5)); # 5シロー群は6=5+1個
6
```

例 **27** (与えられた位数をもつ有限群) [10.10 節]

```
gap> all8:=AllSmallGroups(8); # 位数8の群は5個
[ <pc group of size 8 with 3 generators>,
  <pc group of size 8 with 3 generators>,
  <pc group of size 8 with 3 generators>,
  <pc group of size 8 with 3 generators>,
  <pc group of size 8 with 3 generators> ]
gap> List(all8,IsAbelian); # アーベル群か？
[ true, true, false, false, true ]
gap> List(all8,StructureDescription); # 群の構造
[ "C8", "C4 x C2", "D8", "Q8", "C2 x C2 x C2" ]
gap> all16:=AllSmallGroups(16);; # 位数16の群
gap> Length(all16); # 位数16の群は14個
14
gap> List(all16,IsAbelian(x); # アーベル群か？
[ true, true, false, false, true, false, false,
  false, false, true, false, false, false, true ]
gap> List(all16,IsSolvable); # 可解群か？(2群は可解群)
[ true, true, true, true, true, true, true, true,
  true, true, true, true, true, true ]
```

```
gap> List(all16,x->Size(Center(x))); # 中心の位数(2群より非自明)
[ 16, 16, 4, 4, 16, 4, 2, 2, 2, 16, 4, 4, 4, 16 ]
gap> List(all16,NilpotencyClassOfGroup); # 巾零クラス
[ 1, 1, 2, 2, 1, 2, 3, 3, 3, 1, 2, 2, 2, 1 ]
gap> List(all16,StructureDescription); # 群の構造
[ "C16", "C4 x C4", "(C4 x C2) : C2", "C4 : C4", "C8 x C2",
  "C8 : C2", "D16", "QD16", "Q16", "C4 x C2 x C2", "C2 x D8",
  "C2 x Q8", "(C4 x C2) : C2", "C2 x C2 x C2 x C2" ]
gap> List([1..130],NumberSmallGroups); # 位数130までの群の個数
[ 1, 1, 1, 2, 1, 2, 1, 5, 2, 2,
  1, 5, 1, 2, 1, 14, 1, 5, 1, 5, # 位数16の群は14個
  2, 2, 1, 15, 2, 2, 5, 4, 1, 4,
  1, 51, 1, 2, 1, 14, 1, 2, 2, 14,  # 位数32の群は51個
  1, 6, 1, 4, 2, 2, 1, 52, 2, 5,
  1, 5, 1, 15, 2, 13, 2, 2, 1, 13,
  1, 2, 4, 267, 1, 4, 1, 5, 1, 4,  # 位数64の群は267個
  1, 50, 1, 2, 3, 4, 1, 6, 1, 52,
  15, 2, 1, 15, 1, 2, 1, 12, 1, 10,
  1, 4, 2, 2, 1, 231, 1, 5, 2, 16,
  1, 4, 1, 14, 2, 2, 1, 45, 1, 6,
  2, 43, 1, 6, 1, 5, 4, 2, 1, 47,
  2, 2, 1, 4, 5, 16, 1, 2328, 2, 4 ] # 位数128の群は2328個
gap> NumberSmallGroups(256); # 位数256の群の個数
56092
gap> NumberSmallGroups(512); # 位数512の群の個数
10494213
gap> A1024:=NumberSmallGroups(1024); # 位数1024の群の個数
49487365422
gap> A2000:=Sum(List([1..2000],NumberSmallGroups)); # 2000以下
49910529484
gap> Int(10^8*A1024/A2000); # 位数2000以下の群の99%以上が位数1024
99152154
gap> for i in [1..31] do # 位数31までの群をすべて表示
> Print(List(AllSmallGroups(i),StructureDescription),"¥n");od;
[ "1" ]
[ "C2" ]
[ "C3" ]
```

```
[ "C4", "C2 x C2" ]
[ "C5" ]
[ "S3", "C6" ]
[ "C7" ]
[ "C8", "C4 x C2", "D8", "Q8", "C2 x C2 x C2" ]
[ "C9", "C3 x C3" ]
[ "D10", "C10" ]
[ "C11" ]
[ "C3 : C4", "C12", "A4", "D12", "C6 x C2" ]
[ "C13" ]
[ "D14", "C14" ]
[ "C15" ]
[ "C16", "C4 x C4", "(C4 x C2) : C2", "C4 : C4", "C8 x C2",
  "C8 : C2", "D16", "QD16", "Q16", "C4 x C2 x C2", "C2 x D8",
  "C2 x Q8", "(C4 x C2) : C2", "C2 x C2 x C2 x C2" ]
[ "C17" ]
[ "D18", "C18", "C3 x S3", "(C3 x C3) : C2", "C6 x C3" ]
[ "C19" ]
[ "C5 : C4", "C20", "C5 : C4", "D20", "C10 x C2" ]
[ "C7 : C3", "C21" ]
[ "D22", "C22" ]
[ "C23" ]
[ "C3 : C8", "C24", "SL(2,3)", "C3 : Q8", "C4 x S3", "D24",
  "C2 x (C3 : C4)", "(C6 x C2) : C2", "C12 x C2", "C3 x D8",
  "C3 x Q8", "S4", "C2 x A4", "C2 x C2 x S3", "C6 x C2 x C2" ]
[ "C25", "C5 x C5" ]
[ "D26", "C26" ]
[ "C27", "C9 x C3", "(C3 x C3) : C3", "C9 : C3", "C3 x C3 x C3" ]
[ "C7 : C4", "C28", "D28", "C14 x C2" ]
[ "C29" ]
[ "C5 x S3", "C3 x D10", "D30", "C30" ]
[ "C31" ]
```

例 **28** (与えられた共役類数をもつ有限群：$h(G) = r = 4$)　[10.10 節]
$r = 4$ となる有限群 G の候補を類等式から得る (例 10.107 (3), $m_4 = 3$).

```
gap> l:=[];; for m4 in [3] do for m3 in [m4..4] do
> for m2 in [m3..6] do d:=-m2*m3-m2*m4-m3*m4+m2*m3*m4;
```

```
> if d<>0 then g:=m2*m3*m4/d;
> if (g>0 and IsInt(g) and IsInt(g/m2) and IsInt(g/m3) and
> IsInt(g/m4))=true then Append(l,[[g,m2,m3,m4]]);
> fi;fi;od;od;od;
gap> l;
[ [ 12, 4, 3, 3 ], [ 6, 6, 3, 3 ] ]
```

例 29 (与えられた共役類数をもつ有限群：$h(G) = r = 5$)　[10.10 節]

$r = 5$ となる有限群 G の候補を類等式から得る (例 10.107 (4), $3 \leq m_5 \leq 4$).

```
gap> l:=[];; for m5 in [3,4] do for m4 in [m5..6] do
> for m3 in [m4..9] do for m2 in [m3..24] do
> d:=-m2*m3*m4-m2*m3*m5-m2*m4*m5-m3*m4*m5+m2*m3*m4*m5;
> if d<>0 then g:=m2*m3*m4*m5/d;
> if (g>0 and IsInt(g) and IsInt(g/m2) and IsInt(g/m3) and
> IsInt(g/m4) and IsInt(g/m5))=true then
> Append(l,[[g,m2,m3,m4,m5]]);
> fi;fi;od;od;od;od;
gap> l;
[ [ 156, 13, 4, 3, 3 ], [ 84, 14, 4, 3, 3 ], [ 60, 15, 4, 3, 3 ],
  [ 48, 16, 4, 3, 3 ], [ 36, 18, 4, 3, 3 ], [ 24, 24, 4, 3, 3 ],
  [ 120, 8, 5, 3, 3 ], [ 45, 9, 5, 3, 3 ], [ 30, 10, 5, 3, 3 ],
  [ 15, 15, 5, 3, 3 ], [ 42, 7, 6, 3, 3 ], [ 24, 8, 6, 3, 3 ],
  [ 18, 9, 6, 3, 3 ], [ 12, 12, 6, 3, 3 ], [ 21, 7, 7, 3, 3 ],
  [ 9, 9, 9, 3, 3 ], [ 24, 8, 4, 4, 3 ], [ 12, 12, 4, 4, 3 ],
  [ 60, 5, 5, 4, 3 ], [ 12, 6, 6, 4, 3 ], [ 15, 5, 5, 5, 3 ],
  [ 6, 6, 6, 6, 3 ], [ 20, 5, 4, 4, 4 ], [ 12, 6, 4, 4, 4 ],
  [ 8, 8, 4, 4, 4 ] ]
gap> Length(l);
25
```

例 30 (組成列)　[11.2 節]

```
gap> CompositionSeries(F20); # F20の組成列
[ Group([ (2,3,5,4), (2,5)(3,4), (1,2,3,4,5) ]),
  Group([ (2,5)(3,4), (1,2,3,4,5) ]), Group([ (1,2,3,4,5) ]),
  Group(()) ]
gap> DisplayCompositionSeries(F20); # F20の組成列
G (3 gens, size 20)
```

```
 | Z(2)
S (2 gens, size 10)
 | Z(2)
S (1 gens, size 5)
 | Z(5)
1 (0 gens, size 1)
gap> CompositionSeries(S4); # S4の組成列
[ Group([ (3,4), (2,4,3), (1,4)(2,3), (1,3)(2,4) ]),
  Group([ (2,4,3), (1,4)(2,3), (1,3)(2,4) ]),
  Group([ (1,4)(2,3), (1,3)(2,4) ]), Group([ (1,3)(2,4) ]),
  Group(()) ]
gap> DisplayCompositionSeries(S4); # S4の組成列
G (4 gens, size 24)
 | Z(2)
S (3 gens, size 12)
 | Z(3)
S (2 gens, size 4)
 | Z(2)
S (1 gens, size 2)
 | Z(2)
1 (0 gens, size 1)
gap> CompositionSeries(S4)[2]=A4; # 組成列の2つ目はA4か？
true
gap> CompositionSeries(S4)[3]=V4; # 組成列の3つ目はV4か？
true
```

例 **31** (格別の p 群) [12.3 節]

```
gap> esp31:=ExtraspecialGroup(3^3,9); # 位数3^3の格別の3群1
<pc group of size 27 with 3 generators>
gap> esp32:=ExtraspecialGroup(3^3,3); # 位数3^3の格別の3群2
<pc group of size 27 with 3 generators>
gap> [FrattiniSubgroup(esp1),Center(esp1),
> DerivedSubgroup(esp1)]; # Phi(G)=Z(G)=D(G)=<f3>=C3
[ Group([ f3 ]), Group([ f3 ]), Group([ f3 ]) ]
gap> [FrattiniSubgroup(esp2),Center(esp2),
> DerivedSubgroup(esp2)]; # Phi(G)=Z(G)=D(G)=<f3>=C3
[ Group([ f3 ]), Group([ f3 ]), Group([ f3 ]) ]
gap> StructureDescription(esp31); # 位数3^3の格別の3群の構造1
```

```
"C9 : C3"
gap> StructureDescription(esp32); # 位数3^3の格別の3群の構造2
"(C3 x C3) : C3"
gap> IdGroup(esp31); # GAPの群番号1
[ 27, 4 ]
gap> IdGroup(esp32); # GAPの群番号2
[ 27, 3 ]
gap> IsIsomorphicGroup(esp32,SylowSubgroup(GL(3,3),3));
# esp32はGL(3,3)の3シロー群と同型か？
true
gap> PrintPcpPresentation(PcGroupToPcpGroup(esp31)); # pc表示1
g1^3 = g3
g2^3 = id
g3^3 = id
g2 ^ g1 = g2 * g3^2
gap> PrintPcpPresentation(PcGroupToPcpGroup(esp32)); # pc表示2
g1^3 = id
g2^3 = id
g3^3 = id
g2 ^ g1 = g2 * g3^2
gap> esp51:=ExtraspecialGroup(3^5,3^2); # 位数3^5の格別の3群1
<pc group of size 243 with 5 generators>
gap> esp52:=ExtraspecialGroup(3^5,3); # 位数3^5の格別の3群2
<pc group of size 243 with 5 generators>
gap> [FrattiniSubgroup(esp51),Center(esp51),
> DerivedSubgroup(esp51)]; # Phi(G)=Z(G)=D(G)=<f5>=C5
[ Group([ f5 ]), Group([ f5 ]), Group([ f5 ]) ]
gap> [FrattiniSubgroup(esp52),Center(esp52),
> DerivedSubgroup(esp52)]; # Phi(G)=Z(G)=D(G)=<f5>=C5
[ Group([ f5 ]), Group([ f5 ]), Group([ f5 ]) ]
gap> StructureDescription(esp51); # 位数3^5の格別の3群の構造1
"(C3 x (C9 : C3)) : C3"
gap> StructureDescription(esp52); # 位数3^5の格別の3群の構造2
"(C3 x ((C3 x C3) : C3)) : C3"
gap> IdGroup(esp51); # GAPの群番号1
[ 243, 66 ]
gap> IdGroup(esp52); # GAPの群番号2
```

```
[ 243, 65 ]
gap> IsIsomorphicGroup(esp51,SmallGroup(3^5,66)); # 同型か?
true
gap> IsIsomorphicGroup(esp52,SmallGroup(3^5,65)); # 同型か?
true
gap> PrintPcpPresentation(PcGroupToPcpGroup(esp51)); # pc表示1
g1^3 = g5
g2^3 = id
g3^3 = id
g4^3 = id
g5^3 = id
g2 ^ g1 = g2 * g5^2
g4 ^ g3 = g4 * g5^2
gap> PrintPcpPresentation(PcGroupToPcpGroup(esp52)); # pc表示2
g1^3 = id
g2^3 = id
g3^3 = id
g4^3 = id
g5^3 = id
g2 ^ g1 = g2 * g5^2
g4 ^ g3 = g4 * g5^2
gap> PrintPcpPresentation(PcGroupToPcpGroup(SmallGroup(3^5,66)));
g1^3 = g5
g2^3 = id
g3^3 = id
g4^3 = id
g5^3 = id
g2 ^ g1 = g2 * g5
g3 ^ g2 = g3 * g5
g4 ^ g1 = g4 * g5
gap> PrintPcpPresentation(PcGroupToPcpGroup(SmallGroup(3^5,65)));
g1^3 = id
g2^3 = id
g3^3 = id
g4^3 = id
g5^3 = id
g2 ^ g1 = g2 * g5
```

```
g3 ^ g2 = g3 * g5
g4 ^ g1 = g4 * g5
```

例 32 (GZ 群：$SL_2(\mathbb{F}_3)$ の 2 **Sylow** 群は Q_8 と同型) [12.4 節]

```
gap> IsomorphismGroups(Q8,SylowSubgroup(SL(2,3),2));
# Q8とSL(2,3)の2シロー群は同型(具体的な同型写像を与える)
[ (1,2,5,6)(3,8,7,4), (1,3,5,7)(2,4,6,8) ] ->
[ [ [ Z(3), Z(3)^0 ], [ Z(3)^0, Z(3)^0 ] ],
  [ [ Z(3)^0, Z(3)^0 ], [ Z(3)^0, Z(3) ] ] ]
```

例 33 ($H^n(Q_8, \mathbb{Z})$ は周期的) [12.4 節]

```
gap> LoadPackage("HAP"); # HAPパッケージを読み込む
true
gap> List([1..24],n->GroupCohomology(Q8,n)); # H^n(Q8,Z)は周期的
[ [  ], [ 2, 2 ], [  ], [ 8 ], [  ], [ 2, 2 ], [  ], [ 8 ],
  [  ], [ 2, 2 ], [  ], [ 8 ], [  ], [ 2, 2 ], [  ], [ 8 ],
  [  ], [ 2, 2 ], [  ], [ 8 ], [  ], [ 2, 2 ], [  ], [ 8 ] ]
```

Monster とムーンシャイン現象

例 19 のように，散在型単純群の中で位数最大の Monster M (102 ページ) の共役類数は 194 であり，196883 次の既約表現をもつ．この 196883 という数は，数論における楕円モジュラー関数 $j(\tau)$ のフーリエ係数とムーンシャイン予想 (現象) によって深くかかわっていることが知られている！〔← 興味のある読者は [寺田-原田, 4 章] や [原田 1, 4 章] を見ていただきたい〕この予想は R. Borcherds (1992) によって解決され，1998 年にフィールズ賞が与えられた．

問の解答

問 1.1　(1)　(i)　$\begin{pmatrix}1&2&3&4&5\\3&2&5&1&4\end{pmatrix}$　(ii)　$\begin{pmatrix}1&2&3&4&5\\5&1&2&3&4\end{pmatrix}$　(iii)　$\begin{pmatrix}1&2&3&4&5\\5&3&2&1&4\end{pmatrix}$
(iv)　$\begin{pmatrix}1&2&3&4&5\\1&2&3&4&5\end{pmatrix}$　(v)　$\begin{pmatrix}1&2&3&4&5\\1&2&3&4&5\end{pmatrix}$

(2)　(i)　$(1\,2\,3\,4\,5)$　(ii)　$(1\,2\,3)\circ(4\,5)$　(iii)　$(3\,4)$　(iv)　$(1\,3\,4\,5\,2)$

(3)　(i)　$(1\,2\,3)$　(ii)　$(1\,2\,3\,4)$　(iii)　$(1\,2\,3\,4\,5)$　(iv)　$(1\,4\,3\,5\,2)$

(4)　なる〔← 証明を考えよ！〕

問 1.2　(1)　(i)　$\begin{pmatrix}1&2&3&4&5\\4&1&3&5&2\end{pmatrix}=(1\,4\,5\,2)$　(ii)　$\begin{pmatrix}1&2&3&4&5\\5&1&3&4&2\end{pmatrix}=(1\,5\,2)$
(iii)　$\begin{pmatrix}1&2&3&4&5\\5&1&4&3&2\end{pmatrix}=(3\,4)\circ(1\,5\,2)$

(2)　(i)-1

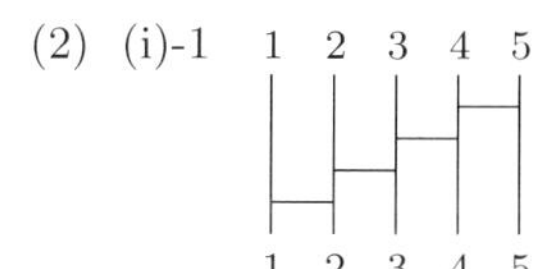

(i)-2　$(1\,2\,3\,4\,5)=(1\,2)(2\,3)(3\,4)(4\,5)$

(i)-3　$(j_1\,j_2\,\cdots\,j_r)=(j_1\,j_2)(j_2\,j_3)\cdots(j_{r-1}\,j_r)$

(i)-4　(a)　任意の $\sigma\in S_n$ は互いに共通の数字を含まない，いくつかの巡回置換の積でかける．(b)　任意の長さ r の巡回置換は $(r-1)$ 個の互換の積でかける．よって，(a), (b) より任意の置換は，いくつかの互換の積でかける．

(ii)-1　互換 $(1\,5)$ は次のうちのどれかになる：

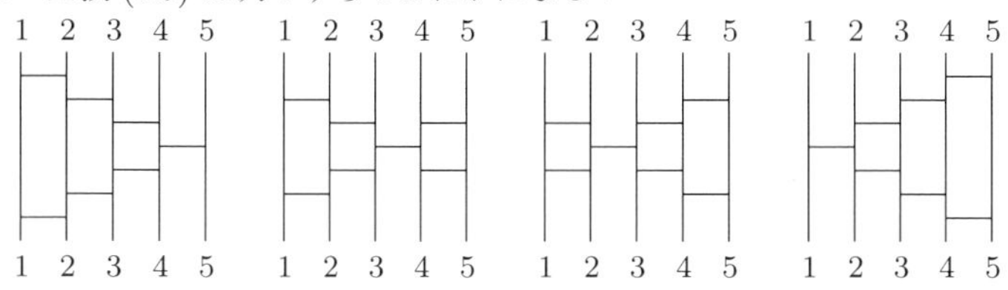

(ii)-2　(ii)-1 の左上を選ぶと，$(1\,5)=(1\,2)(2\,3)(3\,4)(4\,5)(3\,4)(2\,3)(1\,2)$

(ii)-3　$i<j$ とする．(ii)-2 で $1\leftrightarrow i$，$5\leftrightarrow j$ と対応させて考えれば，$(i\,j)$ は以下のようにかける：

$$(i\;i+1)(i+1\;i+2)\cdots(j-2\;j-1)(j-1\;j)(j-2\;j-1)\cdots(i+1\;i+2)(i\;i+1).$$

(iii) **問題の解答** (i)-4 と (ii)-3 を合わせると，任意の置換は隣り合った数字の互換の積でかける．よって，任意の $\sigma \in S_n$ に対応するあみだくじは存在する．

(iv)-1 $(1\,2\,3\,5\,4) = (1\,2)(2\,3)(3\,5)(5\,4)$ より，右の互換から順に横棒を並べて

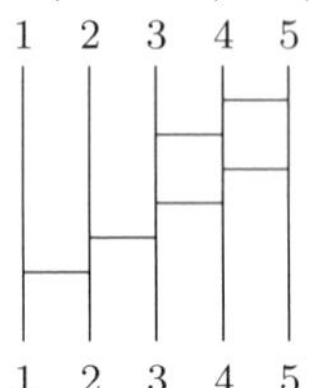

(iv)-2 $(1\,3\,2\,4\,5) = (1\,3)(3\,2)(2\,4)(4\,5)$ より，右の互換から順に横棒を並べて

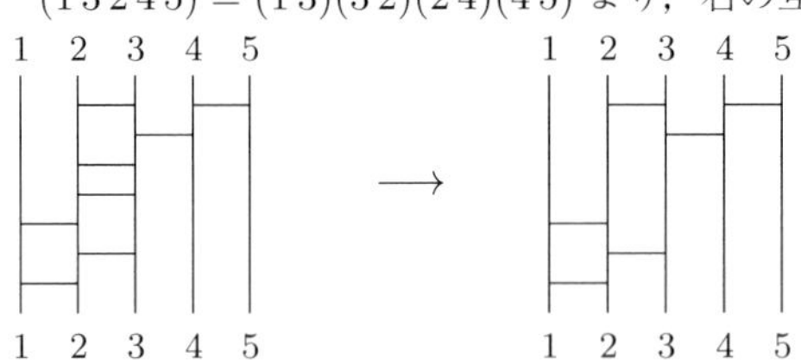

(iv)-3 例 1.17 (7 ページ) を参照のこと．

問 2.1 (1) 写像 $f: X \to Y$ が全射でないとは，ある $y \in Y$ が存在して，任意の $x \in X$ に対して $f(x) \neq y$ をみたすこと．

(2) 写像 $f: X \to Y$ が単射でないとは，ある $x_1, x_2 \in X$ が存在して，$x_1 \neq x_2$ かつ $f(x_1) = f(x_2)$ をみたすこと．

(3) (i)

X	全射	単射	全単射
$\mathbb{Z}$	○	○	○
$\mathbb{Q}$	○	○	○
$\mathbb{R}$	○	○	○

(ii)

X	全射	単射	全単射
$\mathbb{Z}$	×	○	×
$\mathbb{Q}$	○	○	○
$\mathbb{R}$	○	○	○

(iii)

X	全射	単射	全単射
$\mathbb{Z}$	×	×	×
$\mathbb{Q}$	×	×	×
$\mathbb{R}$	×	×	×

(iv)

X	全射	単射	全単射
$\mathbb{Z}$	×	○	×
$\mathbb{Q}$	×	○	×
$\mathbb{R}$	○	○	○

問 3.1 演算表は以下のようになる：

(i) $G_1 = S_2$

$\circ$	(1)	a
(1)	(1)	a
a	a	(1)

(ii) $G_2 = S_3$

$\circ$	(1)	a	b	c	d	e
(1)	(1)	a	b	c	d	e
a	a	b	(1)	d	e	c
b	b	(1)	a	e	c	d
c	c	e	d	(1)	b	a
d	d	c	e	a	(1)	b
e	e	d	c	b	a	(1)

(iii) G_3, (iv) G_4

$\circ$	(1)	a	b
(1)	(1)	a	b
a	a	b	(1)
b	b	(1)	a

(v) G_5, (vii) G_7

$\circ$	(1)	a	b	c
(1)	(1)	a	b	c
a	a	b	c	(1)
b	b	c	(1)	a
c	c	(1)	a	b

(vi) G_6, (viii) G_8

$\circ$	(1)	a	b	c
(1)	(1)	a	b	c
a	a	(1)	c	b
b	b	c	(1)	a
c	c	b	a	(1)

(ix) G_9

$\circ$	(1)	a	b	c	d
(1)	(1)	a	b	c	d
a	a	b	c	d	(1)
b	b	c	d	(1)	a
c	c	d	(1)	a	b
d	d	(1)	a	b	c

以上より，同型な群は，G_3 と G_4, G_5 と G_7, G_6 と G_8 である．G が可換群であることは，演算表が (左上から右下への) 対角線に関して対称となることに他ならない．群の演算表がもつ特徴については，次節 (3.5 節) で引き続き学ぶ．

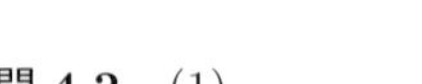

問 4.1　問 3.1 と同じ.

問 4.2　(1)

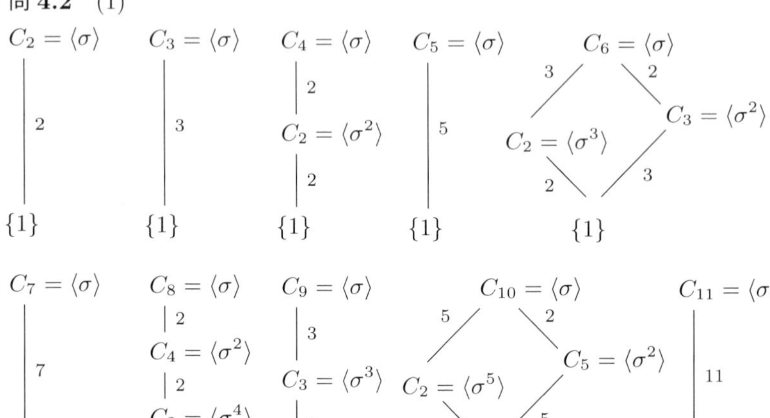

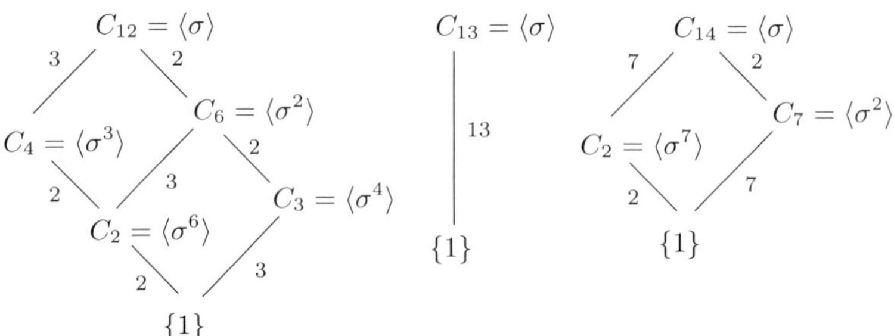

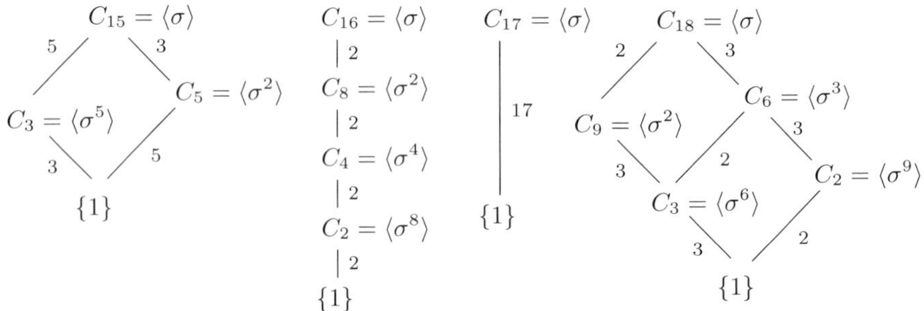

(2)

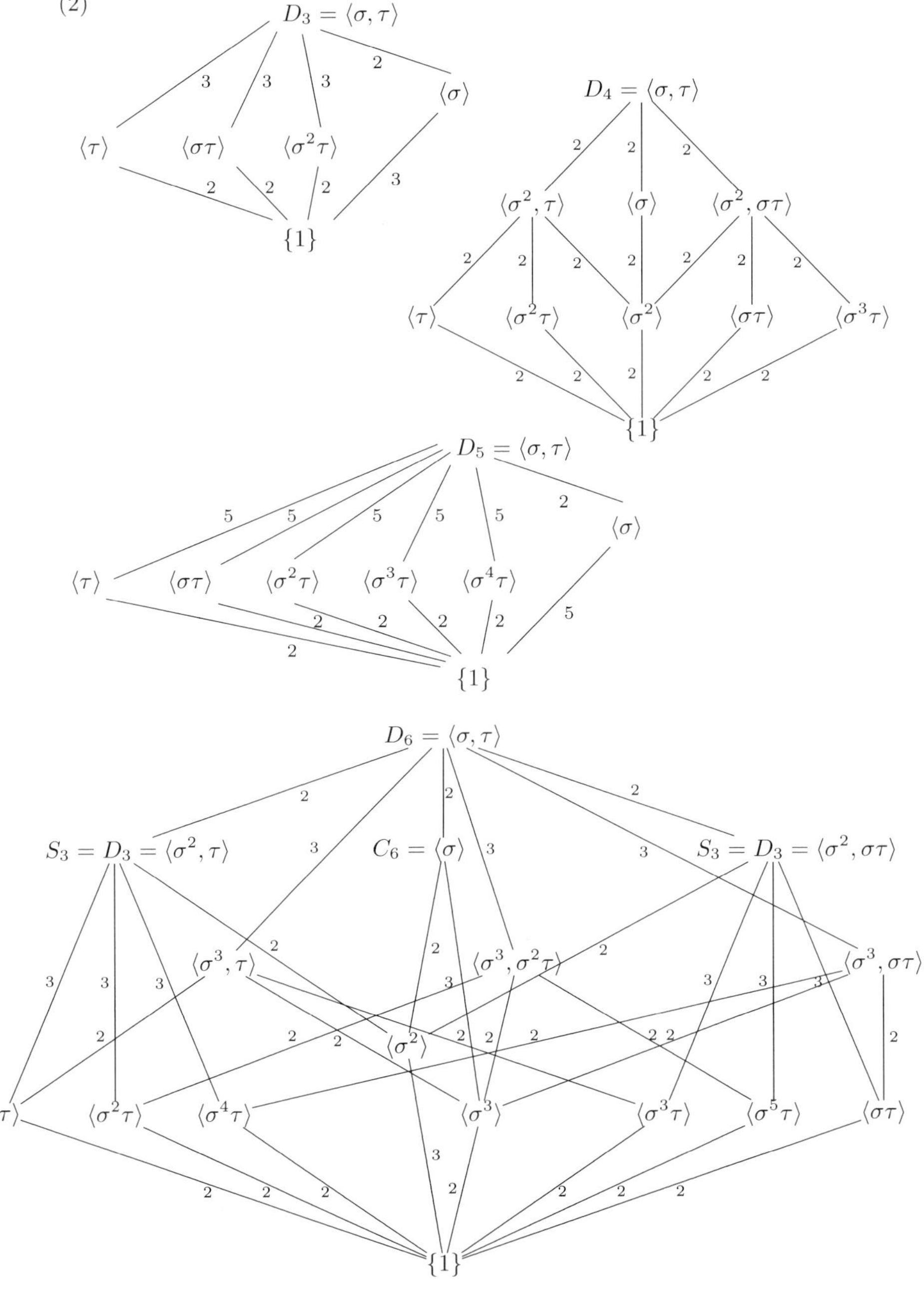

$D_3 = \langle \sigma, \tau \rangle$
$\langle \sigma \rangle$
$\langle \tau \rangle$
$\langle \sigma\tau \rangle$
$\langle \sigma^2\tau \rangle$
$\{1\}$
$D_4 = \langle \sigma, \tau \rangle$
$\langle \sigma^2, \tau \rangle$
$\langle \sigma \rangle$
$\langle \sigma^2, \sigma\tau \rangle$
$\langle \tau \rangle$
$\langle \sigma^2\tau \rangle$
$\langle \sigma^2 \rangle$
$\langle \sigma\tau \rangle$
$\langle \sigma^3\tau \rangle$
$\{1\}$
$D_5 = \langle \sigma, \tau \rangle$
$\langle \sigma \rangle$
$\langle \tau \rangle$
$\langle \sigma\tau \rangle$
$\langle \sigma^2\tau \rangle$
$\langle \sigma^3\tau \rangle$
$\langle \sigma^4\tau \rangle$
$\{1\}$
$D_6 = \langle \sigma, \tau \rangle$
$S_3 = D_3 = \langle \sigma^2, \tau \rangle$
$C_6 = \langle \sigma \rangle$
$S_3 = D_3 = \langle \sigma^2, \sigma\tau \rangle$
$\langle \sigma^3, \tau \rangle$
$\langle \sigma^3, \sigma^2\tau \rangle$
$\langle \sigma^3, \sigma\tau \rangle$
$\langle \sigma^2 \rangle$
$\langle \tau \rangle$
$\langle \sigma^2\tau \rangle$
$\langle \sigma^4\tau \rangle$
$\langle \sigma^3 \rangle$
$\langle \sigma^3\tau \rangle$
$\langle \sigma^5\tau \rangle$
$\langle \sigma\tau \rangle$
$\{1\}$

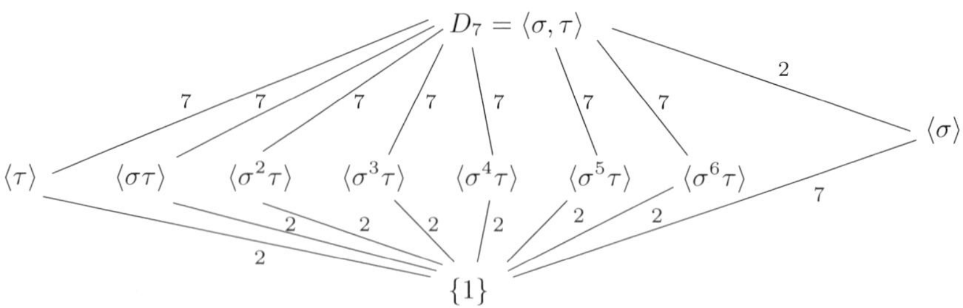

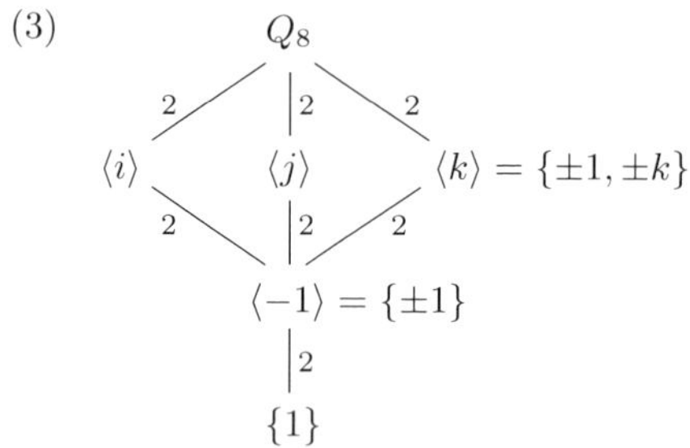

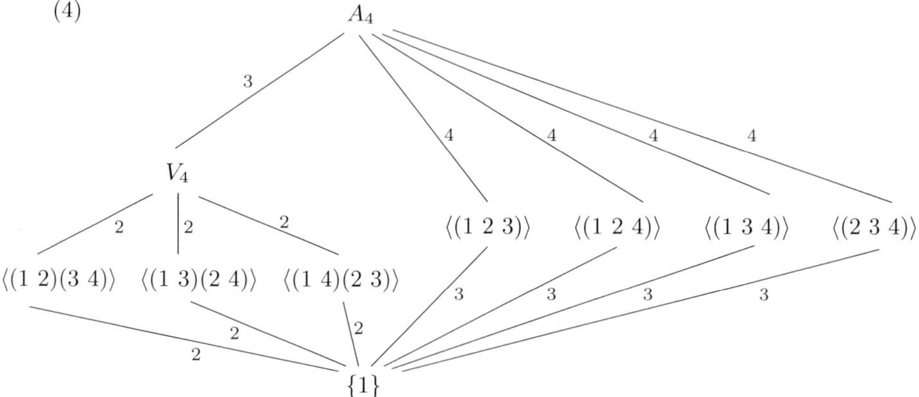

問 5.1 (1) $\gcd(a, b) = 6$, $(s, t) = (-8, 9)$. (2) $\gcd(a, b) = 66$, $(s, t) = (2, -5)$. (3) $\gcd(a, b) = 31$, $(s, t) = (1, -1)$. (4) $\gcd(a, b) = 1$, $(s, t) = (-166423, 169384)$.

問 5.2 問 4.2 (1) と同じ.

問 6.1 (1)

m	2	3	4	5	6	7	8	9	10	11	12	13	14	15	16	17	18	19	20	21	22	23	24	25
$\varphi(m)$	1	2	2	4	2	6	4	6	4	10	4	12	6	8	8	16	6	18	8	12	10	22	8	20

$\gcd(a, b) = 1$ のとき，$\varphi(ab) = \varphi(a)\varphi(b)$ と予想できる．

(2) は群表を直接かくことによって示せる．また，$(\mathbb{Z}/8\mathbb{Z})^\times$ には位数 $\varphi(8) = 4$ の元が存在しないから，巡回群ではない (命題 4.47).

問 6.2 オイラーの定理 (フェルマーの小定理) を使う．

(1) $2^{10} \equiv 1 \pmod{11}$.

(2) $[3^{100}] = [3^{10}]^{10} = [1]^{10} = [1]$. $[5^{1000}] = [5^{10}]^{100} = [1]^{100} = [1]$.

(3) $\varphi(8) = \varphi(12) = 4$ より，どちらも，$[5^{1000}] = [1]$.

(4) $[2000^{2000}] = [2000]^{2000} = [285 \cdot 7 + 5]^{333 \cdot 6 + 2} = [5]^{333 \cdot 6 + 2} = [5^6]^{333}[5]^2 = [5]^2 = [5^2] = [4]$.

問 7.1 (1) 問 4.2 (2), (3), (4) と同じ．

(2) $S_4 = V_4 \cup V_4(1\,2) \cup V_4(1,3) \cup V_4(2\,3) \cup V_4(1\,2\,3) \cup V_4(1\,3\,2) = V_4 \cup (1\,2)V_4 \cup (1\,3)V_4 \cup (2\,3)V_4 \cup (1\,2\,3)V_4 \cup (1\,3\,2)V_4$. 完全代表系 (の一例): $\{(1), (1\,2), (1\,3), (2\,3), (1\,2\,3), (1\,3\,2)\}$ (右剰余類，左剰余類とも). $\sigma V_4 = V_4\sigma$ $(\forall\sigma \in S_4)$ も直接確かめられる．

(3) 右 (左) 剰余類分解 $S_n = A_n \cup A_n(1\,2) = A_n \cup (1\,2)A_n$ と $|S_n| = n!$ より，$|A_n| = |A_n(1\,2)| = n!/2$.

参考文献

以下，本書を書く上で参考にした本，本書の中で引用した本を挙げる．ここに挙げる参考文献が，読者が数学をさらに学んでいく上での道しるべとなれば幸いである．大まかに内容ごとに年代順に挙げるが，本によってはさらに多くの内容を含んでいるので注意してほしい．ぜひ，それぞれの本を手にとって，自ら内容を確認してほしい．ここに挙げる本は一読の価値があるものばかりである．

まず，次の 4 冊は，本書を執筆する上で大変参考にした本である．

[宮田]　宮田龍雄『群論』，槙書店，1969.

[近藤]　近藤武『群論』，岩波書店，岩波講座基礎数学，1976，基礎数学選書，1991.

[鈴木 1]　鈴木通夫『群論，上・下』，岩波書店，1977, 1978.

[永尾 1]　永尾汎『代数学』，朝倉書店，1983.

群論の本は多くあるが，本書で特に参考にしたものを挙げる：

[バーンサイド]　W. S. バーンサイド『有限群論』(伊藤昇・吉岡昭子 訳・解説，正田建次郎・吉田洋一 監修)，共立出版，1970.（原著は 1911 年，第 2 版）

[クローシュ]　ア・ゲ・クローシュ『群論 1, 2』(吉崎敬夫訳，本田欣也校閲)，東京図書，1960, 1961.（原著は 1953 年，第 2 版）

[ホール]　M. ホール『群論，上・下』(金沢稔・八牧宏美 訳，榎本彦衛・坂内英一 訳)，吉岡書店，1969, 1970.（原著は 1959 年）

[浅野-永尾]　浅野啓三，永尾汎『群論』，岩波書店，1965.

[永尾 2]　永尾汎『群論の基礎』，朝倉書店，1967，復刊版，2005.

[Huppert]　B. Huppert “Endliche Gruppen, I”, Springer-Verlag, 1967.

[Gorenstein]　D. Gorenstein “Finite groups”, Harper & Row, Publishers, 1968, 2nd ed., Chelsea Publishing Co., 1980.

[伊藤]　伊藤昇『有限群論』，共立出版，1970，復刊版，2001.

[国吉]　国吉秀夫『群論入門』，サイエンス社，1975，新訂版 (高橋豊文改訂)，2001.

[都筑 1]　都筑俊郎『有限群と有限幾何』，岩波書店，1976.

[都筑 2]　都筑俊郎『群論への入門』，サイエンス社，1977.

[Robinson]　D. J. S. Robinson “A course in the theory of groups”, GTM 80, Springer-Verlag, 1982, 2nd ed., 1995.

[Huppert-Blackburn] B. Huppert, N. Blackburn "Finite groups, II, III", Springer-Verlag, 1982.

[堀田 1] 堀田良之『加群十話』, 朝倉書店, 1988.

[Rotman 1] J. J. Rotman "An introduction to the theory of groups", GTM 148, 4th ed., Springer-Verlag, 1995.

[寺田-原田] 寺田至, 原田耕一郎『群論』, 岩波書店, 2006.

[雪江 1] 雪江明彦『代数学 1 群論入門』, 日本評論社, 2010.

単純群や置換群については以下の本や文献がある：

[Passman] D. J. Passman "Permutation groups", W. A. Benjamin, Inc., 1968, Revised preprint, Dover Publications, 2012.

[永尾 3] 永尾汎『群とデザイン』, 岩波書店, 1974.

[大山] 大山豪『有限置換群』, 裳華房, 1981.

[鈴木 2] 鈴木通夫『有限単純群』, 紀伊国屋書店, 1987.

[Dixon-Mortimer] J. D. Dixon, B. Mortimer "Permutation groups", GTM 163, Springer-Verlag, 1996.

[Cameron] P. J. Cameron "Permutation groups", London Mathematical Society, Student Texts 45, 1999.

[原田 1] 原田耕一郎『モンスター——群のひろがり』, 岩波書店, 1999.

[原田 2] 原田耕一郎「モンスターの数学」, 『数学』51 巻 1 号, 日本数学会, 1999.

[原田-Lang] 原田耕一郎, M. L. Lang「単純群のシロー 2 部分群」, 『第 49 回代数学シンポジウム報告集』, 2004.

次の本には, 位数が 32 以下のすべての群 G に対する群表が載っており, さらには, G の各元の位数, p シロー群 $\mathrm{Syl}_p(G)$, 中心 $Z(G)$, 交換子群 $D(G)$, アーベル化 G^{ab}, 内部自己同型群 $\mathrm{Inn}(G)$, 自己同型群 $\mathrm{Aut}(G)$ や G の部分群のハッセ図, G の指標表が載っている (!). 著者にとっては, 大学院の頃からよく眺めたり, 使ったりした, 思い出深い一冊である：

[Thomas-Wood] A. D. Thomas, G. V. Wood "Group tables", Shiva Publishing Limited, 1980.

代数の本は数多くあるが, 参考にしたものを中心におすすめの本をいくつか挙げておきたい.

[秋月-鈴木] 秋月康夫, 鈴木通夫『代数 I, II』, 岩波書店, 1952, 改版, 1980.

[彌永-杉浦] 彌永昌吉, 杉浦光夫『応用数学者のための代数学』, 岩波書店, 1960.

[彌永-布川]　彌永昌吉，布川正巳『代数学』，岩波書店，1968.
[ブルバキ]　N. ブルバキ『数学原論 代数 1–7』，東京図書，1968–1970.
[秋月]　秋月康夫『輓近代数学の展望』，ダイヤモンド社，1970，筑摩書房，2009.
[彌永-彌永]　彌永昌吉，彌永健一『代数学』，岩波書店，1976.
[Jacobson]　N. Jacobson "Basic algebra I, II", 2nd edition, W. H. Freeman and Company, 1985, 1989, Dover Publications, 2009.
[森田]　森田康夫『代数概論』，裳華房，1987.
[松村 1]　松村英之『代数学』，朝倉書店，1990.
[白谷]　白谷克己『代数学入門』，森北出版，1991.
[渡辺-草場]　渡辺敬一，草場公邦『代数の世界』，朝倉書店，1994.
[佐武 1]　佐武一郎『代数学への誘い』，遊星社，1996.
[赤尾]　赤尾和男『線形代数と群』，共立出版，1998.
[新妻-木村]　新妻弘，木村哲三『群・環・体入門』，共立出版，1999.
[宮西]　宮西正宜『代数学 1, 2』，裳華房，2010, 2011.
[雪江 3]　雪江明彦『代数学 3 代数学のひろがり』，日本評論社，2011.

次の本は演習問題が多く載っている．ぜひ挑戦してほしい．

[横井-硲野]　横井英夫，硲野敏博『代数演習』，サイエンス社，1989.

群の表現論は本書を読み終わった後，ぜひ学ぶべき内容である．本書では証明できなかった Burnside $p^a q^b$-Theorem (定理 12.11) の証明なども学べる．すでに上で紹介した本の多くにも表現論の章がある (例えば，[彌永-杉浦, 3 章])．

[服部]　服部昭『群とその表現』，共立出版，1967.
[セール 1]　J-P. セール『有限群の線型表現』(岩堀長慶，横沼健雄訳)，岩波書店，1974. (原著は 1971 年)
[岩堀]　岩堀長慶『対称群と一般線型群の表現論』，岩波書店，岩波講座基礎数学，1978.
[永尾-津島]　永尾汎，津島行男『有限群の表現』，裳華房，1987.
[平井]　平井武『線形代数と群の表現 I, II』，朝倉書店，2001.

分割数について

[アンドリュース-エリクソン]　G. アンドリュース，K. エリクソン『整数の分割』(佐藤文広訳)，数学書房，2006. (原著は 2004 年)

数学辞典は多くの箇所で確認のために使わせていただいた：

[数学辞典] 日本数学会編集『岩波数学辞典 第 4 版』，岩波書店，2007.

線形代数について

[齋藤 (正)] 齋藤正彦『線型代数入門』，東京大学出版会，1966.

[佐武 2] 佐武一郎『線型代数学』，裳華房，増補改題版，1974，新装版，2015.

[杉浦] 杉浦光夫『Jordan 標準形と単因子論 I, II』，岩波書店，岩波講座基礎数学，1976, 1977.

[斎藤 (毅)] 斎藤毅『線形代数の世界——抽象数学の入り口』，東京大学出版会，2007.

可換環論について

[永田 1] 永田雅宜『可換環論』，紀伊国屋書店，1974.

[松村 2] 松村英之『可換環論』，共立出版，1980.

[後藤-渡辺] 後藤四郎，渡辺敬一『可換環論』，日本評論社，2011.

環上の加群について

[堀田 2] 堀田良之『代数入門——群と加群』，裳華房，1987.

[岩永-佐藤] 岩永恭雄，佐藤眞久『環と加群のホモロジー代数的理論』，日本評論社，2002.

[桂] 桂利行『代数学 II 環上の加群』，東京大学出版会，2007.

[雪江 2] 雪江明彦『代数学 2 環と体とガロア理論』，日本評論社，2010.

ホモロジー代数について

[Cartan-Eilenberg] H. Cartan, S. Eilenberg “Homological algebra”, Princeton University Press, 1956.

[中山-服部] 中山正，服部昭『ホモロジー代数学』，1957，共立出版，復刊版，2010.

[Hilton-Stammbach] P. J. Hilton, U. Stammbach “A course in homological algebra”, GTM 4, Springer-Verlag, 1971, 2nd edition, 1997.

[河田] 河田敬義『ホモロジー代数』，岩波書店，岩波講座基礎数学，1976，基礎数学選書，1990.

[Rotman 2] J. J. Rotman “An introduction to homological algebra”, Academic Press, 1979, 2nd edition, Springer, 2009.

[Serre 2] J-P. Serre “Local fields”, GTM 67, Springer-Verlag, 1979.

[Brown] K. S. Brown “Cohomology of groups”, GTM 87, Springer-Verlag, 1982.

[Weibel] C. A. Weibel "An introduction to homological algebra", Cambridge University Press, 1994.

[Lang] S. Lang "Topics in cohomology of groups", LNM 1625, Springer-Verlag, 1996.

[Serre 3] J-P. Serre "Galois cohomology", Springer-Verlag, 1997, corrected 2nd printing, 2002.

[Neukirch-Schmidt-Wingberg] J. Neukirch, A. Schmidt, K. Wingberg "Cohomology of number fields", Grundlehren der Mathematischen Wissenschaften 323, Springer-Verlag, 2000.

体とガロア理論について

[永田 2] 永田雅宜『可換体論』, 裳華房, 1985.

[藤崎] 藤崎源二郎『体とガロア理論』, 岩波書店, 1997.

[足立] 足立恒雄『ガロア理論講義 (増補版)』, 日本評論社, 2003.

数論に関する部分で引用・参考にした本：

[高木] 高木貞治『代数的整数論 (第 2 版)』, 岩波書店, 1971.

[小野] 小野孝『数論序説』, 裳華房, 1987.

[ヴェイユ] アンドレ・ヴェイユ『数論——歴史からのアプローチ』, (足立恒雄・三宅克哉 訳), 日本評論社, 1987. (原著は 1983 年)

[ノイキルヒ] J. ノイキルヒ『代数的整数論』(足立恒雄監修, 梅垣敦紀訳), シュプリンガー・フェアラーク東京, 2003, 丸善出版, 2012. (原著は 1992 年)

[Serre 4] J-P. Serre "Lectures on the Mordell-Weil theorem (3rd edition)", Aspects of Mathematics, E15. Friedr. Vieweg & Sohn, 1997.

[セール 5] J-P. セール『ガロア理論特論』(植野義明訳), A K ピーターース・トッパン, 1995.

[加藤] 加藤和也『解決!フェルマーの最終定理——現代数論の軌跡』, 日本評論社, 1995.

[斎藤 (秀)] 斎藤秀司『整数論』, 共立出版, 1997.

[足立-三宅] 足立恒雄, 三宅克哉『類体論講義』, 日本評論社, 1998.

[三宅] 三宅克哉『方程式が織りなす代数学』, 共立出版, 2011.

RSA 暗号について

[楫] 楫元『工科系のための初等整数論入門』, 培風館, 2000.

[金子-境] 金子昌信，境隆一『暗号の整数論——素数研究が生きるセキュリティ技術』(若山正人編)，講談社，2009.

非結合的代数，二次形式，フィスター形式について

[Schafer] R. D. Schafer "An intruduction to nonassociative algebras", Academic Press, 1966, Dover Publications, 1995.

[Knebusch-Scharlau] M. Knebusch, W. Scharlau "Algebraic theory of quadratic forms: Generic methods and Pfister forms", DMV Seminar, 1. Birkhäuser, 1980.

[Scharlau] W. Scharlau "Quadratic and Hermitian forms", Grundlehren der Mathematischen Wissenschaften 270, Springer-Verlag, 1985.

[Rajwade] A. R. Rajwade "Squares", London Mathematical Society Lecture Note Series 171. Cambridge University Press, 1993.

[Pfister] A. Pfister "Quadratic forms with applications to algebraic geometry and topology", London Mathematical Society Lecture Note Series 217. Cambridge University Press, 1995.

[Lam] T. Y. Lam "Introduction to quadratic forms over fields", Graduate Studies in Mathematics 67. American Mathematical Society, 2005.

[Elman-Karpenko-Merkurjev] R. Elman, N. Karpenko, A. Merkurjev "The algebraic and geometric theory of quadratic forms", American Mathematical Society Colloquium Publications 56. American Mathematical Society, 2008.

クルル-シュミットの定理について

[Curtis-Reiner] C. W. Curtis, I. Reiner "Methods of representation theory, I, II", A Wiley-Interscience Publication, 1981, 1987.

[Karpilovsky] G. Karpilovsky "The Jacobson radical of group algebras", North-Holland, 1987.

[Facchini] A. Facchini "The Krull-Schmidt theorem", Handbook of Algebra, Vol. 3, 357–397, North-Holland, 2003.

G 格子や群作用による不変体の有理性問題について

[Voskresenskii] V. E. Voskresenskii "Algebraic groups and their birational invariants" (translated by B. Kunyavskii), American Mathematical Society, 1998.

[Saltman] D. J. Saltman "Lectures on division algebras", CBMS Regional Conference Series in Mathematics 94, American Mathematical Society, 1999.

[Garibaldi-Merkurjev-Serre] S. Garibaldi, A. Merkurjev, J-P. Serre "Cohomological invariants in Galois cohomology", University Lecture Series 28, American Mathematical Society, 2003.

[Lorenz] M. Lorenz "Multiplicative invariant theory", Encyclopaedia of Mathematical Sciences 135, Springer, 2005.

[Hoshi-Yamasaki] A. Hoshi, A. Yamasaki "Rationality problem for algebraic tori", Memoirs of the American Mathematical Society 248, no. 1176, American Mathematical Society, 2017.

索引

$\forall$, 任意の 17
e.g., 例えば 17
$\exists$, 存在する 17
i.e., すなわち 17
s.t., such that 17

$\mathrm{Aff}(K)$, K 上のアフィン変換群 44
A_n, n 次交代群 48
$\mathrm{Aut}(G)$, G の自己同型群 147
BM, Baby Monster 102
$\mathbb{C}$, 複素数全体の集合 (複素数体) 11, 36
H char G, G の特性部分群 150
char K, K の標数 86
C_n, 位数 n の巡回群 47
$D(G)$, G の交換子群 52
$D_i(G)$, i 次交換子 208
D_n, n 次二面体群 50
$\varnothing$, 空集合 12
$\mathrm{End}(G)$, G の自己準同型全体 151
$\mathbb{F}_p$, 位数 p の有限体 86
F_{pl}, 位数 pl のフロベニウス群 161
$\mathbb{F}_q$, 位数 q の有限体 86, 87
G^{ab}, G のアーベル化 101
$\Gamma_i(G)$, i 次の中心 213
$G \simeq G'$, 群の同型 115
G/H, G の H による剰余類 92
$[G:H]$, G における H の指数 93
$K\backslash G/H$, 両側剰余類 96
$GL_n(R)$, R 上の一般線形群 39
G_x, x の G における固定部分群 138
Gx, x の G 軌道 138
$\mathbb{H}$, ハミルトンの 4 元数体 37
$H \lhd G$, G の正規部分群 99
$[H,K]$, H と K の交換子群 211
$H^n(G,M)$, コホモロジー群 155
$\widehat{H}^n(G,M)$, テイトコホモロジー 203
$\mathrm{Hom}(G,M)$, G から M への準同型全体 155
H_{p^3}, 位数 p^3 のハイゼンベルグ群 220
H^x, H の共役部分群 96
$\mathrm{Im}(f)$, f の像 117
$\mathrm{Inn}(G)$, G の内部自己同型群 148
$\mathrm{Ker}(f)$, f の核 117
$K(X)$, K 上の有理関数体 40
$K[X]$, K 上の多項式環 40
$K(X_1,\cdots,X_n)$, K 上の n 変数有理関数体 40
$K[X_1,\cdots,X_n]$, K 上の n 変数多項式環 40
$l(G)$, G の長さ 192
M, Monster 102
M_G, G 格子, G-lattice 204
$M_n(R)$, R 上の行列環 38
M_{p^n}, モジュラー p 群 57
$\mathbb{N}$, 自然数全体の集合 11
$N_G(S)$, S の G における正規化群 101
$N \rtimes H$, N と H の半直積 155
$N:H$, N と H の半直積 155
$\neg P(x)$, 命題 $P(x)$ の否定 16
$\#X$, 集合 X の位数 12
$|X|$, 集合 X の位数 12
$G \curvearrowright \Omega$, G の Ω への左作用 135
$\Omega \curvearrowleft G$, G の Ω への右作用 139
$O_p(G)$, G の最大正規 p 部分群 204
$\mathrm{Orb}_G(x)$, x の G 軌道 138
$\mathrm{ord}(a)$, 元 a の位数 46
$\mathrm{Out}(G)$, G の外部自己同型群 149
$PGL_n(K)$, K の射影一般線形群 163
Φ_i, i 番目の同質族 221
$\varphi(m)$, オイラー関数 83

$\Phi(G)$, G のフラッティーニ部分群 216
$p(n)$, n の分割数 107
$PSL_n(K)$, K の射影特殊線形群 163
$\mathbb{Q}$, 有理数全体の集合 (有理数体) 11, 36
Q_{4m}, 一般 4 元数群 55
Q_8, 4 元数群 55
QD_{2^n}, 準二面体群 57
$\mathrm{Quot}(R)$, R の商体 40
$\mathbb{R}$, 実数全体の集合 (実数体) 11, 36
$\mathrm{rank}_{\mathbb{Z}}(G)$, 自由加群 G の階数 129
$R[G]$, G の R 上の群環 186
$R^{\times}$, R の可逆元群 38
$s(K)$, K のレベル 41
$SL_n(K)$, K 上の特殊線形群 43
S_n, n 次対称群 1
$S(\Omega)$, Ω 上の対称群 136
$\mathrm{Stab}_G(x)$, x の G における固定部分群 138
$\mathrm{Syl}_p(G)$, G の p シロー群全体 168
$\mathrm{T}(G)$, G の捩れ部分群 120
V_4, クラインの四元群 51
$F \wr H$, F と H のレス積 161
F wr H, F と H のレス積 161
$\mathbb{Z}$, 整数全体の集合 (整数環) 11, 36
$Z(G)$, G の中心 52
$\mathbb{Z}[G]$, G の整群環 186
$\mathbb{Z}[G/H]$ 203
$Z_G(S)$, S の G における中心化群 52
$(\mathbb{Z}/m\mathbb{Z})^{\times}$, 既約剰余類群 83

coflabby 203
flabby 203
GAP (Groups, Algorithms and Programming) 228
GZ 群, GZ-group 225
G 加群, G-module 147
G 群, G-group 147
G 格子, G-lattice 202
G 格子に対して消去律が成り立つ, cancellation law holds for G-lattices 202
G 格子の階数, rank 202
G 集合, G-set 135, 139
n コチェイン, n-cochain 154
n コバウンダリ, n-coboundary 154
n 次置換群, permutation group of degree n 162
OS 定理, Orbit-Stabilizer theorem 138
pc 表示, power-conjugate presentation 210
p 群, p-group 57, 142, 214, 217
p 次フロベニウス群, Frobenius group of degree p 164
p シロー群, p-Sylow subgroup 168
RSA 暗号, RSA cryptography 88
R 加群, R-module 184, 201
S_3 予想, S_3-conjecture 182
t 重可移, t-trinsitive 162
well-defined 81
Z 群, Z-group 225
Ω 加群, Ω-module 183
Ω 群, Ω-group 183, 187
Ω 準同型, Ω-homomorphism 184
Ω 正規部分群, normal Ω-subgroup 183
Ω 単純群, simple Ω-group 183
Ω 同型, Ω-isomorphism 184
Ω 部分群, Ω-subgroup 183

アーベル化, abelianization 101
アーベル群, abelian group 26, 31
アーベル賞, Abel prize 227
アーベル正規列, abelian normal series 207
アーベル不変量, abelian invariants 132
アフィン変換群, affine transformation group 44
あみだくじ, amidakuji 1, 5
あみだくじの原理 7
アルティン加群, Artinian module 194
アルティン環, Artinian ring 194
アルティン群, Artinian group 194
アルティンの原始根予想, Artin's primitive root conjecture 95
安定置換 G 格子, stably permutation G-lattice 203
位数, order 12, 31, 46
1 次従属, linearly dependent 129
1 次独立, linearly independent 129

一般 4 元数群, generalized quaternion group 55
一般線形群, general linear group 39
イデアル, ideal 185
イデアル類群, ideal class group 67
演算について閉じている, closed under multiplication 43
演算表, multiplication table 21, 26
オイラー関数, Euler function 82, 127
オイラーの定理, Euler's theorem 87

可移, transitive 138
階数, rank 129
外部自己同型, outer automorphism 149
外部自己同型群, outer automorphism group 149
外部直積, outer direct product 123
外部直和, outer direct sum 123
外部半直積, outer semidirect product 159
回文の法則 6
下界, lower bound 19
可解群, solvable group 207
可換環, commutative ring 35
可換群, commutative group 26, 31
可逆, invertible 203
可逆元, invertible element 38
可逆元群, invertible group 38
核, kernel 117
格別の p 群, extra-special p-group 221
加群, module 31
加法可能, additive 151
加法群, additive group 31
ガロア逆問題, inverse Galois problem 45
ガロア理論, Galois theory 44
環, ring 35
関数, function 13
環積, wreath product 161
完全可約, completely reducible 196
完全数, perfect number 72
完全代表系, complete system of representatives 76
完全不変量, complete invariants 104, 111, 116, 132
完全列, exact sequence 151
完全列の分裂, split exact sequence 157
奇置換, odd permutation 22
基底, basis 129
軌道-固定部分群定理, Orbit-Stabilizer theorem 138
軌道分解, orbit decomposition 138
基本アーベル群, elementary abelian group 133
基本関係, defining relation 54
逆元, inverse element 31, 32
逆写像, inverse map 16
既約剰余類, irreducible residue class 82
既約剰余類群, irreducible residue class group 83
共通部分, intersection 12
共役, conjugate 105, 108
共役作用, conjugate action 141
共役部分群, conjugate subgroup 96
共役類, conjugacy class 105, 141, 144
行列環, matrix ring 38
極小元, minimal element 19
極小条件, minimal condition 192
局所環, local ring 201
極大元, maximal element 18
極大条件, maximal condition 192
極大部分群, maximal subgroup 215
空集合, empty set 12
偶置換, even permutation 22
クラインの四元群, Klein four-group 51, 232
クラス分け, classification 74
クルル-シュミットの定理, Krull-Schmidt theorem 183, 199
群, group 24, 30
群拡大, group extension 156
群拡大の同値, equivalent of group extension 158
群環, group ring 186
群の作用, group action 135, 139
群 G の長さ, length 192
群表, group table 32
結合法則, associative law 10

元, element 11
原始根, primitive root 95
原始置換群, primitive permutation group 162
原始的作用, primitive action 162
交換子, commutator 52, 208
交換子群, commutator subgroup, derived subgroup 52, 208, 211
交換子群列, commutator subgroup series 208
降鎖条件, descending chain condition, DCC 193
合成写像, composite map 14, 22
合成数, composite number 66
交代群, alternating group 48, 143, 231
降中心列, lower central series 213
恒等写像, identity map 16
恒等置換, identity permutation 3
公倍数, common multiple 63
公約数, common divisor 62
互換, transposition 4
固定部分群, stabilizer subgroup 138
コバウンダリ準同型, coboundary homomorphism 154
コホモロジー群, cohomology group 154
固有和, trace 110

サイクルタイプ, cycle type 105
サイクル分解, cycle decomposition 3
最小公倍数, least common multiple 63
最大公約数, greatest common divisor 62
細分, refinement 187
差集合, difference set 12
ザッセンハウスの補題, Zassenhaus lemma 188
作用域 Ω をもつ群, group with operators 183
作用群 G をもつ群, group with operator group 146
散在型単純群, sporadic simple group 102
4 元数群, quaternion group 55
自己共役, self-conjugate 108
自己準同型, endomorphism 150
自己準同型環, endomorphism ring 151
自己同型群, automorphism group 147
指数, index 93
指数法則, exponential law 46
自然な全射, natural surjection 113
自明群, trivial group 31
自明な部分群, trivial subgroup 42
射影一般線形群, projective general linear group 163
射影特殊線形群, projective special linear group 163
写像, map 13
写像の結合法則 14
斜体, skew field 35
自由加群, free module 129
自由群, free group 133
集合, set 11
主組成列, principle series 191
シュライヤーの細分定理, Schreier refinement theorem 189
巡回群, cyclic group 47, 231
巡回置換, cycle 3
巡回部分群, cyclic subgroup 47
順序, order 18
順序集合, ordered set 18
準同型写像, homomorphism 113
準同型定理, homomorphism theorem 118
準二面体群, quasihidedral group 56
上界, upper bound 18
商群, quotient group 99
昇鎖条件, ascending chain condition, ACC 193
商集合, quotient set 76
商体, quotient field 40
昇中心列, upper central series 213
乗法群, multiplicative group 31
剰余群, residue class group 99
剰余類, coset 91, 98
除法の原理, division algorithm 62, 71
ジョルダン標準形, Jordan normal (canonical) form 111
ジョルダン分解, Jordan decomposition 112

ジョルダン-ヘルダーの定理, Jordan-Hölder theorem 191
シローの定理, Sylow theorem 169
推移的, transitive 138
鈴木群, Suzuki group 103
整域, domain 39
正規化群, normalizer 101
正規自己準同型, normal endomorphism 196
正規部分群, normal subgroup 98
正規列, normal series 187
正規列の同型, isomorphic 188
正規列の長さ, length 187
生成系, generating system 47
生成された部分群 47
正則作用, regular action 136
正則表現, regular representation 136
整列可能定理, well-ordering theorem 19
切断, section 157
零因子, zero divisor 39
零元, zero element 31
線形空間, linear space 185
線型表現, linear representation 186
全射, surjection 15
全順序集合, totally ordered set 18
選択公理, axiom of choice 19
全単射, bijection 15, 22
像, image 117
相似, similar 109
双対格子, dual lattice 203
素数, prime number 66
組成列, composition series 190
組成列の長さ, length 190
素体, prime field 87

体, field 35
対角化可能, diagonalizable 109
大根切りの法則 6
対称群, symmetric group 1, 22, 27, 136, 142, 230
代数, algebra 185
体のレベル, level of a field 40
互いに素, relatively prime 65
多元環, algebra 185
多項式環, polynomial ring 40
単位元, identity element 31, 32
単位的半群, semigroup with unity 35
単因子論, elementary divisor theory 131
短完全列, short exact sequence 151
単元, unit 38
単元群, unit group 38
単射, injection 15
単純群, simple group 102, 145
置換, permutation 1, 22
置換群, permutation group 136
置換 G 格子, permutation G-lattice 203
置換の結合法則 10
置換の合成, 積 2, 10, 22
置換の符号, signature 23
置換表現, permutation representation 136
中国式剰余定理, Chinese remainder theorem 126
忠実表現, faithful representation 186
中心, center 51, 141
中心化群, centralizer 51, 141
中心列, central series 212
直可約, decomposable 195
直既約, indecomposable 195, 203
直既約分解, indecomposable decomposition 195
直積因子, direct summand 123
直積集合, direct product 13
直積分解, direct product decomposition 124
直和因子, direct summand 123
直和分解, direct sum decomposition 124
ツォルンの補題, Zorn's lemma 19
テイトコホモロジー, Tate cohomology 203
デデキントの法則, Dedekind modular law 188
同型, isomorphic 26, 32, 115
同型写像, isomorphism 115
同型定理, isomorphism theorem 121, 122
同型類, isomorphism class 106, 115, 173
同質, isoclinic 221
同質族, isoclinism family 221

同値関係, equivalence relation 74
同値類, equivalent class 74
等方部分群, isotropy subgroup 138
導来列, derived series 208
特殊線形群, special linear group 43
特性組成列, characteristic series 191
特性部分群, characteristic subgroup 150
特別な p 群, special p-group 221

内部自己同型, innner automorphism 148
内部自己同型群, innner automorphism group 148
内部直積, inner direct product 124
二項演算 22
二項演算, binary operation 20
二面体群, dihedral group 50, 54, 55, 232
ネーター加群, Noetherian module 194
ネーター環, Noetherian ring 194
ネーター群, Noetherian group 194, 210
捩れ群, torsion group 120
捩れ準同型, crossed homomorphism 155
捩れのない群, torsion-free group 120, 130
捩れ部分群, torsion subgroup 120

倍数, multiple 61
ハイゼンベルグ群, Heisenberg group 220
ハッセ図, Hasse diagram 57
ハミルトンの 4 元数体, Hamilton's quaternion 37, 40
原田群, Harada group 103
半群, semigroup 35
半単純, semisimple 196
半直積, semidirect product 155
非可換環, noncommutative ring 35
非可換単純群, noncommutative simple group 102
非原始ブロック, imprimitive block 162
非自明な部分群, nontrivial subgroup 42
左合同 92
左 G 加群, left G-module 146
左 G 群, left G-group 146
左 G 作用, left G-action 135
左剰余類, left coset 91
左剰余類分解, left coset decomposition 92
左正則作用, left regular action 136
左正則表現, left regular representation 136
表現の同型, isomorphic representation 186
標準基底, standard basis 130
標準全射, canonical surjection) 113
標準全射準同型, canonical epimorphism 113
標数, characteristic 86
ファイト-トンプソンの定理, Feit-Thompson Theorem 227
フィールズ賞, Fields prize 227, 250
フィッティングの補題, Fitting lemma 197
フェルマー素数, Fermat prime 73
フェルマーの小定理, Fermat's little theorem 88
部分群, subgroup 41
部分集合, subset 12
不変量, invariant 104, 110, 192
フラッティーニ部分群, Frattini subgroup 216
フロベニウス核, Frobenius kernel 224
フロベニウス群, Frobenius group 224
フロベニウス補群, Frobenius complement 224
分割数, partition number 107
巾零クラス, nilpotency class 214
巾零群, nilpotent group 212
ベクトル空間, vector space 185
変換群, transformation group 135, 139
法 m に関して合同, congruent modulo m 75
法 m に関する剰余類, residue class modulo m 76
補群, complement 156
補集合, complement 12
ポリ巡回群, polycyclic group 210

マシュー群, Mathieu group 103
右逆元, right inverse element 34
右合同 92
右 G 加群, right G-module 146
右 G 群, right G-group 146
右 G 作用, right G-action 139
右剰余類, right coset 91

右剰余類分解, right coset decomposition 92
右単位元, right identity element 34
無限群, infinite group 31
無限集合, infinite set 11
無限体, infinite field 35
メタ巡回群, metacyclic group 225
メルセンヌ素数, Mersenne prime 72
モジュラー p 群, modular p-group 56
モノイド, monoid 35

約数, divisor 61
ヤング図形, Young diagram 108
有限群, finite group 26, 31
有限集合, finite set 11
有限生成, finitely generated 47, 194, 210
有限生成アーベル群の基本定理, fundamental theorem of finitely generated abelian groups 131
有限体, finite field 35, 86
有理関数体, rational function field 40
有理性問題, rationality problem 203
要素, element 11

ラグランジュの定理, Lagrange's theorem 93
リース積, wreath product 161
両側剰余類, dobule coset 96
両側剰余類分解, dobule coset decomposition 96
輪積, wreath product 161
隣接互換, elementary transposition 4
類体論, class field theory 68
類等式, class equation 106, 141, 142
類別, classification 74
レス積, wreath product 161

和集合, union 12
割り切る, divisor 61

星 明考（ほし・あきなり）

2005 年 早稲田大学理工学研究科博士後期課程修了．博士(理学)．
早稲田大学助手，立教大学助教を経て，
現在，新潟大学理学部理学科数学プログラム教授．
専門は代数学，数論，代数幾何学．

群論序説（ぐんろんじょせつ）

2016 年 3 月 25 日　第 1 版第 1 刷発行
2023 年 2 月 20 日　第 1 版第 2 刷発行

著 者　星　明考
発行所　株式会社 日本評論社
〒170-8474 東京都豊島区南大塚 3-12-4
電話 (03) 3987-8621［販売］
(03) 3987-8599［編集］
印 刷　三美印刷株式会社
製 本　株式会社難波製本
装 幀　銀山宏子

ISBN978-4-535-78809-1